U0276349

国家出版基金项目
NATIONAL PUBLICATION FOUNDATION

ARJ21新支线飞机技术系列

主编 郭博智 陈 勇

支线飞机适航符合性
设计与验证（上）

Regional Aircraft Compliance
Design and Certificatin

徐有成 郝 莲 等 编著

上海交通大学 出版社
SHANGHAI JIAO TONG UNIVERSITY PRESS

大飞机读者俱乐部

内容提要

本书是在全面整理 ARJ21-700 飞机项目取证过程中的符合性验证资料、重要成果和宝贵经验的基础上，结合民用运输类飞机适航规章条款要求研究结果，从系统性、完整性和实用性角度出发，将丰富的实践经验进一步提炼而成。出版该书旨在为从事航空专业尤其是从事运输类民机设计、适航技术和审定的人员正确理解和准确把握运输类飞机适航规章每个适航条款的条款内容与要求、条款背景意图、满足条款要求而需采取的符合性验证要求(包括符合性验证思路、符合性方法、验证过程和符合性判据)提供技术指导，同时为从事航空专业人员提供适航技术专业教材，满足适航专业人才培养对教材的迫切要求。

图书在版编目(CIP)数据

支线飞机适航符合性设计与验证：全三册/ 徐有成
等编著. —上海：上海交通大学出版社，2017(2019 重印)
大飞机出版工程
ISBN 978-7-313-18558-7

Ⅰ.①支… Ⅱ.①徐… Ⅲ.①飞机-适航性-设计
Ⅳ.①V22

中国版本图书馆 CIP 数据核字(2017)第 307698 号

支线飞机适航符合性设计与验证(上中下)

编　　著：徐有成　郝　莲　等
出版发行：上海交通大学出版社　　　　　　　地　　址：上海市番禺路 951 号
邮政编码：200030　　　　　　　　　　　　　电　　话：021-64071208
印　　制：上海万卷印刷股份有限公司　　　　经　　销：全国新华书店
开　　本：710 mm×1000 mm　1/16　　　　总 印 张：130.5
总 字 数：2612 千字
版　　次：2017 年 12 月第 1 版　　　　　　　印　　次：2019 年 8 月第 2 次印刷
书　　号：ISBN 978-7-313-18558-7/V
定　　价：999.00 元(上中下)

大飞机出版工程

丛书编委会

总主编

顾诵芬（中国航空工业集团公司科技委原副主任、中国科学院和中国工程院院士）

副总主编

贺东风（中国商用飞机有限责任公司董事长）

林忠钦（上海交通大学校长、中国工程院院士）

编委会（按姓氏笔画排序）

王礼恒（中国航天科技集团公司科技委主任、中国工程院院士）

王宗光（上海交通大学原党委书记、教授）

刘　洪（上海交通大学航空航天学院副院长、教授）

任　和（中国商飞上海飞机客户服务公司副总工程师、教授）

李　明（中国航空工业集团沈阳飞机设计研究所科技委委员、中国工程院院士）

吴光辉（中国商用飞机有限责任公司副总经理、总设计师、中国工程院院士）

汪　海（上海市航空材料与结构检测中心主任、研究员）

张卫红（西北工业大学副校长、教授）

张新国（中国航空工业集团副总经理、研究员）

陈　勇（中国商用飞机有限责任公司工程总师、ARJ21飞机总设计师、研究员）

陈迎春（中国商用飞机有限责任公司CR929飞机总设计师、研究员）

陈宗基（北京航空航天大学自动化科学与电气工程学院教授）

陈懋章（北京航空航天大学能源与动力工程学院教授、中国工程院院士）

金德琨（中国航空工业集团公司原科技委委员、研究员）

赵越让（中国商用飞机有限责任公司总经理、研究员）

姜丽萍（中国商用飞机有限责任公司制造总师、研究员）

曹春晓（中国航空工业集团北京航空材料研究院研究员、中国工程院院士）

敬忠良（上海交通大学航空航天学院常务副院长、教授）

傅　山（上海交通大学电子信息与电气工程学院研究员）

ARJ21新支线飞机技术系列

编 委 会

总　序

国务院在 2007 年 2 月底批准了大型飞机研制重大科技专项正式立项,得到全国上下各方面的关注。"大型飞机"工程项目作为创新型国家的标志工程重新燃起我们国家和人民共同承载着"航空报国梦"的巨大热情。对于所有从事航空事业的工作者,这是历史赋予的使命和挑战。

1903 年 12 月 17 日,美国莱特兄弟制作的世界第一架有动力、可操纵、比重大于空气的载人飞行器试飞成功,标志着人类飞行的梦想变成了现实。飞机作为 20 世纪最重大的科技成果之一,是人类科技创新能力与工业化生产形式相结合的产物,也是现代科学技术的集大成者。军事和民生的需求促进了飞机迅速而不间断的发展和应用,体现了当代科学技术的最新成果;而航空领域的持续探索和不断创新,也为诸多学科的发展和相关技术的突破提供了强劲动力。航空工业已经成为知识密集、技术密集、高附加值、低消耗的产业。

从大型飞机工程项目开始论证到确定为《国家中长期科学和技术发展规划纲要》的十六个重大专项之一,直至立项通过,不仅使全国上下重视我国自主航空事业,而且使我们的人民、政府理解了我国航空事业半个多世纪发展的艰辛和成绩。大型飞机重大专项正式立项和启动标志着我国的民用航空进入新纪元。经过 50 多年的风雨历程,当今中国的航空工业已经步入了科学、理性的发展轨道。大型客机项目产业链长、辐射面宽、对国家综合实力带动性强,在国民经济发展和科学技术进步中发挥着重要作用,我国的航空工业迎来了新的发展机遇。

大型飞机的研制承载着中国几代航空人的梦想,在 2016 年造出与波音公司

B737 和空客公司 A320 改进型一样先进的"国产大飞机"已经成为每个航空人心中奋斗的目标。然而,大型飞机覆盖了机械、电子、材料、冶金、仪器仪表、化工等几乎所有工业门类,集成数学、空气动力学、材料学、人机工程学、自动控制学等多种学科,是一个复杂的科技创新系统。为了迎接新形势下理论、技术和工程等方面的严峻挑战,迫切需要引入、借鉴国外的优秀出版物和数据资料,总结、巩固我们的经验和成果,编著一套以"大飞机"为主题的丛书,借以推动服务"大飞机"作为推动服务整个航空科学的切入点,同时对于促进我国航空事业的发展和加快航空紧缺人才的培养,具有十分重要的现实意义和深远的历史意义。

2008 年 5 月,中国商用飞机有限公司成立之初,上海交通大学出版社就开始酝酿"大飞机出版工程",这是一项非常适合"大飞机"研制工作时宜的事业。新中国第一位飞机设计宗师——徐舜寿同志在领导我们研制中国第一架喷气式歼击教练机——歼教 1 时,亲自撰写了《飞机性能及算法》,及时编译了第一部《英汉航空工程名词字典》,翻译出版了《飞机构造学》《飞机强度学》,从理论上保证了我们的飞机研制工作。我本人作为航空事业发展 50 多年的见证人,欣然接受上海交通大学出版社的邀请担任该丛书的主编,希望为我国的"大飞机"研制发展出一份力。出版社同时也邀请了王礼恒院士、金德琨研究员、吴光辉总设计师、陈迎春副总设计师等航空领域专家撰写专著、精选书目,承担翻译、审校等工作,以确保这套"大飞机"丛书具有高品质和重大的社会价值,为我国的大飞机研制以及学科发展提供参考和智力支持。

编著这套丛书,一是总结整理 50 多年来航空科学技术的重要成果及宝贵经验;二是优化航空专业技术教材体系,为飞机设计技术人员的培养提供一套系统、全面的教科书,满足人才培养对教材的迫切需求;三是为大飞机研制提供有力的技术保障;四是将许多专家、教授、学者广博的学识见解和丰富的实践经验总结继承下来,旨在从系统性、完整性和实用性角度出发,把丰富的实践经验进一步理论化、科学化,形成具有我国特色的"大飞机"理论与实践相结合的知识体系。

"大飞机出版工程"丛书主要涵盖了总体气动、航空发动机、结构强度、航电、制造等专业方向,知识领域覆盖我国国产大飞机的关键技术。图书类别分为译著、专著、教材、工具书等几个模块;其内容既包括领域内专家们最先进的理论方法和技术成果,也包括来自飞机设计第一线的理论和实践成果。如:2009 年出版的荷兰原福克飞机公司总师撰写的 *Aerodynamic Design of Transport Aircraft*(《运输类飞机的空气动力设计》);由美国堪萨斯大学 2008 年出版的 *Aircraft Propulsion*(《飞机推进》)等国外最新科技的结晶;国内《民用飞机总体设计》等总体阐述之作和《涡量动力学》《民用飞机气动设计》等专业细分的著作;也有《民机设计 1 000 问》《英汉航空缩略语词典》等工具类图书。

　　该套图书得到国家出版基金资助,体现了国家对"大型飞机"项目以及"大飞机出版工程"这套丛书的高度重视。这套丛书承担着记载与弘扬科技成就、积累和传播科技知识的使命,凝结了国内外航空领域专业人士的智慧和成果,具有较强的系统性、完整性、实用性和技术前瞻性,既可作为实际工作指导用书,亦可作为相关专业人员的学习参考用书。期望这套丛书能够有益于航空领域里人才的培养,有益于航空工业的发展,有益于大飞机的成功研制。同时,希望能为大飞机工程吸引更多的读者来关心航空、支持航空和热爱航空,并投身于中国航空事业做出一点贡献。

2009 年 12 月 15 日

序

　　民用飞机产业是大国的战略性产业。民用客机作为一款高附加值的商品,是拉动国家经济发展的重要力量,是体现大国经济和科技实力的重要名片,在产业和科技上具有强大的带动作用。

　　自新中国成立以来,中国民机产业先后成功地研制了 Y-7 系列涡桨支线客机和 Y-12 系列涡桨小型客机等民用飞机。在民用喷气客机领域,曾经在 20 世纪 70年代自行研制了运-10 飞机,国际合作论证了 MPC-75、AE-100 等民用客机,合作生产了 MD-80 和 MD-90 飞机。民机制造业转包生产国外民机部件,但始终没有成功研制一款投入商业运营的民用喷气客机。

　　支线航空发展迫在眉睫。2002 年 2 月,国务院决定专攻支线飞机,按照市场机制发展民机,并于 11 月 17 日启动 ARJ21 新支线飞机项目,意为"面向 21 世纪的先进涡扇支线飞机(Advanced Regional Jet for the 21st Century)"。从此,中国民机产业走上了市场机制下的自主创新之路。

　　ARJ21 作为我国民机历史上第一款按照国际通用适航标准全新研制的民用客机,承担着中国民机产业先行者和探路人的角色。跨越十五年的研制、取证和交付运营过程,经历的每一个研制阶段,解决的每一个设计、试验和试飞技术问题,都是一次全新的探索。经过十五年的摸索实践,ARJ21 按照民用飞机的市场定位打通了全新研制、适航取证、批量生产和客户服务的全业务流程,突破并积累了喷气客机全寿命的研发技术、适航技术和客户服务技术,建立了中国民机产业技术体系和产业链,为后续大型客机的研制打下了坚实的基础。

习近平总书记考察中国商飞公司时要求改变"造不如买、买不如租"的逻辑,坚持民机制造事业"不以难易论进退",在 ARJ21 取证后要求"继续弘扬航空报国精神,总结经验、迎难而上"。马凯副总理 2014 年 12 月 30 日考察 ARJ21 飞机时,指出,"要把 ARJ21 新支线飞机项目研制和审定经验作为一笔宝贵财富认真总结推广"。工信部副部长苏波指出:"要认真总结经验教训,做好积累,形成规范和手册,指导 C919 和后续大型民用飞机的发展。"

编著这套书,一是经验总结,总结整理 2002 年以来 ARJ21 飞机研制历程中设计、取证和交付各阶段开创性的重要成果及宝贵经验;二是技术传承,将民机研发技术专家、教授、学者广博的学识见解和丰富的实践经验总结继承下来,把丰富的实践经验进一步理论化、科学化,形成具有我国特色的民机理论与实践相结合的知识体系,为飞机设计技术人员提供参考和学习的材料;三是指导保障,为大飞机研制提供有力的技术保障。

丛书主要包括了项目研制历程、研制技术体系、研制关键技术、市场研究技术、适航技术、运行支持系统、关键系统研制和取证技术、试飞取证技术等分册的内容。本丛书结合了 ARJ21 的研制和发展,探讨了支线飞机市场技术要求、政府监管和适航条例、飞机总体、结构和系统关键技术、客户服务体系、研发工具和流程等方面的内容。由于民用飞机适航和运营要求是统一的标准,在技术上具有高度的相似性和相关性,因此 ARJ21 在飞机研发技术、适航验证和运营符合性等方面取得的经验,可以直接应用于后续的民用飞机研制。

ARJ21 新支线飞机的研制过程是对中国民机产业发展道路成功的探索,不仅开发出一个型号,而且成功地锤炼了研制队伍。参与本套丛书撰写的专家均是 ARJ21 研制团队的核心人员,在 ARJ21 新支线飞机的研制过程中积累了丰富且宝贵的实践经验和科研成果。丛书的撰写是对研制成果和实践经验的一次阶段性的梳理和提炼。

ARJ21 交付运营后,在飞机的持续适航、可靠性、使用维护和经济性等方面,继续经受着市场和客户的双重考验,并且与国际主流民用飞机开始同台竞技,因此需要针对运营中间发现的问题进行持续改进,最终把 ARJ21 飞机打造成为一款航空公司愿意用、飞行员愿意飞、旅客愿意坐的精品。

ARJ21 是"中国大飞机事业万里长征的第一步",通过 ARJ21 的探索和积累,中国的民机产业会进入一条快车道,在不远的将来,中国民机将成为彰显中国实力的新名片。ARJ21 将继续肩负着的三大历史使命前行,一是作为中国民机产业的探路者,为中国民机产业探索全寿命、全业务和全产业的经验;二是建立和完善民机适航体系,包括初始适航、批产及证后管理、持续适航和运营支持体系等,通过中美适航当局审查,建立中美在 FAR/CCAR25 部大型客机的适航双边,最终取得 FAA 适航证;三是打造一款具有国际竞争力的喷气支线客机,填补国内空白,实现技术成功、市场成功、商业成功。

这套丛书获得 2017 年度国家出版基金的支持,表明了国家对"ARJ21 新支线飞机"的高度重视。这套书作为上海交通大学出版社"大飞机出版工程"的一部分,希望该套图书的出版能够达到预期的编著目标。在此,我代表编委会衷心感谢直接或间接参与本系列图书撰写和审校工作的专家和学者,衷心感谢为此套丛书默默耕耘三年之久的上海交通大学出版社"大飞机出版工程"项目组,希望本系列图书能为我国在研型号和后续型号的研制提供智力支持和文献参考!

ARJ21 总设计师

2017 年 9 月

前　言

随着我国航空工业的发展,特别是在当前国产民用飞机项目的快速推进和通用航空蓬勃发展的趋势下,民用飞机的适航性成为关注重点,在型号研制过程中,构建飞机的适航性、验证飞机的适航性、向适航当局表明飞机的适航符合性以及保证飞机已有的适航性,使其持续适航,这一系列适航工作是民机制造商实现产品研制成功、商业成功的根本和前提。自2002年新支线飞机项目正式立项,ARJ21-700飞机经过12年的研制和适航取证工作,历经坎坷,终于于2014年12月30日获得了型号合格证,取得了进入民用市场的通行证。ARJ21-700飞机是我国第一架完全按照《运输类飞机适航标准》(CCAR25部)进行设计和验证的民用飞机,也是第一架严格按照《民用航空产品和零部件合格审定规定》(CCAR21部)及《航空器型号合格审定程序》(AP-21-03)的要求全过程开展型号合格审定的飞机。其间按照ARJ21-700飞机审查组批准的型号合格审定基础、符合性方法表、专项合格审定计划和合格审定计划共完成了300多项地面试验验证,完成了285个科目的申请人表明符合性的试飞验证和243个科目的审定试飞验证,累计试飞2942架次,共5257小时38分钟;完成了3418份符合性报告编制和审查方批准,全部398条适用适航条款关闭,即其条款符合性检查清单得到审查方批准。在适航取证过程中,同时建立并逐步完善了中国商飞公司适航体系。

中国商用飞机有限责任公司作为实现国家大型飞机重大专项中大型客机项目、统筹干线和支线飞机发展、实现我国民用飞机产业化的主体,加强与实施本公司并带动我国民用航空企业适航能力建设是当务之急,及时总结归纳型号取证经验,形成适航工作指南是建设公司适航能力的必然途径。鉴于ARJ21-700飞机项目的设计与验证过程,积累了大量宝贵的适航条款符合性验证经验,非常有必要对其积累的经验进行总结、固化和提升,转化成显性知识,供中国商用飞机有限责任公司其他型号研制和取证人员及业内人员共享,为此特策划编辑出版本书。

本书针对民用运输类适航规章(包括 CCAR25 部、CCAR34 部和 CCAR36 部)中喷气支线飞机适用的 334 条适航条款(不包括 CCAR26 部适用条款 5 条,并将 55 条 APU 条款与相应的动力装置条款合并,CCAR34 部和 CCAR36 部分别作为单独 1 条),给出条款描述、条款解读、条款符合性方法、条款符合性验证说明和符合性判据。全书分为上、中、下三册。

上册:CCAR25 部 A 分部(总则)、B 分部(飞行)和 G 分部(适用限制和资料)和 CCAR36 部。

中册:CCAR25 部 C 分部(结构)和 D 分部(设计与构造)。

下册:CCAR25 部 E 分部(动力装置)、F 分部(设备)和 CCAR34 部。

本书各条款均适用的参考文献列于此,不再引入各条款的参考文献章节中:

1. 中国民用航空局.CCAR - 25 - R4 中国民用航空规章第 25 部运输类飞机适航标准[S].中国民用航空局,2011.

2. 14 CFR Part 25-Airworthiness Standards Transport Category Airplanes [S/OL]. Washington:Legal Information Institute,2016.

3. 郑作棣.运输类飞机适航标准技术咨询手册[M].北京:航空工业出版社,1995.

本书是在全面整理 ARJ21 - 700 飞机项目取证过程中的符合性验证资料、重要成果和宝贵经验的基础上,结合民用运输类飞机适航规章条款要求研究结果,从系统性、完整性和实用性角度出发,将丰富的实践经验进一步提炼而成。出版该书旨在为从事航空专业尤其是从事运输类民机设计、适航技术和审定的人员正确理解和准确把握运输类飞机适航规章每个适航条款的条款内容与要求、条款背景意图、满足条款要求而需采取的符合性验证要求(包括符合性验证思路、符合性方法、验证过程和符合性判据)提供技术指导,同时为从事航空专业人员提供适航技术专业教材,满足适航专业人才培养对教材的迫切要求。

本书是"ARJ21 新支线飞机技术系列"丛书之一,其出版发行由国家出版基金资助,体现了国家对"大飞机项目"及民用飞机适航的高度重视。此书由中国商飞公司上海飞机设计研究院适航工程中心组织编写,上海交通大学出版社出版发行,这将促进我国适航技术和民机事业的发展以及加快适航紧缺人才的培养,具有十分重要的现实意义和深远的历史意义。期望本书能够有益于民用航空领域的适航人才的培养,有益于国内适航技术的发展,有益于大飞机其他型号的研制。

本书由徐有成和郝莲主持编写,各分册编写人员如下(排名按姓氏首字母拼音顺序):

1. 上册

编写：陈玲、范基坪、韩丽、黄雄、黄跃智、贾洪、邝丽丽、兰星海、李杰、李涛、李杨、梁家瑞、林桂平、彭震、沈飞、孙铭慧、王丹、王豪、王佳杰、熊超、印帅、周艳萍

审核：褚静华、王修方、熊超、周艳萍

统稿：陈双、金时彧、刘曦明、邹海明

2. 中册

编写：丁立冬、董翠玲、范基坪、符越、黄跃智、贾洪、邝丽丽、兰星海、李杰、梁家瑞、廖飞鹏、刘文成、陆建国、罗欢、罗青、乔玉、秦飞、王豪、王留呆、王曦瑶、吴文龙、熊超、徐俐、于海生、袁烨、张方、周凯华、朱鸣鸣

审核：陈卢松、程凯、冯慧冰、路遥、罗青

统稿：李大海、李斯琪、哈红艳、孙越、杨敏

3. 下册

编写：卞浩、丁立冬、丁腾跃、范基坪、郭晋之、黄苹、黄跃智、贾洪、邝丽丽、李杰、李涛、林桂平、林科、陆军、毛文懿、彭震、沈飞、王丹、辛慧秋、熊超、于海生、张方、张利辉、郑海飞、朱鸣鸣

审核：陈巴生、李承立、颜万亿、袁烨、张利辉

统稿：陈炜、林家冠、王哲、杨波、姚远

全书最后由徐有成和郝莲负责统校和审定。

本书在编写过程中得到了中国商用飞机有限责任公司和上海飞机设计研究院各级领导、各设计研究部的大力支持与悉心指导；得到了上海交通大学出版社相关人员的鼎力帮助。在此，表示衷心的感谢。

本书在编写过程中，虽然我们力求做到言简意赅、严谨准确和通俗易懂，但由于各位编者的经历和实践差异等，以及水平有限，书中内容存在的不妥之处，敬请读者批评指正。

目　　录

上　　册

CCAR25 部　A 分部　总则

CCAR25 部　B 分部　飞行

CCAR25 部　G 分部　使用限制和资料

CCAR36 部

中　　册

CCAR25 部　C 分部　结构

CCAR25 部　D 分部　设计与构造

下　　册

CCAR25 部　E 分部　动力装置

CCAR25 部　F 分部　设备

CCAR34 部

CCAR25 部
A 分部 总则

运输类飞机适航标准
第25.1条符合性验证

1 条款介绍

1.1 条款原文

第25.1条 适用范围

（a）本规定是用于颁发和更改运输类飞机型号合格证的适航标准。

（b）根据中国民用航空规章的规定申请或更改运输类飞机型号合格证的申请人，必须表明符合本规定中适用的要求。

1.2 条款背景

第25.1条规定凡申请或更改运输类飞机型号合格证的制造商必须满足25部规章的适用要求。

1.3 条款历史

第25.1条在CCAR25部初版首次发布，截至CCAR-25-R4，该条款未进行过修订，如表1-1所示。

表1-1 第25.1条修订说明

第25.1条	CCAR25部版本	相关14 CFR修正案	备 注
首次发布	初版	—	

1985年12月31日发布了CCAR25部初版，其中包含第25.1条，该条款参考1964年12月24日发布的14 CFR PART 25中的§25.1的内容制定。

2 条款解读

2.1 条款要求

本条说明CCAR25部的适用范围，即适用于运输类飞机的型号合格审定，规定申请此类飞机型号合格证或申请对该合格证进行更改的申请人必须表明它符合CCAR25部中适用的要求。本条包含以下两层含义：

（1）第 25.1(a)款规定 CCAR25 部适用的是运输类飞机的适航标准,且适用于型号合格证的颁发和更改。

（2）第 25.1(b)款规定申请人必须表明符合 CCAR25 部中适用的要求。

2.2　相关条款

第 25.1 条无相关条款。

3　验证过程

3.1　验证对象

第 25.1 条的验证对象为申请或更改型号合格证的运输类飞机。

3.2　符合性验证思路

针对第 25.1(a)款,可以通过提供制造商的基本信息、申请或更改型号合格证的计划,以及机型基本信息来表明符合性;针对第 25.1(b)款的符合性验证思路如下:申请人按照 CCAR25 部的适用条款申请运输类飞机的型号合格证或对合格证进行更改,依据 CCAR - 21 - R4《民用航空产品和零部件合格审定规定》的适用要求和 AP - 21 - AA - 2011 - 03 - R4《航空器型号合格审定程序》的规定步骤确定审定基础、符合性验证方法、审定计划,并按照审定计划开展符合性验证工作,当所有的符合性验证工作都得出正向的结论,第 25.1(b)款的符号性即得到证明。

3.3　符合性验证方法

通常,针对第 25.1 条的符合性验证方法如表 3 - 1 所示。

表 3 - 1　建议的符合性方法

条款号	专业	符合性方法										备注
		0	1	2	3	4	5	6	7	8	9	
第 25.1(a)款			1									
第 25.1(b)款		0										

3.4　符合性验证说明

3.4.1　第 25.1(a)款符合性验证说明

针对第 25.1(a)款,采用的符合性验证方法为 MOC1。

引用飞机专项合格审定计划,说明制造商的基本信息和取证目标;引用飞机的技术要求文件,说明机型的基本信息。

3.4.2　第 25.1(b)款符合性验证说明

针对第 25.1(b)款,采用的符合性验证方法为 MOC0。

每一适用的条/款/项/目的符合性声明以表格形式列出每一适用的条/款/项/目、对于具体设计的具体要求、符合的方法、提交的文件、每一份文件的局方批准编号。全机的设计符合性声明在每一适用的条/款/项/目的符合性声明的基础上,先描述说明飞机的设计特征,概述飞机适用的审定基础及合格审定过程的活动和数据,然后以表格形式列出每一适用条款设计符合性声明的局方批准编号。

3.5 符合性文件清单

通常,针对第 25.1 条的符合性文件清单如表 3-2 所示。

表 3-2 建议的符合性文件清单

序 号	符 合 性 报 告	符合性方法
1	专项合格审定计划	MOC1
2	飞机级符合性声明	MOC0

4 符合性判据

(1)确定所研发的飞机是属于运输类飞机。

(2)所申请的是型号合格证或是型号合格证的更改。

(3)编制并确定了专项合格审定计划。

(4)依据 CCAR25 部确定了审定基础。

(5)按审定基础规划并完成了对应的验证活动,验证工作涵盖了 25 部所有适用条款的验证要求。

(6)验证活动产生的符合性文件都得到审定局方的批准。

(7)编制了全机符合性检查清单。

(8)提交了飞机级的符合性声明。

参考文献

[1] FAA. AC25-7C Flight Test Guide for Certification of Transport Category Airplanes [S]. 2012.

[2] 中国民用航空局航空器适航审定司. AP-21-AA-2011-03-R4 航空器型号合格审定程序[S]. 中国民用航空局,2011.

运输类飞机适航标准 第25.3条符合性验证

1 条款介绍

1.1 条款原文

第25.3条 ETOPS型号设计批准的专用条款

（a）适用性：本条适用于对以下飞机进行ETOPS型号设计批准的申请人

（1）于2011年12月7日已具有型号合格证的；或

（2）于2011年12月7日之前已递交初始型号合格证申请的。

（b）双发飞机

（1）对于不超过180分钟ETOPS型号设计批准的飞机，申请人必须符合第25.1535条，除了无需符合本规章附录K，K25.1.4下列条款以外：

（i）K25.1.4(a)，燃油系统压力和流量要求；

（ii）K25.1.4(a)(3)，低燃油量警告，和

（iii）K25.1.4(c)，发动机滑油箱设计。

（2）对于超过180分钟ETOPS型号设计批准飞机的申请人必须符合第25.1535条。

（c）多于两台发动机的飞机。对于2015年2月17日或以后生产的飞机，其ETOPS型号设计批准的申请人必须符合第25.1535条，除非该飞机的配置为三人机组，则申请人无需符合本部附录K的K25.1.4(a)(3)条关于低燃油量告警的要求。

〔中国民用航空局2011年11月7日第四次修订〕

1.2 条款背景

第25.3条对具有延程运行能力的型号设计提出了专用的审定要求。

1.3 条款历史

第25.3条在CCAR-25-R4版首次发布，如表1-1所示。

2011年11月7日发布了CCAR25部第4次修订，其中包含第25.3条，该条款参考了2007年2月15日生效的25-120修正案中的第25.3条的内容制定。

表 1-1　第 25.3 条条款历史

第 25.3 条	CCAR25 部版本	相关 14 CFR 修正案	备　　注
首次发布	R4	25-120	

该条款源自美国联邦航空管理局(FAA)NPRM 第 03-11 条(68 FR 64730，2003-11-14)，该 NPRM 提议针对延程运行的飞机和发动机制定关于设计、使用和维护的相关规章要求，并将原在双发飞机采用的延程运行要求扩展至适用于多发飞机。随后 FAA 修正案 25-120(72 FR 1873，2007-01-16)基本采纳了该 NPRM 提议，只是去除了对于多于两发飞机 ETOPS 维修大纲的要求，同时明确了多于两发飞机对本规章要求的适用范围。

2　条款解读

2.1　条款要求

本条款是对 CCAR25.1535 条和附录 K 条款要求的适用范围规定，即对于在 ETOPS 法案生效时(2011 年 11 月 7 日)已取得型号合格证(TC)或在审 TC 项目，在寻求 ETOPS 型号设计批准时可以对第 25.1535 条和附录 K 关于 ETOPS 型号设计批准的要求进行全部或部分限定。对于双发飞机且少于 180 分钟的 ETOPS 型号设计申请，已经取得型号合格证的双发飞机无须满足对燃油系统压力和流量要求、低燃油警告和发动机滑油箱设计要求。

第 25.3(b)款和(c)款项涉及的附录 K 条款内容如下。

K25.1.4(a)：燃油系统设计。在任何未表明为极不可能的飞机失效状态下，必须按照第 25.955 条要求的压力和燃油流量向工作发动机提供完成 ETOPS 飞行(包括申请人寻求批准的最长备降时间)所需的燃油。必须考虑的失效类型包括(但不限于)交输活门失效、自动燃油管理系统失效和正常发电失效。

K25.1.4(a)(3)：发动机可用燃油量低于飞抵目的地所需燃油时，必须给飞行机组显示警告。该警告必须在仍有足够燃油安全完成备降时给出。该警告必须顾及非正常燃油管理，或油箱间传输和可能的燃油损失。该部分不适用于要求配备飞行机械师的飞机。

K25.1.4(c)：发动机滑油箱设计。发动机滑油箱盖必须符合 CCAR33.71(c)(4)项。

2.2　相关条款

与第 25.3 条相关的条款如表 2-1 所示。

表 2 - 1   第 25.3 条相关条款

序 号	相关条款	相 关 性
1	第 25.1535 条	对第 25.1535 条适用性的说明
2	附录 K	对附录 K 适用性的说明

3 验证过程

3.1 验证对象

第 25.3 条的验证对象为飞机执行 ETOPS 的能力。

3.2 符合性验证思路

制定 ETOPS 设计技术要求的顶层文件,明确型号递交初始型号合格证申请或获得型号合格证的时间,明确申请 ETOPS 的运行时间,并确定符合附录 K 的范围,引用对第 25.1535 条的符合性验证结果,以此表明对该款的符合性。

3.3 符合性验证方法

通常,针对第 25.3 条的符合性验证方法如表 3 - 1 所示。

表 3 - 1   建议的符合性方法

条 款 号	专 业	符 合 性 方 法										备 注
		0	1	2	3	4	5	6	7	8	9	
第 25.3(a)款	总 体		1									
第 25.3(b)款	总 体		1									
第 25.3(c)款	总 体		1									

3.4 符合性验证说明

3.4.1 第 25.3(a)款符合性验证说明

针对第 25.3(a)款,采用的符合性验证方法为 MOC1,验证具体工作如下:

在飞机初步定义阶段需确定该型号飞机是否申请 ETOPS 运行,制定顶层说明文件,明确按 CCAR - 25 - R4 第 25.3(a)款对所研发型号飞机申请 ETOPS 型号设计批准,并规划按条款要求开展设计的要求,形成飞机 ETOPS 型号设计技术要求,用以表明对此款的符合性。

3.4.2 第 25.3(b)款符合性验证说明

针对第 25.3(b)款,采用的符合性验证方法包括 MOC1,验证具体工作如下:

首先需确定飞机的类型,使用的发动机数量,在确定仅使用两台发动机情况下,再根据飞机申请的 ETOPS 运行时间,分别说明超过 180 分钟和不超过 180 分钟情况下,对于第 25.1535 条的符合性,同时,明确申请 ETOPS 并开展型号合格审定的飞机需要及如何满足第 25.1535 条,需说明在本款规定的条件下,可以接受不符合 K25.1.4(a)燃油系统压力和流量要求,K25.1.4(a)(3)低燃油量告警和 K25.1.4(c)发动机滑油箱设计的情况。

3.4.3　第 25.3(c)款符合性验证说明

针对第 25.3(c)款,采用的符合性验证方法包括 MOC1,验证具体工作如下:

根据飞机的生产时间和发动机数量,判断本条的适用状态。针对适用的各种状态,说明对第 25.1535 条的符合性,同时,明确申请 ETOPS 并开展型号合格审定的飞机需要及如何满足第 25.1535 条,需说明在本款规定的条件下,可以接受不符合 K25.1.4(a)(3)项关于低燃油量告警的要求的情况。

3.5　符合性文件清单

通常,针对第 25.3 条的符合性文件清单如表 3-2 所示。

表 3-2　建议的符合性文件清单

序　号	符 合 性 报 告	符合性方法
1	飞机 ETOPS 设计技术要求	MOC1

4　符合性判据

4.1　针对第 25.3(a)款

确认飞机于 2011 年 12 月 7 日是具有型号合格证,或已于 2011 年 12 月 7 日之前递交初始型号合格证申请。

4.2　针对第 25.3(b)款

(1) 确定飞机使用两台发动机。

(2) 确认已依据飞机申请的 ETOPS 时间,确定对附录 K 的适用范围,形成了申请 ETOPS 运行的顶层设计要求。

(3) 明确了如果申请不超过 180 分钟 ETOPS 型号设计批准的飞机,除附录 K25.1.4 中(a)款、(a)(3)项及(c)款不适用外,需按照第 25.1535 条的要求开展并完成符合性验证,验证结果符合条款要求。

(4) 明确了如果申请超过 180 分钟 ETOPS 的飞机,必须按第 25.1535 条的要求开展并完成符合性验证,验证结果符合条款要求。

4.3　针对第 25.3(c)款

(1) 确认飞机使用 3 台及以上发动机。

(2) 确认飞机采用的飞行机组配置。

(3) 确认飞机是 2015 年 2 月 17 日或以后生产。

(4) 若采用 3 人机组配置,飞机即使不符合附录 K 的 K25.1.4(a)(3)项关于低燃油量告警的要求,也可以判定为符合。

(5) 其他条件下,必须按第 25.1535 条的要求开展并完成符合性验证,验证结果符合条款要求。

参考文献

[1] 　14 CFR 修正案 25 - 120 Extended Operations (ETOPS) of Multi-Engine Airplanes [S].

[2] 　FAA. AC120 - 42A. Extended Range Operation with Two-Engine Airplanes (ETOPS) [S]. 1988.

CCAR25 部
B 分部　飞行

运输类飞机适航标准
第25.21条符合性验证

1 条款介绍

1.1 条款原文

第25.21条　证明符合性的若干规定

（a）本分部的每项要求，在申请审定的载重状态范围内，对重量和重心的每种相应组合，均必须得到满足，证实时必须按下列规定：

（1）用申请合格审定的该型号飞机进行试验，或根据试验结果进行与试验同样准确的计算；

（2）如果由所检查的各种组合不能合理地推断其符合性，则应对重量与重心的每种预期的组合进行系统的检查。

（b）［备用］

（c）飞机的操纵性、稳定性、配平和失速特性，必须在直到预期最大使用高度的每一高度予以证实。

（d）飞行试验中的关键参数，诸如重量、装载（重心和惯量）、空速、功率和风等，在飞行试验期间必须保持在相应关键值的可接受允差内。

（e）如果依靠增稳系统或其它自动系统或动力作动系统才能满足飞行特性要求时，则必须表明符合25.671条和25.672条。

（f）在满足25.105（d）条、25.125条、25.233条和25.237条的要求时，必须在离地面10米高度处测量风速，或按测量风速的高度和10米高度之差进行修正。

（g）本分部关于结冰条件的要求仅适用于进行结冰条件下飞行的合格审定申请人。

（1）除25.121（a），25.123（c），25.143（b）（1）以及（b）（2），25.149，25.201（c）（2），25.207（c）以及（d），25.239和25.251（b）到（e）条款之外，在结冰条件下必须满足本分部的各项要求。必须按附录C定义的冰积聚条件表明符合性，并假设飞机及其防冰系统按照申请人制定的并在飞机飞行手册中给出的飞机使用限制和操作程序正常操作。

（2）在结冰或冰积聚条件下飞行时，第25.23条中规定的载荷分布限制、第25.25条规定的重量限制（受本分部性能要求限制的除外）、第25.27条规定的重心限制与非结冰条件下的限制相比不得改变。

〔中国民用航空局2011年11月7日第四次修订〕

1.2　条款背景

第25.21条作为B分部的总则性条款，对审定过程中的飞机构型要求、扩展计算和飞行试验的关系、试验包线范围、试验允差、带增稳系统的飞机、风的测量修正以及结冰条件下运行的验证进行了原则性的规定。

1.3　条款历史

第25.21条在CCAR25部初版首次发布，截至CCAR‑25‑R4，该条款共修订过2次，如表1‑1所示。

表 1‑1　第 25.21 条条款历史

第 25.21 条	CCAR25 部版本	相关 14 CFR 修正案	备　注
首次发布	初版	25‑7,25‑23,25‑42	
第 1 次修订	R2	25‑72	
第 2 次修订	R4	25‑121	

1.3.1　首次发布

1985年12月31日发布了CCAR25部初版，其中包含第25.21条，该条款参考1964年12月24日发布的14 CFR PART 25中的§25.21及14 CFR修正案25‑7、25‑23及25‑42的内容制定。

14 CFR修正案25‑7在§25.21中增加了§25.21(e)，提出了对于增稳系统、自动飞行系统或动力作动系统的具体要求发生单个故障后的要求；14 CFR修正案25‑23将§25.21(e)中关于增稳系统、自动飞行系统或动力作动系统的具体要求发生单个故障后的要求调整到§25.671和§25.672中；14 CFR修正案25‑42删除了§25.21(d)最后风速"在跑道上空6英尺处测量"的要求，并增加了§25.21(f)关于风速测量的要求。

1.3.2　第 1 次修订

1995年12月18日发布的CCAR‑25‑R2对第25.21条进行了第1次修订，本次修订参考了14 CFR修正案25‑72的内容：

（1）删除了§25.21(b)。

（2）删除了§25.21(d)中的允差表，并对§25.21(d)的措辞进行了修订。

§25.21(b)规定如果前重心失速速度和后重心失速速度之差小于2节时，可以根据前重心失速速度来确定飞行品质演示的速度范围。此外，由于本次修订时FAA已经发布了咨询通告AC25‑7，已经涵盖了允差要求，修正案25‑72删除了

§25.21(d)中的允差表,并对措辞进行了修订。

1.3.3 第 2 次修订

2011 年 11 月 7 日发布的 CCAR－25－R4 对第 25.21 条进行了第 2 次修订,本次修订参考了 14 CFR 修正案 25－121 的内容,增加了 §25.21(g),对结冰条件提出了要求。

在本次修订前,14 CFR PART 25 在 §24.1419 中以总则方式提出结冰条件下安全运行的要求,并在附录 C 中对飞机预期的结冰条件进行了规定。尽管性能和操稳品质在确定飞机能否安全运行时十分重要,但 14 CFR PART 25 并没有对结冰条件下飞机的性能和操稳品质提出专项要求。

为了确保所有未来的运输类飞机在进行验证时,在结冰条件下对于各飞行阶段和所有飞机形态,在飞行性能和操稳品质上都能有足够的安全裕度,该修正案重新修订了运输类飞机在结冰条件下评估性能和操稳特性的适航标准,并与欧洲的适航标准相协调,提高了运输类飞机在结冰条件下运行的安全水平。

2 条款解读

2.1 条款要求

第 25.21 条是 B 分部性能和操稳的总则性条款。

2.1.1 第 25.21(a)款

第 25.21(a)款要求在对 B 分部条款表明符合性时,需要在申请审定的载重状态范围内,对重量和重心的各种组合都必须加以验证并表明符合性。

证实时必须满足以下规定:

(1)用申请合格审定的该型号飞机进行试验,或根据试验结果进行与试验同样准确的计算。

(2)如果由所检查的各种组合不能合理地推断其符合性,则应对重量与重心的每种预期的组合进行系统的检查。

为表明符合性,用于合格审定的飞机的构型应基本达到 TC 构型,且差异部分所导致的影响应通过分析加以说明。如果需要进行计算分析,计算分析模型需要具有可接受的成熟度,需通过试验结果校验确认可接受。

这里的"重量与重心的每种预期的组合"是指在重量和重心包线范围内选取对性能和操稳最为临界和典型的情况进行验证。

2.1.2 第 25.21(c)款

第 25.21(c)款要求必须在预期最大使用高度内的每一高度,验证飞机的操纵性、稳定性、配平和失速特性。这里的预期最大使用高度是指按第 25.1527 条制定的最大高度。在对 B 分部的操纵性、稳定性、配平和失速特性进行符合性验证时,需考虑该款的要求。

2.1.3 第 25.21(d)款

第 25.21(d)款要求飞行试验的关键参数在试验期间必须保持在可接受允差内。参考 AC25-7C,关键参数包括重量、重心、空速、功率和风速等,详情如表 2-1 所示。

需要说明的是,这些允差可以在较小的关键参数下按常规安排试验,或者允许在低于临界值状态下表明符合性;且不能被认为是允许的测量误差。

表 2-1 关键参数允差

序 号	项 目	允 差
1	重量	+5%,-10%
2	受重量影响的临界项目	+5%,-1%
3	重心	整个范围的 7%
4	空速	3 节或 3%,取大值
5	功率(推力)	5%
6	风(起飞和着陆试验)	尽可能低,平均气动弦长处高度不大于约 12% V_{S1} 或 5 米/秒(取小值)

2.1.4 第 25.21(e)款

第 25.21(e)款明确如果依靠增稳系统或其他自动系统或动力作动系统才能满足飞行特性要求时,则必须表明符合第 25.671 条和第 25.672 条。

2.1.5 第 25.21(f)款

第 25.21(f)款要求在满足第 25.105(d)款、第 25.125 条、第 25.233 条和第 25.237 条时,必须在 10 米高度测量风速,或按照测量风速的高度和 10 米高度之间进行修正。该条对验证起飞和着陆等条款时的风速的测量方法提出了要求。

在一个高度上测得的风速与在另外一个高度上测得的相应风速之间的关系,可从如下方程获得

$$V_{W2} = V_{W1}(H_2/H_1)^{1/7}$$

式中: H 为距跑道表面的高度;V_{W2} 为在 H_2 高度上的风速;V_{W1} 为在 H_1 高度上的风速。

2.1.6 第 25.21(g)款

第 25.21(g)款对结冰条件下的飞行进行了规定。其中附录 C 包含两部分内容:一是大气结冰条件,给出了连续最大结冰、间断最大结冰和最大起飞结冰三种情况下的结冰条件;二是用于表明对 B 分部的符合性的机身冰积聚条件,主要包括起飞结冰、起飞最后阶段结冰、航路结冰、等待结冰、进场结冰和着陆结冰。

第 25.21(g)(1)项规定必须按照附录 C 定义的冰积聚条件表明符合性,并假设飞机及其防冰系统的正常操作是按照已制定的并在飞机飞行手册中给出的飞机使

用限制和操作程序操作的。因此要求飞机飞行手册应该包括结冰条件下的飞机使用限制和操作程序。另外,条款明确第 25.121(a)款、第 25.123(c)款、第 25.143(b)(1)项、第 25.143(b)(2)项、第 25.149 条、第 25.201(c)(2)项、第 25.207(c)款、第 25.207(d)款、第 25.239 条和第 25.251(b)款至第 25.251(e)条款不需要考虑结冰状态下的要求。

第 25.21(g)(2)项规定结冰和冰积聚条件下的重量和重心限制与非结冰条件下的限制相比不得改变。

2.2　相关条款

与第 25.21 条相关的条款如表 2-2 所示。

表 2-2　第 25.21 条相关条款

序　号	相关条款	相　关　性
1	B 分部所有条款	在对 B 分部其他条款表明符合性时需贯彻第 25.21 条的规定
2	第 25.671 条 第 25.672 条	如果依靠增稳系统或其他自动系统或动力作动系统才能满足飞行特性要求时,则必须表明符合第 25.671 条和第 25.672 条
3	第 25.1527 条	第 25.21(c)款要求必须在预期最大使用高度内的每一高度,验证飞机的操纵性、稳定性、配平和失速特性。这里的预期最大使用高度是指按第 25.1527 条制定的最大高度

3　验证过程

3.1　验证对象

第 25.21 条的验证对象为飞机的性能和操稳特性。

3.2　符合性验证思路

本条款为 B 分部的总则,对 B 分部各条款提出了总则性的要求,在各条款的符合性验证过程中结合该条款的要求一并开展符合性验证工作。

针对第 25.21(a)款,要求本分部的每项要求,在申请审定的载重状态范围内,对重量和重心的每种相应组合,均必须得到满足。通过说明性文件的方式,表明在对 B 分部各条款进行符合性验证时,考虑了本条的要求。用于合格审定的飞机的构型须基本达到 TC 构型,同时分析说明构型差异部分所导致的影响。

针对第 25.21(c)款,要求飞机的操纵性、稳定性、配平和失速特性,必须在直到预期最大使用高度的每一高度予以证实。通常情况不会在每一高度进行演示试验,而是选择包括最临界高度在内的低、中、高高度上进行演示试验,然后通过分析的方法,说明在最大使用高度范围内操纵性、稳定性、配平和失速特性均可接受。

针对第 25.21(d)款,采用说明性文件明确在为验证 B 分部各条款而进行的飞行试验中,关键参数都按要求控制在可接受的允差内。

针对第 25.21(e)款,如果依靠增稳系统或其他自动系统或动力作动系统才能满足飞行特性要求时,通过引用第 25.671 条和第 25.672 条符合性结论表明对该款的符合性。

针对第 25.21(f)款,采用说明性文件说明在为验证第 25.105(d)款、第 25.125条、第 25.233 条和第 25.237 条而进行的飞行试验及计算分析过程中,按条款要求测量了风速或进行了修正。

针对第 25.21(g)款,采用说明性文件说明,除第 25.121(a)款、第 25.123(c)款、第 25.143(b)(1)项、第 25.143(b)(2)项、第 25.149 条、第 25.201(c)(2)项、第 25.207(c)款、第 25.207(d)款、第 25.239 条、第 25.251(b)款到第 25.251(e)款之外,本分部各项要求已按附录 C 定义的机身冰积聚条件表明了符合性;同时在结冰或冰积聚条件下飞行时,第 25.23 条中规定的载荷分布限制、第 25.25 条规定的重量限制(受本分部性能要求限制的除外)和第 25.27 条规定的重心限制与非结冰条件下的限制相比没有改变。

3.3　符合性验证方法

通常,针对第 25.21 条的符合性验证方法如表 3-1 所示。

表 3-1　建议的符合性方法

条款号	专业	符合性方法										备注
		0	1	2	3	4	5	6	7	8	9	
第 25.21(a)款	性能操稳		1									
第 25.21(c)款	操稳		1									
第 25.21(d)款	性能操稳		1									
第 25.21(e)款	操稳		1									
第 25.21(f)款	性能操稳		1									
第 25.21(g)款	性能操稳		1									

3.4　符合性验证说明

针对第 25.21 条,采用的符合性验证方法为 MOC1,验证具体工作如下:

3.4.1　第 25.21(a)款

第 25.21(a)款要求使用申请合格审定的飞机进行试验,并对重量和重心的组合进行验证,以表明符合性。该款结合 B 分部的其他条款,针对使用申请合格审定的飞机进行试验的要求,在进行验证试飞之前,评估试飞构型与取证构型的差异,对试飞科目的安全性以及数据有效性进行评估,证明试验是满足型号取证要求的。针对重量和重心的要求,在整个重量、重心包线范围内,根据科目的临界性挑选最不利的重量和重心组合进行试验,从最小飞行重量直到最大起飞重量,从飞机的前重心到后重心都进行验证,确认满足条款的要求。

第 25.21(a)(2)项,在申请审定的载重状态范围内,对重量和重心的每种相应组合,均必须得到满足。在完成了临界的重量和重心组合的基础上,通过分析计算扩展获得所有重量、重心组合状态下的性能操稳数据,并满足 B 分部的每项要求。

3.4.2 第 25.21(c)款

第 25.21(c)款,要求飞机的操纵性、稳定性、配平和失速特性,必须在直到预期最大使用高度的每一高度予以证实。

根据该款的要求,在对第 25.145 条纵向操纵、第 25.147 条航向和横向操纵、第 25.161 条配平、第 25.173 条纵向静稳定性、第 25.177 条横向和航向静稳定性、第 25.201 条失速演示、第 25.203 条失速特性等条款进行飞行试验时,选择包括最临界高度在内的低、中、高高度上进行演示试验。

在完成了各典型高度的演示试验的基础上,通过分析说明的方法,说明在最大使用高度范围内操纵性、稳定性、配平和失速特性均可接受。

3.4.3 第 25.21(d)款

第 25.21(d)款规定了飞行试验中的关键参数,包括重量、装载(重心和惯量)、空速、功率和风,结合 B 分部各条款的飞行试验,通过引用上述条款对应的飞行试验大纲、试验报告,说明在对应的飞行试验过程中,该款要求的关键参数保持在可接受允差内,同时试验结果已修正到该参数在被批准使用包线内的最临界值。

3.4.4 第 25.21(e)款

通过引用第 25.671 条和第 26.672 条的验证结果,说明在正常和可能发生的故障条件下,飞行品质都是安全、可接受的。

3.4.5 第 25.21(f)款

结合第 25.105(d)款、第 25.125 条、第 25.233 条和第 25.237 条开展,通过引用上述条款对应的飞行试验大纲、试验报告及计算分析报告,说明在 10 米高度测量风速,或按照测量风速的高度和 10 米高度之间进行修正。

3.4.6 第 25.21(g)款

第 25.21(g)(1)项,通过符合性说明的方法说明申请结冰运行时,除条款中提及的例外条款外,其他条款均必须要考虑结冰条件。在表明符合性时,按照附录 C 定义的机身冰积聚条件表明符合性,并假设飞机及其防冰系统的正常操作是按照申请人制定的并在飞机飞行手册中给出的飞机使用限制和操作程序。

第 25.21(g)(2)项,通过引用重量重心报告说明结冰或冰积聚条件下,第 25.23 条中规定的载荷分布限制、第 25.25 条规定的重量限制(受本分部性能要求限制的除外)、第 25.27 条规定的重心限制与非结冰条件下的限制相比没有改变。

3.5 符合性文件清单

通常,针对第 25.21 条的符合性文件清单如表 3 - 2 所示。

表 3 - 2　建议的符合性文件清单

序　号	符 合 性 报 告	符合性方法
1	证明符合性的若干规定符合性说明	MOC1

4　符合性判据

通过设计说明和 B 分部条款验证说明,表明验证 B 分部各条款的过程中贯彻了该条款的要求。

(1) 针对 B 本部的每项要求,在申请审定的载重范围内,对重量和重心的每种相应组合均进行了飞行试验或分析计算。

(2) 在最大使用高度范围内的每一高度对飞机的操纵性、稳定性、配平和失速特性均进行了证实。

(3) 在为验证 B 分部各条款而进行的飞行试验中,关键参数都按要求控制在可接受的允差内。

(4) 对于依靠增稳系统或其他自动系统或动力作动系统才能满足飞行特性要求的飞机,按第 25.671 条和第 25.672 条的要求进行了符合性验证。

(5) 在验证第 25.105(d)款、第 25.125 条、第 25.233 条和第 25.237 条的符合性而进行的飞行试验及计算分析过程中,按要求测量了风速或进行了修正。

(6) 除第 25.121(a)款、第 25.123(c)款、第 25.143(b)(1)项、第 25.143(b)(2)项、第 25.149 条、第 25.201(c)(2)项、第 25.207(c)款、第 25.207(d)款、第 25.239 条和第 25.251(b)款到第 25.251(e)款之外,本分部各项要求已按附录 C 定义的积聚条件表明了符合性;同时在结冰或冰积聚条件下飞行时,第 25.23 条中规定的载荷分布限制、第 25.25 条规定的重量限制(受本分部性能要求限制的除外)、第 25.27条规定的重心限制与非结冰条件下的限制相比没有改变。

参考文献

[1]　14 CFR 修正案 25 - 42 Airworthiness Review Program；Amendment No. 6：Flight Amendments [S].

[2]　14 CFR 修正案 25 - 121 Airplane Performance and Handling Qualities in Icing Conditions [S].

[3]　14 CFR 修正案 25 - 23 Transport Category Airplane Type Certification Standards [S].

[4]　14 CFR 修正案 25 - 72 Special Review：Transport Category Airplane Airworthiness Standards [S].

运输类飞机适航标准 第25.23条符合性验证

1 条款介绍

1.1 条款原文

第25.23条　载重分布限制

（a）必须制定飞机可以安全运行的重量和重心范围。如果某一重量与重心的组合仅允许落在某种载重分布限制（例如展向分布）内，而该限制又可能无意中被超过，则必须制定这些限制和相应的重量与重心组合。

（b）载重分布限制不得超过：

（1）选定的限制；

（2）证明结构符合要求所使用的限制；

（3）表明符合本分部每项适用的飞行要求的限制。

1.2 条款背景

第25.23条对制造商必须制定载重分布限制提出了要求。载重分布对飞机重心位置及载荷分布有很大影响，而飞机重量、重心和载荷分布又直接影响飞机安全运行，因此，第25.23条规定航空器制造商必须制定合理的载重分布限制，保证飞机安全运行。

1.3 条款历史

第25.23条在CCAR25部初版首次发布，截至CCAR-25-R4，该条款未进行过修订，如表1-1所示。

表1-1　第25.23条条款历史

第25.23条	CCAR25部版本	相关14 CFR修正案	备　注
首次发布	初版	—	

1985年12月31日首次发布了CCAR25部初版，其中包含第25.23条，该条款参考1964年12月24日发布的14 CFR PART 25中的§25.23的内容制定。

2 条款解读

2.1 条款要求

本条"载重分布限制"要求航空器制造商必须制定合理的载重分布限制。运输类飞机载重分布一般包括商载分布和燃油分布。其中,商载分布包括客舱载客量及其分布、货舱载货量及其分布,受客舱、货舱容积、线载荷、面载荷以及总载荷的限制。燃油分布是指飞机上各油箱载油量,受油箱容量与布置以及加/耗油顺序限制。

载重分布限制不能超过当初设计时选定的限制。

载重分布限制必须在证明结构符合要求所使用的限制范围内,即载重分布限制必须经载荷和强度计算,在符合结构限制要求的范围内。

载重分布限制必须在 CCAR25 部 B 分部每项适用的飞行要求的限制范围内,即载重分布限制必须在 CCAR25 部 B 分部的性能、操作性和机动性、配平、稳定性、失速、地面和水面操纵特性等科目试飞时确定的限制范围内。

2.2 相关条款

与第 25.23 条相关的条款如表 2-1 所示。

表 2-1 第 25.23 条相关条款

序 号	相 关 条 款	相 关 性
1	第 25.1519 条	第 25.1519 条"重量、重心和载重分布":必须将第 25.23 条至第 25.27 条确定的飞机重量、重心和载重分布的限制制定为使用限制

3 验证过程

3.1 验证对象

第 25.23 条验证对象为飞机的载重分布限制。

3.2 符合性验证思路

该条款要求制造商必须制定飞机载重分布限制,而且需要经过适航符合性验证,不超过选定的限制,同时符合结构要求所使用的限制,符合本分部每项适用的飞行要求的限制。首先,制定飞机重量、重心和载重分布限制要求,作为飞机顶层设计要求。其次,根据该设计要求在全包线范围内选取临界的重量和重心组合进行质量分布计算。最后,分析前、后重心极限装载是否超出重量重心和载重分布限制要求,针对影响飞机安全的装载情况做出额外限制。

3.3 符合性验证方法

通常,针对第 25.23 条的符合性验证方法如表 3-1 所示。

表 3 - 1　　建议的符合性方法

条　款　号	专　业	符 合 性 方 法										备　注
		0	1	2	3	4	5	6	7	8	9	
第 25.23 条	重　量		1	2								

3.4　符合性验证说明

3.4.1　MOC1 验证过程

重量专业依据飞机设计目标,确定飞机最大商载、标准旅客商载、最大设计滑行重量、最大设计起飞重量、最大设计着陆重量、最大设计零油重量、最小飞行重量等关键指标;同时确定飞机设计重心包线以及飞机客货舱地板载荷,明确飞机重量重心和载重分布限制范围。编制《飞机设计重量重心规定》。

《飞机设计重量重心规定》中确定的飞机顶层设计要求重量重心和载重分布限制也是其他专业开展设计以及适航符合性验证工作的输入或约束,如载荷专业、强度专业、性能专业和操稳专业等。

3.4.2　MOC2 验证过程

首先,重量专业编制《飞机载重平衡计算分析报告》,计算极限装载状态下的装载组合情况,包括前重心极限、后重心极限装载情况,确认这些临界装载是否超出了重量重心限制范围和载重分布限制。后重心极限装载工况:只携带乘客时,或后货舱满载时,或飞机携带标准商载(乘客和托运行李时),或携带最大商载且后货舱满载时;前重心极限装载工况:只携带乘客时,或前货舱满载时,或飞机携带标准商载(乘客和托运行李时),或携带最大商载且前货舱满载时。

其次,重量专业在满足选定的客货舱和燃油限制的情况下,选取多种极限商载燃油组合,涵盖整个设计重量重心包线,计算全机、燃油和商载的质量分布,编制《全机质量分布计算报告》《商载分布计算报告》和《各状态质量特性详细数据报告》作为载荷专业和强度专业的输入。载荷和强度专业按照上述质量分布报告进行计算飞行载荷、动载荷以及地面载荷,开展适航符合性验证工作。性能和操稳专业在开展 CCAR25 部 B 分部的性能、操作性和机动性、配平、稳定性、失速、地面和水面操纵特性等以飞机重量重心和载重分布限制作为输入或约束开展适航符合性验证工作。

最后,重量专业将飞机重量重心和载重分布限制列入《重量平衡手册》和《飞行手册》,作为飞机运行过程中的使用限制。同时,在飞机前/后货舱安装限重标牌,确保实际装载时载重分布不能超过已制定的限制。

3.5　符合性文件清单

通常,针对第 25.23 条的符合性文件清单如表 3 - 2 所示。

表 3 - 2　建议的符合性文件清单

序　号	符 合 性 报 告	符合性方法
1	飞机设计重量重心规定	MOC1
2	飞机载重平衡计算分析报告	MOC2

4　符合性判据

载重分布限制时考虑了飞行性能、操稳品质、结构强度等限制。

(1) 制定载重分布限制时考虑了商载分布、燃油分布等要求。

(2) 制定载重分布限制时考虑了飞行性能、操稳品质、结构强度等要求。

(3) 载重分布限制没有超过当初设计时选定的限制。

参考文献

[1] FAA. AC25 - 25 Performance and Handling Characteristics in the Icing Conditions Specified in Part 25, Appendix C [S]. 2007.

[2] FAA. AC25 - 7C Flight Test Guide for Certification of Transport Category Airplanes [S]. 2012.

运输类飞机适航标准 第 25.25 条符合性验证

1 条款介绍

1.1 条款原文

第 25.25 条 重量限制

(a) 最大重量 必须制定对应于飞机运行状态(例如在机坪、地面或水面滑行、起飞、航路和着陆时)、环境条件(例如高度和温度)及载重状态(例如无油重量、重心位置和重量分布)的最大重量,使之不超过:

(1) 申请人针对该特定条件选定的最重的重量;

(2) 表明符合每项适用的结构载荷要求和飞行要求的最重的重量。装有助推火箭发动机的飞机除外,这类飞机的最大重量不得超过按本部附录 E 规定的最重的重量。

(3) 表明符合中国民用航空局有关噪声审定的最重的重量。

(b) 最小重量 必须制定最小重量(表明符合本部每项适用的要求的最轻重量),使之不低于:

(1) 申请人针对该特定条件选定的最轻的重量;

(2) 设计最小重量(表明符合本部每项结构载荷情况的最轻重量);

(3) 表明符合每项适用的飞行要求的最轻的重量。

〔中国民用航空局 1990 年 7 月 18 日第一次修订〕

1.2 条款背景

第 25.25 条对飞机最大重量和最小重量提出了要求。飞机的最大重量,关系到飞机的性能、载荷、机场适应性,是一个极为重要的原始数据。另外,最小重量是飞机载荷、强度计算以及操稳适航符合性验证工作中必须要进行验证的一个重要特征重量,有许多严重的飞行情况都是在最小重量下发生的。

1.3 条款历史

第 25.25 条在 CCAR25 部初版首次发布,截至 CCAR‐25‐R4,该条款共修订过 1 次,修订说明如表 1‐1 所示。

表 1-1　第 25.25 条条款历史

第 25.25 条	CCAR25 部版本	相关 14 CFR 修正案	备　注
首次发布	初版	—	
第 1 次修订	R2	25-63	

1.3.1　首次发布

1985 年 12 月 31 日发布了 CCAR25 部初版，其中包含第 25.25 条，该条款参考 1964 年 12 月 24 日发布的 14 CFR PART 25 中的 §25.25 的内容制定。

1.3.2　第 1 次修订

1995 年 12 月 18 日发布的 CCAR-25-R2 对第 25.25 条进行了第 1 次修订，本次修订参考了 14 CFR 修正案 25-63 的内容，相应地增加第 25.25(a)(3)项"表明符合中国民用航空总局有关噪声审定的最重的重量"。

2　条款解读

2.1　条款要求

第 25.25 条"重量限制"要求必须制定飞机最大重量和最小重量，确定重量包线。飞机结构最大重量，一般包括 4 个特征重量：最大停机坪重量（也称最大滑行重量）、最大起飞重量、最大着陆重量和最大零油重量。机场的海拔高度和环境温度等外部环境，对飞机性能限定的最大起飞重量、最大着陆重量有影响。对应于同一起飞、着陆场长，在不同的海拔高度和不同环境温度的机场，对应的最大起飞重量和最大着陆重量是不同的。机场的海拔越高、环境温度越高，对应的飞机最大起飞重量和最大着陆重量越小。飞机的最小重量，一般指最小飞行重量，受飞机强度与飞行特性限制。许多严重的飞行情况是在最小重量时发生的，如突风过载。因此，必须制定飞机的最大重量和最小重量。

2.2　相关条款

与第 25.25 条相关的条款如表 2-1 所示。

表 2-1　第 25.25 条相关条款

序　号	相关条款	相　关　性
1	第 25.1519 条	第 25.1519 条"重量、重心和载重分布"：必须将第 25.23 条至第 25.27 条确定的飞机重量、重心和载重分布的限制制定为使用限制

3　验证过程

3.1　验证对象

第 25.25 条的验证对象为飞机的最大重量、最小重量。

3.2　符合性验证思路

重量专业依据飞机设计目标,考虑飞机运行状态(例如在机坪、地面或水面滑行、起飞、航路和着陆时)、环境条件(例如高度和温度)及载重状态(例如无油重量、重心位置和重量分布),制定相应的最大重量,包括最大滑行重量、最大起飞重量、最大着陆重量、最大零油重量;同时,还必须制定最小重量,这些都作为飞机顶层设计要求,也是其他专业开展设计以及适航符合性验证工作的输入或约束,如载荷专业、强度专业、性能专业、操稳专业和噪声专业等。最后重量专业根据各专业验证结果确认飞机最终的特征重量,包括最大重量和最小重量,在重量平衡手册和飞行手册中列明飞机重量重心包线。

3.3　符合性验证方法

通常,针对第 25.25 条的符合性验证方法如表 3-1 所示。

表 3-1　建议的符合性方法表

条　款　号	专　业	符 合 性 方 法										备　注
		0	1	2	3	4	5	6	7	8	9	
第 25.25 条	重　量		1	2								
第 25.25(b)(3)项	操　稳									8		

3.4　符合性验证说明

3.4.1　MOC1 验证过程

重量专业依据飞机设计目标,考虑飞机运行状态(例如在机坪、地面或水面滑行、起飞、航路和着陆时)、环境条件(例如高度和温度)及载重状态(例如无油重量、重心位置和重量分布),确定最大设计滑行重量、最大设计起飞重量、最大设计着陆重量、最大设计零油重量、最小飞行重量等关键指标;同时确定飞机设计重心包线,编制《飞机设计重量重心规定》。

《飞机设计重量重心规定》中确定的飞机顶层设计要求特征重量和相应重心也是其他专业开展设计以及适航符合性验证工作的输入或约束,如载荷专业、强度专业、性能专业、操稳专业和噪声专业等。

3.4.2　MOC8 验证过程

许多严重的飞行情况是在最小重量时发生的,操稳专业通常需要验证最小飞行重量情况下飞机地面操纵性、空中小速度时的机动特性与操纵性。这些科目都具有一定的风险性，一般在模拟机上进行，典型的验证科目有：最小重量单发起飞的操稳特性、最小重量双发侧风起飞时的操稳特性、最小重量双发侧风着陆时的操稳特性、最小飞行重量复飞时操稳特性、最小重量小速度时的纵向操纵特性、最小重量小速度时的横向操纵特性、最小重量的过载杆力梯度—机动特性。编制《飞机最小重量模拟器 MOC8 试验大纲》，采集试验数据，分析试验结果，综合评判飞机的操纵能力和飞机响应是否满足要求，确保在最小飞行重量情况下的飞机安全，编制《飞机最小重量模拟器 MOC8 试验报告》。

3.4.3 MOC2 验证过程

重量专业确认载荷专业、强度专业、性能专业、操稳专业和噪声专业等在开展适航符合性验证工作时，是否将《飞机设计重量重心规定》作为输入或约束，分析上述专业适航符合性验证结果是否满足飞机最大重量、最小重量和重量包线限制要求，按需迭代完成飞机最大重量、最小重量和重量包线限制，编制《飞机重量重心限制计算分析报告》，将获得适航当局批准的飞机重量重心限制列入飞机重量平衡手册和飞行手册，作为飞机运行过程中的使用限制。

3.5 符合性文件清单

通常，针对第 25.25 条的符合性文件清单如表 3 - 2 所示。

表 3 - 2　建议的符合性文件清单

序　号	符 合 性 报 告	符合性方法
1	飞机设计重量重心规定	MOC1
2	飞机最小重量模拟器 MOC8 试验大纲	MOC8
3	飞机最小重量模拟器 MOC8 试验报告	MOC8
4	飞机重量重心限制计算分析报告	MOC2

4　符合性判据

（1）制定特征重量时考虑了飞机运行状态（例如在机坪、地面或水面滑行、起飞、航路和着陆时）、环境条件（例如高度和温度）及载重状态（例如无油重量、重心位置和重量分布）。

（2）制定飞机最大重量、最小重量及重量包线。

（3）在飞机载荷、强度等分析计算及飞行试验中，所使用的重量限制，包括最大滑行重量、最大起飞重量、最大着陆重量、最大零油重量、最小飞行重量等，未超过规定的重量限制值。

（4）在性能、操稳和噪声相关分析计算及飞行试验中，所使用最大重量限制未超过飞机规定的重量限制值，模拟器试验最小重量不大于飞机规定的最小重量限制。

参考文献

［1］ 14 CFR 修正案 25 - 63 Standards Governing the Noise Certification of Aircraft［S］.

［2］ FAA. AC25 - 25 Performance and Handling Characteristics in the Icing Conditions Specified in Part 25，Appendix C［S］. 2007.

［3］ FAA. AC25 - 7C Flight Test Guide for Certification of Transport Category Airplanes［S］. 2012.

运输类飞机适航标准 第25.27条符合性验证

1 条款介绍

1.1 条款原文

第25.27条 重心限制

必须按每种实际可区分的运行状态制定重心前限和重心后限。这些限制不得超过：

(a) 申请人选定的极限；

(b) 证明结构符合要求所使用的极限；

(c) 表明符合每项适用的飞行要求的极限。

1.2 条款背景

飞机重心包线直接影响飞机的运行安全,同时影响飞机的飞行性能及经济性。此条款的目的是综合考虑飞机结构限制和飞行要求的情况下确定飞机的重量、重心包线。

1.3 条款历史

第25.27条在CCAR25部初版首次发布,截至CCAR-25-R4,该条款未进行过修订,修订说明如表1-1所示。

表 1-1 第25.27条条款历史

第25.27条	CCAR25部版本	相关14 CFR修正案	备 注
首次发布	初版	—	

1985年12月31日首次发布了CCAR25部初版,其中包含第25.27条,该条款参考1964年12月24日发布的14 CFR PART 25中的§25.27的内容制定。

2 条款解读

2.1 条款要求

第25.27条要求必须制定飞机重心限制。根据操纵性、稳定性的要求及飞机结构限制,确定一个允许的重心范围,即重心包线。重心限制符合飞机设计之初选定的限制,符合结构设计、强度校核要求所使用的极限,符合每项适用的飞行要求的极限。

2.2 相关条款

与第 25.27 条相关的条款如表 2-1 所示。

表 2-1 第 25.27 条相关条款

序　号	相关条款	相　关　性
1	第 25.1519 条	第 25.1519 条"重量、重心和载重分布":必须将第 25.23 条至第 25.27 条确定的飞机重量、重心和载重分布的限制制定为使用限制

3 验证过程

3.1 验证对象

第 25.27 条的验证对象为飞机的重心前限、重心后限和重心包线。

3.2 符合性验证思路

重量专业依据飞机设计目标,考虑飞机实际运行状态制定重心限制,包括重心前限和重心后限,这些都作为飞机顶层设计要求,也是其他专业开展设计以及适航符合性验证工作的输入或约束,如载荷专业、强度专业、性能专业、操稳专业和噪声专业等。最后重量专业根据各专业验证结果确认飞机最终的重心限制,在重量平衡手册和飞行手册中列明飞机重量重心包线。

3.3 符合性验证方法

通常,针对第 25.27 条的符合性验证方法如表 3-1 所示。

表 3-1 建议的符合性方法

条　款　号	专　业	符 合 性 方 法										备　注
		0	1	2	3	4	5	6	7	8	9	
第 25.27 条	重　量		1	2								

3.4 符合性验证说明

3.4.1 MOC1 验证过程

重量专业依据飞机设计目标,考虑飞机实际运行状态,确定飞机重心限制,包括重心前限和重心后限,编制《飞机设计重量重心规定》。其中,后重心极限装载工况一般为:只携带乘客时,或后货舱满载时,或飞机携带标准商载(乘客和托运行李时),或携带最大商载且后货舱满载时;前重心极限装载工况一般为:只携带乘客时，或前货舱满载时，或飞机携带标准商载（乘客和托运行李时），或携带最大商载且前货舱满载时。

《飞机设计重量重心规定》中确定的飞机顶层设计要求特征重量和相应重心也是其他专业开展设计以及适航符合性验证工作的输入或约束，如载荷专业、强度专业、性能专业、操稳专业等。

3.4.2　MOC2 验证过程

重量专业确认载荷专业、强度专业、性能专业和操稳专业等在开展适航符合性验证工作时，是否将《飞机设计重量重心规定》作为输入或约束，分析上述专业适航符合性验证结果是否满足飞机重心前限、重心后限和重心包线限制要求，按需迭代完成飞机重心前限、重心后限和重心包线限制，编制《飞机重量重心限制计算分析报告》，将获得适航当局批准的飞机重量重心限制列入飞机重量平衡手册和飞行手册，作为飞机运行过程中的使用限制。

3.5　符合性文件清单

通常，针对第 25.27 条的符合性文件清单如表 3-2 所示。

表 3-2　建议的符合性文件清单

序　号	符 合 性 报 告	符合性方法
1	飞机设计重量重心规定	MOC1
2	飞机重量重心限制计算分析报告	MOC2

4　符合性判据

（1）设计之初制定了飞机重心前限、重心后限和重心包线限制。

（2）制定重心前限、重心后限和重心包线限制时考虑了飞机实际运行状态。

（3）制定重心前限、重心后限和重心包线限制未超过当初设计时选定的极限。

（4）在飞机载荷、强度等分析计算及飞行试验中，所使用的重心前限、重心后限和重心包线限制未超过规定的限制值。

（5）在性能、操稳等分析计算及飞行试验中，所使用的重心前限、重心后限和重心包线限制未超过规定的限制值。

参考文献

［1］　FAA. AC25-25 Performance and Handling Characteristics in the Icing Conditions Specified in Part 25，Appendix C [S]. 2007.

［2］　FAA. AC25-7C Flight Test Guide for Certification of Transport Category Airplanes [S]. 2012.

［3］　刘星. 民用机飞行原理[D]. 南京：南京航空航天大学，2007.

运输类飞机适航标准
第 25.29 条符合性验证

1 条款介绍

1.1 条款原文

第 25.29 条 空重和相应的重心

(a) 空重与相应的重心必须用飞机称重的方法确定。称重时飞机上装有：

(1) 固定配重；

(2) 按 25.959 条确定的不可用燃油；

(3) 全部工作流体，包括：

(i) 滑油；

(ii) 液压油；

(iii) 机上系统正常工作所需的其它流体，但饮用水、厕所预注水和发动机用的喷液除外。

(b) 确定空重时的飞机状态必须是明确定义的并易于再现。

1.2 条款背景

空机的重量和重心是飞机实际重量、重心的基础，如果飞机的重量和重心超出了飞机限制，那么将影响飞行安全。因此，必须制定相应重量、重心包线。

1.3 条款历史

第 25.29 条在 CCAR25 部初版首次发布，截至 CCAR－25－R4，该条款未进行过修订，修订说明如表 1－1 所示。

表 1－1 第 25.29 条条款历史

第 25.29 条	CCAR25 部版本	相关 14 CFR 修正案	备　注
首次发布	初版	—	

1985 年 12 月 31 日首次发布了 CCAR25 部初版，其中包含第 25.29 条，该条款参考 1964 年 12 月 24 日发布的 14 CFR PART 25 中的 §25.29 的内容制定。

2 条款解读

2.1 条款要求

第 25.29(a)款规定制造商必须通过全机称重确定飞机实际空重和相应重心位置,称重时,空机还必须装有固定配重(按需)、不可用燃油和全部工作流体。

第 25.29(b)款要求必须明确定义用于称重的空机构型状态。

飞机初步设计阶段,可以通过计算获得飞机理论空重和相应重心位置;但由于受生产公差、代料等诸多因素影响,每架飞机实际空重和相应重心位置与理论空重和相应重心位置存在偏差,因此在总装完成后,制造商需要通过全机称重来确定每架飞机实际空重和相应重心位置。

2.2 相关条款

与第 25.29 条相关的条款如表 2 - 1 所示。

表 2 - 1　第 25.29 条相关条款

序　号	相　关　条　款	相　关　性
1	第 25.959 条	第 25.29 条要求全机称重时飞机上必须装有按 25.959 条确定的不可用燃油

3 验证过程

3.1 验证对象

第 25.29 条的验证对象为飞机空重和重心。

3.2 符合性验证思路

通过实际称重的方法确定飞机空重和相应重心位置,在称重的过程中依据条款要求确定用于称重的空机构型状态。

3.3 符合性验证方法

通常,针对第 25.29 条的符合性验证方法如表 3 - 1 所示。

表 3 - 1　建议的符合性方法

条　款　号	专　业	符 合 性 方 法										备　注
		0	1	2	3	4	5	6	7	8	9	
第 25.29(a)款	重　量						5					
第 25.29(b)款	重　量		1									

3.4 符合性验证说明

3.4.1 MOC1 验证过程

在详细设计后,编制理论空重和相应重心设计说明报告,其上明确定义飞机的特征重量,说明制造空机重量、基本空机重量、标准项目等;说明理论计算出的飞机基本空机重量以及相应的重心位置。

3.4.2 MOC5 验证过程

全机地面称重 MOC5 试验,验证全机地面称重方法和称重程序的合理性与正确性,同时获得飞机的实际空机重量。

全机地面称重 MOC5 试验,选取基本空机作为称重对象。基本空机重量等于制造空机重量加上标准项目的重量。制造空机重量包括结构、动力装置、内部设备、系统。标准项目是指不同选装构型的飞机中不同的设备项目和不包含在制造空机重量的有用液体。这些项目包括:旅客座椅、厨房结构、盥洗室、衣帽间、储藏室、杂物袋、地毯、发动机滑油、不可用燃油等。

全机地面称重 MOC5 称重前必须检查飞机的构型状态,并有相关表单用于记录称重时飞机的实际构型状态,包括多件与缺件的数量、名称和重量重心数据等,确保每次称重时飞机的构型状态清楚,易于下次复现。同时,还必须按第 25.29 (a)款要求加注滑油等工作流体及不可用燃油。

称重后,根据飞机的实际称重状态进行重量修正,并完成称重报告,得到基本空机重量和相应重心位置,并与理论计算空重和相应的重心位置对比,确认偏差是否满足全机地面称重 MOC5 试验大纲要求。如果偏差不满足大纲要求,则需要分别从两个方面查原因,一方面,实际称重方法与程序是否合理,称重仪器或者设备误差是否满足要求;另一方面,理论计算过程是否正确,构型状态是否清晰等。

3.5 符合性文件清单

通常,针对第 25.29 条的符合性文件清单如表 3-2 所示。

表 3-2 建议的符合性文件清单

序 号	符 合 性 报 告	符合性方法
1	空重和相应的重心设计说明	MOC1
2	全机地面称重试验大纲	MOC5
3	全机地面称重试验报告	MOC5

4 符合性判据

通过全机地面称重 MOC5 试验表明,实际称重方法和程序是合理的,用于称重的空机构型状态是明确的。

进行全机地面称重 MOC5 试验时需要满足以下要求:

（1）称重时严格按照试验大纲的称重方法和称重程序完成试验并获得试验数据。

（2）称重时飞机上留有固定配重（按需）。

（3）称重时飞机上装有第 25.959 条确定的不可用燃油。

（4）称重时飞机上装有全部工作流体，包括滑油、液压油以及机上系统正常工作时所需要的其他流体。

（5）称重时飞机上不能有饮用水、厕所预注水以及发动机用的喷液。

（6）飞机构型状态是确定的，且可以重复配置。

参考文献

［1］ FAA. AC25 - 7C Flight Test Guide for Certification of Transport Category Airplanes ［S］. 2012.

［2］ FAA. AC25 - 25 Performance and Handling Characteristics in the Icing Conditions Specified in Part 25，Appendix C ［S］. 2007.

运输类飞机适航标准
第 25.31 条符合性验证

1 条款介绍

1.1 条款原文

第 25.31 条　可卸配重

在表明符合本分部的飞行要求时,可采用可卸配重。

1.2 条款背景

CCAR25 部 B 分部条款飞行验证需要在某些特定重量、重心条件下进行,在飞行验证过程中,第 25.31 条允许申请人为了调整飞机达到特定重量、重心而使用可卸配重。

1.3 条款历史

第 25.31 条在 CCAR25 部初版首次发布,截至 CCAR - 25 - R4,该条款未进行过修订,如表 1 - 1 所示。

表 1 - 1　第 25.31 条条款历史

第 25.31 条	CCAR25 部版本	相关 14 CFR 修正案	备　注
首次发布	初版	—	

1985 年 12 月 31 日首次发布了 CCAR25 部初版,其中包含第 25.31 条,该条款参考 1964 年 12 月 24 日发布的 14 CFR PART 25 中的 §25.31 的内容制定。

2 条款解读

2.1 条款要求

该条款允许申请人为实现特定重量、重心而使用非飞机构型组成部分的配重,并在任务结束后,卸下配重。

2.2　相关条款

第 25.31 条无相关条款。

3　验证过程

3.1　验证对象

第 25.31 条款验证对象为 CCAR25 部 B 分部条款验证时飞机重量、重心的控制方法。

3.2　符合性验证思路

第 25.31 条，可以采用设计说明 MOC1 表明符合性。

3.3　符合性验证方法

通常，针对第 25.31 条的符合性验证方法如表 3－1 所示。

表 3－1　建议的符合性方法

条　款　号	专　业	符 合 性 方 法										备　注
		0	1	2	3	4	5	6	7	8	9	
第 25.31 条	重　量		1									

3.4　符合性验证说明

通过说明性文件，说明在飞行验证过程中为了满足特定重量、重心，使用的可卸配重，如水配重，或者沙袋配重。相应地，配重在飞机上的改装方案需要获得适航审定批准。

3.5　符合性文件清单

通常，针对第 25.31 条的符合性文件清单如表 3－2 所示。

表 3－2　建议的符合性文件清单

序　号	符 合 性 报 告	符合性方法
1	可卸配重使用情况说明报告	MOC1

4　符合性判据

对 CCAR25 部 B 分部条款进行符合性验证时，重量和重心控制方式、使用配重情况及配重方法得到局方批准，即可以表明飞机对第 25.31 条的符合性。

参考文献

［1］　FAA. AC25 - 25 Performance and Handling Characteristics in the Icing Conditions

Specified in Part 25, Appendix C [S]. 2007.

[2] FAA. AC25 - 7C Flight Test Guide for Certification of Transport Category Airplanes [S].
2012.

运输类飞机适航标准
第 25.101 条符合性验证

1 条款介绍

1.1 条款原文

第 25.101 条　总则

(a) 除非另有规定,飞机必须按周围大气条件和静止空气满足本分部适用的性能要求。

(b) 受发动机功率(推力)影响的性能必须基于下述相对湿度。

(1) 对于涡轮发动机飞机:

(i) 在等于和低于标准温度时,相对湿度为 80%;

(ii) 在等于和高于标准温度加 28℃(50℉)时,相对湿度为 34%。在这两种温度之间,相对湿度按线性变化。

(2) 对于活塞发动机飞机,标准大气下相对湿度为 80%。发动机功率的蒸气压力修正按下表:

高度 H (米)	蒸气压力 e (毫米汞柱)	比湿度 W (公斤水蒸气/公斤干燥空气)	相对密度 σ (ρ/零高标准大气密度)
0	10.2	0.00849	0.99508
250	9.21	0.00786	0.97179
500	8.28	0.00727	0.94886
750	7.43	0.00672	0.92637
1,000	6.66	0.00621	0.90424
1,250	5.96	0.00572	0.88248
1,500	5.32	0.00527	0.86113
1,750	4.75	0.00485	0.84015
2,000	4.24	0.00445	0.81955
2,250	3.77	0.00408	0.79933
2,500	3.34	0.00374	0.77949
2,750	2.97	0.00342	0.76000
3,000	2.63	0.00312	0.74086

（续表）

高度 H（米）	蒸气压力 e（毫米汞柱）	比湿度 W（公斤水蒸气/公斤干燥空气）	相对密度 σ（ρ/零高标准大气密度）
4,500	1.22	0.00176	0.63353
6,000	0.531	0.000934	0.53829
7,500	0.217	0.000467	0.45453

高度 H（英尺）	蒸气压力 e（英寸汞柱）	比湿度 W（磅水蒸气/磅干燥空气）1	相对密度 σ（ρ/零高标准大气密度）
0	0.403	0.00849	0.99508
1,000	0.354	0.00773	0.96672
2,000	0.311	0.00703	0.93895
3,000	0.272	0.00638	0.91178
4,000	0.238	0.00578	0.88514
5,000	0.207	0.00523	0.85910
6,000	0.1805	0.00472	0.83361
7,000	0.1566	0.00425	0.80870
8,000	0.1356	0.00382	0.78434
9,000	0.1172	0.00343	0.76053
10,000	0.1010	0.00307	0.73722
15,000	0.0463	0.00171	0.62868
20,000	0.01978	0.000896	0.53263
25,000	0.00778	0.000436	0.44806

（c）性能必须对应于在特定周围大气条件、特定飞行状态和本条（b）规定的相对湿度下的可用推进力。该可用推进力必须与不超过批准的功率（推力）扣除下列损失后的发动机功率（推力）相对应：

（1）安装损失；

（2）特定周围大气条件和特定飞行状态下由附件及辅助装置所吸收的功率或当量推力。

（d）除非另有规定，申请人必须选择飞机的起飞、航路、进场和着陆形态。

（e）飞机形态可随重量、高度和温度变化，使之适合本条（f）要求的操作程序。

（f）除非另有规定，在确定加速—停止距离、起飞飞行航迹、起飞距离和着陆距离时，改变飞机的形态、速度、功率（推力），必须按照申请人为使用操作所制定的程序进行。

（g）必须制定与第 25.119 条和第 25.121（d）条中规定的条件相应的执行中断着陆和中断进场的程序。

（h）按本条（f）和（g）所制定的程序必须：

（1）在飞机服役中能够由具有中等技巧的机组一贯正确的执行；

（2）采用安全可靠的方法或装置；

（3）计及在服役中执行这些程序时可合理预期的时间滞后。

（i）第 25.109 条和第 25.125 条所规定的加速—停止距离和着陆距离必须在飞机全部的机轮刹车装置处于它们所允许磨损范围的完全磨损极限状态下确定。

〔中国民用航空局 2001 年 5 月 14 日第三次修订〕

1.2　条款背景

第 25.101 条为性能总则性条款，对飞机性能提出了总体要求。该条款的目的是制定性能部分都应符合的共同要求。包括大气环境、湿度、可用推力的确定、飞机构形以及试飞操纵程序。

1.3　条款历史

第 25.101 条在 CCAR25 部初版首次发布，截至 CCAR - 25 - R4，该条款共修订过 1 次，如表 1 - 1 所示。

表 1 - 1　第 25.101 条条款历史

第 25.101 条	CCAR25 部版本	相关 14 CFR 修正案	备　注
首次发布	初版	25 - 38	
第 1 次修订	R3	25 - 92	

1.3.1　首次发布

1985 年 12 月 31 日发布了 CCAR25 部初版，其中包含第 25.101 条，该条款参考 14 CFR 修正案 25 - 38 制定。14 CFR 修正案 25 - 38 的内容：§ 25.101(a) 中删除"涡轮发动机飞机（turbine powered airplanes）"，只用"飞机（airplanes）"，没有本质变化。§ 25.101(b) 增加了 § 25.101(b)(2) 内容，阐明对于活塞式发动机，标准大气下相对湿度为 80%，发动机功率的蒸气压力修正见 § 25.101(b)(2) 修正表。

1.3.2　第 1 次修订

2001 年 5 月 14 日发布的 CCAR - 25 - R3 对第 25.101 条进行了第 1 次修订，本次修订参考了 14 CFR 修正案 25 - 92 的内容：§ 25.101 增加了 (i) 款，要求 § 25.109 和 § 25.125 规定的加速—停止距离和着陆距离必须在飞机全部的机轮刹车装置处于它们所允许磨损范围的完全磨损极限状态下确定。

2　条款解读

2.1　条款要求

第 25.101(a) 款规定了 B 分部性能必须满足的大气条件，除非另有规定，飞机应该按周围大气条件和静止空气，即标准大气和非标准大气来确定性能。"周围大气条件和静止空气"是指无风的外界大气即标准大气和非标准大气。

第 25.101(b) 款要求在考虑空气湿度影响的前提下，计算受发动机功率（推力）

影响的性能。

第 25.101(c)款规定,飞机"性能必须对应于在特定周围大气条件、特定飞行状态和本条(b)规定的相对湿度下的可用推进力"。推进系统安装后的性能特性基本上是发动机功率或推力设定、空速、螺旋桨效率(适用时)、高度和环境温度的函数,所以要确定上述每一变量对制定用于飞机性能计算的可用推力的影响。可用推进力必须与不超过批准的功率(推力)扣除下列损失后的发动机功率(推力)相对应:安装损失;特定周围大气条件和特定飞行状态下由附件及辅助装置所吸收的功率或当量推力。

第 25.101(d)款和(e)款规定了由制造商选择飞机的起飞、航路、进场和着陆的形态,飞机形态可以随重量、高度和温度而变化。

第 25.101(f)款和(g)款规定飞机在确定加速—停止、起飞飞行航迹、起飞距离和着陆距离时,改变飞机形态、速度、功率(推力)都必须按照制造商制定操作程序进行。在制定执行中断着陆和中断进场的程序时要符合第 25.119 条着陆爬升和第 25.121(d)款单发停车进场的相应要求。

第 25.101(h)款明确在按第 25.101(f)款和(g)款要求制定的操作程序时必须:所制定的操作程序和采用的装置对具有中等技巧的机组能安全可靠地实施;采用安全可靠的方法或装置;计及服役中执行这些程序时可合理预期的时间滞后。

第 25.101(i)款中完全磨损极限定义为:必须将刹车装置从飞机上拆卸下送去翻修前所容许的磨损量。容许的磨损量应用轴线方向的线性尺寸定义,一般是通过观测磨损探测销的伸出段来确定。第 25.109(i)款要求,最大刹车能量加速—停止距离的飞行试验,应在飞机每个机轮刹车装置的剩余磨损量不大于允许范围 10% 的条件下(10% 的刹车装置磨损余量的目的是保障试验的安全)进行演示。着陆距离试飞允许机轮刹车处于许可的任意磨损状态。如果刹车装置在着陆距离试飞和加速—停止距离试飞不是处在完全磨损状态下进行,则得到的试验结果就必须要被修正到刹车装置完全磨损状态。

2.2　相关条款

与第 25.101 条相关的条款如表 2-1 所示。

表 2-1　第 25.101 条相关条款

序　号	相 关 条 款	相　关　性
1	第 25.103 条至第 25.125 条	第 25.101 条为性能章节的总则条款,性能章节的所有条款都要满足本条款要求

3　验证过程

3.1　验证对象

本条款的验证对象为飞机性能。

3.2　符合性验证思路

该条是性能部分的总则条款,除第25.101(c)款外,其他款目需要结合有关条款的试飞一起验证。

通过性能计算报告、飞行手册和B分部其他条款的试飞报告,说明飞机性能基于无风的周围大气条件给出,飞行手册提供飞机各飞行阶段的构型要求以及第25.101条要求的操作程序,且这些程序经过试飞验证。通过动力专业推力计算报告和试飞报告,说明可用推力的确定过程,表明用于性能计算的发动机功率/推力进行了大气湿度修正,并扣除了发动机安装损失和功率提取。引用最大刹车能量和着陆试飞报告及计算报告,说明飞机确定着陆距离和加速—停止距离时机轮刹车装置处于完全磨损状态。

3.3　符合性验证方法

通常,针对第25.101条的符合性验证方法如表3-1所示。

表3-1　建议的符合性方法

条　款　号	专　业	符 合 性 方 法										备　注
		0	1	2	3	4	5	6	7	8	9	
第25.101(a)款	性　能			2				6				
第25.101(b)款	动　力			2								
第25.101(c)款	动　力			2				6				
第25.101(d)款	性　能		1					6				
第25.101(e)款	性　能		1					6				
第25.101(f)款	性　能		1					6				
第25.101(g)款	性　能		1					6				
第25.101(h)款	性　能		1					6				
第25.101(i)款	性　能		1									

3.4　符合性验证说明

3.4.1　第25.101(a)款符合性验证说明

针对第25.101(a)款,采用的符合性验证方法为MOC2和MOC6,验证具体工作如下:

1) MOC6验证过程

性能专业通过在性能试飞大纲对试飞大气条件提出要求,明确B分部性能试飞科目,在静止的周围大气条件下进行相应的试飞试验,表明对第25.101(a)款的符合性。

2) MOC2验证过程

在试飞基础上,通过性能扩展计算,给出飞行包线内可能大气条件的性能数据。

3.4.2　第 25.101(b)款符合性验证说明

针对第 25.101(b)款,采用的符合性验证方法为 MOC2,验证工作具体为:动力系统通过 MOC2 计算分析,按照第 25.101(b)款规定的相对湿度确定发动机的性能,表明对第 25.101(b)款的符合性。

3.4.3　第 25.101(c)款符合性验证说明

针对第 25.101(c)款,采用的符合性验证方法包括 MOC2 和 MOC6,各项验证工作具体如下:

1) MOC2 验证过程

基于发动机推力飞行试验,确定发动机可用推力计算模型,该模型在考虑第 25.101(c)款规定的安装损失、发动机引气和功率提取等情况。通过推力计算模型给出在不同大气条件和飞行速度下发动机的可用推力。

2) MOC6 验证过程

在不同的引气和功率提取下以及不同的高度和马赫数下,保持被试发动机在不同转速下的状态稳定,获取飞机发动机在不同情况下的安装推力性能数据,用于确定发动机推力计算模型。

3.4.4　第 25.101(d)、(e)、(f)、(g)、(h)款符合性验证说明

第 25.101(d)、(e)、(f)、(g)、(h)款采用的符合性验证方法包括 MOC1 和 MOC6,各项验证工作具体如下。

1) MOC1 验证过程

第 25.101(d)、(e)、(f)、(g)、(h)款关于飞机形态和操作程序的要求,通过飞行手册给出了飞机的起飞、航路、进场和着陆形态,以及正常起飞程序、着陆程序与复飞程序、起飞和着陆的单发程序,包括中断起飞程序、V_1 后发动机失效继续起飞程序以及单发失效进近和着陆程序等。这些程序规定了在确定起飞飞行航迹、起飞距离、加速—停止距离和着陆距离过程中飞机的构型变化要求以及相应的操作要求。

引用对应刹车系统/设备的系统安全性分析结论,说明刹车装置(包括机轮刹车、地面减速板和反推等)工作的安全性和可靠性。

引用第 25.109 条和第 25.125 条的验证结果,说明在计算着陆距离和加速—停止距离时考虑了各种刹车动作合理的时间延迟。

2) MOC6 验证过程

通过结合各飞机系统/专业的科目试飞,对飞行手册所给出的操作程序进行验证。试飞必须按建议的操作程序执行,试飞后由试飞员对操作程序给出评论。

3.4.5　第 25.101(i)款符合性验证说明

针对第 25.101(i)款,采用的符合性验证方法包括 MOC1,具体的验证工作为:对最大刹车能量试飞和着陆试飞时采用的刹车盘磨损状态进行说明,同时说明提供给飞行手册的性能数据,是将试验结果修正到刹车装置完全磨损状态下停止能

力所对应的结果。

3.5 符合性文件清单

通常,针对第25.101条的符合性文件清单如表3-2所示。

表 3 - 2　建议的符合性文件清单

序　号	符 合 性 报 告	符合性方法
1	发动机可用推力分析报告	MOC2
2	发动机可用推力试飞大纲	MOC6
3	发动机可用推力试飞报告	MOC6
4	飞机操作程序试飞机组评述及报告	MOC6
5	飞机飞行手册	MOC1

4　符合性判据

4.1　针对第25.101(a)款

针对第25.101(a)款,判据如下:除非其他条款特别要求,B分部飞机性能的确定是按在周围大气和无紊流平静大气下提供,试飞中风速不大于10 kn,正侧风不大于5 kn。

4.2　针对第25.101(b)款

针对第25.101(b)款的要求,判据如下。

4.2.1　对于涡轮发动机飞机

(1) 在等于和低于标准温度时,相对湿度为80%。

(2) 在等于和高于标准温度加28℃(50℉)时,相对湿度为34%。在这两种温度之间,相对湿度按线性变化。

4.2.2　对于活塞发动机飞机

标准大气下相对湿度为80%。发动机功率的蒸气压力修正按第25.101(b)款规定的压力修正表确定。

4.3　针对第25.101(c)款

针对第25.101(c)款,判据如下(以涡轮风扇发动机为例)。

(1) 安装损失考虑了下述方面:① 冲压阻力的损失;② 进气道总压损失;③ 排气管道损失、泄漏和发动机通风冷却损失;④ 与空气滑油冷却器相关的排气系统压力损失;⑤ 动力装置系统外涵道喷管和核心机喷管下游的尾流,与喷管及吊挂表面相冲刷产生的阻力。

(2) 引气和功率考虑了下述方面:① 由空调系统引气引起的推力损失;② 由防冰系统(机翼防冰和短舱防冰)引起的推力损失;③ 由组合驱动发电机功率提取

引起的推力损失;④ 由发动机驱动泵功率提取引起的推力损失。

（3）按发动机推力计算模型计算得到的推力和发动机推力飞行试验测得的推力有的一致性可接受。

4.4 针对第 25.101(d)、(e)、(f)、(g)款

针对第 25.101(d)、(e)、(f)、(g)款,判据如下。

（1）飞机飞行手册提供飞机的起飞、航路、进场和着陆形态及其操作程序。

（2）按起飞性能、加速—停止距离、进场爬升、着陆爬升和着陆距离,确定了试飞的相应操作程序。

4.5 针对第 25.101(h)款

针对第 25.101(h)款,判据如下:

（1）试飞试验证明在起飞性能、加速—停止距离、进场爬升、着陆爬升和着陆距离等科目的试飞试验中,飞机响应正常,驾驶员未采用特殊的驾驶技巧。

（2）加速—停止距离计算及着陆距离计算中计及了刹车动作合理的时间延迟。

（3）刹车系统、减速板和反推等的安全性分析报告表明这些系统在正常条件下能安全可靠地工作。

4.6 针对第 25.101(i)款

针对第 25.101(i)款,判据如下:

（1）在进行最大刹车能量试飞时采用剩余量不大于 10% 的刹车盘。

（2）试飞时未采用剩余量不大于 10% 的刹车盘,提供给飞行手册的着陆距离和加速—停止距离试验结果修正到刹车装置完全磨损状态。

参考文献

［1］ 14 CFR 修正案 25 - 38 Airworthiness Review Program，Amendment No. 3：Miscellaneous Amendments［S］.

［2］ 14 CFR 修正案 25 - 92 Improved Standards for Determining Rejected Takeoff and Landing Performance［S］.

［3］ FAA. AC25 - 13 Reduced and Derated Takeoff Thrust (Power) Procedures［S］. 1988.

［4］ FAA. AC25 - 15 Approval of Flight Management Systems in Transport Category Airplanes［S］. 1989.

［5］ FAA. AC25. 735 - 1 Brakes and Braking Systems Certification Tests and Analysis［S］. 2002.

［6］ 白杰. 运输类飞机适航要求解读：性能试飞［M］.北京：航空工业出版社,2013.

［7］ FAA. AC25 - 7C Flight Test Guide for Certification of Transport Category Airplanes［S］. 2012.

运输类飞机适航标准 第 25.103 条符合性验证

1 条款介绍

1.1 条款原文

第 25.103 条 失速速度

(a) 基准失速速度 V_{SR} 是申请人确定的校正空速。V_{SR} 不得小于 1 - g 失速速度。V_{SR} 可表述为：

$$V_{SR} \geq \frac{V_{CL_{MAX}}}{\sqrt{n_{ZW}}}$$

式中：$V_{CL_{MAX}}$ = 在本条(c)所述的机动过程中当载荷系数—修正升力系数 $\left(\dfrac{n_{ZW}W}{qS}\right)$ 第一次最大时获得的校正空速。此外，当该机动受在选定迎角突然将机头下推的装置(例如，推杆器)限制时，$V_{CL_{MAX}}$ 不得小于该装置作动那一瞬间存在的速度。

n_{ZW} = 在 $V_{CL_{MAX}}$ 处垂直于飞行航迹的载荷系数

W 飞机总重量；

S 机翼气动参考面积；

q 动压。

(b) $V_{CL_{MAX}}$ 由如下方法确定：

(1) 发动机慢车，或者如果产生的推力导致失速速度明显下降，在此失速速度时不超过零推力；

(2) 螺旋桨桨距操纵装置(如适用)在起飞位置；

(3) 该飞机在其它方面(例如襟翼、起落架和冰积聚)处于使用 V_{SR} 的试验或性能标准所具有的状态；

(4) 使用将 V_{SR} 作为确定对要求的性能标准符合性因素时的重量；

(5) 导致基准失速速度值最大的重心位置；和

(6) 按在申请人选定的速度作直线飞行来配平飞机，此速度应不小于 $1.13V_{SR}$

且不大于 $1.3V_{SR}$。

（c）从稳定的配平状态开始，使用纵向操纵减速飞机，使速度降低不超过每秒 1 节。

（d）除本条（a）要求之外，当安装有在选定迎角下突然将机头下推的装置（例如，推杆器）时，基准失速速度 V_{SR} 超过该装置作动时的速度应不小于 2 节或者 2%（取大者）。

〔中国民用航空局 2011 年 11 月 7 日第四次修订〕

1.2　条款背景

第 25.103 条对失速速度提出了要求。由于适航规章有关性能和操纵品质的很多条款都以失速速度为基准，所以要求制定民机试飞大纲时应先完成失速速度试验，以便为以后的飞行试验提供可用数据。

1.3　条款历史

第 25.103 条在 CCAR25 部初版首次发布，截至 CCAR－25－R4，该条款共修订过 1 次，如表 1－1 所示。

表 1－1　第 25.103 条条款历史

第 25.103 条	CCAR25 部版本	相关 14 CFR 修正案	备　　注
首次发布	初版	—	
第 1 次修订	R4	25－108,25－121	

1.3.1　首次发布

1985 年 12 月 31 日发布了 CCAR25 部初版，其中包含第 25.103 条，该条款参考 1964 年 12 月 24 日发布的 14 CFR PART 25 中的 §25.103 的内容制定。

1.3.2　第 1 次修订

2011 年 11 月 7 日发布的 CCAR－25－R4 对第 25.103 条进行了第 1 次修订，本次修订参考了 14 CFR 修正案 25－108 和 14 CFR 修正案 25－121 的内容：

14 CFR 修正案 25－108 对该条款进行了整体修改，重新定义了失速速度，以基准失速速度 V_{SR} 替代原条款中定义的失速速度 V_S。使用基准失速速度的目的一是降低失速试飞的风险，二是尽可能使基准失速速度的获取不受飞行员的飞行技术的影响。

14 CFR 修正案 25－121 对该条款（b）（3）项进行了修订，要求给出结冰条件下的失速速度。

2　条款解读

2.1　条款要求

本条款的目的是确定基准失速速度，为其他速度确定基准点。"1－g 失速速度"是指飞机重量恰好被空气动力提供升力支撑时的最小速度。

第25.103(a)款给出了基准失速速度的计算方法,主要参数是 $V_{CL_{MAX}}$ 和 n_{ZW};第25.103(b)款说明了得出 $V_{CL_{MAX}}$ 的方法:发动机慢车,螺旋桨飞机桨距操纵位置在起飞位置,需要使用 V_{SR} 的所有飞行状态和重量组合,最不利重心位置,在选定速度(在 $1.13V_{SR}$ 和 $1.3V_{SR}$ 范围内)作直线飞行配平飞机;第25.103(c)款规定在稳定的配平状态使用纵向操纵飞机的减速率小于等于每秒1节;第25.103(d)款规定当飞机安装有在选定迎角下突然将机头下推的装置时,基准失速速度 V_{SR} 和下推装置作动时速度至少2节或2%(取大者)。

2.2　相关条款

与第25.103条相关的条款如表2-1所示。

表2-1　第25.103条相关条款

序　号	相关条款	相　关　性
1	第25.201条	飞机进入失速及改出失速过程中飞机的动态响应特性要符合第25.201条和第25.203条的要求。第25.103条提供了失速特性演示的失速速度值
2	第25.203条	飞机进入失速及改出失速过程中飞机的动态响应特性要符合第25.201条和第25.203条的要求。第25.103条提供了失速特性演示的失速速度值
3	第25.207条	失速警告要在发生失速前一定余量下及时告警,要满足第25.207条的要求,第25.103条提供进行失速警告演示验证的失速速度值

3　验证过程

3.1　验证对象

第25.103条的验证对象为飞机的失速速度。

3.2　符合性验证思路

因为失速速度是边界飞行速度,此时飞机处于大迎角状态,作用在飞机上的气动力和飞机运动情况都比较复杂,难以靠解析计算求解,所以可靠的验证方法是MOC6飞行试验。并通过MOC2计算分析把从失速速度试验中获得的数据在飞行高度、重量上进行扩展。

针对MOC6,飞机在以下试飞形态下进行试飞得到失速速度:

(1) 起飞、巡航和着陆所有的襟翼和起落架位置组合。

(2) 飞行中最大重量和最小重量范围内的典型大、中、小重量。

(3) 发动机零推力或慢车推力。

（4）最不利重心位置。

（5）如果要分析高度（压缩性和雷诺数）变化对失速速度的影响，那么可在不同高度进行失速速度试飞。如果失速速度不能确定为高度的函数，那么所有的失速试验都应该在不低于批准的起飞和着陆安全高度即 450 米（1 500 英尺）的标准高度上进行。

3.3　符合性验证方法

通常，针对第 25.103 条的符合性验证方法如表 3-1 所示。

表 3-1　建议的符合性方法

条 款 号	专 业	符 合 性 方 法										备 注
		0	1	2	3	4	5	6	7	8	9	
第 25.103 条	性 能			2				6				

3.4　符合性验证说明

第 25.103 条主要采用 MOC6 飞行试验进行验证，以及 MOC2 计算分析进行数据扩展，参考 FAA 咨询通告 AC25-7C，主要试飞程序如下：

应在比预期的 V_{SR} 大 13%～30% 的速度上将飞机配平到松杆飞行，发动机为慢车功率，飞机处于欲确定其失速速度的规定形态。然后仅使用纵向主操纵机构，保持恒定的减速率（进入率）直到飞机失速，此处"失速"由第 25.201(d) 款和咨询通告 AC25-7C 失速试验第 6 章 29 节 c(1) 定义。在失速之后，可以根据需要利用发动机推力从失速中改出。

（1）对于重量、重心和外部形态的每一种临界组合，应完成足够次数的失速演示（通常为 4～8 次）。其目的是获得足够的数据以确定 1.0 节/秒进入率时的失速速度。

（2）失速速度试验时，飞机的失速特性也必须满足第 25.203(a) 款和第 25.203(b) 款的要求。

（3）对于具有失速识别装置（其工作迎角由于迎角变化率不同而产生偏移）的飞机，有必要进行一些附加的研究。如咨询通告第 6 章 29 节 c(5)(e) 所述，失速速度是按平均减速率确定的。但是，失速识别系统通常在一特定的迎角工作，该迎角由于瞬时迎角变化率而产生偏移，因此驾驶员在失速机动过程中在接近失速识别系统工作点时所进行的纵向操纵能提前或推迟其工作，但不明显影响平均失速进入率。为了使失速速度对失速进入率数据分散度减至最小，驾驶员应尽量保持稳定的迎角变化率或俯仰角变化率（没必要保持固定的减速率），直到失速识别系统工作。所得到的迎角时间历程曲线应该是平滑的，没有突变。对于每一个襟翼位置，由所有相关试验点得到咨询通告第 6 章 29 节 c(5)(e) 所定义的减速率与迎角变化率关系曲线将显示出这种关系的一般趋势。在确定失速速度时，不应采用任何不符合该一般趋势的点。

关于飞机在冰积聚下失速速度的验证，可以采用带模拟冰型的飞机在稳定干燥的大气中进行飞行试验，以确定在失速机动中冰型对失速速度和操纵性的影响。

关于失速速度的 MOC2 计算分析，建议采用咨询通告 AC25－7C 中数据处理方法计算飞机升力系数，绘出在失速机动中升力系数随时间的变化曲线。对于每一个核准的形态，绘制失速升力系数对重量的曲线图。由于从飞行安全出发，往往规定了确定失速速度的最低测试高度，因此需要将测试数据拓展到低高度和低马赫数来覆盖飞机的整个飞行包线。对应于每一种襟翼/起落架形态，绘制参考失速速度与重量的关系图。

3.5 符合性文件清单

通常，针对第 25.103 条的符合性文件清单如表 3－2 所示。

表 3－2 建议的符合性文件清单

序　号	符 合 性 报 告	符合性方法
1	性能试飞数据扩展计算分析报告	MOC2
2	失速速度试飞大纲	MOC6
3	失速速度试飞报告	MOC6
4	失速速度计算分析报告	MOC2

4 符合性判据

飞行试验及计算分析需满足以下要求：

（1）飞行试验构型（重量、重心、襟翼起落架位置和冰型等）、试飞速度、推力状态、失速判定和试验状态点等符合第 25.103 条的要求，试验数据处理符合 AC25－7C（或后续版本）的要求。

（2）飞行试验及计算扩展获得的失速速度性能数据考虑了使用限制范围内的每一重量、高度和飞机形态等。

（3）在失速试飞中失速特性满足第 25.203 条失速特性的要求。

参考文献

［1］ 14 CFR 修正案 25－108 1－g Stall Speed as the Basis for Compliance with Part 25 of the Federal Aviation Regulations ［S］.

［2］ 14 CFR 修正案 25－121 Airplane Performance and Handling Qualities in Icing Conditions ［S］.

［3］ FAA. AC25－7C Flight Test Guide for Certification of Transport Category Airplanes ［S］. 2012.

［4］　FAA. AC25 - 13 Reduced and Derated Takeoff Thrust (Power) Procedures ［S］. 1988.

［5］　FAA. AC25 - 15 Approval of Flight Management Systems in Transport Category Airplanes ［S］. 1989.

［6］　FAA. AC25. 735 - 1 Brakes and Braking Systems Certification Tests and Analysis ［S］. 2002.

运输类飞机适航标准
第 25.105 条符合性验证

1 条款介绍

1.1 条款原文

第 25.105 条　起飞

(a) 第 25.107 条规定的起飞速度,25.109 条规定的加速停止距离[①],25.111 条规定的起飞航迹,25.113 条规定的起飞距离和起飞滑跑距离以及 25.115 条规定的净起飞飞行航迹,必须在由申请人选定的运行限制范围内的每一起飞重量、高度和周围温度条件下选定的起飞构型按以下列条件确定:

(1) 在非结冰条件下,和

(2) 在结冰条件下,如果 25.121(b)条规定的起飞形态下,带有附录 C 中定义的起飞冰积聚:

(i) 最大起飞重量下的失速速度超过非结冰条件下 3 节校正空速或 3%V_{SR} 的较大者;或

(ii) 25.121(b)规定的爬升梯度的降低超过 25.115(b)所规定的适用实际与净起飞飞行航迹梯度减量的一半;

(b) 为确定本条所需数据而用的起飞,不得要求特殊的驾驶技巧或机敏。

(c) 起飞数据必须基于下列条件:

(1) 对于陆上飞机和水陆两用飞机;

(i) 平整、干和湿的并有硬质道面的跑道;和

(ii) 申请人如有选择时,带沟槽,或多孔摩擦的湿硬质道面的跑道;

(2) 对于水上飞机和水陆两用飞机,平静的水面;

(3) 对于滑橇式飞机,平整、干燥的雪地。

(d) 在所制定的该飞机使用限制范围内,起飞数据必须计及下列项目的使用修正因素:

(1) 沿起飞航迹不大于名义风逆风分量的 50%,和沿起飞航迹不小于名义风

---

① 应为加速—停止距离,原文误。——编注

顺风分量的 150%；

（2）跑道有效坡度。

〔中国民用航空局 2001 年 5 月 14 日第三次修订，2011 年 11 月 7 日第四次修订〕

1.2　条款背景

第 25.105 条为起飞总则性条款，对起飞性能提出了总体要求。起飞性能包括：起飞速度、加速—停止距离、起飞航迹和起飞滑跑距离。条款要求对所选定的起飞形态，必须给出使用限制范围内的每一重量、高度和大气温度（即 WAT）在结冰和非结冰条件下的起飞性能。规定了在起飞中需要考虑到不得要求特殊的驾驶技巧、道面条件、风速修正和跑道的有效坡度。

1.3　条款历史

第 25.105 条在 CCAR25 部初版首次发布，截至 CCAR-25-R4，该条款共修订过 2 次，如表 1-1 所示。

表 1-1　第 25.105 条条款历史

第 25.105 条	CCAR25 部版本	相关 14 CFR 修正案	备　　注
首次发布	初版	—	
第 1 次修订	R3	25-92	
第 2 次修订	R4	25-121	

1.3.1　首次发布

1985 年 12 月 31 日发布了 CCAR25 部初版，其中包含第 25.105 条，该条款参考 1964 年 12 月 24 日发布的 14 CFR PART 25 中的 §25.105 制定。

1.3.2　第 1 次修订

2001 年 5 月 14 日发布的 CCAR-25-R3 对第 25.105 条进行了第 1 次修订，本次修订参考了 14 CFR 修正案 25-92 的内容：§25.105 增加了(c)(1)，修订前的条款未详细阐明影响起飞性能的重要作用因素，例如没有区分干和湿跑道。但是在飞机实际运行中，湿滑跑道对飞机刹车性能有不利影响。与干跑道相比，湿跑道会导致较长的加速—停止距离。因此在该修正案中 §25.105 增加了对湿的、平整的跑道的要求。

1.3.3　第 2 次修订

2011 年 11 月 7 日发布的 CCAR-25-R4 对第 25.105 条进行了第 2 次修订，本次修订参考了 14 CFR 修正案 25-121 的内容：该修正案修订了 §25.105(a)，增加了对结冰条件下的符合性要求。§25.105(a)的修订要求应当按照结冰条件来计算在起飞航迹上飞机的性能参数，以确保飞机在结冰条件下的飞行安全性。在飞行中，当飞机的机翼和操纵舵面（副翼、方向舵、升降舵等）上结冰时，会影响到操纵舵面的气动特性，从而影响飞机的操纵特性，例如降低失速速度的安全裕度、降低飞机的爬升能力以及影响飞机的控制。修订后的 §25.105(a)要求应当按照结冰条件来计算在起飞航迹上飞机的性能参数,以确保飞机在结冰条件下的飞行安全性。

2　条款解读

2.1　条款要求

第 25.105(a)款规定起飞性能应由飞机制造商所选定的运行限制范围内的每一起飞重量、高度、周围温度和起飞构形确定。因此不只是一个状态,而是覆盖整个适用范围。其中,第 25.105(a)款中的"运行限制范围"是指由制造商选定的飞机预期使用的环境和限制,详见飞机飞行手册限制章节。第 25.105(a)(2)项中的"结冰条件"详见 CCAR25 部附录 C。

第 25.105(b)款对起飞驾驶技巧提出要求,规定不得要求特殊的技巧,与性能总则第 25.101(h)款的要求一致。

第 25.105(c)款对跑道的道面提出要求,不同道面对起飞性能影响很大,需要有统一的标准来评判起飞性能。对于陆上飞机和水陆两用飞机,平整、干和湿的并由硬质道面的跑道,或是带沟槽,多孔摩擦的湿硬质道面的跑道。对于水上和水陆两用飞机起飞性能应基于平静的水面,对于滑橇式飞机应基于平整、干燥的雪地。第 25.105(c)(1)(i)目中的"湿跑道"是指当跑道完全被水浸泡,表面发亮,积水深度小于 3 mm 时的跑道。

第 25.105(d)款明确在飞行手册中的起飞性能要求要进行风和跑道坡度的修正。进行风修正时要采用修正因素,逆风时取不大于 50% 的名义风分量,顺风时取不小于 150% 的名义风分量。其目的是使逆风对起飞性能带来的"益处"减小,顺风带来的"不利"加大,即修正因素起着保守作用。

第 25.105(d)(1)项中的"名义风"是指 10 m 高度的实际风速,且使用风分量图表修正为平行于飞行轨迹的逆风或顺风分量。试验和数据计算时要换算到机翼平均气动弦长的高度。

第 25.105(d)(2)项中的"跑道有效坡度"应取在飞行试验中实际使用跑道段两端标高差除以实际使用跑道长度所得平均坡度,此坡度在下述条件下可以使用:在跑道剖面上的任一中间点均不高于或低于跑道两端连线直线 5 英尺以上,如超过 5 英尺,跑道剖面应分段,航空器起飞数据应分别按每一段计算。

2.2　相关条款

与第 25.105 条相关的条款如表 2-1 所示。

表 2-1　第 25.105 条相关条款

序　号	相 关 条 款	相　　关　　性
1	第 25.107 条	起飞速度的确定,需要满足第 25.105 条的要求
2	第 25.109 条	加速—停止距离的确定,需要满足第 25.105 条的要求

序　号	相关条款	相　关　性
3	第 25.111 条	起飞航迹的确定,需要满足第 25.105 条的要求
4	第 25.113 条	起飞距离和起飞滑跑距离的确定,需要满足第 25.105 条的要求
5	第 25.115 条	净起飞飞行航迹的确定,需要满足第 25.105 条的要求

3　验证过程

3.1　验证对象

第 25.105 的验证对象为飞机的起飞性能。

3.2　符合性验证思路

对于非结冰条件,给出第 25.105 条相关性能条款的试飞程序、数据处理方法,并给出从试飞数据到飞行手册的扩展方法。对起飞性能数据的计算考虑风速和跑道坡度影响。通过第 25.105 条相关性能条款飞行试验,表明起飞过程满足第 25.105 条要求,道面条件,风速修正以及不需要特殊驾驶员技巧和机敏。

对于结冰条件,通过计算分析判明附录 C 结冰条件对飞机性能的影响是否满足第 25.105(a)(2)项的要求。当失速速度增加或起飞二阶段爬升梯度的降低满足第 25.105(a)(2)项时,根据第 25.107 条、第 25.109 条、第 25.111 条、第 25.113 条和第 25.115 条的带冰起飞性能数据扩展,给出运行限制范围内的每一起飞重量、高度和周围温度下飞机带冰的起飞性能。

3.3　符合性验证方法

通常,针对第 25.105 条的符合性验证方法如表 3-1 所示。

表 3-1　建议的符合性方法

条　款　号	专　业	符 合 性 方 法										备　注
		0	1	2	3	4	5	6	7	8	9	
第 25.105(a)款	性　能			2				6				
第 25.105(b)款	性　能							6				
第 25.105(c)款	性　能			2				6				
第 25.105(d)款	性　能			2								

3.4　符合性验证说明

3.4.1　第 25.105(a)款符合性验证说明

针对第 25.105(a)款,采用的符合性验证方法为 MOC2 和 MOC6,验证具体工作如下：

1）MOC2 验证过程

对于非结冰条件，在第 25.107 条、第 25.109 条、第 25.111 条、第 25.113 条和第 25.115 条飞行试验的基础上，通过性能数据扩展，计算出运行限制范围内每一起飞重量、高度和周围温度条件下的起飞性能，表明对第 25.105(a)(1)项的符合性。

针对结冰天气，通过计算分析判明附录 C 结冰条件对飞机性能的影响是否满足第 25.105(a)(2)项的要求。当失速速度增加或起飞二阶段爬升梯度的降低满足第 25.105(a)(2)项时，根据第 25.107 条、第 25.109 条、第 25.111 条、第 25.113 条和第 25.115 条的带冰起飞性能数据扩展，给出运行限制范围内的每一起飞重量、高度和周围温度下飞机带冰的起飞性能。

2）MOC6 验证过程

第 25.107 条、第 25.109 条、第 25.111 条和第 25.113 条均通过试飞进行验证。本条引用这些试飞验证过程及结果，说明满足从第 25.107 条至第 25.115 条要求的起飞性能。

3.4.2　第 25.105(b)款符合性验证说明

针对第 25.105(b)款采用的符合性验证方法为 MOC6，验证工作如下：

结合 B 分部起飞性能试飞验证，通过飞行员对起飞程序进行评估来验证起飞操作不需要特殊的驾驶技巧或机敏。

3.4.3　第 25.105(c)款符合性验证说明

针对第 25.105(c)款，采用的符合性验证方法包括 MOC2 和 MOC6，各项验证工作具体如下：

1）MOC2 验证过程

对于陆上飞机和水陆两用飞机，性能试飞数据及扩展必须基于平整、干和湿的并有硬质道面的跑道；制造商如有选择时，带沟槽，或多孔摩擦的湿硬质道面的跑道，基于该种道面特质的进行数据扩展。对于水上飞机和水陆两用飞机，起飞性能数据的扩展应基于平静的水面。对于滑橇式飞机，起飞性能数据的扩展应基于平整、干燥的雪地。

2）MOC6 验证过程

第 25.107 条、第 25.109 条、第 25.111 条和第 25.113 条要求的起飞性能验证试飞需要基于本款要求的跑道条件。

3.4.4　第 25.105(d)款符合性验证说明

第 25.105(d)款采用的符合性验证方法包括 MOC2。性能试飞数据及扩展必须对名义风分量和跑道有效坡度进行修正。

3.5　符合性文件清单

通常，针对第 25.105 条的符合性文件清单如表 3 - 2 所示。

表 3-2　建议的符合性文件清单

序　号	符合性报告	符合性方法
1	飞机结冰性能影响分析报告	MOC2
2	起飞性能计算分析报告	MOC2
3	飞机起飞性能试飞大纲	MOC6
4	飞机起飞性能试飞报告	MOC6
5	飞机飞行手册	MOC1

4　符合性判据

针对第 25.105(a)款,判据如下。

(1) 按第 25.105(a)(2)项准则完成附录 C 结冰条件对飞机失速速度和爬升梯度影响的评估,确定针对附录 C 结冰条件对起飞性能进行验证的条件。

(2) 已验证的第 25.107 条、第 25.109 条、第 25.111 条、第 25.113 条和第 25.115 条的起飞性能,包含非结冰及结冰的条件。

(3) 本条(a)款所引述的条款的验证试飞所得到起飞性能数据覆盖飞机运行包线的所有起飞重量、高度和周围温度条件。

针对第 25.105(b)款,驾驶员对起飞操作评估的结论为:确定本条所需数据的起飞操作没有采用特殊的驾驶技巧或机敏。

针对第 25.105(c)款,判据如下。

(1) 对于陆上飞机和水陆两用飞机,通过试飞及数据扩展提供的起飞数据是基于平整硬质道面,包括干道面和湿道面;如果选择了道面种类包括带沟槽或多孔摩擦的湿硬质道面,那么试飞所得到数据应覆盖在该种湿道面的起飞数据。

(2) 对于水上飞机和水陆两用飞机,试飞所得到的起飞性能数据对应平静的水面。

(3) 对于滑橇式飞机,试飞所得到起飞性能数据应基于平整、干燥的雪地。

针对第 25.105(d)款,判据如下。

(1) 试飞所得到起飞数据涵盖风分量修正。其中沿起飞航迹的逆风修正采用 0.5 系数,沿起飞航迹的顺风修正采用 1.5 系数。

(2) 试飞所得到的起飞数据涵盖跑道有效坡度修正。

参考文献

[1]　14 CFR 修正案 25-92 Improved Standards for Determining Rejected Takeoff and Landing Performance [S].

[2]　14 CFR 修正案 25-121 Airplane Performance and Handling Qualities in Icing

　　　　Conditions [S].

[3]　FAA. AC25 - 15 Approval of Flight Management Systems in Transport Category
　　　　Airplanes [S]. 1989.

[4]　白杰. 运输类飞机适航要求解读：性能试飞[M]. 北京：航空工业出版社，2013.

运输类飞机适航标准 第 25.107 条符合性验证

1 条款介绍

1.1 条款原文

第 25.107 条 起飞速度

(a) V_1 必须根据 V_{EF} 制定如下：

(1) V_{EF} 是假定临界发动机失效时的校正空速。V_{EF} 必须由申请人选定，但不得小于按第 25.149(e) 条确定的 V_{MCG}；

(2) V_1 是申请人选定的起飞决断速度，以校正空速表示。但 V_1 不得小于 V_{EF} 加上在下述时间间隔内临界发动机不工作该飞机的速度增量，此时间间隔指从临界发动机失效瞬间至驾驶员意识到该发动机失效并作出反应的瞬间，后一瞬间以驾驶员在加速——停止试验中采取最初的减速措施(例如，施加刹车，减少推力，打开减速装置)为准。

(b) V_{2MIN}，以校正空速表示，不得小于；

(1) $1.13V_{SR}$，用于：

(i) 双发和三发涡轮螺旋桨和活塞发动机飞机；

(ii) 无措施使一台发动机不工作带动力失速速度显著降低的涡轮喷气飞机；

(2) $1.08V_{SR}$，用于：

(i) 三发以上的涡轮螺旋桨和活塞式发动机飞机；

(ii) 有措施使一台发动机不工作带动力失速速度显著降低的涡轮喷气飞机；

(3) $1.10V_{MCA}$，V_{MCA} 按第 25.149 条确定。

(c) V_2，以校正空速表示，必须由申请人选定，以提供至少为第 25.121(b) 条所要求的爬升梯度。但 V_2 不得小于：

(1) V_{2MIN}

(2) V_R 加上在达到高于起飞表面 10.7 米(35 英尺)高度时所获得的速度增量(按照第 25.111(c)(2) 条)；和

(3) 提供 25.143(h) 规定的机动能力的速度。

(d) V_{MU},为校正空速,在等于和高于该速度时,飞机可以安全离地并继续起飞。V_{MU} 速度必须在申请审定的整个推重比范围内由申请人选定。这些速度可根据自由大气数据制定,条件是这些数据为地面起飞试验所证实。

(e) V_R,以校正空速表示,必须按照本条(e)(1)至(4)的条件选定:

(1) V_R 不得小于下列任一速度:

(i) V_1;

(ii) 105% V_{MCA};

(iii) 使飞机在高于起飞表面10.7米(35英尺)以前速度能达到 V_2 的某一速度(按第 25.111(c)(2)条确定);

(iv) 某一速度,如果飞机在该速度以实际可行的最大抬头率抬头,得到的 V_{LOF} 将不小于全发工作 V_{MU} 的 110%,且不小于按单发停车推重比确定的 V_{MU} 的 105%;

(2) 对于任何一组给定的条件(例如重量、形态和温度),必须用根据本款确定的同一个 V_R 值来表明符合单发停车和全发工作两种起飞规定;

(3) 必须表明,当采用比按本条(e)(1)和(2)制定的 V_R 低 5 节的抬头速度时,单发停车起飞距离不超过与采用所制定的 V_R 对应的单发停车起飞距离。起飞距离必须按第 25.113(a)(1)条确定;

(4) 服役中可合理预期的对于所制定飞机起飞操作程序的偏差(如飞机抬头过度及失配平状况),不得造成不安全的飞行特性,或使按第 25.113(a)条制定的预定起飞距离显著增加。

(f) V_{LOF},为飞机开始腾空时的校正空速。

(g) V_{FTO},以校正空速表示,必须由申请人选定用来提供至少 25.121(c)要求的爬升梯度,但不得小于:

(1) $1.18V_{SR}$;和

(2) 提供 25.143(h)规定的机动能力的速度。

(h) 在确定结冰条件下的起飞速度 V_1,V_R 和 V_2 时,可采用非结冰条件下的 V_{MCG},V_{MC} 和 V_{MU}。

〔中国民用航空局 2001 年 5 月 14 日第三次修订,2011 年 11 月 7 日第四次修订〕

1.2　条款背景

第 25.107 条对起飞速度提出了具体要求。目的是确定在制造商所选择的使用限制范围内的各种重量、高度和温度条件下,所有起飞形态的起飞速度。

1.3　条款历史

第 25.107 条在 CCAR25 部初版首次发布,截至 CCAR - 25 - R4,该条款共修订过 2 次,如表 1-1 所示。

表 1 - 1　第 25.107 条条款历史

第 25.107 条	CCAR25 部版本	相关 FAR 修正案	备　注
首次发布	初版	25 - 42	
第 1 次修订	R3	25 - 92,25 - 94	
第 2 次修订	R4	25 - 108,25 - 121	

1.3.1　首次发布

1985 年 12 月 31 日发布了 CCAR25 部初版,其中包含 §25.107,该条款参考 1978 年 3 月 1 日发布的 14 CFR 修正案 25 - 42 中的 §25.107 制定。该修正案对 §25.107(a)、(d)、(e)进行了修订,将"起飞决断速度"和"临界发动机失效速度"重新定义,增加了 V_1 和 V_{EF} 之间时间间隔要求,考虑了驾驶员执行中断起飞程序所需的时间,并修订了原条款中出现的单发在不工作状态下的 V_{MU} 内容。

1.3.2　第 1 次修订

2001 年 5 月 14 日发布的 CCAR - 25 - R3 对第 25.107 条进行了第 1 次修订,本次修订参考了 14 CFR 修正案 25 - 92 和 25 - 94 的内容:对 §25.107(a)(2)进行了修订,细化了对起飞决断速度 V_1 的具体要求。对 §25.107(a)(1)中的 V_{MCG} 和 §25.107(e)中的 V_R 的印刷错误进行了修订。

1.3.3　第 2 次修订

2011 年 11 月 7 日发布的 CCAR - 25 - R4 对第 25.107 条进行了第 2 次修订,本次修订参考了 14 CFR 修正案 25 - 108,25 - 121 的内容:将 §25.107(b)中的 V_S 替换为 V_{SR} 并对其安全系数进行了调整。同时增加了 §25.107(c)(3),提出了对机动能力的要求,增加了 §25.107(g),补充了对 V_{FTO} 的要求。增加了 §25.107(h),补充了在结冰条件下的要求。

2　条款解读

2.1　条款要求

本条款对起飞特征速度 V_{EF}、V_1、V_{2MIN}、V_2、V_{MU}、V_R、V_{LOF}、V_{FTO} 做出了具体的规定,这些速度都是由制造商选定的。条款中涉及的几个速度,解释如下。

(1) V_{EF}(临界发动机失效速度)。

V_{EF} 定义为假定临界发动机失效时的校正空速,由制造商选定。规定要求 $V_{MCG} \leqslant V_{EF} \leqslant V_R$。

(2) V_1(起飞决断速度)。

V_1 不得小于 V_{EF} 加上一个速度增量 ΔV,该速度增量是在临界发动机发生故障或失效,从 V_{EF} 到驾驶员判明发动机失效后采取措施那一瞬间的时间间隔内所增加的速度(但不得小于 1 s 的时间间隔)。这一点由加速—停止试验时驾驶员首次实施制动飞机的动作(如刹车、油门、扰流板等)来标识。制造商可以选择驾驶员动作的先后顺序。规定要求 $V_{MCG} \leqslant V_1 \leqslant V_R$。

(3) V_{2MIN}(最小安全起飞速度)。

V_{2MIN} 以校正空速表示,它不得小于:

a. $1.1\ V_{MCA}$,V_{MCA} 按第 25.149 条确定。

b. $1.13\ V_{SR}$,对于两台或三台发动机的涡轮螺旋桨和活塞发动机飞机,以及没有措施能使单发不工作的带动力失速速度显著降低的各种涡轮喷气飞机(这些措施系指附面层控制、吹气襟翼等)。

c. 对于装有多于三台涡轮螺旋桨和活塞发动机的飞机,以及有适当措施使带动力失速速度显著降低的涡轮喷气飞机(如采用附面层控制、吹气襟翼等措施),V_{2MIN} 可以减小到 $1.08V_{SR}$。

(4) V_2(安全起飞速度)。

V_2 以校正空速表示,它是当一台发动机在 V_{EF} 失效之后用规定的抬前轮速度(V_R)抬前轮,到飞机距离起飞表面 35 英尺之前所达到的速度。在起飞速度验证过程中,V_2 应继续保持到 35 英尺以上足以保证稳定状态的高度。V_2 必须提供第 25.121(b)款所要求的爬升梯度,但不得小于 V_{2MIN} 和提供第 25.143(h)款规定的机动能力的速度。

(5) V_{MU}(最小离地速度)。

在整个推重比范围内等于或高于该速度时飞机能安全离地并继续完成起飞,需要考虑重量、重心、俯仰操纵效能、尾部擦地角、临界发动机停车因素的影响。

(6) V_R(抬前轮速度)。

V_R 必须以校正空速表示,由制造商选定。V_R 有多项约束必须遵守,以满足第 25.107(e)款的要求:

V_R 不得小于 V_1,但是在某些情况下它可以等于 V_1;

V_R 不得小于 V_{MCA}(空中最小操纵速度)的 105%;

V_R 的选择必须使飞机在达到起飞表面 35 英尺时或之前达到 V_2 速度;

V_R 必须是这样一个速度,即当飞机以它的最大实际可行的速率抬前轮时,对于每种重量、高度、温度和形态条件,它将使飞机以不小于全发工作 V_{MU}(除非受尾部擦地限制)的 110% 的那一速度离地和以不小于按一台发动机不工作时的推重比所确定的 V_{MU} 的 105% 那一速度离地。

必须表明,当采用比按本条(e)(1)项和(2)项制定的 V_R 低于 5 节的抬头速度时,单发停车起飞距离不超过与采用所制定的 V_R 对应的单发停车起飞距离。起飞距离必须按第 25.113(a)(1)项确定。

服役中可合理预期的对于所制定飞机起飞操作程序的偏差(如飞机抬头过度及失配平状况),不得造成不安全的飞行特性,或使按第 25.113(a)款制定的预定起飞距离显著增加。

（7）V_{LOF}（离地速度）。

离地速度（V_{LOF}）定义为飞机开始腾空，即与跑道不接触时的校正空速。应把离地速度同轮胎限制速度进行比较，离地速度应不大于轮胎限制速度。V_{LOF} 与 V_{MU} 不同，V_{MU} 是给定形态情况下可能的最小 V_{LOF}，并且取决于起落架设计。V_{MU} 离地按这样一个点表明，即在该点飞行重量全部由飞机的升力和推力来支持，完全不需要起落架支持。例如，在达到 V_{MU} 速度之后，虽然由于升力大于重量飞机在渐渐离开跑道，但轮架倾转作动筒可迫使前轮或后轮组与跑道接触。

（8）V_{FTO} 为起飞最终速度，必须由制造商选定用来提供至少第 25.121(c) 款要求的爬升梯度，该速度不得小于 1.18 V_{SR} 和提供第 25.143(h) 款规定的机动能力的速度。

（9）在确定结冰条件下的起飞速度 V_1、V_R 和 V_2 时，可采用非结冰条件下的 V_{MCG}、V_{MC} 和 V_{MU}。

2.2　相关条款

与第 25.107 条相关的条款如表 2-1 所示。

表 2-1　第 25.107 条相关条款

序　号	相关条款	相　　关　　性
1	第 25.105 条	第 25.107 条起飞速度的确定，需要满足第 25.105 条起飞性能的要求
2	第 25.109 条	第 25.109 条加速—停止距离的确定，需要满足第 25.107 条起飞速度的要求
3	第 25.111 条	第 25.111 条起飞航迹的确定，需要满足第 25.107 条起飞速度的要求
4	第 25.113 条	第 25.113 条起飞距离和起飞滑跑距离的确定，需要满足第 25.107 条起飞速度的要求
5	第 25.121(c) 款	第 25.107(g) 款要求 V_{FTO} 必须由制造商选定用来提供至少第 25.121(c) 款要求的爬升梯度
6	第 25.143(h) 款	第 25.107(g) 款要求 V_{FTO} 不得小于提供第 25.143(h) 款规定的机动能力的速度

3　验证过程

3.1　验证对象

第 25.107 条的验证对象为飞机的起飞速度。

3.2　符合性验证思路

本条款对起飞速度 V_{EF}、V_1、V_{2MIN}、V_2、V_{MU}、V_R、V_{LOF}、V_{FTO} 做出了具体的规

定。由于这些速度都不是单一因素可以确定的，它们之间有一定的关系，因此需要进行一系列的试验，并在此基础上扩展计算出完整的起飞性能数据。

为表明对该条款的符合性，一般采用分析/计算和飞行试验方法来确认和验证这些速度。

3.3　符合性验证方法

通常，针对第 25.107 条的符合性验证方法如表 3-1 所示。

表 3-1　建议的符合性方法

条　款　号	专　业	符 合 性 方 法										备　注
		0	1	2	3	4	5	6	7	8	9	
第 25.107(a)款	性　能			2				6				
第 25.107(b)款	性　能			2				6				
第 25.107(c)款	性　能							6				
第 25.107(d)款	性　能			2				6				
第 25.107(e)款	性　能			2				6				
第 25.107(f)款	性　能			2				6				
第 25.107(g)款	性　能			2				6				
第 25.107(h)款	性　能			2				6				

3.4　符合性验证说明

3.4.1　第 25.107(a)款符合性验证说明

针对第 25.107(a)款，采用的符合性验证方法为 MOC2 和 MOC6，验证具体工作如下：

1) MOC6 验证过程

通过加速—停止距离试飞，表明在临界发动机不工作的情况下，从临界发动机失效瞬间到驾驶员判明该失效后采取措施那一瞬间的时间间隔内所增加的速度 ΔV，加上制造商选定的 V_{EF}，不大于制造商选定的 V_1。试飞过程中 ΔV 对应的时间间隔应不小于 1 秒。

2) MOC2 验证过程

根据试飞得到的数据，通过数据扩展计算，给出在运行包线范围内每个重量、机场高度和周围温度下的 V_1 速度。

3.4.2　第 25.107(b)款符合性验证说明

针对第 25.107(b)款采用的符合性验证方法为 MOC2 和 MOC6，验证工作具体如下：

通过失速速度试飞得到 V_{SR}，根据第 25.149 条，通过空中最小速度试飞得到 V_{MCA}。通过起飞性能试飞，并对试飞数据进行分析和扩展，得到对于：① 两台或三台发动机的涡轮螺旋桨和活塞发动机飞机，以及没有措施能使单发不工作的带动力失速速度显著降低的各种涡轮喷气飞机,确定 V_{2MIN},使之不小于 $1.13V_{SR}$ 与 $1.1V_{MCA}$;② 装有多于三台涡轮螺旋桨和活塞发动机的飞机,以及有适当措施使带动力失速速度显著降低的涡轮喷气飞机,确定 V_{2MIN},使之不小于 $1.08V_{SR}$ 与 $1.1V_{MCA}$。从而表明符合第 25.107(b)款的要求。

3.4.3　第 25.107(c)款符合性验证说明

第 25.107(c)款采用的符合性验证方法包括 MOC6,各项验证工作具体如下:

通过起飞性能试飞及试飞分析,确定 V_{2MIN} 和 V_R 加上达到高于起飞表面 35 英尺高度时所获得的速度增量,得到第 25.143(h)款规定的机动能力所对应的速度。在此基础上,选定 V_2,使之不小于三者。以表明第 25.107(c)款的符合性。

3.4.4　第 25.107(d)款符合性验证说明

第 25.107(d)款采用的符合性验证方法包括 MOC2 和 MOC6,各项验证工作具体如下:

通过最小离地速度试飞,表明飞机在等于和高于制造商选定的 V_{MU} 速度可以安全离地并继续起飞。通过试飞和数据扩展得到制造商选定的整个推重比范围内的 V_{MU} 速度值,满足第 25.107(d)款的要求。

3.4.5　第 25.107(e)款符合性验证说明

针对第 25.107(e)款,通过 MOC6 试飞结合数据扩展的方式表明符合性。通过起飞性能试飞,表明对第 25.107(e)(1)、(2)项的符合性。通过误操作起飞试飞,表明对第 25.107(e)(3)、(4)项的符合性。

3.4.6　第 25.107(f)款符合性验证说明

针对第 25.107(f)款,通过起飞试飞和数据扩展,表明对第 25.107(f)款的要求。

3.4.7　第 25.107(g)款符合性验证说明

通过起飞性能飞行试验和数据扩展,表明选定的 V_{FTO} 能够提供第 25.121(c)款要求的爬升梯度,不小于 $1.18V_{SR}$,并且能够提供第 25.143(h)款规定的机动能力,满足第 25.107(g)款的要求。

3.4.8　第 25.107(h)款符合性验证说明

针对第 25.107(h)款,通过在非结冰条件下的试飞试验和数据扩展得到 V_{MCG}、V_{MC} 和 V_{MU},用于结冰条件下的试飞和数据扩展,以确定结冰条件下 V_1、V_R 和 V_2。

3.4.9　起飞速度验证程序

(1)基础参数 V_{SR1}、V_{MCA} 和气动修正量的确定。

(2)确定 V_{MCG}。

(3)确定 V_{MU}。

(4)以最大抬前轮速率起飞,求得 V_{LOF} 与 V_R 的增量关系,按:$V_{LOF} \geqslant 1.1V_{MU}$(全发工作起飞);$V_{LOF} \geqslant 1.05V_{MU}$(单发工作起飞)的要求,初步确定 V_R 值。

(5)取 $V_{EF} \geqslant V_{MCG}$。

（6）取 $V_1 \geqslant V_{EF} + \Delta V$，$\Delta V$ 由加速—停止试飞确定，可先取滞后 1 秒的速度增量。

（7）取 V_{2MIN} 不小于 $1.13V_{SR1}$，不小于 $1.1V_{MCA}$。

（8）初定的 V_R 与 V_1、$1.05V_{MCA}$ 比较，取其中大者进行起飞演示，检查 10.7 米（35 英尺）高的速度是否达到预定的 V_{2MIN}；其单发停车爬升速度是否达到第 25.121 条的要求。如不满足，则应增大 V_R 值，直至最后确定 V_R 和 V_2 值。此时，V_2 不小于 V_{2MIN} 或 $V_2 = V_R + \Delta V$。此处 ΔV 是抬前轮点到 10.7 米高度的速度增量。全发工作起飞和单发停车起飞 ΔV 值是不同的，均由试飞数据统计得到。

（9）最后检查起飞误操作的要求。

3.5　符合性文件清单

通常，针对第 25.107 条的符合性文件清单如表 3－2 所示。

表 3－2　建议的符合性文件清单

序　号	符 合 性 报 告	符合性方法
1	飞机起飞性能数据扩展方法	MOC2
2	飞机起飞性能计算分析报告	MOC2
3	飞机起飞性能飞行试验大纲	MOC6
4	飞机起飞性能飞行试验报告	MOC6

4　符合性判据

针对第 25.107(a)款，判据为：

V_1 是否不小于 V_{EF} 加上一个速度增量 ΔV，该速度增量是在临界发动机不工作的情况下，从 V_{EF} 到驾驶员判明发动机失效后采取措施那一瞬间的时间间隔内所增加的速度（不得小于 1 秒的时间间隔）。

针对第 25.107(b)、(c)款的要求，判据为：$V_2 \geqslant V_{2MIN} \geqslant 1.13V_{SR}$，$V_{2MIN} \geqslant 1.1V_{MCA}$，在达到高于起飞表面 35 英尺高度时飞机能达到 V_2 速度，V_2 速度能满足第 25.143(h)款的要求。

针对第 25.107(d)款，判据为：

（1）飞机在等于和高于 V_{MU} 速度可以安全离地并继续起飞。

（2）是否得到申请审定的整个推重比范围内的 V_{MU} 速度值。

针对第 25.107(e)款，判据为：

（1）$V_R \geqslant V_1$；$V_R \geqslant 1.05V_{MCA}$，$V_R$ 在到达 35 英尺时的速度大于 V_2。

（2）V_R 是在使得飞机在诸如重量、高度、温度和形态的每一组情况下，以实际可行的最大抬头率抬头获得。

（3）V_{LOF} 不小于全发工作 V_{MU} 的 110%，且不小于按单发停车推重比确定的

V_{MU} 的 105%。

(4) 以 V_R-5 节作为抬头速度时,单发停车起飞距离不超过与采用 V_R 对应的单发停车起飞距离,起飞距离按第 25.113(a)(1)项确定。

针对第 25.107(f)款的判据为:给出飞机的离地速度 V_{LOF}。

针对第 25.107(g)款的判据为:制造商选定的 V_{FTO} 能够提供第 25.121(c)款要求的爬升梯度,V_{FTO} 不小于 $1.18V_{SR}$,并能提供第 25.143(h)款规定的机动能力。

针对第 25.107(h)款的判据为:采用非结冰条件下得到的 V_{MCG}、V_{MC}、V_{MU} 得到结冰条件下的 V_1、V_R 和 V_2。

参考文献

[1] 14 CFR 修正案 25 - 42 Airworthiness Review Program;Amendment No. 6:Flight Amendments [S].

[2] 14 CFR 修正案 25 - 92 Improved Standards for Determining Rejected Takeoff and Landing Performance [S].

[3] 14 CFR 修正案 25 - 94 Transport Category Airplanes,Technical Amendments and Other Miscellaneous Corrections [S].

[4] 14 CFR 修正案 25 - 108 1 - g Stall Speed as the Basis for Compliance with Part 25 of the Federal Aviation Regulations [S].

[5] 14 CFR 修正案 25 - 121 Airplane Performance and Handling Qualities in Icing Conditions [S].

[6] FAA. AC25 - 15 Approval of Flight Management Systems in Transport Category Airplanes [S]. 1989.

[7] 白杰. 运输类飞机适航要求解读:性能试飞[M]. 北京:航空工业出版社,2013.

运输类飞机适航标准 第25.109条符合性验证

1 条款介绍

1.1 条款原文

第25.109条 加速—停止距离

(a) 干跑道上的加速—停止距离是下述两种距离中的大者：

(1) 完成下述过程所需距离之和：

(i) 全发工作情况下，飞机从滑跑始点加速到 V_{EF}；

(ii) 假定临界发动机在 V_{EF} 失效和驾驶员在 V_1 采取中止起飞的第一个减速措施，允许飞机从 V_{EF} 加速到中止起飞期间所达到的最大速度；和

(iii) 从本条(a)(1)(ii)规定达到的速度到完全停止；加上

(iv) 相当于以 V_1 滑跑2秒钟的距离。

(2) 完成下列过程所需距离之和：

(i) 全发工作情况下，假定驾驶员在 V_1 采取中止起飞的第一个减速措施，飞机从滑跑始点加速至中止起飞期间的最大速度；和

(ii) 全发仍工作情况下，从本条(a)(2)(i)规定达到的速度到完全停止；加上

(iii) 相当于以 V_1 滑跑2秒钟的距离。

(b) 湿跑道上的加速—停止距离是下述两种距离中的大者：

(1) 按照本条(a)款在干跑道上确定的加速—停止距离；或

(2) 在湿跑道上，采用湿跑道的 V_{EF} 和 V_1，按照本条(a)款确定的加速—停止距离。在确定湿跑道上的加速—停止距离时，机轮刹车的停止力不得超过：

(i) 满足第25.101(i)条款和本条(a)款要求所确定的机轮刹车的停止力；和

(ii) 按照本条(c)、(d)款基于湿跑道刹车摩擦系数确定的力，如适用，尚须考虑所批准的起飞状态下最不利重心位置刹车机轮与非刹车机轮间的正常载荷分布。

(c) 平整湿跑道上的湿跑道刹车摩擦系数定义为地速的函数，并且必须计算如下：

(1) 湿跑道轮胎—地面最大刹车摩擦系数定义为：

轮胎压强(psi)	最大刹车系数(轮胎—与—地面)
50	$\mu_{t/gMAX}=0.0350(V/100)^3+0.306(V/100)^2-0.851(V/100)+0.883$
100	$\mu_{t/gMAX}=0.0437(V/100)^3+0.320(V/100)^2-0.805(V/100)+0.804$
200	$\mu_{t/gMAX}=0.0331(V/100)^3+0.252(V/100)^2-0.658(V/100)+0.692$
300	$\mu_{t/gMAX}=0.0401(V/100)^3+0.263(V/100)^2-0.611(V/100)+0.614$

其中，

轮胎压强：飞机使用最大轮胎压强(psi)；

$\mu_{t/gMAX}$：轮胎—地面最大刹车系数；

V：飞机真地速(节)；和

其它未列轮胎压强可线性内插。

(2) 湿跑道轮胎—地面最大刹车摩擦系数必须考虑湿跑道上防滑系统的效率加以调整。必须在平整湿跑道上进行飞行试验演示防滑系统的工作，并且必须确定它的效率。除非用来自平整湿跑道上飞行试验的定量分析确定特定防滑系统的效率，本条(c)(1)确定的湿跑道轮胎—地面最大刹车摩擦系数必须乘以与飞机所安装防滑系统类型相关的效率值：

防滑系统类型	效 率 值
开关式	0.3
准调节式	0.5
全调节式	0.8

(d) 如果申请人选择带沟槽，或用多孔摩擦材料处理的跑道道面时，可使用较高的湿跑道刹车摩擦系数。对于带沟槽和多孔摩擦跑道，湿跑道刹车摩擦系数定义可为下列两者中的任何一个：

(1) 用于确定干跑道加速—停止距离的干跑道刹车摩擦系数的 70%；或

(2) 除了特定防滑系统的效率已被确定之外，本条(c)款所定义的湿跑道刹车系数对于带沟槽，或多孔摩擦湿跑道仍是适当的，但其中湿跑道轮胎—地面最大刹车摩擦系数定义为：

轮胎压强(psi)	最大刹车系数(轮胎—与—地面)
50	$\mu_{t/gMAX}=-0.1470(V/100)^5-1.050(V/100)^4+2.673(V/100)^3-2.683(V/100)^2+0.403(V/100)+0.859$
100	$\mu_{t/gMAX}=-0.1106(V/100)^5-0.813(V/100)^4+2.130(V/100)^3-2.200(V/100)^2+0.317(V/100)+0.807$

（续表）

轮胎压强(psi)	最大刹车系数(轮胎—与—地面)
200	$\mu_{t/gMAX}=-0.0498(V/100)^5-0.398(V/100)^4+1.140(V/100)^3-1.285(V/100)^2+0.140(V/100)+0.701$
300	$\mu_{t/gMAX}=-0.0314(V/100)^5-0.247(V/100)^4+0.703(V/100)^3-0.779(V/100)^2+0.00945(V/100)+0.614$

其中，

轮胎压强：飞机使用最大轮胎压强(psi)；

$\mu_{t/gMAX}$：轮胎—地面最大刹车系数；

V：飞机真地速(节)；和

其它未列轮胎压强可线性内插。

（e）除了本条（f）（1）的规定外，可使用机轮刹车以外的措施来确定加速—停止距离，条件是这些措施：

（1）安全可靠；

（2）在正常运行条件下使用时可望获得一贯的效果；

（3）对操纵飞机不需要特殊技巧。

（f）反向推力影响：

（1）当确定干跑道的加速—停止距离时，不应被作为附加的减速措施；和

（2）当确定湿跑道的加速—停止距离时，在满足本条（e）款规定的要求条件下，使用推荐的反向推力程序，可以作为附加减速措施。

（g）在加速—停止的全过程中必须保持起落架在放下位置。

（h）如果加速—停止距离中含有道面特性与平整且有硬质道面的跑道有实质性差别的安全道，其起飞数据必须考虑对于加速—停止距离的使用修正因素。该修正因素必须计及安全道的特定道面特性和这些特性在所制定的使用限制范围内随季节气候条件(例如温度、雨、雪和冰)的变化。

（i）最大刹车动能加速—停止距离的飞行试验演示必须在飞机的每一个机轮刹车剩余不大于所允许的刹车摩损范围的10％状态下实施。

〔中国民用航空局2001年5月14日第三次修订〕

1.2 条款背景

第25.109条内容涉及干跑道上的加速—停止距离、湿跑道上的加速—停止距离、刹车摩擦系数等内容，条款的目的是提出评定飞机的加速—停止距离以及演示的要求。

1.3 条款历史

第25.109条在CCAR25部初版首次发布，截至CCAR-25-R4，该条款共修

订过 1 次,如表 1-1 所示。

表 1-1 第 25.109 条条款历史

第 25.109 条	CCAR25 部版本	相关 14 CFR 修正案	备 注
首次发布	初版	25-42	
第 1 次修订	R3	25-92	

1.3.1 首次发布

1985 年 12 月 31 日发布了 CCAR25 部初版,其中包含第 25.109 条,该条款参考了 14 CFR 修正案 25-42 号修正案的内容制定,该修正案重新定义了加速—停止距离,并增加了对时间延迟的考虑。

1.3.2 第 1 次修订

2001 年 5 月 14 日发布的 CCAR-25-R3 对第 25.109 条进行了第 1 次修订,本次修订参考了 14 CFR 修正案 25-92,修订了关于跑道的加速—停止距离的确定方法,用恒定速度 V_1 滑行 2 秒的距离来代替达到 V_1 速度后的 2 秒继续加速距离。并对湿跑道的加速—停止距离提出了更加具体的确定方法。

2 条款解读

2.1 条款要求

第 25.109(a)款规定了干跑道上的加速—停止距离是下述两种距离的大者。

1) 全发加速—停止距离:全发加速—停止距离的计算如图 2-1 所示,假定驾驶员在 B 点决定中止起飞

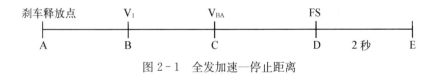

图 2-1 全发加速—停止距离

(1) A 点是刹车释放点。

(2) B 点是飞机加速至 V_1 的点。

(3) C 点是飞机刹车完全生效点。

(4) D 点是飞机完全停止点。

(5) AB 段发动机推力为全发正常起飞推力。

(6) BC 和 CD 段,在发动机推力稳定后,发动机推力为地面慢车(干跑道)或者是最大反推(湿跑道或者受污染跑道)。

(7) DE 段为按照 AC25-7C 要求的增加 V_1 速度乘上 2 秒的距离,作为裕度。

2) 单发加速—停止距离:单发加速—停止距离的计算如图 2-2 所示

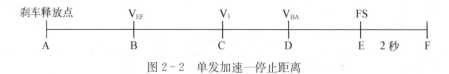

图 2-2　单发加速—停止距离

（1）A 点是刹车释放点。

（2）B 点是临界发动机失效点。

（3）C 点是飞机加速至 V_1 的点。

（4）D 点是飞机刹车完全生效点。

（5）E 点是飞机完全停止点。

（6）AB 段为飞机全发工作从 A 点松刹车一直加速至临界发动机失效 V_{EF}，发动机推力为全发正常起飞推力。

（7）BC 段为飞行员判断中断起飞的过程，该过程从临界发动机失效至飞机加速至 V_1。

（8）CD 段起点为飞行员开始收油门，直至刹车完全生效。

（9）DE 段主要考虑了使用刹车后的摩擦力的距离；发动机推力为地面慢车（干跑道）或者是最大反推（湿跑道或者受污染跑道）。

（10）EF 段为按照 AC25-7C 要求的增加 V_1 速度乘上 2 秒的距离，作为裕度。

3）加速—停止时间滞后

第 25.101(h) 款要求考虑执行加速—停止程序时的时间滞后。在 V_1 之后，尽管飞机及系统已经稳定在制动状态，但仍存在剩余加速度，在扩展供飞机飞行手册用的加速—停止性能数据时必须精确考虑；在这段时间，应精确考虑系统的瞬态效应，例如发动机转速减慢、刹车压力直线上升、扰流板的启动时间。在加速—停止距离速度对距离曲线图中速度随距离变化的关系曲线的顶部画出了这个重要区域。加速—停止速度对距离曲线如图 2-3 所示。

2 秒的时间间隔仅作为一种计算所要求的距离增量的方法提出，并不将其看作是加速—停止制动过渡过程的一部分。在 2 秒的时间里，不应存在任何驾驶员的动作，对于装有可以减少获得全制动构型所需的驾驶员动作数量的自动系统（如自动扰流板系统）的那些飞机，也不得减少这 2 秒的时间间隔。

第 25.109(b) 款规定了湿跑道上的加速—停止距离。确定湿跑道上的加速—停止距离的方法与干跑道上的加速—停止距离的方法类似，主要差别在于湿跑道上机轮刹车装置制动力降低以及使用反向推力作为辅助减速措施所带来的性能增益的影响。

确定在光滑湿跑道上机轮刹车装置制动力降低的一般方法为：首先，根据第 25.109(c)(1) 项提供的关系，确定湿跑道上轮胎—地面之间对地速的最大刹车摩擦系数；其次，调整该刹车系数以考虑防滑系统的效率；最后，在批准的起飞的最不利重心位置，由于刹车和非刹车机轮之间的法向载荷分布的影响，因此要确定所产生

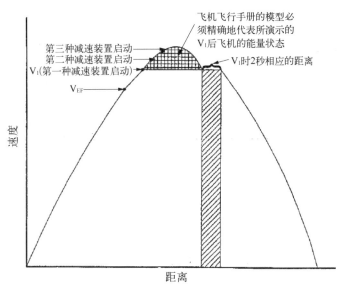

图 2-3　加速—停止速度对距离曲线

的刹车力并对该力进行调整。

第 25.109(c)(1)项规定的值来自工程科学数据机构(ESDU)71026 中的数据，"在飞机型号中摩擦和制动产生的力—第二部：刹车力的估算(1981 年 8 月)"。ESDU71026 中的数据来自众多不同渠道，其中包括美国国家航空航天局，英国航空工业部及其他地方。对岸光滑的和有花纹轮胎随充气压力变化情况而言，(ESDU)71026 包含湿跑道刹车系数对速度的变化曲线。这些数据提供了不同表面粗糙度的跑道，其中包括有沟槽和多孔摩擦层跑道。在数据里也包含有关的每一条曲线带，它表明这些方面的变化：从潮湿到淹没、在规定的特性水平内的跑道表面特性、轮胎特性及实验方法。在确定湿跑道刹车系数对速度的标准曲线时，应考虑轮胎压力、轮胎花纹深度、跑道表面结构特性以及跑道上的水的深度。

(1) 轮胎压力：较低的轮胎压力改善飞机在湿跑道的制动能力。确定最大轮胎—地面刹车摩擦系数的轮胎压力必须是批准使用的最大轮胎压力。

(2) 轮胎花纹深度：从轮胎底下排出的水的含量明显影响湿跑道的制动能力。第 25.109(c)(1)项中规定的刹车系数对速度的标准曲线基于 2 毫米的轮胎花纹。这个深度与飞机和制造商以及轮胎翻修商将轮胎拆下进行翻修的惯例相一致，也考虑湿跑道上飞行试验时用于确定使用着陆距离的美国联邦航空局在 AC121.195(d)-1A 中提供的指导相一致。

(3) 跑道表面特性：ESDU71026 把跑道分成五类。分别用"A""E"表示。"A"表示最光滑跑道(平均深度小于 0.004 英寸)，"C"表示最恶劣的无沟槽跑道，"D""E"表示有沟槽及其他多孔结构的跑道。第 25.109(c)(1)项中示出的曲线介于"B""C"类之间。

(4) 跑道上的水的深度：积水越深，刹车能力越差。第 25.109(c)(1)项反映的跑道是湿透的，但没有明显的表面积水。

第 25.109(c)(2)项给出了可以使用的防滑效率值，也可用湿跑道飞行试验得出的效率值。

第 25.109(d)款要求，可选择湿跑道带沟槽和多孔摩擦层跑道确定加速—停止距离。可以使用第 25.109(d)款规定的刹车系数，或者是用于确定干跑道刹车系数的 70%，或者是基于 ESDU71026 数据的一条曲线以及光滑跑道上所用的方法相一致的方式获得，但不得超过在干跑道上确定的刹车扭矩限制。

(1) 对有沟槽和多孔摩擦层跑道而言，允许使用一个用于干跑道上的刹车系数，因为在这些类型的跑道上，刹车系数随速度的变化非常小。

(2) 对于按光滑跑道方式确定带沟槽和多孔摩擦层跑道加速—停止距离，第 25.109(d)(2)项提供了有沟槽和多孔摩擦层跑道的最大轮胎对地面的刹车系数。

按第 25.1533(a)(3)项和第 25.1583(h)款的要求，带沟槽和多孔摩擦层跑道的加速—停止距离应作为使用限制来确定，并在飞行手册中给出。

第 25.109(e)款和第 25.109(f)款规定了加速—停止距离中可使用的减速措施，除机轮刹车以外，还可以使用其他安全可靠、不需要特殊驾驶技术并在正常运行条件下能获得一贯效果的减速措施，如反推力。

第 25.109(g)款规定了在加速—停止的全过程中必须保持起落架放下的位置。

第 25.109(h)款对跑道道面提出要求，如果加速—停止距离中含有道面特性与平整且有硬质道面的跑道有实质性差别的安全道，那么其起飞数据必须考虑对于加速—停止距离的使用修正因素。该修正因素必须计及安全道的特定道面特性和这些特性在所制定的使用限制范围内随季节气候条件(例如温度、雨、雪和冰)的变化。

第 25.109(i)款规定，加速—停止距离必须在飞机的所有机轮刹车装置处于其允许磨损范围的完全磨损限制下确定，完全磨损限制被定义为飞机大修时从飞机拆除刹车之前的最大允许磨损量。允许的磨损量应用轴线方向的线性尺寸表示，一般通过测量磨损探测销的伸出段来确定。

最大刹车动能试验是唯一的一种必须在规定的刹车装置磨损状态下进行的加速—停止距离试验，这一试验必须采用尚有不大于 10% 的剩余容许刹车磨损量的刹车装置。其余的加速—停止试验可以在刹车装置处于任意磨损状态下进行，只要在确定相应的完全磨损刹车加速—停止距离时，采用了合适的飞机和测功器试验的组合。例如，测功计试验可以用于确定从飞机试验磨损状态到完全磨损状态刹车性能是否有衰减，之后对没有附加飞机试验的这个差异而言，可以通过分析来调整飞机的试验数据。

2.2　相关条款

与第 25.109 条相关的条款如表 2-1 所示。

表 2-1 第 25.109 条相关条款

序 号	相关条款	相 关 性
1	第 25.101 条	第 25.101 条对第 25.109 条中驾驶员动作时间滞后允许值和磨损刹车的制动性能提出了要求
2	第 25.105 条	第 25.105 条给出了第 25.109 条相关的起飞形态和环境与跑道的条件
3	第 25.735 条	第 25.735 条是关于刹车与刹车系统,要求确定每一机轮、轮胎和刹车组件的最大动能加速制动吸收容量等,与第 25.109(i)款相关

3 验证过程

3.1 验证对象

第 25.109 条的验证对象为飞机的飞行性能、刹车性能、飞控相关系统安全性以及反推力相关装置使用程序和安全性。

3.2 符合性验证思路

针对第 25.109(a)、(b)、(c)款,通过刹车功能性飞行试验和加速—停止距离试飞,并结合计算分析来验证对条款的符合性。

针对第 25.109(d)款,通过计算分析来验证对条款的符合性。

针对第 25.109(e)款,通过飞控系统安全性分析以及符合性说明报告来表明对条款的符合性。

针对第 25.109(f)款,通过说明使用反推力的程序、反推力装置安全性分析,以及湿跑道下加速—停止距离试飞来表明对条款的符合性。

针对第 25.109(g)款,通过加速—停止距离试飞来表明对条款的符合性。

针对第 25.109(h)款,通过计算分析来表明对条款的符合性。

针对第 25.109(i)款,通过最大刹车能量加速—停止距离试飞表明对条款的符合性。

3.3 符合性验证方法

通常,针对第 25.109 条的符合性验证方法如表 3-1 所示。

表 3-1 建议的符合性方法表

CCAR25 部 条 款	专 业	符 合 性 方 法										备 注
		0	1	2	3	4	5	6	7	8	9	
第 25.109(a)款	性 能			2				6				
第 25.109(b)款	性 能			2				6				
第 25.109(c)款	液 压			2				6				
第 25.109(d)款	性 能			2								

CCAR25 部 条 款	专 业	符 合 性 方 法										备 注
		0	1	2	3	4	5	6	7	8	9	
第 25.109(e)款	飞 控			2	3							
第 25.109(f)款	性 能			2				6				
第 25.109(g)款	性 能							6				
第 25.109(h)款	性 能			2								
第 25.109(i)款	性 能							6				

3.4　符合性验证说明

3.4.1　第 25.109(a)、(b)、(c)、(f)、(g)、(h)、(i)款，以及第 25.109(e)(2)、(e)(3)项符合性验证说明

其采用的符合性验证方法为 MOC2 和 MOC6，验证具体工作如下：

1) MOC6 验证过程

该试飞又可分为双发加速—停止距离试飞和单发加速—停止距离试飞，以及最大刹车能量试飞。其目的是验证飞机在各种飞行条件下的加速—停止距离，演示飞机加速—停止过程中各种减速措施之间的时间延迟。

在双发加速—停止距离试飞中，应注意以下几点：

(1) 开始试验时，飞机应处于完全停止状态。

(2) 然后发动机调至正常起飞状态，待发动机稳定后松刹车，飞机沿跑道加速。

(3) 在飞机到达决策速度 V_1 设计值时，按照推荐的中断起飞程序使飞机减速停止，飞机完全停止后，保持 5 秒。

(4) 在加速—停止全过程中，起落架在放下位置。

(5) 在加速—停止全过程中，不使用反推力。

在单发加速—停止距离试飞中，则应注意以下几点：

(1) 开始试验时，飞机应处于完全停止状态。

(2) 然后发动机调至正常起飞状态，待发动机稳定后松刹车，飞机沿跑道加速。

(3) 在飞机到达 V_{EF} 设计值时，操纵临界发动机停车，另一发最大推力。

(4) 当飞行员判断到临界发动机停车后，按照推荐的中断起飞程序使飞机减速停止，飞机完全停止后，保持 5 秒。

(5) 在加速—停止全过程中，起落架在放下位置。

(6) 在加速—停止全过程中，不使用反推力。

在最大刹车能量试飞科目验证时应注意以下几点：

(1) 试验前，飞机应当更换剩余量最多为 10% 的刹车盘，并完成刹车盘机上磨合。

(2) 试验前，应当确定在全包线内的最大刹车能量和中止起飞试验状态（重量

和中止起飞速度）。

（3）待发动机稳定后松刹车，飞机沿跑道加速。

（4）在飞机到预定的中止起飞速度 V_1 设计值时，中断起飞，在飞机完全停止后，保持 5 秒。

2）MOC2 验证过程

通过加速—停止距离计算分析，表明干跑道上的加速—停止距离与湿跑道上的加速—停止距离的计算分别满足第 25.109(a)款与第 25.109(b)款的要求，同时平整湿跑道上的湿跑道刹车摩擦系数满足第 25.109(c)款的要求，如有选择的具有带沟槽，或具有多孔摩擦材料处理的跑道道面时，其湿跑道刹车摩擦系数应满足第 25.109(d)款的要求。在计算加速—停止距离时，还应考虑进入安全道的情况，并且最终的加速—停止距离应该根据安全道与主跑道的道面特性差异进行修正。

3.4.2　第 25.109(e)(1)项符合性验证说明

针对第 25.109(e)(1)项采用的符合性验证方法包括 MOC3，验证工作具体如下：

通过飞控系统地面破升功能安全性分析，未通告的丧失两对或两对以上扰流板（多功能扰流板或地面扰流板）的地面破升功能、中断起飞期间丧失两对或两对以上扰流板（多功能扰流板或地面扰流板）的地面破升功能、非指令性打开两块地面扰流板的地面破升功能、非指令性打开两个地面扰流板的地面破升功能、非指令性打开三对或三对以上扰流板（多功能扰流板和地面扰流板）的地面破升功能等功能的故障概率均应小于该功能的故障概率安全性需求。

3.5　符合性文件清单

通常，针对第 25.109 条的符合性文件清单如表 3-2 所示。

表 3-2　建议的符合性文件清单

序　号	符 合 性 报 告	符合性方法
1	加速—停止距离试飞大纲	MOC6
2	加速—停止距离试飞报告	MOC6
3	加速—停止距离计算分析报告	MOC2
4	正常刹车功能性试验试飞大纲	MOC6
5	正常刹车功能性试验试飞报告	MOC6
6	反推力系统使用程序	MOC1
7	反推力系统安全性分析报告	MOC3
8	主飞行控制系统安全性分析报告	MOC3

4　符合性判据

（1）在加速—停止全过程中，起落架在放下位置。

（2）在加速—停止全过程中，未使用反推力。

（3）进行最大刹车能量试验时，每个机轮刹车装置均处于不大于 10% 的剩余容许刹车磨损量条件下。在停止后的 5 分钟内不需要使用防火设备或人工冷却。

（4）在加速—停止距离试飞过程中飞行员不需要特殊驾驶技巧。

参考文献

［1］ 14 CFR 修正案 25‐92 Improved Standards for Determining Rejected Takeoff and Landing Performance ［S］.

［2］ FAA. AC25‐15 Approval of Flight Management Systems in Transport Category Airplanes ［S］. 1989.

［3］ FAA. AC25.735‐1 Brakes and Braking Systems Certification Tests and Analysis ［S］. 2002.

［4］ FAA. AC25‐7C Flight Test Guide for Certification of Transport Category Airplanes ［S］. 2012.

运输类飞机适航标准第25.111条符合性验证

1 条款介绍

1.1 条款原文

第25.111条 起飞航迹

(a) 起飞航迹从静止点起延伸至下列两点中较高者：飞机起飞过程中高于起飞表面450米(1,500英尺)，或完成从起飞到航路形态的转变并达到 V_{FTO} 的一点。此外：

(1) 起飞航迹必须基于第25.101(f)条规定的程序；

(2) 飞机必须在地面加速到 V_{EF}，临界发动机必须在该点停车，并在起飞的其余过程中保持停车；

(3) 在达到 V_{EF} 后，飞机必须加速到 V_2。

(b) 在加速到 V_2 过程中，前轮可在不小于 V_R 的速度抬起离地。但在飞机腾空之前，不得开始收起落架。

(c) 在按本条(a)和(b)确定起飞航迹的过程中：

(1) 起飞航迹空中部分的斜率在每一点上都必须是正的；

(2) 飞机在达到高于起飞表面10.7米(35英尺)前必须达到 V_2，并且必须以尽可能接近但不小于 V_2 的速度继续起飞，直到飞机高于起飞表面120米(400英尺)为止；

(3) 从飞机高于起飞表面120米(400英尺)的一点开始，沿起飞航迹每一点的可用爬升梯度不得小于：

(i) 1.2%，对于双发飞机；

(ii) 1.5%，对于三发飞机；

(iii) 1.7%，对于四发飞机。

(4) 直到飞机高于起飞表面120米(400英尺)为止，除收起落架和螺旋桨自动顺桨外，不得改变飞机的形态，而且驾驶员不得采取动作改变功率或推力。

(5) 如果25.105(a)(2)要求确定结冰条件下的起飞航迹，起飞的空中段必须基于飞机阻力：

(i) 在附录 C 中规定的冰积聚条件下,从超过起飞表面 10.7 米(35 英尺)的高度到飞机高于起飞表面 120 米(400 英尺)的点;和

(ii) 在附录 C 中规定的起飞最后阶段冰积聚条件下,从飞机高于起飞表面 120 米(400 英尺)直到起飞航迹末端。

(d) 起飞航迹必须由连续的演示起飞或分段综合法来确定。如果起飞航迹由分段法确定,则:

(1) 分段必须明确定义,而且必须在形态、功率(推力)以及速度方面有清晰可辨的变化;

(2) 飞机的重量、形态、功率(推力)在每一分段内必须保持不变,而且必须相应于该分段内主要的最临界的状态;

(3) 飞行航迹必须基于无地面效应的飞机性能;

(4) 起飞航迹数据必须用若干次连续的演示起飞(直到飞机脱离地面效应而且其速度达到稳定的一点)来校核,以确保分段综合航迹相对于连续航迹是保守的。当飞机达到等于其翼展的高度时,即认为脱离地面效应。

(e) 对于装有助推火箭发动机的飞机,起飞航迹可按附录 E 的第 Ⅱ 条确定。

〔中国民用航空局 2011 年 11 月 7 日第四次修订〕

1.2　条款背景

第 25.111 条对起飞航迹提出了要求,要求在一台发动机不工作的情况下对飞机的起飞航迹进行验证并提供数据。

1.3　条款历史

第 25.111 条在 CCAR25 部初版首次发布,截至 CCAR - 25 - R4,该条款共修订过 2 次,如表 1 - 1 所示。

表 1 - 1　第 25.111 条条款历史

第 25.111 条	CCAR25 部版本	相关 14 CFR 修正案	备　注
首次发布	初版	25 - 54	
第 1 次修订	R3	25 - 72,25 - 94	
第 2 次修订	R4	25 - 108,25 - 115,25 - 121	

1.3.1　首次发布

1985 年 12 月 31 日发布了 CCAR25 部初版,其中包含第 25.111 条,该条款参考 1980 年 10 月 14 日发布的 14 CFR 修正案 25 - 54 的内容制定。14 CFR 修正案 25 - 54 在 §25.111(c)(4) 增加了"驾驶员不得采取动作改变功率或推力"要求。

1.3.2　第 1 次修订

2001 年 5 月 14 日发布的 CCAR - 25 - R3 对第 25.111 条进行了第 1 次修订,本次修订参考了 14 CFR 修正案 25 - 72,25 - 94 的内容。14 CFR 修正案 25 - 72 的

内容：对于 §25.111，该次修订仅是纠正了其中的编辑错误，将 §25.111(a)(2) 的引用替换为 §25.101(f)，无实质更改。14 CFR 修正案 25-94 的内容：纠正了 §25.111(a) 中的错误引用，将 §25.111(a) 中对 §25.121(f) 的引用用 §25.121(c) 来替换，无实质更改。

1.3.3 第 2 次修订

2011 年 11 月 7 日发布的 CCAR-25-R4 对 §25.111 进行了第 2 次修订，本次修订参考了 14 CFR 修正案 25-108，25-115，25-121 的内容。14 CFR 修正案 25-108 的内容：将原 §25.111(a) 中规定的速度调整为 V_{FTO}。14 CFR 修正案 25-115 的内容：将 §25.111(c)(4) 中的"螺旋桨顺桨"改为"螺旋桨自动顺桨"。14 CFR 修正案 25-121 的内容：对 §25.111(c)(3)(iii) 和 §25.111(c)(4) 进行了修改，使其表述与 EASA 相关法规保持一致，并增加了 §25.111(c)(5)，提出结冰条件下的起飞航迹要求。

2 条款解读

2.1 条款要求

根据第 25.111 条，起飞航迹是指"起飞航迹从静止点起延伸至下列两点中较高者：飞机起飞过程中高于起飞表面 450 米（1 500 英尺），或完成从起飞到航路形态的转变并达至 V_{FTO} 时的一点"。

1）对第 25.111(a) 款的解释

起飞航迹定义为飞机从静止点到离地 450 米（1 500 英尺）或完成从起飞形态转变到航路形态并达到表明符合第 25.121(c) 款起飞最后阶段要求的高度。试验要求当速度达到 V_{EF} 时，临界发动机必须停车，并在起飞的其余过程中保持停车。

（1）第 25.111(a)(1) 项——起飞航迹的程序。

起飞飞行航迹的程序必须基于第 25.101(f) 款，改变飞机的形态、速率、功率（推力），必须按照制造商制定的操作程序进行。

（2）第 25.111(a)(2) 项——发动机失效。

第 25.111 条要求的飞行航迹是针对一台发动机不工作情况。由于发动机实际会发生何种类型的失效是不可预测的，因此保守假定条款所要求的发动机失效是突然发生的。通常，失效发动机瞬时的实际推力不会立即下降为零，出于这些考虑，在 V_{EF} 处失效发动机转速下降时可接受使用瞬时实际推力。数据处理和扩充所用的推力时间历程曲线应采用试验结果予以验证。

（3）第 25.111(a)(3) 项——飞机加速。

在到达 V_{EF} 后，飞机必须加速到 V_2。

2）针对第 25.111(b) 款的解释

抬前轮速度（V_R）是指在加速到 V_2 的过程中驾驶员开始拉杆使前轮离开地面

时的速度。按照第 25.111(a) 款和第 25.111(b) 款确定的起飞航迹应假设在达到抬前轮速度之前,驾驶员未开始拉杆使前轮离地的动作。

3) 针对第 25.111(c) 款的解释

第 25.111(c) 款提出了在起飞航迹过程中的爬升梯度要求。

(1) 第 25.111(c)(1) 项——起飞航迹的斜率。

本款要求飞机整个起飞航迹每一点的斜率都为正值。在水平飞行段,飞机须加速飞行。

(2) 第 25.111(c)(2) 项——起飞航迹速度。

飞机在达到高于起飞表面 10.7 米(35 英尺)前必须达到 V_2,并且必须以尽可能接近但不小于 V_2 的速度继续起飞,直到飞机高于起飞表面 120 米(400 英尺)为止。

(3) 第 25.111(c)(3) 项——可用爬升梯度。

本条款要求从飞机高于起飞表面 120 米(400 英尺)的一点开始,沿起飞航迹每一点的可用爬升梯度不得小于:

a. 1.2%,对于双发飞机。

b. 1.5%,对于三发飞机。

c. 1.7%,对于四发飞机。

(4) 第 25.111(c)(4) 项——构形变化。

直到飞机高于起飞表面 120 米(400 英尺)为止,除收起落架和螺旋桨自动顺桨外,不得改变飞机的形态,而且驾驶员不得采取动作改变功率或推力。

(5) 第 25.111(c)(5) 项——结冰条件下的起飞航迹。

如果第 25.105(a)(2) 项要求确定结冰条件下的起飞航迹,那么第 25.111(c)(5) 项对结冰条件下起飞空中段必须考虑以下条件下的飞机阻力。

a. 自高出起飞表面 35 英尺至高出起飞表面 400 英尺的那个点,飞机带有附录 C 定义的起飞冰积聚。

b. 自高出起飞表面 400 英尺的那个点至起飞航迹终点,飞机带有附录 C 所定义的起飞末端冰积聚。

4) 针对第 25.111(d) 款的解释

起飞航迹必须由连续的演示或分段综合法确定。

第 25.111(d)(1) 项要求分段定义明确,必须在形态、功率(推力)以及速度方面有清晰可辨的变化。

第 25.111(d)(2) 项要求飞机的重量、形态、功率(推力)在每一分段内必须保持不变,而且必须相应于该分段内主要的最临界状态。

第 25.111(d)(3) 项中的"地面效应"是指地面对飞机的气动力干扰。当飞机在地面附近飞行时,地面的存在会影响气流绕飞机的流动状况,从而使飞机上的气动力特性发生改变。

5) 第 25.111(e)款的解释

对装有助推火箭发动机的飞机的起飞航迹,可参照附录 E 第 II 部分的相关规定。

(1) 必须依据适用适航条款的要求确定使用助推动力下的单发不工作起飞航迹。

(2) 依据上条确定的单发不工作的起飞航迹,必须要高于满足所有适用适航要求的最大起飞重量在无助推动力下的单发不工作起飞航迹。所考虑的航迹要延伸到至少高于起飞表面 400 英尺。

(3) 全发工作但不使用助推动力的起飞航迹所反映的总体性能水平必须保守地高于依据本条(i)款所确定的单发不工作起飞航迹,其裕量必须由局方根据保证日常安全运行予以制定,但不得小于 15%。确定全发工作起飞航迹的程序必须与为符合本条(a)款所制定的程序一致。

2.2 相关条款

与第 25.111 条相关的条款如表 2-1 所示。

表 2-1 第 25.111 条相关条款

序 号	相 关 条 款	相 关 性
1	第 25.101 条	第 25.101 条为性能分部的总则条款
2	第 25.105 条	第 25.105(a)(2)项提出和第 25.111 条相关的结冰验证要求
3	第 25.107 条	第 25.107 条规定了与起飞航迹相关的速度如 V_1、V_{EF}、V_2、V_{FTO}、V_R
4	第 25.115 条	第 25.115 条起飞飞行航迹必须按与第 25.111 条一致的程序确定

3 验证过程

3.1 验证对象

第 25.111 条的验证对象为飞机的起飞航迹。

3.2 符合性验证思路

对于第 25.111 条,建议采用分析/计算、飞行试验方法来表明符合性。通常通过分段综合的方法对起飞航迹进行确定,首先对起飞阶段进行定义,然后对各阶段进行若干次连续试飞,在试飞数据基础上综合得到分段综合航迹,并确保分段综合航迹相对于连续航迹是保守的。最后通过试飞数据扩展计算给出在各种重量、形态、功率(推力)下的起飞航迹。

3.3 符合性验证方法

通常,针对第25.111条的符合性验证方法如表3-1所示。

表3-1 建议的符合性方法

条 款 号	专 业	符 合 性 方 法										备 注
		0	1	2	3	4	5	6	7	8	9	
第25.111(a)款	性 能			2				6				
第25.111(b)款	性 能			2				6				
第25.111(c)款	性 能			2				6				
第25.111(d)款	性 能			2				6				
第25.111(e)款	性 能			2				6				

3.4 符合性验证说明

为采用分段综合法,首先对起飞航迹进行分段。各阶段描述及定义如图3-1所示。

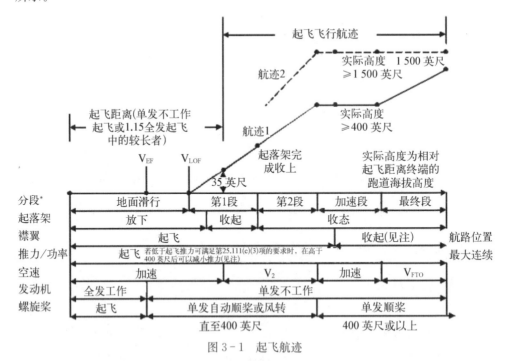

图 3-1 起飞航迹

1) 第1阶段

从 V_{LOF} 时飞机离地开始,起飞到35英尺前,速度达到 V_2,直到起落架收上为止。根据第25.111(c)款起飞航迹要求,直到飞机高于起飞表面120米(400英尺)为止,除收起落架外,不得改变飞机的形态,而且驾驶员不得采取动作改变功率或推力。此时襟缝翼为起飞构型,发动机为起飞推力。

2) 第 2 阶段

根据第 25.111(c)款起飞航迹要求,飞机在达到高于起飞表面 10.7 米(35 英尺)前必须达到 V_2,并且必须以尽可能接近但不小于 V_2 的速度继续起飞,直到飞机高于起飞表面 120 米(400 英尺)为止。此时保持 V_2 速度爬升至 400 英尺。根据第 25.111(c)款起飞航迹要求,直到飞机高于起飞表面 120 米(400 英尺)为止,除收起落架外,不得改变飞机的形态,而且驾驶员不得采取动作改变功率或推力。此时襟缝翼为起飞构型,发动机为起飞推力。

3) 第 3 阶段

在不低于 400 英尺高度,飞机改平加速飞行,飞机开始收襟缝翼并由起飞推力转到最大连续推力。

4) 最后阶段

从起飞第 3 阶段延伸至下列两点中较高者:飞机起飞过程中高于起飞表面 450 米(1 500 英尺),或完成从起飞到航路形态的转变并达至 V_{FTO} 速度时的一点。起飞最后阶段飞机以 V_{FTO} 速度,爬升至 1 500 英尺,襟缝翼为巡航构型,发动机推力为最大连续推力。

起飞航迹的确定采用分段综合方法进行试飞,根据各分段的试飞的结果综合得到连续的起飞航迹。

起飞航迹空中部分的斜率在每一点上都必须是正的。从飞机高于 120 米(400 英尺)的一点开始,沿起飞航迹每一点的可用爬升梯度不得小于:① 1.2%,对于双发飞机;② 1.5%,对于三发飞机;③ 1.7%,对于四发飞机。

根据试飞得到的起飞航迹数据进行数据扩展,得到在各种重量、形态、功率(推力)下的起飞航迹。

3.5 符合性文件清单

通常,针对第 25.111 条的符合性文件清单如表 3-2 所示。

表 3-2 建议的符合性文件清单

序 号	符合性报告	符合性方法
1	飞机起飞航迹计算分析报告	MOC2
2	飞机起飞航迹飞行试验大纲	MOC6
3	飞机起飞航迹飞行试验报告	MOC6

4 符合性判据

针对第 25.111(a)款,验证试飞过程中,飞机在改变形态、速度、功率(推力),必须按照制造商为使用操作所制定的程序进行。临界发动机必须在飞机达到 V_{EF} 时停车,并在其余过程中保持停车。在达到 V_{EF} 后,加速到 V_2。

针对第 25.111(b)款,可接受判据为:验证试飞过程中,离地和开始收起落架之间的时间不应当少于建立指示的正上升率所需的时间加 1 秒。

针对第 25.111(c)款,可接受判据为:验证试飞过程中,起飞航迹空中部分的每一点上爬升梯度都是正的。飞机以等指示空速飞到至少起飞表面 400 英尺高度处,该速度满足第 25.107(b)、(c)款对 V_2 的限制。可用爬升梯度对于双发飞机不小于 1.2%;对于三发飞机不小于 1.5%;对于四发飞机不小于 1.7%。直到起飞表面以上至少 400 英尺高度,除收起落架和螺旋桨自动顺桨外,没有其他操作。

针对第 25.111(c)(5)项,可接受判据为:验证试飞过程中,结冰条件下起飞空中段考虑以下条件下的飞机阻力:

(1) 自高出起飞表面 35 英尺至高出起飞表面 400 英尺的那个点,飞机带有附录 C 定义的起飞冰积聚。

(2) 自高出起飞表面 400 英尺的那个点至起飞航迹终点,飞机带有附录 C 所定义的起飞末端冰积聚。

针对第 25.111(d)款,可接受判据为:飞机起飞航迹分段定义明确;验证试飞过程中,确定重量、形态、功率(推力)在每一分段内保持不变。通过若干次连续的演示试飞验证分段综合航迹较连续航迹是保守的。

针对第 25.111(e)款,验证工作满足附录 E 第 II 条的相关规定。

参考文献

[1] 14 CFR 修正案 25 - 54 Airworthiness Review Program; Amendment No. 8A: Aircraft, Engine, and Propeller Airworthiness, and Procedural Amendments [S].

[2] 14 CFR 修正案 25 - 72 Special Review: Transport Category Airplane Airworthiness Standards [S].

[3] 14 CFR 修正案 25 - 94 Transport Category Airplanes, Technical Amendments and Other Miscellaneous Corrections [S].

[4] 14 CFR 修正案 25 - 108 1 - g Stall Speed as the Basis for Compliance With Part 25 of the Federal Aviation Regulations [S].

[5] 14 CFR 修正案 25 - 115 Miscellaneous Flight Requirements; Powerplant Installation Requirements; Public Address System; Trim Systems and Protective Breathing Equipment; and Powerplant Controls [S].

[6] 14 CFR 修正案 25 - 121 Airplane Performance and Handling Qualities in Icing Conditions [S].

[7] 白杰. 运输类飞机适航要求解读:性能试飞[M]. 北京:航空工业出版社,2013.

运输类飞机适航标准
第25.113条符合性验证

1 条款介绍

1.1 条款原文

第25.113条 起飞距离和起飞滑跑距离

(a) 干跑道的起飞距离是下述距离中的大者:

(1) 沿着按第25.111条确定的起飞航迹,从起飞始点到飞机高于起飞表面10.7米(35英尺)一点所经过的水平距离;

(2) 全发工作,沿着由其余与第25.111条一致的程序确定的起飞航迹,从起飞始点到飞机高于起飞表面10.7米(35英尺)的一点所经过水平距离的115%。

(b) 湿跑道的起飞距离是下述距离中的大者:

(1) 按照本条(a)款确定的干跑道起飞距离;或

(2) 沿着按第25.111条确定的湿跑道起飞航迹从起飞始点到飞机高于起飞表面4.6米(15英尺)的一点所经过的水平距离,以完成距起飞表面10.7米(35英尺)之前达到 V_2 一致的方法。

(c) 对于起飞距离不包含净空道情况,起飞滑跑距离等于起飞距离。对于起飞距离含有净空道情况:

(1) 干跑道的起飞滑跑距离是下述距离中的大者:

(i) 沿着按第25.111条确定的起飞航迹,从起飞始点到下列两点的中点所经过的水平距离,在一点速度达到 V_{LOF},在另一点飞机高于起飞表面10.7米(35英尺)。

(ii) 全发工作,沿着由其余与第25.111条一致的程序确定的起飞航迹,从起飞始点到下列两点的中点所经过水平距离的115%,在一点速度达到 V_{LOF},在另一点飞机高于起飞表面10.7米(35英尺)。

(2) 湿跑道的起飞滑跑距离是下述距离中的大者:

(i) 沿着按第25.111条确定的湿跑道起飞航迹从起飞始点到飞机距起飞表面4.6米(15英尺)的一点所经过的水平距离,以完成高于起飞表面10.7米(35英尺)

之前达到 V2 一致的方法;或

(ii) 全发工作,沿着由其余与按第 25.111 条一致的程序确定的起飞航迹,从起飞始点到下列两点的中点所经过水平距离的 115%,在一点速度达到 VLOF,在另一点飞机高于起飞表面 10.7 米(35 英尺)。

〔中国民用航空局 2001 年 5 月 14 日第三次修订〕

1.2　条款背景

制定第 25.113 条的目的是明确飞机的起飞距离和起飞滑跑距离以及演示的要求。

1.3　条款历史

第 25.113 条在 CCAR25 部初版首次发布,截至 CCAR-25-R4,该条款共修订过 1 次,如表 1-1 所示。

表 1-1　第 25.113 条条款历史

第 25.113 条	CCAR25 部版本	相关 14 CFR 修正案	备　　注
首次发布	初版	—	
第 1 次修订	R3	25-23,25-92	

1.3.1　首次发布

1985 年 12 月 31 日发布了 CCAR25 部初版,其中包含第 25.113 条,该条款参考 1964 年 12 月 24 日发布的 14 CFR PART 25 中的 §25.113 的内容制定。

1.3.2　第 1 次修订

2001 年 5 月 14 日发布的 CCAR-25-R3 对第 25.113 条进行了第 1 次修订,本次修订参考了 14 CFR 修正案 25-23,25-92 的内容:14 CFR 修正案 25-23 将 §25.113(a)(2)和(b)(2)中出现的"发动机工作"统一更改为"全发工作",进一步规范了条款用语的准确性。14 CFR 修正案 25-92 对 §25.113(a)、(b)、(c)进行了修订,要求根据跑道表面的条件(即干、湿跑道)确定相应要求,补充了湿跑道的起飞距离和起飞滑跑距离条款内容。

2　条款解读

2.1　条款要求

1) 第 25.113(a)款——干跑道起飞距离定义

干跑道的起飞距离为下面两种情况的大者:

(1) 在临界发动机于 V_{EF} 失效后到达 35 英尺(高度)的测量距离如图 2-1 所示。

(2) 全发工作下至高于起飞表面 35 英尺的测量距离的 115%,如图 2-2 所示。

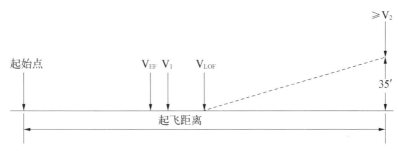

图 2-1　在干跑道上的起飞距离(临界发动机在 V_{EF} 失效)

第 25.113(a)(2)项要求该距离"……用与第 25.111 条一致的程序进行确定"(起飞航迹)。这句话的解释是,确定全发工作起飞距离的程序应当:

a. 基于飞机起飞表面以上 10.7 米(35 英尺)之前达到 V_2 速度。

b. 在高于起飞表面 120 米(400 英尺)的高度处能平稳过渡至初始定常爬升速度。

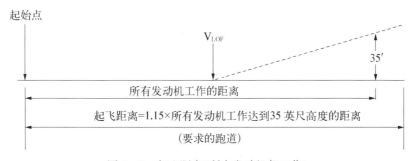

图 2-2　起飞距离(所有发动机都工作)

2) 第 25.113(b)款——湿跑道起飞距离定义

湿跑道的起飞距离为下面两种情况的大者:

(1) 第 25.113(a)款确定的干跑道上(使用干跑道上的 V_1 速度)的起飞距离。

(2) 湿跑道上,从主起落架开始松刹车点到飞机最低部分高于跑道表面 4.6 米(15 英尺)那一点的水平距离。飞机必须以在起飞表面以上 10.7 米(35 英尺)高度之前达到 V_2 的方式,在跑道终点之前达到起飞表面以上 4.6 米(15 英尺)高度。

3) 第 25.113(c)款——起飞滑跑距离定义

起飞滑跑距离是当起飞距离中使用净空道时对于跑道长度所用的一个术语,起飞滑跑距离应为下面(1)和(2)中的大者。当使用净空道确定起飞滑跑距离时,在净空道上空的飞行距离不应大于从 V_{LOF} 到飞机到达离起飞表面 10.7 米(35 英尺)高度的一点水平距离的一半。

(1) 在 V_{EF} 临界发动机失效的情况下,起飞滑跑距离起始点到下列两点的中点的距离：即离地点(V_{LOF})和飞机达到起飞表面以上 10.7 米(35 英尺)高度点,如图 2-3 所示。对于湿跑道上的起飞,起飞滑跑距离等于起飞距离(即在湿跑道上不允许使用净空道)。

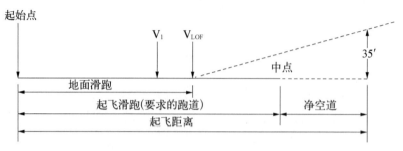

图 2-3　起飞滑跑距离(临界发动机在 V_{EF} 失效)

(2) 在全发工作情况下,从滑跑开始点到下列两点间的中点的距离的 115%：即离地点和飞机达到起飞表面 10.7 米(35 英尺)高度的那一点,如图 2-4 所示。在确定全发工作情况下的起飞滑跑距离时,其距离要按"与第 25.111 条一致的程序"。对这句话的解释是,全发工作起飞距离的程序应是：

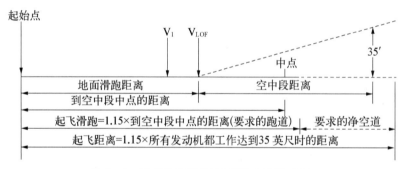

图 2-4　起飞滑跑距离(所有发动机都工作)

　a. 基于飞机起飞表面以上 10.7 米(35 英尺)之前达到 V_2 速度。

　b. 在高于起飞表面 120 米(400 英尺)的高度处能平稳过渡至初始定常爬升速度。

2.2　相关条款

与第 25.113 条相关的条款如表 2-1 所示。

表 2-1　第 25.113 条相关条款

序　号	相关条款	相　关　性
1	第 25.101 条	第 25.101 条为性能分部的总则条款
2	第 25.105 条	第 25.105 条为起飞性能总则要求
3	第 25.111 条	起飞滑跑距离是起飞航迹的一部分,需要满足第 25.111 条的要求

3 验证过程

3.1 验证对象

第 25.113 条的验证对象为飞机的起飞距离和起飞滑跑距离。

3.2 符合性验证思路

对于第 25.113 条,通过飞行试验方法,给出特定重量、高度、推力条件下,飞机在干跑道和湿跑道的起飞距离和起飞滑跑距离。采用分析/计算,基于起飞试飞数据,对飞机干跑道和湿跑道起飞距离和起飞滑跑距离进行扩展计算,给出干、湿跑道及不同重量、高度、推力条件下飞机的起飞距离和起飞滑跑距离。

3.3 符合性验证方法

通常,针对第 25.113 条的符合性验证方法如表 3-1 所示。

表 3-1 建议的符合性方法

条 款 号	专 业	符 合 性 方 法										备 注
		0	1	2	3	4	5	6	7	8	9	
第 25.113(a)款	性 能			2				6				
第 25.113(b)款	性 能			2				6				
第 25.113(c)款	性 能			2				6				

3.4 符合性验证说明

针对第 25.113 条,采用的符合性验证方法为 MOC2 和 MOC6,验证具体工作如下。

3.4.1 MOC6 验证过程

沿着按第 25.111 条确定的起飞航迹,在干跑道和湿跑道,有净空道和无净空道情况下,进行单发和双发起飞距离试飞。

对于干跑道,起飞距离为(1)、(2)的大者:

(1) 双发条件下地面加速段与过渡段之和的 1.15 倍。

(2) 单发条件下地面段加速段与过渡段之和。

对于湿跑道,起飞距离为(1)、(2)的大者:

(1) 按上述条件确定的干跑道起飞距离。

(2) 单发条件下地面加速段与抬前轮至 4.6 米(15 英尺)高度水平距离之和;

在此基础上整理得到起飞距离和起飞滑跑距离,绘制起飞距离和构型、温度、风速、重量、跑道坡度的关系曲线。

3.4.2 MOC2 验证过程

针对 MOC2 的方法,通过起飞性能计算分析,基于起飞试飞数据,对飞机起飞距离和起飞滑跑距离进行扩展计算,给出干跑道和湿跑道,有净空道和无净空道情况下,不同重量、高度、推力条件下飞机的起飞距离和起飞滑跑距离。

3.5　符合性文件清单

通常,针对第 25.113 条的符合性文件清单如表 3-2 所示。

表 3-2　建议的符合性文件清单

序　号	符 合 性 报 告	符合性方法
1	起飞距离计算分析报告	MOC2
2	起飞距离飞行试验大纲	MOC6
3	起飞距离飞行试验报告	MOC6

4　符合性判据

（1）按干跑道和湿跑道,有净空道和无净空道,分别确定了单发和双发情况下的起飞距离和起飞滑跑距离。

（2）起飞距离和起飞滑跑距离的计算合理可信。

（3）性能扩展计算与试飞试验结果的一致性可接受,或更保守。

参考文献

［1］　14 CFR 修正案 25-23 Transport Category Airplane Type Certification Standards ［S］.

［2］　14 CFR 修正案 25-92 Improved Standards for Determining Rejected Takeoff and Landing Performance ［S］.

［3］　FAA. AC25-15 Approval of Flight Management Systems in Transport Category Airplanes ［S］. 1989.

［4］　FAA. AC25-7C Flight Test Guide for Certification of Transport Category Airplanes ［S］. 2012.

［5］　白杰. 运输类飞机适航要求解读:性能试飞［M］. 北京:航空工业出版社,2013.

运输类飞机适航标准
第25.115条符合性验证

1 条款介绍

1.1 条款原文

第25.115条 起飞飞行航迹

(a) 起飞飞行航迹,依据适当的道面情况,从按第25.113(a)或(b)条确定的起飞距离末端处高于起飞表面10.7米(35英尺)的一点计起。

(b) 净起飞飞行航迹数据必须为真实起飞飞行航迹(按第25.111条及本条(a)确定)在每一点减去下列数值的爬升梯度。

(1) 0.8%,对于双发飞机;

(2) 0.9%,对于三发飞机;

(3) 1.0%,对于四发飞机。

(c) 沿起飞飞行航迹飞机水平加速部分的加速度减少量,可使用上述规定的爬升梯度减量的当量值。

〔中国民用航空局2001年5月14日第三次修订〕

1.2 条款背景

在大部分机场跑道周围有障碍物,在起飞前必须加以考虑,以确保飞机能够飞越它们。在起飞航迹中,必须考虑飞机和各个障碍物间的垂直裕度。这个裕度基于爬升梯度的减小,第25.115条中进行了量化的规定。

1.3 条款历史

第25.115条在CCAR25部初版首次发布,截至CCAR-25-R4,该条款共修订过1次,如表1-1所示。

表1-1 第25.115条条款历史

第25.1115条	CCAR25部版本	相关14 CFR修正案	备 注
首次发布	初版	——	
第1次修订	R3	25-92	

1.3.1　首次发布

1985 年 12 月 31 日发布了 CCAR25 部初版,其中包含第 25.115 条,该条款参考 1964 年 12 月 24 日发布的 14 CFR PART 25 中的 §25.115 的内容制定。

1.3.2　第 1 次修订

2001 年 5 月 14 日发布的 CCAR‐25‐R3 对第 25.115 条进行了第 1 次修订,本次修订参考了 14 CFR 修正案 25‐92 的内容:对第 25.115(a)款进行了修订,将其中的"按 §25.113(a)确定的起飞距离末端"改为"从按 §25.113(a)或(b)确定的起飞距离末端",补充了对在湿跑道条件下的要求。

2　条款解读

2.1　条款要求

1) 针对第 25.115(a)款的解释

起飞飞行航迹是指第 25.111 条定义的起飞航迹中从起飞距离末端高于起飞表面 10.7 米(35 英尺)的一点到起飞航迹末端的空中飞行航迹。

2) 针对第 25.115(b)款和(c)款的解释

净起飞飞行航迹为真实飞行航迹(由第 25.111 条及第 25.115(a)款确定)减去下述爬升梯度后的航迹:① 0.8%,对于双发飞机;② 0.9%,对于三发飞机;③ 1.0%,对于四发飞机。

对于平飞加速段,所确定的这些梯度的减量可以用作加速度减少量,以代替净飞行航迹的减少,从而使水平加速度段的距离增长,但高度不变,净起飞飞行航迹如图 2‐1 所示。

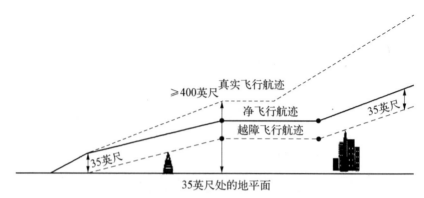

图 2‐1　净起飞飞行航迹

2.2　相关条款

与第 25.115 条相关的条款如表 2‐1 所示。

表 2 - 1　第 25.115 条相关条款

序　号	相关条款	相　关　性
1	第 25.111 条	起飞飞行航迹作为起飞航迹的一部分,在确定飞机起飞飞行航迹时必须同时满足第 25.111 条
2	第 25.113 条	起飞飞行航迹从第 25.113 条所确定的起飞距离末端处高于起飞表面 10.7 米的一点计起

3　验证过程

3.1　验证对象

第 25.115 条的验证对象为飞机的起飞飞行航迹。

3.2　符合性验证思路

对于第 25.115 条,采用分析/计算,计算出飞机的起飞飞行航迹和净起飞飞行航迹,净起飞飞行航迹为真实起飞飞行航迹减去第 25.115(b)款要求的梯度值。通过飞行试验方法对计算结果进行验证。

3.3　符合性验证方法

通常,针对第 25.115 条的符合性验证方法如表 3-1 所示。

表 3 - 1　建议的符合性方法

条 款 号	专 业	符 合 性 方 法										备 注
		0	1	2	3	4	5	6	7	8	9	
第 25.115 条	性 能			2				6				

3.4　符合性验证说明

针对第 25.115 条,采用的符合性验证方法为 MOC2 和 MOC6,验证具体工作如下。

3.4.1　MOC2 验证过程

用计算分析的方法确定飞机的起飞飞行航迹,对于第 25.115(a)款,起飞飞行航迹从按第 25.113 条确定的起飞距离末端处高于起飞表面 10.7 米的一点计起。对于第 25.115(b)款,净起飞飞行航迹数据必须为真实起飞飞行航迹在每一点减去下列数值的爬升梯度:双发飞机 0.8%,三发飞机 0.9%,四发飞机 1.0%。对于第 25.115(c)款,起飞飞行航迹飞机水平加速部分的加速度减少量为上述梯度减量的当量值。以表明对第 25.115 条的符合性。

3.4.2　MOC6 验证过程

起飞飞行航迹可通过正常起飞飞行航迹试飞进行验证。

（1）双发试飞：① 试验过程中,空调系统打开;② 开始试验时飞机处于完全静止状态;③ 按照实验要求和条件设置起飞襟缝翼位置和配平状态,按要求设定发动机推力状态,待发动机稳定后松刹车,飞机沿跑道加速;④ 当飞机到达抬前轮速度 V_R 时,抬前轮,操纵飞机完成正常起飞,直至 1 500 英尺高度以上。

（2）单发试飞：① 试验过程中空调系统打开;② 开始试验时飞机处于完全静止状态;③ 按照实验要求和条件设置起飞襟/缝翼位置和配平状态,设定发动机推力状态为正常起飞状态,待发动机稳定后松刹车,飞机沿跑道加速;④ 在 V_{EF} 设计值时临界发动机停车,另一发动机最大起飞推力,当飞机到达抬前轮速度 V_R 时,抬前轮,操纵飞机完成正常起飞,直至 1 500 英尺高度以上。

3.5　符合性文件清单

通常,针对第 25.115 条的符合性文件清单如表 3 - 2 所示。

表 3 - 2　建议的符合性文件清单

序　号	符 合 性 报 告	符合性方法
1	起飞航迹计算分析报告	MOC2
2	起飞航迹飞行试验大纲	MOC6
3	起飞航迹飞行试验报告	MOC6

4　符合性判据

净起飞飞行航迹从离地 35 英尺开始。对于双发飞机,总起飞航迹间梯度相差 0.8%,其水平加速段减少的加速度值按梯度减少 0.8% 折算;对于三发飞机,按 0.9% 折算;对于四发飞机,按 1.0% 折算。

参考文献

[1]　14 CFR 修正案 25 - 92 Improved Standards for Determining Rejected Takeoff and Landing Performance [S].

[2]　FAA. AC25 - 15 Approval of Flight Management Systems in Transport Category Airplanes [S]. 1989.

运输类飞机适航标准
第 25.117 条符合性验证

1 条款介绍

1.1 条款原文

第 25.117 条 爬升：总则

必须在为飞机制定的使用限制范围内的每一重量、高度和周围温度,并在每种飞机形态的最不利重心位置表明符合第条 25.119 和第条 25.121[①] 的要求。

1.2 条款背景

第 25.117 条作为爬升性能的总则性条款,对为验证第 25.119 条和第 25.121 条而需进行的试验的范围和重心限制进行了规定,要求在飞机的飞行限制范围内,在每一重量、温度和高度下都应表明其爬升性能的符合性。

1.3 条款历史

第 25.117 条在 CCAR25 部初版首次发布,截至 CCAR-25-R4,该条款未进行过修订,如表 1-1 所示。

表 1-1 第 25.117 条条款历史

第 25.117 条	CCAR25 部版本	相关 14 CFR 修正案	备 注
首次发布	初版	—	

1985 年 12 月 31 日首次发布了 CCAR25 部初版,其中包含第 25.117 条,该条款参考 1964 年 12 月 24 日发布的 14 CFR PART 25 中的第 25.117 条的内容制定。

2 条款解读

2.1 条款要求

本条款是爬升性能的总则性条款,对爬升性能的验证范围提出了要求:

---

① 应为第 25.119 条和第 25.121 条,原条款如此。——编注

（1）使用限制范围内的每一重量、温度和高度。

（2）每种飞机形态的最不利重心位置。

这里的爬升性能指第 25.119 条和第 25.121 条要求的内容，包括一阶段爬升、二阶段爬升、起飞最终段爬升、进场爬升及着陆爬升。在对第 25.119 条和第 25.121 条进行符合性验证时，需要获得该条款要求范围内的所有爬升性能，确认符合条款的要求。

对于常规布局飞机的爬升性能来说，通常取重心前限位置为最不利重心位置。

2.2　相关条款

与第 25.117 条相关的条款如表 2-1 所示。

表 2-1　第 25.117 条相关条款

序　号	相关条款	相　关　性
1	第 25.119 条	对第 25.119 条进行符合性验证时需考虑第 25.117 条的要求
2	第 25.121 条	对第 25.121 条进行符合性验证时需考虑第 25.117 条的要求

3　验证过程

3.1　验证对象

第 25.117 条的验证对象为飞机的爬升性能。

3.2　符合性验证思路

本条款为爬升性能的总则性条款，为表明对该条款的符合性，一般采用说明性文件、分析/计算和飞行试验的方法：结合第 25.119 条和第 25.121 条的验证进行，说明在验证第 25.119 条和第 25.121 条的过程中考虑了重量、高度、温度及最不利重心的要求。

由于飞机的重量、高度和温度范围很大，因此对每种可能条件都要通过飞行试验获取爬升数据来表明符合性是不现实的。一般是利用升阻力特性曲线计算爬升结果来表明符合性：通过飞行试验确定各种形态下飞机的极曲线，然后和可用推力数据一起计算飞机的爬升梯度。

3.3　符合性验证方法

通常，针对第 25.117 条的符合性验证方法如表 3-1 所示。

表 3-1　建议的符合性方法

条　款　号	专　业	符　合　性　方　法										备　注
		0	1	2	3	4	5	6	7	8	9	
第 25.117 条	性　能		1	2				6				

3.4 符合性验证说明

针对第 25.117 条,采用的符合性验证方法包括 MOC1、MOC2 和 MOC6,验证具体工作如下:

3.4.1 MOC6 验证过程

结合第 25.119 条和第 25.121 条的飞行试验进行,在飞行试验过程中考虑该条款要求的验证范围。

3.4.2 MOC2 验证过程

结合第 25.119 条和第 25.121 条的分析/计算进行,在分析/计算过程中考虑该条款要求的验证范围。

3.4.3 MOC1 验证过程

通过引用第 25.119 条和第 25.121 条的符合性验证工作以及飞行手册,说明对爬升性能的验证考虑了飞机使用限制范围内的每一重量、高度和周围温度及每种飞机形态的最不利重心位置。

3.5 符合性文件清单

通常,针对第 25.117 条的符合性文件清单如表 3 - 2 所示。

表 3 - 2　建议的符合性文件清单

序　号	符 合 性 报 告	符合性方法
1	爬升性能飞行试验大纲	MOC6
2	爬升性能飞行试验报告	MOC6
3	爬升性能计算分析报告	MOC2
4	飞机飞行手册	MOC1

4　符合性判据

针对第 25.117 条,判定以下条件满足,则符合条款要求:

(1) 计算扩展模型经飞行试验结果校验后是可接受的。

(2) 飞行试验及计算扩展获得的爬升性能数据考虑了使用限制范围内的每一重量、高度和周围温度及飞机形态等。

参考文献

[1]　FAA. AC25 - 7C Flight Test Guide for Certification of Transport Category Airplanes [S]. 2012.

[2]　FAA. AC25 - 15 Approval of Flight Management Systems in Transport Category Airplanes [S]. 1989.

运输类飞机适航标准
第 25.119 条符合性验证

1 条款介绍

1.1 条款原文

第 25.119 条 着陆爬升：全发工作

当发动机功率（推力）是将油门操纵杆从最小飞行慢车位置开始移向复飞设置位置后 8 秒钟时的可用功率（推力），着陆形态的定常爬升梯度不得小于 3.2%：

(a) 在非结冰条件下，爬升速度 V_{REF} 由 25.125(b)(2)(i)确定；

(b) 在结冰条件下，带有附录 C 定义的着陆冰积聚，爬升速度 V_{REF} 由 25.125(b)(2)(ii)确定。

〔中国民用航空局 2001 年 5 月 14 日第三次修订，2011 年 11 月 7 日第四次修订〕

1.2 条款背景

第 25.119 条对飞机全发工作时的着陆爬升梯度提出了要求。当飞机准备着陆时，如果出现机场异常、飞机故障、恶劣天气等情况使飞机不能正常着陆时，那么需要立即转入着陆爬升进行复飞。为保证飞机能够安全复飞，制定了本条款，对飞机的着陆爬升梯度提出要求。

1.3 条款历史

第 25.119 条在 CCAR25 部初版首次发布，截至 CCAR - 25 - R4，该条款共修订过 2 次，如表 1 - 1 所示。

表 1 - 1 第 25.119 条条款历史

第 25.119 条	CCAR25 部版本	相关 14 CFR 修正案	备 注
首次发布	初版	—	
第 1 次修订	R3	25 - 84	
第 2 次修订	R4	25 - 108,25 - 121	

1.3.1　首次发布

1985 年 12 月 31 日发布了 CCAR25 部初版,其中包含第 25.119 条,该条款参考 1964 年 12 月 24 日发布的 14 CFR PART 25 中的 §25.119 的内容制定。

1.3.2　第 1 次修订

2001 年 5 月 14 日发布的 CCAR-25-R3 对第 25.119 条进行了第 1 次修订,本次修订参考了 14 CFR 修正案 25-84 的内容:将 §25.119(a)中的"从最小飞行慢车位置开始移向起飞位置"改为"……开始移向复飞设置位置"。

FAA 通过该修正案引入"复飞功率和推力位置"这一术语,与欧洲航空安全局(EASA)协调一致。

1.3.3　第 2 次修订

2011 年 11 月 7 日发布的 CCAR-25-R4 对第 25.119 条进行了第 2 次修订,本次修订参考了 14 CFR 修正案 25-108 和 14 CFR 修正案 25-121 的内容:

(1) 将"$1.3V_S$"替换为"V_{REF}"。

(2) 将 §25.119(a)调整为第一段。

(3) 将 §25.119(b)修订为(a)和(b),通过对 §25.125 的引用,分别用于确定非结冰条件和结冰条件下的爬升速度。

14 CFR 修正案 25-108 对失速速度重新定义,用基准失速速度 V_{SR} 代替了失速速度 V_S。由于基准失速速度 V_{SR} 一般比失速速度 V_S 大 6%～8%,为确保与修订前条款具有相同的安全水平,对基于失速速度定义的其他速度的安全系数也进行了相应的调整,因此该条款中将"$1.3V_S$"替换为"V_{REF}"。

14 CFR 修正案 25-121 要求对非结冰和结冰条件下都要确定飞机起飞与着陆的性能要求,因此修订条款内容,通过对 §25.125 的引用,分别用于确定非结冰条件和结冰条件下的爬升速度;结冰条件下,需要结合考虑附录 C 中定义的着陆冰积聚。

2　条款解读

2.1　条款要求

本条款要求飞机由着陆改为着陆爬升时的定常爬升梯度不得小于 3.2%。其中,爬升梯度是指飞机爬升过程中单位时间内高度变化量与前进的水平距离变化量的比值;"定常"指飞行过程中飞机速度、推力等保持稳定,使爬升梯度能够保持稳定。

本条款规定了确定着陆复飞爬升梯度时的飞机形态、发动机功率(推力)、爬升速度及结冰条件:

(1) 飞机形态为着陆形态,着陆形态是指起落架放下、襟翼处于着陆位置的形态。

(2) 发动机功率(推力)为油门杆从最小飞行慢车位置开始移向复飞设置位置

后 8 秒后的可用功率(推力)。

(3) 爬升速度不大于 V_{REF},V_{REF} 为着陆参考速度,其大小根据第 25.125(a)(2)项的要求确定。

(4) 需要分别考虑结冰条件和非结冰条件,结冰条件下的飞行试验及计算分析应带有附录 C 定义的临界的着陆冰积聚。

附录 C 包含两部分内容:一是大气结冰条件,给出了连续最大结冰、间断最大结冰、最大起飞结冰三种情况下的结冰条件;二是用于表明对 B 分部的符合性的机身冰积聚条件,主要包括起飞结冰、起飞最后阶段结冰、航路结冰、等待结冰、进场结冰和着陆结冰。

2.2 相关条款

与第 25.119 条相关的条款如表 2-1 所示。

表 2-1 第 25.119 条相关条款

序 号	相 关 条 款	相 关 性
1	第 25.117 条	第 25.117 条为爬升性能的总则性条款,对第 25.119 条的验证范围提出了要求
2	第 25.125 条	第 25.119 条的 V_{REF} 根据第 25.125(a)(2)项的要求确定
3	第 25.1587 条	第 25.1587 条要求将满足第 25.119 条的着陆爬升性能数据提供给飞机飞行手册

3 验证过程

3.1 验证对象

第 25.119 条的验证对象为飞机着陆爬升性能。

3.2 符合性验证思路

该条款要求首先确定操纵杆从最小飞行慢车位置开始移向复飞设置位置后 8 秒时的可用功率(推力),在此基础上确定飞机的着陆爬升梯度。

一般采用飞行试验和计算分析的方法表明对该条款的符合性。

首先确定复飞可用推力:通过计算分析确定从最小飞行慢车位置开始移向复飞设置位置后 8 秒时的可用推力值,根据飞行试验结果校验计算分析的准确性,再通过计算分析获得各种飞行条件下最小飞行慢车位置开始移向复飞设置位置后 8 秒时的可用推力值。验证过程中需要考虑发动机的各种引气状态和其他功率提取。

其次确定复飞爬升梯度:根据可用推力值及计算扩展得到飞机的着陆爬升性能,根据试飞结果校验计算扩展的准确性,再通过极曲线计算扩展获得受 WAT(重量、高度、温度)限制的爬升性能数据。

3.3　符合性验证方法

通常,针对第 25.119 条的符合性验证方法如表 3 - 1 所示。

表 3 - 1　建议的符合性方法

条　款　号	专业	符合性方法										备　注
		0	1	2	3	4	5	6	7	8	9	
第 25.119 条	动力装置			2				6				
第 25.119 条	性　能			2				6				

3.4　符合性验证说明

3.4.1　确定复飞可用推力值

第 25.119 条要求着陆爬升的发动机功率是将油门操纵杆从最小飞行慢车位置开始移向复飞设置位置后 8 秒的可用功率,通过 MOC2 和 MOC6 的方法获得油门操纵杆从最小飞行慢车位置开始移向复飞设置位置后 8 秒的可用功率。首先通过 MOC2 确定从最小飞行慢车位置开始移向复飞设置位置后 8 秒时的可用推力值,然后通过 MOC6 获得典型状态下的推力值,再根据飞行试验结果确认计算分析的准确性,在此基础上通过 MOC2 获得各种飞行条件下将油门操纵杆从最小飞行慢车位置开始移向复飞设置位置后 8 秒的可用功率。

1) MOC6 验证过程

建议的试飞程序如下:

(1) 在高于选定试验点的合适高度上,以选定试验点要求的形态并在正常使用时预期最不利的发动机引气形态下,飞机以着陆形态、保持 V_{REF} 的飞行速度稳定平飞。

(2) 飞机以 V_{REF} 的速度下降,下降过程中试验发动机保持慢车状态工作,下降至选定试验点高度,以不大于 1 秒的速度推力试验发动机油门杆至复飞设置位置,爬升并保持 30 秒或发动机转速稳定,试验结束。

2) MOC2 验证过程

根据试飞数据对其计算模型进行修正,使其能够更精确地评估发动机在复飞过程中的瞬态特性;基于试飞数据修正后的计算模型,计算在各种临界状态下从慢车开始向复飞位推油门杆开始 8 秒后的发动机推力。

3.4.2　确定复飞爬升梯度

通过飞机的极曲线及可用推力数据计算飞机的爬升梯度。通过 MOC6 的方法获得飞机在着陆形态下典型重量、重心的爬升梯度,依据试飞结果校验计算模型的准确性。如果计算模型可靠,则通过极曲线计算扩展获得受 WAT 限制的爬升性能数据。

1) MOC6 验证过程

建议的试飞程序如下:

（1）试验之前，确定发动机慢车位置到复飞位置 8 秒后的功率。

（2）从目标试验高度以下 200 米开始，以预定的襟缝翼形态（着陆形态）和发动机状态，建立恒定速度的直线稳定爬升状态，保持直到目标试验高度以上 200 米结束。

（3）以相反航向重复以上试验，以消除高空风梯度影响。

（4）在稳定爬升过程中，确保发动机状态稳定。

2）MOC2 验证过程

通过试飞数据校验计算扩展模型后，基于试飞数据以及试飞数据扩展方法，计算起落架放下形态的着陆爬升梯度，发动机状态为 8 秒后达到的推力（复飞推力），爬升速率选择为 V_{REF}，给出满足梯度 3.2% 要求的 WAT 限制的数据，并将对应数据提供给飞行手册。

以上为非结冰状态下确定复飞爬升梯度的过程。在结冰状态下，飞行试验和计算分析的方法与非结冰状态一致，但是需要考虑带有附录 C 定义的着陆冰积聚状态，同时发动机可用推力也应考虑最临界引气状态。

3.5　符合性文件清单

通常，针对第 25.119 条的符合性文件清单如表 3-2 所示。

表 3-2　建议的符合性文件清单

序　号	符　合　性　报　告	符合性方法
1	发动机复飞可用推力飞行试验大纲	MOC6
2	发动机复飞可用推力飞行试验报告	MOC6
3	发动机复飞可用推力计算分析报告	MOC2
4	着陆爬升飞行试验大纲	MOC6
5	着陆爬升飞行试验报告	MOC6
6	着陆爬升计算分析报告	MOC2
7	带模拟冰型着陆爬升飞行试验大纲	MOC6
8	带模拟冰型着陆爬升飞行试验报告	MOC6
9	带模拟冰型着陆爬升计算分析报告	MOC2

4　符合性判据

通过飞行试验及计算分析表明：

（1）爬升速度为 V_{REF} 时，着陆形态爬升梯度不小于条款要求的 3.2%。

（2）计算扩展模型经飞行试验结果校验后是可接受的。

（3）计算扩展获得的着陆爬升性能数据考虑了使用限制范围内的每一重量、高度和周围温度及飞机形态等。

参考文献

［1］ 14 CFR 修正案 25 - 84 Revision of Certain Flight Airworthiness Standards to Harmonize With European Airworthiness Standards for Transport Category Airplanes ［S］.

［2］ 14 CFR 修正案 25 - 108 1 - g Stall Speed as the Basis for Compliance with Part 25 of the Federal Aviation Regulations ［S］.

［3］ 14 CFR 修正案 25 - 121 Airplane Performance and Handling Qualities in Icing Conditions ［S］.

［4］ FAA. AC25 - 7C Flight Test Guide for Certification of Transport Category Airplanes ［S］. 2012.

运输类飞机适航标准 第 25.121 条符合性验证

1 条款介绍

1.1 条款原文

第 25.121 条 爬升：单发停车

(a) 起落架在放下位置的起飞 在下列条件下,以沿飞行航迹(在飞机达到 V_{LOF} 和起落架完全收起两点之间)的临界起飞形态,和以第 25.111 条中所采用的形态(无地面效应),在速度 V_{LOF} 的定常爬升梯度,对于双发飞机必须是正的,对于三发飞机不得小于 0.3%,对于四发飞机不得小于 0.5%:

(1) 临界发动机停车,而其余发动机(除非随后沿飞行航迹在起落架完全收起之前,存在更临界的动力装置运转状态)处于按第 25.111 条开始收起落架时的可用功率(推力)状态;

(2) 重量等于按第 25.111 条确定的开始收起落架时的重量。

(b) 起落架在收起位置的起飞 在下列条件下,以飞行航迹上起落架完全收起点的起飞形态,和以第 25.111 条中所采用的形态(无地面效应):

(1) 在速度 V_2 的定常爬升梯度,对于双发飞机不得小于 2.4%,对于三发飞机不得小 2.7%①,对于四发飞机不得小于 3.0%:

(i) 临界发动机停车,而其余发动机(除非随后沿飞行航迹在飞机达到高于起飞表面 120 米(400 英尺)高度之前,存在更临界的动力装置运转状态)处于按第 25.111 条确定的起落架完全收起时的可用起飞功率(推力)状态;

(ii) 重量等于按第 25.111 条确定的起落架完全收起时的重量。

(2) 本条(b)(1)要求如下:

(i) 在非结冰条件下;

(ii) 在结冰条件下,如果 25.121(b)规定的起飞形态下,带有附录 C 中定义的起飞冰积聚:

(A) 最大起飞重量下的失速速度超过非结冰条件下 3 节校正空速或 3%

---

① 应为"不得小于 2.7%",原条款如此。——编注

$VSR^①$ 的较大者;或

(B) 25.121(b)规定的爬升梯度的降低超过 25.115(b)所规定的适用实际与净起飞飞行航迹梯度减量的一半。

(c) 起飞最后阶段　在下列条件下,以按第 25.111 条确定的起飞航迹末端的航路形态:

(1) 在 V_{FTO} 的定常爬升梯度,对于双发飞机不得小于 1.2%,对于三发飞机不得小于 1.5%,对于四发飞机不得小于 1.7%:

(i) 临界发动机停车,其余发动机处于可用的最大连续功率(推力)状态;

(ii) 重量等于按第 25.111 条确定的起飞航迹末端的重量。

(2) 本条(c)(1)要求如下:

(i) 在非结冰条件下;

(ii) 在结冰条件下,如果 25.121(b)条规定的起飞形态下,带有附录 C 中定义的起飞最后阶段冰积聚:

(A) 最大起飞重量下的失速速度超过非结冰条件下 3 节校正空速或 $3\%V_{SR}$ 的较大者;或

(B) 25.121(b)规定的爬升梯度的降低超过 25.115(b)所规定的适用实际与净起飞飞行航迹梯度减量的一半。

(d) 进场　在下列条件下,以相应于正常全发工作操作程序的进场形态,此形态的 V_{SR} 不超过对应着陆形态 V_{SR} 的110%:

(1) 定常爬升梯度,对于双发飞机不得小于 2.1%,对于三发飞机不得小于 2.4%,对于四发飞机不得小于 2.7%:

(i) 临界发动机停车,其余发动机处于复飞设置可用功率(推力)状态;

(ii) 最大着陆重量;

(iii) 按正常着陆程序制定的爬升速度,但不大于 $1.4V_{SR}$。

(iv) 起落架收起。

(2) 本条(d)(1)段要求如下:

(i) 在非结冰条件下;

(ii) 在结冰条件下,如果带有附录 C 定义的进场冰积聚,按照本条(d)(1)(iii)中计算出的结冰条件下的爬升速度不超过非结冰条件下的爬升速度 3 节校正空速或 3%的较大者,则可以采用非结冰条件下的爬升速度。

〔中国民用航空局 2001 年 5 月 14 日第三次修订,2011 年 11 月 7 日第四次修订〕

1.2　条款背景

当飞机准备起飞或者进近时因机场周围净空条件差或者飞机本身有故障,飞机必须具有一定的单发条件下的爬升梯度能力。因此制定本条款,对起飞和进近

---

① 应为 V_{SR},原条款如此。——编注

时的飞机单发停车后的爬升梯度提出要求。

1.3 条款历史

第25.121条在CCAR25部初版首次发布,截至CCAR-25-R4,该条款共修订过2次,如表1-1所示。

表1-1 第25.121条条款历史

第25.121条	CCAR25部版本	相关14 CFR修正案	备 注
首次发布	初版	—	
第1次修订	R3	25-84	
第2次修订	R4	25-108,25-121	

1.3.1 首次发布

1985年12月31日发布了CCAR25部初版,其中包含第25.121条,该条款参考1964年12月24日发布的14 CFR PART 25中的§25.121的内容制定。

1.3.2 第1次修订

2001年5月14日发布的CCAR-25-R3对第25.121条进行了第1次修订,本次修订参考了14 CFR修正案25-84的内容:将§25.121(d)(1)(i)中的"可用起飞功率(推力)状态"改为"复飞设置可用功率(推力)状态"。

FAA通过该修正案引入"复飞功率和推力位置"这一术语,与EASA协调一致。

1.3.3 第2次修订

2011年11月7日发布的CCAR-25-R4对第25.121条进行了第2次修订,本次修订参考了14 CFR修正案25-108和25-121的内容:

(1) 将§25.121(b)中的以下内容"在速度 V_2 的定常爬升梯度,对于双发飞机不得小于2.4%,对于三发飞机不得小于2.7%,对于四发飞机不得小于3.0%"调整为§25.121(b)(1)。

(2) 原§25.121(b)(1)、§25.121(b)(2)分别调整为§25.121(b)(1)(i)、§25.121(b)(1)(ii)。

(3) 增加§25.121(b)(2),分别对非结冰条件和结冰条件的情况作了规定。

(4) 将§25.121(c)中的以下内容"在速度不小于1.25 V_S 的定常爬升梯度,对于双发飞机不得小于1.2%,对于三发飞机不得小于1.5%,对于四发飞机不得小于1.7%"调整为§25.121(c)(1)。

(5) 将"不小于1.25 V_S"改为"V_{FTO}"。

(6) 将原§25.121(c)(1)、§25.121(c)(2)分别调整为§25.121(c)(1)(i)、§25.121(c)(1)(ii)。

(7) 增加§25.121(c)(2),分别对非结冰条件和结冰条件的情况作了规定。

(8) 将§25.121(d)中的以下内容"定常爬升梯度,对于双发飞机不得小于2.1%,

对于三发飞机不得小于 2.4%,对于四发飞机不得小于 2.7%"调整为§25.121(d)(1)。

（9）将§25.121(d)的"V_S"改为"V_{SR}"。

（10）将原§25.121(d)(1)、§25.121(d)(2)、§25.121(d)(3)分别调整为§25.121(d)(1)(i)、§25.121(d)(1)(ii)、§25.121(d)(1)(iii)。

（11）将§25.121(d)(1)(iii)中的"不超过 1.5 V_S"改为"不超过 1.4 V_{SR}"。

（12）增加§25.121(d)(1)(iv)。

（13）增加§25.121(d)(2),分别对非结冰条件和结冰条件的情况作了规定。

14 CFR 修正案 25-108 对失速速度重新定义,用基准失速速度 V_{SR} 代替了失速速度 V_S。由于基准失速速度 V_{SR} 一般比失速速度 V_S 大 6%～8%,为确保与修订前条款具有相同的安全水平,对基于失速速度定义的其他速度的安全系数也进行了相应的调整,因此该条款中对相关速度进行了调整。

14 CFR 修正案 25-121 要求对无冰和结冰条件下都要确定飞机起飞与着陆的性能要求,因此修订条款内容,增加了对结冰条件下的要求。

2 条款解读

2.1 条款要求

为保证飞机在各飞行阶段具有一定的单发爬升能力制定本条,对起飞各阶段和进近复飞爬升梯度提出要求。第 25.121(a)款、第 25.121(b)款和第 25.121(c)款分别对应于起飞第一阶段、第二阶段和起飞最终阶段,第 25.121(d)款对应于进场复飞爬升,所有阶段都是单发停车状态下的爬升。

本条款规定了确定各阶段爬升梯度时的飞机形态、发动机功率(推力)、爬升速度要求及结冰状态。其中附录 C 包含两部分内容:一是大气结冰条件,给出了连续最大结冰、间断最大结冰和最大起飞结冰三种情况下的结冰条件;二是用于表明对 B 分部的符合性的机身冰积聚条件,主要包括起飞结冰、起飞最后阶段结冰、航路结冰、等待结冰、进场结冰和着陆结冰。

2.1.1 针对起落架在放下位置的起飞

按以下要求确定定常爬升梯度,对于双发飞机必须是正的,对于三发飞机不得小于 0.3%,对于四发飞机不得小于 0.5%:

（1）飞机形态沿飞行航迹的临界起飞形态。

（2）临界发动机停车,其余发动机处于按第 25.111 条开始收起落架时的可用功率状态。

（3）爬升速度为 V_{LOF}。

（4）重量等于按第 25.111 条确定的开始收起落架时的重量。

2.1.2 针对起落架在收起位置的起飞

按以下要求确定定常爬升梯度,双发飞机不得小于 2.4%,对于三发飞机不得小于 2.7%，对于四发飞机不得小于 3.0%：

（1）飞行航迹上起落架完全收起点的起飞形态。

（2）临界发动机停车，其余发动机处于按第 25.111 条确定的起落架完全收起时的可用功率状态。

（3）爬升速度为 V_2。

（4）重量等于按第 25.111 条确定的起落架完全收起时的重量。

（5）在结冰条件下，需考虑带有附录 C 中定义的起飞冰积聚。

2.1.3　针对起飞最后阶段

按以下要求确定定常爬升梯度，对于双发飞机不得小于 1.2%，对于三发飞机不得小于 1.5%，对于四发飞机不得小于 1.7%：

（1）按第 25.111 条确定的起飞航迹末端的航路形态。

（2）临界发动机停车，其余发动机处于可用的最大连续功率（推力）状态。

（3）重量等于按第 25.111 条确定的起飞航迹末端的重量。

（4）爬升速度为 V_{FTO}。

（5）在结冰条件下，需考虑带有附录 C 中定义的起飞冰积聚。

2.1.4　针对进场爬升

按以下要求确定定常爬升梯度，对于双发飞机不得小于 2.1%，对于三发飞机不得小于 2.4%，对于四发飞机不得小于 2.7%：

（1）以相应于正常全发工作操作程序的进场形态，起落架收起。

（2）临界发动机停车，其余发动机处于复飞设置可用功率（推力）状态。

（3）最大着陆重量。

（4）按正常着陆程序制定爬升速度，但不大于 1.4 V_{SR}。

（5）在结冰条件下，需考虑带有附录 C 中定义的进场冰积聚。

2.2　相关条款

与第 25.121 条相关的条款如表 2-1 所示。

表 2-1　第 25.121 条相关条款

序　号	相关条款	相　关　性
1	第 25.117 条	第 25.117 条为爬升性能的总则性条款，对第 25.121 条的验证范围提出了要求
2	第 25.111 条	第 25.111 条提供第 25.121 条飞行时所需的形态、重量等
3	第 25.115 条	第 25.115(b)款提供与第 25.121(b)款规定的爬升梯度进行比较的梯度参考值
4	第 25.1587 条	第 25.1587 条要求将满足第 25.121 条的爬升性能数据提供给飞机飞行手册

3　验证过程

3.1　验证对象

第 25.121 条的验证对象为飞机的单发停车后的爬升性能。

3.2　符合性验证思路

为表明对该条款的符合性,一般采用飞行试验和计算分析的方法:首先根据可用推力值及计算扩展得到飞机的着陆爬升性能;然后通过飞行试验获得各种形态的极曲线,并根据试飞结果校验计算扩展的准确性,再通过极曲线计算扩展获得受WAT(重量、高度、温度)限制的爬升性能数据。

3.3　符合性验证方法

通常,针对第 25.121 条的符合性验证方法如表 3-1 所示。

表 3-1　建议的符合性方法

条　款　号	专　业	符 合 性 方 法										备　注
		0	1	2	3	4	5	6	7	8	9	
第 25.121(a)款	性　能			2				6				
第 25.121(b)款	性　能			2				6				
第 25.121(c)款	性　能			2				6				
第 25.121(d)款	性　能			2				6				

3.4　符合性验证说明

通过飞机的极曲线及可用推力数据计算飞机的爬升梯度。通过 MOC6 的方法获得飞机起落架在放下位置、起落架在收起位置、起飞最后阶段和进场这四个过程中典型重量与重心的爬升梯度,依据试飞结果校验计算模型的准确性。如果计算模型可靠,则通过极曲线计算扩展获得受 WAT 限制的爬升性能数据。各项验证工作具体如下。

3.4.1　MOC6 验证过程

建议的试飞程序如下:

(1) 从目标试验高度以下 200 米开始,以预定的襟缝翼形态(着陆形态)和发动机状态,建立恒定速度的直线稳定爬升状态,保持直到目标试验高度以上 200 米结束。

(2) 以相反航向重复以上试验,以消除高空风梯度影响。

(3) 在稳定爬升过程中,确保发动机状态固定。

3.4.2　MOC2 验证过程

通过试飞数据校验计算扩展模型后,基于试飞数据以及试飞数据扩展方法,计算条款要求的各阶段的爬升梯度,给出满足梯度要求的 WAT 限制的数据,并将对应数据提供给飞行手册。

3.5　符合性文件清单

通常,针对第 25.121 条的符合性文件清单如表 3-2 所示。

表 3-2　建议的符合性文件清单

序　号	符合性报告	符合性方法
1	性能试飞数据扩展计算分析报告	MOC2
2	爬升性能飞行试验大纲	MOC6
3	爬升性能飞行试验报告	MOC6
4	爬升性能计算分析报告	MOC2

4　符合性判据

通过飞行试验和分析计算获得的飞机在各阶段下的爬升梯度都满足条款的规定,如下所列:

(1) 起飞第一阶段,爬升梯度不低于第 25.121(a)款要求的数值,对于双发飞机是正的,对于三发飞机不小于 0.3%,对于四发飞机不得小于 0.5%。

(2) 起飞第二阶段,爬升梯度不低于第 25.121(b)款要求的数值,双发飞机不得小于 2.4%,对于三发飞机不得小于 2.7%,对于四发飞机不得小于 3.0%。

(3) 起飞最终段,爬升梯度不低于第 25.121(c)款要求的数值,对于双发飞机不得小于 1.2%,对于三发飞机不得小于 1.5%,对于四发飞机不得小于 1.7%。

(4) 进场爬升,以相应于正常双发工作操作程序的进场形态定常爬升梯度不得小于第 25.121(d)款要求的数值,对于双发飞机不得小于 2.1%,对于三发飞机不得小于 2.4%,对于四发飞机不得小于 2.7%。

(5) 飞行试验及计算扩展获得的爬升性能数据考虑了使用限制范围内的每一重量、高度和周围温度、飞机形态等。

参考文献

[1]　14 CFR 修正案 25-84 Revision of Certain Flight Airworthiness Standards to Harmonize With European Airworthiness Standards for Transport Category Airplanes [S].

[2]　14 CFR 修正案 25-108 1-g Stall Speed as the Basis for Compliance With Part 25 of the Federal Aviation Regulations [S].

[3]　14 CFR 修正案 25-121 Airplane Performance and Handling Qualities in Icing Conditions [S].

[4]　FAA. AC25-15 Approval of Flight Management Systems in Transport Category

Airplanes [S]. 1989.

[5] FAA. AC25 – 7C Flight Test Guide for Certification of Transport Category Airplanes [S]. 2012.

运输类飞机适航标准
第 25.123 条符合性验证

1 条款介绍

1.1 条款原文

第 25.123 条 航路飞行航迹

(a) 对于航路形态,必须在为该飞机制定的使用限制范围内的每一重量、高度和周围温度下确定本条(b)及(c)规定的飞行航迹。在计算中可计及由于发动机工作逐渐消耗燃油和滑油而造成的沿飞行航迹的重量变化。必须按下列条件以不小于 V_{FTO} 的速度确定飞行航迹:

(1) 重心在最不利位置;

(2) 临界发动机不工作;

(3) 其余发动机处于可用的最大连续功率(推力)状态;

(4) 发动机冷却空气供应的控制装置处于在热天条件下提供足够冷却的位置。

(b) 单发停车净飞行航迹数据必须为真实爬升性能数据减去一定数值的爬升梯度,所减去的爬升梯度,对于双发飞机为 1.1%,对于三发飞机为 1.4%,对于四发飞机为 1.6%:

(1) 在非结冰条件下;

(2) 在结冰条件下,带有附录 C 定义的飞行途中冰积聚,如果:

(i) 航路上结冰条件下 $1.18V_{SRO}$ 超过非结冰条件下航路速度 3 节校正空速或 3% 的 V_{SR} 较大者,或者;

(ii) 爬升梯度的降低超过本条(b)部分中所规定的可用净起飞飞行航迹减量的一半。

(c) 对于三发或四发飞机,双发停车净飞行航迹数据必须为真实爬升性能数据减去一定数值的爬升梯度,所减去的爬升梯度,对于三发飞机为 0.3%,对于四发飞机为 0.5%。

〔中国民用航空局 2011 年 11 月 7 日第四次修订〕

1.2 条款背景

为了给出飞机在发动机失效时的航路飞行航迹及爬升能力,本条对配置不同数量发动机的飞机分别给出了航路飞行航迹计算条件,同时给出计算净飞行航迹数据的爬升梯度减量。

1.3 条款历史

第 25.123 条在 CCAR25 部初版首次发布,截至 CCAR - 25 - R4,该条款共修订过 1 次,如表 1 - 1 所示。

表 1 - 1 第 25.123 条条款历史

第 25.123 条	CCAR25 部版本	相关 14 CFR 修正案	备 注
首次发布	初版	—	
第 1 次修订	R4	25 - 121	

1.3.1 首次发布

1985 年 12 月 31 日发布了 CCAR25 部初版,其中包含第 25.123 条,该条款参考 1964 年 12 月 24 日发布的 14 CFR PART 25 中的 §25.123 的内容制定。

1.3.2 第 1 次修订

2011 年 11 月 7 日发布的 CCAR - 25 - R4 对第 25.123 条进行了第 1 次修订,本次修订参考了 14 CFR 修正案 25 - 121 的内容:在 §25.123(b) 中增加了结冰条件下的规定。

14 CFR 修正案 25 - 121 要求对无冰和结冰条件下都要确定飞机的性能,因此修订本条款内容,结冰条件下,需要结合考虑附录 C 中定义的飞行途中冰积聚。

2 条款解读

2.1 条款要求

本条款规定了航路飞行航迹的要求,其中第 25.123(a) 款明确了确定航路飞行航迹的条件,包括速度、重量、重心、发动机状态及推力等;第 25.123(b) 款和第 25.123(c) 款规定了对配置不同数量发动机的计算飞机净飞行航迹爬升梯度的减量值。对一台发动机失效情况,双发飞机为 1.1%,三发飞机为 1.4%,四发飞机为 1.6%;对三、四发飞机的双发停车情况,该减量值对三发飞机为 0.3%,对四发飞机为 0.5%。

附录 C 包含两部分内容:一是大气结冰条件,给出了连续最大结冰、间断最大结冰和最大起飞结冰三种情况下的结冰条件;二是用于表明对 B 分部的符合性的机身冰积聚条件,主要包括起飞结冰、起飞最后阶段结冰、航路结冰、等待结冰、进场结冰和着陆结冰。结冰条件下需考虑带有附录 C 中定义的飞行途中冰积聚。如果航路结冰条件下 $1.18 V_{SRO}$ 超过非结冰条件下 3 节校正空速或 3% V_{SR} 的较大者或者爬升梯度的降低超过本条(b)款中所规定的可用净起飞飞行航迹梯度减量的一半,则需要考虑结冰条件下的符合性验证,反之,则不需要提供考虑结冰状态下的验证。

2.2　相关条款

与第 25.123 条相关的条款如表 2-1 所示。

表 2-1　第 25.123 条相关条款

序　号	相　关　条　款	相　　关　　性
1	第 25.1587 条	第 25.1587 条要求飞行手册的性能资料部分需提供按本条款要求计算得到的性能参数

3　验证过程

3.1　验证对象

第 25.123 条的验证对象为飞机的航路飞行航迹。

3.2　符合性验证思路

为表明对该条款的符合性,一般采用飞行试验和计算分析的方法:首先根据可用推力值及飞机极曲线计算得到飞机的航路飞行航迹以及爬升梯度,之后通过飞行试验校验计算的准确性,最后向飞行手册提供全包线范围的航路爬升性能数据。

3.3　符合性验证方法

通常,针对第 25.123 条的符合性验证方法如表 3-1 所示。

表 3-1　建议的符合性方法

条　款　号	专　业	符　合　性　方　法										备　注
		0	1	2	3	4	5	6	7	8	9	
第 25.123 条	性　能			2				6				

3.4　符合性验证说明

通过飞机的极曲线及可用推力数据计算飞机的爬升梯度。通过 MOC6 的方法获得典型重量与重心的航路爬升梯度,依据试飞结果校验计算模型的准确性。如果计算模型可靠,则通过极曲线计算扩展获得受 WAT 限制的爬升性能数据。各项验证工作具体如下。

3.4.1　MOC6 验证过程

建议的试飞程序如下:

(1) 以给定的航路爬升速度进行发动机失效爬升,直至净爬升梯度不小于零。

(2) 以相反航向重复以上试验,以消除高空风梯度影响。

模拟冰型的试飞过程与非结冰状态的试飞过程是一致的,但是需要在飞机上加装模拟冰型。

3.4.2 MOC2 验证过程

通过试飞数据校验计算扩展模型后,基于试飞数据以及试飞数据扩展方法,计算条款要求的航路飞行航迹及爬升梯度,给出 WAT 限制的数据,并将对应数据提供给飞行手册。

结冰条件下需考虑带有附录 C 中定义的飞行途中冰积聚。如果航路结冰条件下 $1.18 V_{SRO}$ 超过非结冰条件下 3 节校正空速或 $3\% V_{SR}$ 的较大者或者爬升梯度的降低超过本条(b)款中所规定的可用净起飞飞行航迹梯度减量的一半,需要单独给出结冰条件下航路爬升性能数据,反之,可使用非结冰状态下的性能数据。

3.5 符合性文件清单

通常,针对第 25.123 条的符合性文件清单如表 3-2 所示。

表 3-2 建议的符合性文件清单

序 号	符 合 性 报 告	符合性方法
1	航路飞行航迹飞行试验大纲	MOC6
2	航路飞行航迹飞行试验报告	MOC6
3	航路飞行航迹计算分析报告	MOC2

4 符合性判据

通过飞行试验和分析计算确定了条款规定的航路飞行航迹。

飞行试验及计算扩展获得的着陆爬升性能数据考虑了使用限制范围内的每一重量、高度和周围温度及飞机形态等。

参考文献

[1] 14 CFR 修正案 25-121 Airplane Performance and Handling Qualities in Icing Conditions [S].

[2] FAA. AC25-15 Approval of Flight Management Systems in Transport Category Airplanes [S]. 1989.

运输类飞机适航标准 第25.125条符合性验证

1 条款介绍

1.1 条款原文

第25.125条 着陆

（a）必须按下列条件确定（按标准温度，在申请人为该飞机制定的飞机使用范围内每一重量、高度和风的条件下）从高于着陆表面15米（50英尺）到飞机着陆至完全停止（对于着水，为3节左右速度）所需的水平距离：

（1）在非结冰条件下；

（2）在结冰条件下，带有附录C定义的着陆冰积聚，如果结冰条件下的 V_{REF} 超过非结冰条件下的最大着陆重量所对应的 V_{REF} 5节以上，

（b）确定本条（a）的距离时：

（1）飞机必须处于着陆形态；

（2）以不小于 V_{REF} 的校正空速稳定进场到15米（50英尺）的高度。

（i）在非结冰条件下，V_{REF} 不得小于：

（A）$1.23V_{SR0}$[①]；

（B）按25.149（f）确定 V_{MCL}；

（C）提供25.143（h）规定的机动能力的速度；

（ii）在结冰条件下，V_{REF} 不得少于：

（A）本条（b）（2）（i）所规定的速度；

（B）在附录C所规定的着陆冰积聚条件下，如果 $1.23V_{SR0}$ 大于非结冰条件下的 V_{REF} 5节以上则取 $1.23V_{SR0}$；和

（C）在附录C所规定的着陆冰积聚条件下，能保证25.143（h）规定的机动能力的速度。

（3）必须按照所制定的使用操作程序改变形态、功率（推力）和速度；

---

① CCAR25部条款原文中同时出现 V_{SR0} 和 V_{SR0}，条款引用严格按照原文执行，内文统一成出现频次更高的 V_{SR0}。V_{S0} 的处理同理。——编注

（4）着陆时应避免过大的垂直加速度，无弹跳、前翻、地面打转、海豚运动和水面打转的趋势；

（5）着陆时不得要求特殊的驾驶技巧或机敏；

（c）陆上飞机和水陆两用飞机的着陆距离必须在水平、平整、干燥、并有硬质道面的跑道上确定。而且：

（1）机轮刹车系统的压力不得超过刹车装置制造商所规定的值；

（2）不得以造成刹车或轮胎过度磨损的方式使用刹车；和

（3）可以使用除机轮刹车以外符合下列条件的其他方式：

（i）安全和可靠；

（ii）使用时能在服役中获得始终一致的效果；和

（iii）操纵飞机不需要特殊的技巧。

（d）水上飞机和水陆两用飞机的着水距离应在平静的水面上确定；

（e）滑橇式飞机的雪上着陆距离必须在平整、干燥的雪地上确定；

（f）着陆距离数据必须按照沿着陆航迹不大于逆风分量的 50%，和沿着陆航迹不小于顺风分量的 150%进行修正；

（g）如果采用了必须依靠某一台发动机的运转方能工作的装置，并且在该发动机停车时进行着陆会显著增加着陆距离，则必须按照该发动机停车状态来确定着陆距离，但在采用了补偿手段使此时的着陆距离仍不大于全发工作时着陆距离的情况除外。

〔中国民用航空局 1995 年 12 月 18 日第二次修订，2001 年 5 月 14 日第三次修订，2011 年 11 月 7 日第四次修订〕

1.2　条款背景

第 25.125 条规定了对飞机着陆性能的要求。

1.3　条款历史

第 25.125 条在 CCAR25 部初版首次发布，截至 CCAR‐25‐R4 该条款共修订过 3 次，如表 1‐1 所示。

表 1‐1　第 25.125 条条款历史

第 25.125 条	CCAR25 部版本	相关 14 CFR 修正案	备　　注
首次发布	初版	—	
第 1 次修订	R2	25‐72	
第 2 次修订	R3	25‐84	
第 3 次修订	R4	25‐108,25‐121	

1.3.1　首次发布

1985 年 12 月 31 日发布了 CCAR25 部初版，其中包含第 25.125 条，该条款参考 1964 年 12 月 24 日发布的 14 CFR PART 25 中的 §25.125 的内容制定。

1.3.2　第 1 次修订

1995 年 12 月 18 日发布的 CCAR-25-R2 对第 25.125 条进行了第 1 次修订，本次修订参考了 14 CFR 修正案 25-72 的内容：将 §25.125(a)(2) 中的"稳定滑翔进场"改为"稳定进场"。

1.3.3　第 2 次修订

2001 年 5 月 14 日发布的 CCAR-25-R3 对第 25.125 条进行了第 2 次修订，本次修订参考了 14 CFR 修正案 25-84 的内容：将 §25.125(a)(2) 中的"必须维持以不小于 1.3 V_S 的校正空速稳定进场"改为"必须维持以不小于 1.3 V_S 或 V_{MCL} 两者中的大者的校正空速稳定进场"。

该修订可确保复飞过程中，关键发动机突然停车时飞机仍有满意的可操纵性。

1.3.4　第 3 次修订

2011 年 11 月 7 日发布的 CCAR-25-R4 对第 25.125 条进行了第 3 次修订，本次修订参考了 14 CFR 修正案 25-108 和 14 CFR 修正案 25-121 的内容：

(1) 将 §25.125(a)(1) 至 §25.125(a)(5) 调整为 §25.125(b)(1) 至 §25.125(b)(5)，原 §25.125(b) 至 §25.125(f) 依次调整为 §25.125(c) 至 §25.125(g)。

(2) 新增 §25.125(a)(1) 和 §25.125(a)(2)，分别确定非结冰条件和结冰条件下的着陆距离。

(3) 修改 §25.125(b)(2)，提出了 V_{REF} 的概念，用"1.23 V_{SRO}"取代"1.3 V_S"，明确了 V_{MCL} 的相关条款为 §25.149(f)，补充了 §25.143(h) 对机动能力的要求；并增加了非结冰条件和结冰条件下 V_{REF} 确定要求。

14 CFR 修正案 25-108 对失速速度重新定义，用基准失速速度 V_{SR} 代替了失速速度 V_S。由于基准失速速度 V_{SR} 一般比失速速度 V_S 大 6%～8%，为确保与修订前条款具有相同的安全水平，对基于失速速度定义的其他速度的安全系数也进行了相应的调整，因此该条款中将"1.3 V_S"替换为"V_{REF}"。

14 CFR 修正案 25-121 要求对无冰和结冰条件下都要确定飞机起飞与着陆的性能要求，因此修订条款内容，确定结冰条件下的着陆距离；在结冰条件下，需要结合考虑附录 C 中定义的着陆冰积聚。

2　条款解读

2.1　条款要求

本条款规定了对飞机着陆性能的要求。

第 25.125(a) 款给出了着陆距离的定义，指飞机从高于着陆表面 15 米(50 英尺)高的那一点到飞机完全停止的那一点的距离(对于水面着陆，把速度 3 节左右的那一点看作是停止点)所需的水平距离，条款要求提供飞机在使用范围内每一重量、高度和风下的着陆距离。

第 25.125(b)款对飞机的形态、非结冰和结冰条件下的 V_{REF} 的确定与使用程序的要求做了明确的规定,同时要求着陆时不能有过大的垂直加速度,也不能要求需要特殊的驾驶技巧。第 25.125(b)(2)(ii)目提出了结冰条件下对 V_{REF} 的要求。其中,附录 C 包含两部分内容:一是大气结冰条件,给出了连续最大结冰、间断最大结冰和最大起飞结冰三种情况下的结冰条件;二是用于表明对 B 分部的符合性的机身冰积聚条件,主要包括起飞结冰、起飞最后阶段结冰、航路结冰、等待结冰、进场结冰和着陆结冰。

第 25.125(c)款提出了对陆上飞机和水陆两用飞机的试验跑道的要求,同时对机轮刹车的使用提出了要求。

第 25.125(d)款提出了对水上飞机和水陆两用飞机的试验水面的要求,必须为平静的水面。

第 25.125(e)款提出了对滑橇式飞机试验雪地的要求,必须在平整、干燥的水面上确定。

第 25.125(f)款明确了着陆距离数据的风量修正因素。

第 25.125(g)款要求如果飞机采用了必须依靠一台发动机的运转才能工作的装置,并且在该发动机停车后进行着陆时会显著增加着陆距离的话,则必须要在该发动机停车的状态下来确定着陆距离。但是如果采用了补偿的其他手段使得此时的着陆距离不大于全发工作时的着陆距离的话,就不需要考虑上述情况。

2.2　相关条款

与第 25.125 条相关的条款如表 2-1 所示。

表 2-1　第 25.125 条相关条款

序　号	相 关 条 款	相　　关　　性
1	第 25.143(h)款	V_{REF} 不得低于提供第 25.143(h)款规定的机动能力的速度
2	第 25.149(f)款	V_{REF} 不得低于按第 25.149(f)款确定的 V_{MCL}
3	第 25.1587 条	第 25.1587 条要求将满足第 25.125 条的着陆性能数据提供给飞机飞行手册

3　验证过程

3.1　验证对象

第 25.125 条的验证对象为飞机的着陆性能。

3.2　符合性验证思路

为表明对该条款的符合性,一般采用飞行试验和计算分析的方法:首先通过飞行试验获得不同形态的着陆性能,再通过试飞数据计算扩展获得受 WAT 限制的着陆性能数据。

3.3　符合性验证方法

通常,针对第 25.125 条的符合性验证方法如表 3-1 所示。

表 3-1　建议的符合性方法

条款号	专业	符合性方法										备注
		0	1	2	3	4	5	6	7	8	9	
第 25.125 条	性能			2				6				

3.4　符合性验证说明

第 25.125 条采用的符合性验证方法包括 MOC2 和 MOC6,各项验证工作具体如下。

3.4.1　MOC6 验证过程

通过飞行验证获得第 25.125 条要求的各临界形态下飞机的着陆性能。飞行试验时考虑的关键参数包括临界重量、临界重心以及条款规定的速度和飞机形态等。

建议的试飞方法如下:

(1)试验前确保最大轮胎压力并进行最大刹车压力检查。

(2)按照推荐的着陆程序进行试验,进场下滑角控制在 $-2.5°\sim-3.5°$ 范围内,接地点下沉率控制在 2~6 英尺/秒。

(3)当飞机触地后,按照试验要求的减速措施使飞机减速直到完全停止,保持停止状态 5 秒。

(4)在试验过程中,防滑系统工作。

(5)试验保证着陆距离线性回归置信度不低于 90%(空中段)。

进行着陆性能的飞行试验时考虑第 25.125(c)款、第 25.125(d)款、第 25.125(e)款,即陆上飞机和水陆两用飞机的着陆距离必须在水平、平整、干燥及具有硬质道面的跑道上确定,水上飞机和水陆两用飞机的着水距离应在平静的水面上确定;滑橇式飞机的雪上着陆距离必须在平整和干燥的雪地上确定。

3.4.2　MOC2 验证过程

确定空中段距离的方法拟采用 AC25-7 中提供的方法,通过足够的试飞进行参数分析,从而建立空中段距离(或时间)与 50 英尺高度时的下沉率、接地时的下沉率的函数关系式,该方法给出的空中段的距离是基于 $-3.5°$ 下滑角和 8 英尺/秒的接地下沉率。

过渡段距离的确定是,通过试飞确定减速装置进入充分工作状态所需的时间以及各减速装置依次起动的时间延迟,采用不同的保守的方法来计算该距离。

刹车段距离通过试飞演示测得刹车系数和刹车段起点速度等参数，将试飞测得的刹车系数、刹车段起点速度、气动数据、发动机推力、WAT 和风速等输入计算程序，得到该计算距离，并将它与试飞测量值相比较。

以上为非结冰状态下确定着陆性能的过程。在结冰状态下，飞行试验和计算分析的方法与非结冰状态一致，同时考虑带有附录 C 定义的着陆冰积聚状态，另外，结冰状态下的 V_{REF} 需要按照第 25.125(b)(2)(ii) 目的要求确定。

3.5 符合性文件清单

通常，针对第 25.125 条的符合性文件清单如表 3-2 所示。

表 3-2 建议的符合性文件清单

序　号	符 合 性 报 告	符合性方法
1	着陆性能飞行试验大纲	MOC6
2	着陆性能飞行试验报告	MOC6
3	着陆性能计算分析报告	MOC2

4 符合性判据

进行飞行试验及计算分析时需满足以下要求：

(1) 飞机构型及试飞程序满足条款要求。

(2) 计算扩展模型经飞行试验结果校验后是可接受的。

(3) 着陆时没有采用特殊的驾驶技巧。

(4) 飞行试验及计算扩展获得的着陆爬升性能数据考虑了使用限制范围内的每一重量、高度和周围温度及飞机形态等。

参考文献

[1] 14 CFR 修正案 25 - 72 Special Review: Transport Category Airplane Airworthiness Standards [S].

[2] 14 CFR 修正案 25 - 84 Revision of Certain Flight Airworthiness Standards to Harmonize With European Airworthiness Standards for Transport Category Airplanes [S].

[3] 14 CFR 修正案 25 - 108 1 - g Stall Speed as the Basis for Compliance With Part 25 of the Federal Aviation Regulations [S].

[4] 14 CFR 修正案 25 - 121 Airplane Performance and Handling Qualities in Icing Conditions [S].

[5] FAA. AC25 - 15 Approval of Flight Management Systems in Transport Category Airplanes [S]. 1989.

[6] FAA. AC25.735 - 1 Brakes and Braking Systems Certification Tests and Analysis [S]. 2002.

运输类飞机适航标准第 25.143 条符合性验证

1 条款介绍

1.1 条款原文

第 25.143 条　总则

(a) 在下述过程中,飞机必须可以安全地操纵并可以安全地进行机动:

(1) 起飞;

(2) 爬升;

(3) 平飞;

(4) 下降;

(5) 着陆。

(b) 必须能从一种飞行状态平稳地过渡到任何其它飞行状态,而不需要特殊的驾驶技巧、机敏或体力,并且在任何可能的使用条件下没有超过飞机限制载荷系数的危险,这些使用条件包括:

(1) 临界发动机突然失效;

(2) 对于三发或三发以上的飞机,当飞机处于航路、进场或着陆形态,临界发动机停车并已配平时,第二台临界发动机突然失效;和

(3) 形态改变,包括打开或收起减速装置。

(c) 在附录 C 中规定的飞行各阶段的临界结冰条件下,必须表明飞机在下列条件下有足够的安全操纵性能和机动能力,并且临界发动机不工作且其螺旋桨(如果适用)处于最小阻力位置:

(1) 起飞最小 V_2;

(2) 在进场和复飞过程中;和

(3) 进场和着陆过程中;

(d) 在本条(a)到(c)所需的试验中,对于常规盘式操纵,下表规定所允许的最大操纵力:

施加在驾驶盘或方向舵脚蹬上的力,以牛(公斤;磅)计	俯 仰	滚 转	偏 航
短时作用(双手)	333(34;75)	222(23;50)	
短时作用(单手)	222(23;50)	111(11;25)	
短时作用			667(68;150)
持久作用	44(5;10)	22(2;5)	89(9;20)

(e)当演示本条(d)所规定短时操纵力限制的符合性时,必须遵循经批准的操作程序或常规的操作方法(包括在前一个定常飞行状态尽可能地接近配平,但起飞时飞机必须按经批准的操作程序配平)。

(f)当演示本条(d)所规定持久操纵力限制的符合性时,飞机必须配平,或尽可能接近配平。

(g)在恒定空速或马赫数(直至 V_{FC}/M_{FC})机动飞行时,杆力和杆力梯度相对于机动载荷系数必须处于满意的限制条件之内。飞机机动飞行时,杆力必须不得有过度的驾驶员体力要求,也不得太低致使飞机可能轻易无意地进入超应力状态。随载荷系数变化出现的梯度变化必须不得引起保持飞机操纵的过度困难,以及局部梯度不得太低导致过度操纵的危险。

(h)前重心情况下恒速协调转弯时的机动性,如下表所示,不得出现失速警告或其它可能干扰正常机动的特性:

形 态	速 度	协调转弯中的机动飞行坡度角	推力功率设置
起飞	V_2	30°	不对称 WAT 限制*
起飞	**V_2+XX	40°	全发工作爬升***
航路	V_{FTO}	40°	不对称 WAT 限制*
着陆	V_{REF}	40°	对于−3°航迹角的对称

* 使得推力或功率设置产生在该飞行条件下第 25.121 条规定的最小爬升梯度的重量、高度和温度(WAT)的组合。

** 全发工作初始爬升中的批准空速。

*** 在临界发动机失效以及机组没有采取措施调整其余发动机推力或功率的情况下,该推力或功率设置可能导致为在 V_2 时下起飞条件规定的推力或功率,或者被用于全发工作初始爬升程序的较小的推力或功率设置。

(i)演示结冰条件下第 25.143 条的符合性时:

(1)必须用附录 C 中规定的特定飞行阶段最临界的冰积聚演示可操纵性;

(2)必须表明,在推杆使飞机低头到过载为零或由升降舵或飞控系统的其他设计特点限制所能产生的最小过载系数的全过程中需要一定的推杆力。必须表明能够用不超过 23 公斤(50 磅)的拉力即可迅速从该机动中恢复过来;和

(3)除非杆力的变化是逐渐的和易于控制的,并且不需要特别的技巧、机敏或

体力,随着侧滑角不断增加,驾驶员通过俯仰操纵保持速度时杆力必须是稳定增加的,不出现杆力反逆现象。

(j) 在结冰条件下飞行时,在防冰系统开启并执行其预期功能之前,采用以下要求:

(1) 如果该防冰系统的开启取决于驾驶员看到参考表面上规定的冰积聚(并不是刚刚开始结冰),则第 25.143 条的要求适用于附录 C 第Ⅱ部分(e)所定义的冰积聚;

(2) 如果用其他方式启动防冰系统,则必须用附录 C 第Ⅱ部分(e)所规定的冰积聚在飞行中演示:

(i) 在直至 1.5 g 过载系数的拉起机动中飞机是可操纵的;和

(ii) 在直至 0.5 g 过载系数的推杆机动中不出现俯仰操纵力反逆。

〔中国民用航空局 2001 年 5 月 14 日第三次修订,2011 年 11 月 7 日第四次修订〕

1.2　条款背景

第 25.143 条内容涉及飞机操纵性和机动性的总要求等内容,条款条文要求是确保飞机在起飞、爬升、平飞、下降和着陆过程中可以安全地操纵并可以安全地进行机动。该条款是对飞行操纵的总则要求,是操稳专业的核心条款。

1.3　条款历史

第 25.143 条在 CCAR25 部初版首次发布,截至 CCAR - 25 - R4,该条款共修订过 2 次,如表 1 - 1 所示。

表 1 - 1　第 25.143 条条款历史

第 25.143 条	CCAR25 部版本	相关 14 CFR 修正案	备　　注
首次发布	初版	25 - 24	
第 1 次修订	R3	25 - 84	
第 2 次修订	R4	25 - 108,25 - 121	

1.3.1　首次发布

1985 年 12 月 31 日发布了 CCAR25 部初版,其中包含第 25.143 条,该条款参考了 14 CFR 修正案 25 - 24 的内容制定,该修正案将第 25.143 条中方向舵短时作用最大操纵力从 180 磅减小为 150 磅。

1.3.2　第 1 次修订

2001 年 5 月 14 日发布的 CCAR - 25 - R3 对第 25.143 条进行了第 1 次修订,本次修订参考了 14 CFR 修正案 25 - 84 的内容。该修正案主要是协调同 JAR - 25 相关条款的要求,新增了单手最大操纵力的要求和 §25.143(f)对机动飞行期间的操纵力特性要求。减小了对滚转机动时的双手最大操纵力。修改了术语用"短期的(transient)"和"持久的(sustained)"分别替代"短暂的(temporary)"和"持续的(prolonged)"。

1.3.3　第 2 次修订

2011 年 11 月 7 日发布的 CCAR - 25 - R4 对第 25.143 条进行了第 2 次修订，本次修订参考了 14 CFR 修正案 25 - 108 和 14 CFR 修正案 25 - 121。14 CFR 修正案 25 - 108 的内容为：增加了 §25.143(g)，要求飞机在保持转弯坡度协调转弯时不能出现失速告警或其他可能干扰正常机动飞行的情况。14 CFR 修正案 25 - 121 的内容为：将 §25.143(c) 至 (g) 重新编排为 §25.143(d) 至 (h)；对新的 §25.143(d) 至 (f) 进行了修订；将新增条款 §25.143(h) 表格中第四列的"推力功率设置"替换为"推力/功率设置"；并增补 §25.143(c)、(i) 和 (j)，对结冰条件下飞机的操纵性和机动性提出了要求，目的是确保飞机在结冰条件下，无论在起飞、进近、复飞和着陆过程中都具有足够的安全操纵性能的机动能力。

2　条款解读

2.1　条款要求

第 25.143(a) 款是关于飞机"安全地操纵并可以安全地进行机动"的总则要求，该款主要包括两个方面的要求，一方面是水平安定面失速的问题，另一方面是"驾驶员诱发振荡"的问题。水平安定面失速问题是指当水平安定面接近失速时，升降舵铰链力矩对迎角较为敏感。当升降舵有大的气动补偿时，尤其值得注意。在飞行中，这些影响通过在失速机动中拉杆力减轻以及在机头下俯机动中推杆力减轻而变得明显。水平安定面前缘表面状况以及结冰和结霜也会显著影响可达到的迎角范围，从而减少水平安定面失速裕度。因此，对于人工操纵系统和不可逆助力操纵系统，会出现由于水平安定面气流分离而引起的短暂的或持续的操纵失效。经验表明，具有无助力操纵升降舵的飞机最有可能遇到大的干扰变化现象，但还需考虑所有飞机在这方面的操纵性问题。在结冰条件下使用时，遇到水平安定面失速情况的可能性会显著增加。而驾驶员诱发振荡，现在一般称人机耦合，即对飞机—驾驶员耦合的要求。当某些飞机的响应与驾驶员的操纵输入相位相差大约 180°时，会出现通常称为"驾驶员诱发振荡"的典型的飞机—驾驶员耦合情况。

第 25.143(b) 款主要包含两个要求，一个是飞机在飞行员使用平均的驾驶技巧、机敏或体力情况下能从一种飞行状态过渡到任何其他飞行状态。另一个是在任何可能的使用条件下没有超过飞机限制载荷系数的危险，这些使用条件包括：临界发动机突然失效；对三发及三发以上的飞机，临界发动机停车并配平时，第二台临界发动机突然失效；飞机构型改变。"飞机限制载荷系数"指在该载荷下不会使飞机结构产生有害的永久变形，非永久变形不会妨碍安全运行。短暂作用的最大操纵力是指作用时间为 2 分钟。持续作用的最大操纵力是指作用时间超过约 10 分钟。对于操纵力作用时间大于 2 分钟而短于 10 分钟的情况，允许在"短暂"力和"持续"力之间合理地内插。

第 25.143(c) 款要求在附录 C 中规定的飞行各阶段的临界结冰条件下，必须表

明起飞过程中最小 V_2、进近和复飞过程以及进近和着陆过程中,飞机有足够的安全操纵性能和机动能力,并且临界发动机不工作且其螺旋桨处于最小阻力位置。该款是对飞机临界结冰条件下稳定性和机动性的总体要求。

第 25.143(d)款所规定的俯仰和滚转短时作用适用于仅需要短时间操纵力的机动。单手最大操纵力适用的场景是当驾驶员一手操纵驾驶盘,而另一手操纵其他操纵装置时的机动(如着陆拉平或复飞,或者在构型或发动机工作状态改变导致必须配平操纵力变化时)。双手最大操纵力则适用于其他情况(如起飞抬前轮,或者在航线飞行期间的机动)。

第 25.143(e)款和(f)款分别是对本条(d)款所规定的短时操纵力限制和持久操纵力限制的符合性演示时提出的补充要求。必须遵循经批准的操作程序或常规的操作方法,飞机必须配平,或尽可能接近配平。

第 25.143(g)款中"杆力梯度"也称每 g 杆力,是杆力对机动载荷系数曲线的斜率。本款对机动飞行中杆力和杆力梯度提出了要求。杆力不能过大,也不能过小;杆力梯度变化不能使保持飞机操纵过度困难,局部杆力梯度也不能太小。

第 25.143(h)款对飞机在协调转弯时应具有的坡度角能力提出了最低要求,同时要求在最小操纵速度下不能出现失速告警或其他可能干扰正常机动飞行的情况。

第 25.143(i)款对飞机在结冰条件下低过载机动能力,以及侧滑角增加时驾驶员通过纵向操纵以保持速度时的杆力特性提出要求。

第 25.143(j)款规定了在结冰条件下飞行时,在防冰系统开启并执行其预期功能之前所采用的要求。如果防冰系统开启取决于驾驶员所看到的参考面上的冰积聚(并不是刚开始结冰,如在冰积聚探头或者机翼前缘),则第 25.143 条适用于附录 C 第二部分(e)款规定的冰积聚。如果防冰系统开启是除上述方式的其他方式,则应该在飞行中演示下述情况以表明防冰系统开启并执行前飞机具有足够的操纵性:在直至 1.5g 过载系数的拉起机动中和直至 0.5g 过载系数的推杆机动中,飞机是可操纵的。

2.2 相关条款

与第 25.143 条相关的条款如表 2-1 所示。

表 2-1 第 25.143 条相关条款

序 号	相关条款	相 关 性
1	第 25.107 条	第 25.107 条提供第 25.143(h)款规定的机动能力的速度

3 验证过程

3.1 验证对象

第 25.143 条的验证对象为飞机的操纵性和稳定性。

3.2　符合性验证思路

针对第 25.143(a)款,通过试飞试验表明飞机可安全地操纵并进行机动。

针对第 25.143(b)款,通过试飞表明能从一种飞行状态平稳地过渡到任何其他飞行状态,而不需要特殊的驾驶技巧、机敏或体力,并且在任何可能的使用条件下没有超过飞机限制载荷系数的危险。

针对第 25.143(c)款,通过试飞表明在附录 C 中规定的飞行各阶段的临界结冰条件下,飞机在起飞最小 V_2、进场和复飞过程中及进场和着陆过程中有足够的安全操纵性能和机动能力,并且临界发动机不工作其螺旋桨(如果适用)处于最小阻力位置。

针对第 25.143(d)款,通过试飞表明在第 25.143(a)款到第 25.143(c)款所需试验中,常规盘式操纵的最大操纵力不超过本款的限制。

针对第 25.143(e)款,通过试飞表明在演示第 25.143(d)款的短时操纵力限制的符合性,必须遵循局方批准过的操作程序或者常规的操作方法。

针对第 25.143(f)款,通过试飞表明飞机必须配平,或尽可能接近配平状态下演示符合第 25.143(d)款的持久操纵力限制。

针对第 25.143(g)款,通过试飞表明在机动飞行时杆力和杆力梯度符合该款的要求。

针对第 25.143(h)款,通过试飞表明在前重心情况下恒速协调转弯时的机动性不出现失速警告或其他可能干扰正常机动的特性。

针对第 25.143(i)款和第 25.143(j)款,通过试飞表明在结冰情况下杆力合适,并且飞机可操纵。

3.3　符合性验证方法

通常,针对 25.143 条款的符合性验证方法如表 3-1 所示。

表 3-1　建议的符合性方法

条款号	专业	符合性方法										备注
		0	1	2	3	4	5	6	7	8	9	
第 25.143 条	操稳							6				

3.4　符合性验证说明

第 25.143 条属于总则性条款,其每一款的验证都通过多个试飞科目来验证,而且这些试飞科目更多的是验证操稳专业其他条款,结合验证第 25.143 条。因此在本条符合性验证说明中,不赘述相关试飞科目的细节内容,相关内容见其他操稳条款的符合性验证说明。

3.4.1　第 25.143(a)款符合性验证说明

针对第 25.143(a)款,采用的符合性验证方法为 MOC6,具体验证工作为:通过 MOC6 中的起飞、爬升、平飞、下降、着陆以及驾驶员诱发振荡科目验证飞机能否安全地操纵并可以安全地进行机动。

3.4.2 第25.143(b)款符合性验证说明

针对第25.143(b)款采用的符合性验证方法为 MOC6,验证工作具体为:通过 MOC6 中的临界发动机失效后的操纵试飞和驾驶员诱发振荡科目验证飞机是否能从一种飞行状态平稳过渡至任何其他飞行状态,且不需要特殊的驾驶技巧、机敏或体力。

3.4.3 第25.143(c)款符合性验证说明

针对第25.143(c)款采用的符合性验证方法为 MOC6,验证工作具体为:通过 MOC6 中的冰污染水平安定面失速试飞、带模拟冰型的机动特性试飞和自然结冰飞行品质试飞科目验证飞机在附录 C 规定的临界结冰条件下有足够的安全操纵性能和机动能力。

3.4.4 第25.143(d)款至(f)款符合性验证说明

第25.143(d)款至(f)款采用的符合性验证方法为 MOC6,验证工作具体为:通过临界发动机失效后的操纵试飞、飞控系统正常/直接模式的收放起落架的试飞、飞控系统正常模式的收放减速板的试飞、冰污染水平安定面失速试飞和高速特性试飞验证飞机在这些科目的演示时,按照常规的操作方法或经批准的操作程序操作,操纵力不超出条款规定的最大操纵力。

3.4.5 第25.143(g)款符合性验证说明

第25.143(g)款采用的符合性验证方法为 MOC6,验证工作具体为:通过过载杆力梯度—机动特性科目试飞验证飞机在机动飞行时,杆力和杆力梯度是否造成飞行员操纵的过渡困难。

3.4.6 第25.143(h)款符合性验证说明

第25.143(h)款采用的符合性验证方法为 MOC6,验证工作具体为:通过机动稳定性飞行试验、机动裕度飞行试验、带模拟冰型的机动特性飞行试验和失速警告飞行试验验证飞机机动飞行时,是否出现失速警告以及其他干扰正常机动的特性。

3.4.7 第25.143(i)款和(j)款符合性验证说明

第25.143(i)款和(j)款采用的符合性验证方法为 MOC6,验证工作具体为:通过冰污染水平安定面失速试飞、带模拟冰型的机动特性试飞和自然结冰飞行品质试飞科目验证飞机在结冰条件下飞行时杆力是否正常,操纵响应是否正常。

3.5 符合性文件清单

通常,针对第25.143条的符合性文件清单如表3-2所示。

表3-2 建议的符合性文件清单

序　号	符 合 性 报 告	符合性方法
1	操稳试飞大纲	MOC6
2	操稳试飞报告	MOC6

4　符合性判据

（1）试飞结果表明：飞机在起飞、爬升、平飞、下降和着陆中可以安全地操纵并可以安全地进行机动。

（2）飞机能从一种飞行状态平稳地过渡到任何其他飞行状态，没有超过飞机限制载荷系数，飞行员没有采用特殊的驾驶技巧、机敏或体力。

（3）飞机在附录 C 中规定的飞行各阶段的临界结冰条件下，飞机在起飞最小 V_2、进场和复飞过程中及进场和着陆过程中有足够的安全操纵性能和机动能力，此时临界发动机不工作，其螺旋桨（如果适用）处于最小阻力位置。

（4）飞机在第 25.143(a) 款至 (c) 款所进行的试验中，常规盘式操纵的最大操纵力没有超过本款的限制。

（5）制定有操作程序或者常规的操作方法，且获得局方批准。

（6）当飞机处于或接近配平状态时，按上述操作程序演示验证了短时操纵力限制的符合性。

（7）飞机在机动飞行时，飞机操纵和响应良好，没有出现非正常的飞行特性；杆力随过载增加而增加，不存在过度的杆力。

（8）过载杆力梯度无导致显著削弱飞行员控制能力的剧烈变化。

（9）飞机在前重心情况下进行稳定速度协调转弯时，飞机没有出现失速告警或其他可能会妨碍正常机动的特性。

（10）飞机在带模拟冰型和自然结冰试飞中，飞机操纵响应正常，操纵效率足够，飞机没有异常的气动响应。

参考文献

［1］　14 CFR 修正案 25 - 24 Requirements For Attitude Instrument Replacement of Rate-of-Turn Indicator［S］.

［2］　14 CFR 修正案 25 - 84 Revision of Certain Flight Airworthiness Standards to Harmonize With European Airworthiness Standards for Transport Category Airplanes［S］.

［3］　14 CFR 修正案 25 - 108 1 - g Stall Speed as the Basis for Compliance with Part 25 of the Federal Aviation Regulations［S］.

［4］　14 CFR 修正案 25 - 121 Airplane Performance and Handling Qualities in Icing Conditions［S］.

［5］　FAA. AC25. 1329 - 1B Change 1 Approval of Flight Guidance Systems［S］. 2012.

运输类飞机适航标准 第25.145条符合性验证

1 条款介绍

1.1 条款原文

第25.145条 纵向操纵

(a) 在25.103(b)(6)条中规定的配平速度和失速标志(按第25.201(d)条所定义的)之间的任一速度下,必须有可能使机头下沉,以便很快加速到这一所选定的配平速度,飞机状态如下:

(1) 在第25.103(b)(6)条中规定的配平速度配平;

(2) 起落架在放下位置;

(3) 襟翼分别在:

(i) 收起位置;

(ii) 放下位置。

(4) 发动机分别处于:

(i) 无动力;

(ii) 最大连续功率(推力)状态。

(b) 起落架在放下位置,在下述机动中不需要改变配平操纵,并且不需要施加超过222牛(23公斤;50磅)的操纵力(即用一只手易于施加的最大短时作用力):

(1) 发动机无动力,襟翼在收起位置,飞机在$1.3V_{SR1}$配平,尽快放下襟翼,同时,在整个机动过程中维持空速比每一瞬间具有的失速速度高30%左右;

(2) 重复(b)(1),但先放下襟翼然后尽快收起;

(3) 重复(b)(2),但发动机处于复飞设置功率(推力)状态;

(4) 发动机无动力,襟翼在收起位置,飞机在$1.3V_{SR1}$配平,迅速施加复飞设置功率(推力),同时维持空速不变;

(5) 重复(b)(4),但襟翼在放下位置;

(6) 发动机无动力,襟翼在放下位置,飞机在$1.3V_{SR1}$配平,获得并维持在V_{SW}

至 $1.6V_{SR1}$ 或 V_{FE}(取小者)之间的空速。

(c) 在空速为 $1.08V_{SR1}$(对于螺旋桨飞机)或 $1.13V_{SR1}$(对于涡轮喷气飞机)的定常直线水平飞行中,当增升装置从任一位置开始完全收起时,必须在下列条件下无需特殊的驾驶技巧就可能防止掉高度:

(1) 同时施加复飞设置功率(推力)状态;

(2) 起落架在放下位置;

(3) 着陆重量和高度的临界组合。

(d) 如果增升装置的操纵手柄位置是分挡限定的,本条(c)款的要求适用于从下列区间的任何位置验证收起增升装置:从最大着陆位置到第一限定位置,各限定位置之间以及从最后限定位置到完全收起位置。该要求也适用于从每一批准的着陆位置收起到复飞程序要求的增升装置构形的操纵位置。此外,从最大着陆位置算起的第一限定操纵手柄位置,必须对应于用以制定从着陆形态开始复飞程序的增升装置形态。操纵手柄的每一限定位置必须要用独立的和明显的动作才能通过,并且必须具有防止无意中移动操纵手柄通过限定位置的特性。操纵手柄的这种独立明显的运动必须在手柄到达分挡限定位置时才能进行。

〔中国民用航空局 2001 年 5 月 14 日第三次修订,2011 年 11 月 7 日第四次修订〕

1.2　条款背景

第 25.145 条内容涉及飞机在各个飞行阶段和构型下有足够或满意的纵向操纵能力。纵向操纵与绕飞行横轴的运动和力矩有关。飞机构型改变、推力改变和速度变化是导致绕横轴力矩和运动变化的主要原因。纵向操纵性反映飞机改变飞行轨迹和从一种飞行状态到另一种飞行状态时所需的纵向操纵力矩和运动变化能力。

1.3　条款历史

第 25.145 条在 CCAR25 部初版首次发布,截至 CCAR - 25 - R4,该条款共修订过 3 次,如表 1 - 1 所示。

表 1 - 1　第 25.145 条条款历史

第 25.145 条	CCAR25 部版本	相关 14 CFR 修正案	备　　注
首次发布	初版	25 - 23	
第 1 次修订	R2	25 - 72	
第 2 次修订	R3	25 - 84,25 - 98	
第 3 次修订	R4	25 - 108	

1.3.1　首次发布

1985 年 12 月 31 日发布了 CCAR25 部初版,其中包含第 25.145 条,该条款参

考了 14 CFR 修正案 25－23 的内容制定,该修正案明确了§25.145(b)(6)中"取小者"的含义,消除了此处的歧义。

1.3.2　第 1 次修订

1995 年 12 月 18 日发布的 CCAR－25－R2 对第 25.145 条进行了第 1 次修订,本次修订涉及§25.145(a)和(a)(1),对文字进行了改动。

1.3.3　第 2 次修订

2001 年 5 月 14 日发布的 CCAR－25－R3 对第 25.145 条进行了第 2 次修订,本次修订参考了 14 CFR 修正案 25－84 和 14 CFR 修正案 25－98 的内容。该修正案主要明确复飞功率的定义,对本条相关的复飞状态采用复飞功率。把§25.145(c)对限定位的要求修订成新条款§25.145(d);明确第一挡位的含义;要求在对应的形态的复飞机动中不能损失高度;从人为因素考虑增加对改变限定挡位的手柄移动特性的要求。

1.3.4　第 3 次修订

2011 年 11 月 7 日发布的 CCAR－25－R4 对第 25.145 条进行了第 3 次修订,本次修订参考了 14 CFR 修正案 25－108 的内容,将§25.145(b)和§25.145(c)中的 V_{S1} 修改为 V_{SR1}。

2　条款解读

2.1　条款要求

第 25.145(a)款要求飞机具有足够的纵向操纵能力,使飞机在临近失速或开始失速时能产生机头下俯,迅速地加速到原来的配平速度。其目的是保证在意外地减速到失速点时有足够的俯仰操纵。本款要求在慢车和最大连续功率状态进行试飞试验,在最大连续功率时,最小试验速度用失速告警加上驾驶员识别时间来确定。

第 25.145(b)款规定当改变襟翼位置、功率和速度,而不进行重新配平时,保证驾驶员在用单手操作情况下,主操纵力不超过 23 公斤(50 磅)就能完成相应的机动。其目的是在变推力、变速度和变襟翼的情况下,不可以引起配平的过分变化导致操纵力过大。

第 25.145(c)款要求以着陆构型进行复飞机动,在开始收襟翼/缝翼的同时,将功率或推力操纵机构移到复飞位置,由着陆构型收起增生装置不应引起高度损失。该款主要研究收襟翼/缝翼的速率、各种襟翼限定位置的设置以及复飞功率/推力设置的设计是否满足要求。

第 25.145(d)款要求如果增升装置的操纵是分级限定的,从最大着陆位置收起襟翼到第一限定位置,接着相继通过每个限定位置,直到襟翼全部收起,来完成该机动动作,该机动过程中允许重新配平。

2.2　相关条款

与第 25.145 条相关的条款如表 2-1 所示。

表 2-1　第 25.145 条相关条款

序　号	相关条款	相　关　性
1	第 25.143 条	第 25.143 条是操纵性和机动性的总则性条款,第 25.145 条的要求应与第 25.143 条的要求保持一致

3　验证过程

3.1　验证对象

第 25.145 条的验证对象为飞机的纵向操纵特性。

3.2　符合性验证思路

对该条款,一般采用飞行试验的方法来表明符合性。

针对第 25.145(a)款,通过纵向操纵—速度恢复试飞表明飞机在失速或接近失速时的推杆机动能迅速产生机头下俯,从而恢复到原始配平速度。

针对第 25.145(b)款,通过纵向操纵—收襟/缝翼、纵向操纵—放襟/缝翼、纵向操纵—施加推力和纵向操纵—改变空速试飞,表明操纵力满足要求。

针对第 25.145(c)款和(d)款,通过纵向操纵—收襟/缝翼和施加推力试飞,表明飞机满足要求。

3.3　符合性验证方法

通常,针对第 25.145 条的符合性验证方法如表 3-1 所示。

表 3-1　建议的符合性方法

条　款　号	专　业	符 合 性 方 法										备　注
		0	1	2	3	4	5	6	7	8	9	
第 25.145 条	操　稳							6				

3.4　符合性验证说明

3.4.1　第 25.145(a)款符合性验证说明

针对第 25.145(a)款,采用的符合性验证方法为 MOC6,各项验证具体工作为:通过 MOC6 中的纵向操纵—速度恢复试飞验证在规定状态下配平飞机到稳定直线平飞,以 1 节/秒的减速率使飞机保持机翼水平减速到失速判明速度附近,迅速使机头下俯,加速到初始配平速度,不改变配平位置,以验证飞机在配平速度和失速标志之间的任一速度下,机头能够下沉,并能很快加速到该配平速度。

3.4.2　第 25.145(b)款符合性验证说明

针对第 25.145(b)款采用的符合性验证方法为 MOC6,验证工作为:通过 MOC6 中的纵向操纵—收襟/缝翼(将飞机按规定状态配平于 1.3 V_{SR} 稳定直线平飞,尽快将襟/缝翼收至完全收上位置,同时在整个机动过程中速度保持相应构型的 1.3 V_{SR} 左右,且不改变配平)、纵向操纵—放襟/缝翼(将飞机按规定状态配平于 1.3 V_{SR} 稳定直线平飞;尽快将襟/缝翼完全放下,同时在整个机动过程中速度保持相应构型的 1.3 V_{SR} 左右,且不改变配平)、纵向操纵—施加推力(将飞机按规定状态配平于 1.3 V_{SR} 稳定直线平飞;迅速施加复飞推力,同时在整个机动过程中速度保持相应构型的 1.3 V_{SR} 左右,且不改变配平)及纵向操纵—改变空速(将飞机按规定状态配平于 1.3 V_{SR} 稳定直线平飞;使用纵向操纵装置减速至 V_{SW},再加速至 1.6 V_{SR} 或 V_{FE}"取小者",同时在整个机动过程中速度保持相应构型的 1.3 V_{SR} 左右,且不改变配平)试飞验证飞机在本节所述机动中,不需要改变配平操纵,且不需要施加超过 222 牛的操纵力。

3.4.3　第 25.145(c)款和(d)款符合性验证说明

针对第 25.145(c)款和(d)款,采用的符合性验证方法为 MOC6,各项验证工作具体为:通过 MOC6 中的纵向操纵—收襟/缝翼和施加推力(将飞机按规定状态配平于 1.3 V_{SR} 稳定直线平飞;施加复飞推力,同时将襟/缝翼收至完全收上位置,对于襟/缝翼的操纵手柄为分档限定的飞机,则需要验证从最大着陆位置到第一限定位置,各限定位置之间以及从最后限定位置到完全收起位置。在整个机动过程中速度保持相应构型的 1.3 V_{SR} 左右)试飞验证飞机在本节所述机动中无须特殊的驾驶技巧就能防止掉高度。

3.5　符合性文件清单

通常,针对第 25.145 条的符合性文件清单如表 3-2 所示。

表 3-2　建议的符合性文件清单

序　号	符 合 性 报 告	符合性方法
1	纵向操纵试飞大纲	MOC6
2	纵向操纵试飞报告	MOC6

4　符合性判据

试飞结果表明:

(1)飞机在失速或接近失速时的推杆机动能迅速产生机头下俯,从而恢复到原始配平速度。

(2)飞机具有足够的纵向操纵能力,对于最大连续功率试飞试验,机动过程中的纵向静稳定性,以及在机动结束时的机头下俯操纵能力足以保证在飞机减速到失速点时能够迅速恢复到配平速度。

（3）不改变配平条件下，改变空速时，飞机可操纵，驾驶员纵向操纵力小于 23 公斤。

（4）在进行操纵—收襟/缝翼和施加推力的试飞试验中，飞机没有掉高度，且飞行员没有使用特殊的驾驶技巧。

参考文献

［1］　14 CFR 修正案 25 - 23 Transport Category Airplane Type Certification Standards［S］.

［2］　14 CFR 修正案 25 - 72 Special Review：Transport Category Airplane Airworthiness Standards［S］.

［3］　14 CFR 修正案 25 - 84 Revision of Certain Flight Airworthiness Standards to Harmonize With European Airworthiness Standards for Transport Category Airplanes［S］.

［4］　14 CFR 修正案 25 - 98 Revision of Gate Requirements for High - Lift Device Controls［S］.

［5］　14 CFR 修正案 25 - 108 1 - g Stall Speed as the Basis for Compliance With Part 25 of the Federal Aviation Regulations［S］.

［6］　FAA. AC25 - 7C Flight Test Guide for Certification of Transport Category Airplanes［S］. 2012.

运输类飞机适航标准 第25.147条符合性验证

1 条款介绍

1.1 条款原文

第25.147条 航向和横向操纵

(a) 航向操纵:总则 必须能在机翼保持水平情况下,使飞机向工作发动机一侧偏航和向不工作的临界发动机一侧安全地作直到15°的合理的航向突然改变。这必须在下列条件下于$1.3V_{SR1}$以直到15°的航向偏转量(但不必超过方向舵脚蹬力达667牛(68公斤;150磅)时的航向偏转量)来证实:

(1) 临界发动机停车,其螺旋桨在最小阻力位置;

(2) 发动机具有以$1.3V_{SR1}$平飞所需的功率(推力),但不超过最大连续功率(推力);

(3) 重心在最不利的位置;

(4) 起落架在收起位置;

(5) 襟翼在进场位置;

(6) 最大着陆重量。

(b) 四发或四发以上飞机的航向操纵 四发或四发以上的飞机必须满足本条(a)的要求,不同之处是:

(1) 两台临界发动机停车,其螺旋桨(如果装有)处于最小阻力位置;

(2) [备用]

(3) 襟翼必须在最有利的爬升位置。

(c) 横向操纵:总则 必须在下列条件下能从速度等于$1.3V_{SR1}$的定常飞行中,分别向停车发动机一侧和相反方向作20°坡度的转弯:

(1) 临界发动机停车,其螺旋桨(如果装有)处于最小阻力位置;

(2) 其余发动机处于最大连续功率(推力)状态;

(3) 重心在最不利的位置;

(4) 起落架分别在:

（i）收起位置；

（ii）放下位置；

（5）襟翼在最有利的爬升位置；

（6）最大起飞重量。

（d）横向操纵：滚转能力 临界发动机不工作时滚转响应必须使飞机能作正常机动。在一发不工作时很有可能使用的速度下，必须有足够的横向操纵，以提供安全所需的滚转率，而不需要过度的操纵力或操纵行程。

（e）四发或四发以上飞机的横向操纵 四发或四发以上的飞机必须能以最大连续功率（推力）以及本条（b）规定的飞机形态，从速度等于 $1.3V_{SR1}$ 的定常飞行中，分别向停车发动机一侧和相反方向作 20°坡度的转弯。

（f）全发工作的横向操纵 全发工作时滚转响应必须使飞机能作正常机动（例如从突风造成的颠倾中恢复和开始作规避机动）。在侧滑（直到正常运行中有可能需要的侧滑角为止）中必须有足够的横向操纵余量，以能作有限量的机动和突风修正。在直到 V_{FC}/M_{FC} 的任一速度下，必须有足够的横向操纵，以提供安全所需的滚转率峰值，而不需要过度的操纵力或操纵行程。

〔中国民用航空局 1995 年 12 月 18 日第二次修订，2011 年 11 月 7 日第四次修订〕

1.2 条款背景

第 25.147 条规定了临界发动机停车时飞机航向操纵、横向操纵的要求，以及全发工作时的横向操纵要求。

1.3 条款历史

第 25.147 条在 CCAR25 部初版首次发布，截至 CCAR‐25‐R4，该条款共修订过 2 次，如表 1‐1 所示。

表 1‐1 第 25.147 条条款历史

第 25.147 条	CCAR25 部版本	相关 14 CFR 修正案	备 注
首次发布	初版	25‐42	
第 1 次修订	R2	25‐72	
第 2 次修订	R4	25‐108,25‐115	

1.3.1 首次发布

1985 年 12 月 31 日发布了 CCAR25 部初版，其中包含第 25.147 条，该条款参考 1978 年 1 月 16 日发布的 14 CFR PART 25 中的§25.147 的修正案 25‐42（将对方向舵脚蹬力的要求从 180 磅减至 150 磅）。

1.3.2 第 1 次修订

1995 年 12 月 18 日发布的 CCAR‐25‐R2 对第 25.147 条进行了第 1 次修订，

本次修订参考了 14 CFR 修正案 25 - 72(对 §25.147(a)的文字描述的准确性进行了改动,将"必须能在机翼保持近似水平情况下,使飞机向某一侧安全地作 15°的合理的航向突然改变"改为"必须能在机翼保持水平情况下,使飞机向工作发动机一侧偏航和向不工作的临界发动机一侧安全地作直到 15°的合理的航向突然改变",并删除了 §25.147(b)(2)"重心必须是在最前重心位置")。

1.3.3 第 2 次修订

2011 年 11 月 7 日发布的 CCAR - 25 - R4 对第 25.147 条进行了第 2 次修订,本次修订参考了 14 CFR 修正案 25 - 108(将 §25.147(a)、(b)、(c)中 $1.4V_{S1}$ 修改为 $1.3V_{SR1}$)和修正案 25 - 115(将原来的 §25.147(d)和 §25.147(e)重新命名为 §25.147(e)和 §25.147(f),新增加了 §25.147(d)有关横向操纵滚转能力的内容)。

2 条款解读

2.1 条款要求

第 25.147(a)款和第 25.147(b)款的目的是规定当一台或两台临界发动机不工作时,保持机翼水平,仅用方向舵进行机动,飞机不应具有危险特性(如方向舵锁死或航向操纵丧失)。应能向工作发动机一侧偏航,也应能向不工作发动机一侧进行 15°的合理突然航向改变,除非受到方向舵力或偏度限制,该要求的目的是不需产生坡度角,飞机就能按规定偏航。

第 25.147(c)款和第 25.147(e)款要求飞机在起飞后的爬升航迹中,速度在 $1.3V_{SR1}$ 时,临界发动机失效时飞机应具有足够的横向机动能力,即飞机在进行适度的机动飞行中,副翼和方向舵仍有足够的操纵能力使飞机向停车发动机一侧和相反一侧作 20°坡度的转弯。

第 25.147(d)款规定"必须有足够的横向操纵,以提供安全所需的滚转率,而不需要过度的操纵力或操纵行程"。对应于单发,其中"安全所需的滚转率",EASA已经量化,要求 11 秒内完成 60°快滚;"不需要过度的操纵力或操纵行程"是指符合 B 分部操纵力的要求。

第 25.147(f)款规定在起飞、着陆、进近和高速构型,滚转响应应是满意的。可能影响滚转响应的任何构型都应进行评定。滚转应在整个飞行包线内进行研究,包括直到 V_{FC}/M_{FC} 速度,以保证飞行状态有足够的安全滚转率峰值,且没有过大的操纵力或操纵行程。在使用中,预期的侧滑飞行中,滚转响应需提供足够的机动能力,以便有足够的能力从侧滑中改出。对进近和着陆构型进行仔细评定,以保证有足够的操纵能力来补偿近地阵风和尾涡扰动。

2.2 相关条款

与第 25.147 条相关的条款如表 2 - 1 所示。

表 2 - 1 第 25.147 条相关条款

序　号	相关条款	相　关　性
1	第 25.143 条	第 25.143 条是操纵性和机动性的总则性条款,第 25.147 条的要求应与第 25.143 条的要求保持一致

3 验证过程

3.1 验证对象

第 25.147 条的验证对象为飞机的航向和横向操纵特性。

3.2 符合性验证思路

针对第 25.147(a)款,通过试飞表明能在机翼保持水平情况下,使飞机向工作发动机一侧偏航和向不工作的临界发动机一侧安全地作直到 15°的合理的航向突然改变。

针对第 25.147(b)款,对于四发或四发以上的飞机,通过试飞表明能在机翼保持水平、两台临界发动机停车、螺旋桨(如装有)处于最小阻力、襟翼在最有利的爬升位置的情况下,使飞机向工作发动机一侧偏航和向不工作的临界发动机一侧安全地作直到 15°的合理的航向突然改变。

针对第 25.147(c)款,通过试飞表明在条款要求条件下能从速度等于 $1.3V_{SR1}$ 的定常飞行中,分别向停车发动机一侧和相反方向作 20°坡度的转弯。

针对第 25.147(d)款,通过试飞表明临界发动机不工作时滚转响应使飞机能作正常机动。在一发不工作时很有可能使用的速度下,有足够的横向操纵,以提供安全所需的滚转率,而不需要过度的操纵力或操纵行程。

针对第 25.147(e)款,对于四发或四发以上的飞机,通过试飞表明其能在两台临界发动机停车、螺旋桨(如果装有)处于最小阻力位置、重心在最不利位置、起落架在收起位置、襟翼在最有利的爬升位置的形态下以最大连续功率(推力),从速度等于 $1.3V_{SR1}$ 的定常飞行中,分别向停车发动机一侧和相反方向作 20°坡度的转弯。

针对第 25.147(f)款,通过试飞表明全发工作时滚转响应使飞机能作正常机动(例如从突风造成的颠倾中恢复和开始作规避机动)。在侧滑(直到正常运行中有可能需要的侧滑角为止)中有足够的横向操纵余量,以能作有限量的机动和突风修正。在直到 V_{FC}/M_{FC} 的任一速度下,有足够的横向操纵,以提供安全所需的滚转率峰值,而不需要过度的操纵力或操纵行程。

3.3 符合性验证方法

通常,针对第 25.147 条的符合性验证方法如表 3 - 1 所示。

表 3 - 1　建议的符合性方法

条 款 号	专 业	符 合 性 方 法 0	1	2	3	4	5	6	7	8	9	备 注
第 25.147 条	操 稳							6				

3.4　符合性验证说明

3.4.1　第 25.147(a)款符合性验证说明

针对第 25.147(a)款,采用的符合性验证方法为 MOC6,验证具体工作为:

通过 MOC6 中的航向操纵试飞试验,验证飞机在机翼保持水平情况下,能向工作发动机一侧偏航和向不工作的临界发动机一侧安全地作直到 15°的航向突然改变。

试飞程序为:在 1.3V_{SR} 平飞和临界发动机停车下配平飞机到机翼水平稳定直线飞行,突然向工作发动机改变航向和向不工作发动机改变航向至 15°或达到 68 kg(667 N)的脚蹬力,动作中使用副翼保持机翼水平。

3.4.2　第 25.147(b)款符合性验证说明

针对第 25.147(b)款,采用的符合性验证方法为 MOC6,验证具体工作如下。

通过 MOC6 中的航向操纵试飞试验,验证四发飞机在机翼保持水平情况下,能向工作发动机一侧偏航和向不工作的临界发动机一侧安全地作直到 15°的航向突然改变。

试飞程序为:在 1.3V_{SR} 平飞和两台临界发动机停车下配平飞机到机翼水平稳定直线飞行,突然向工作发动机改变航向和向不工作发动机改变航向至 15°或达到 68 公斤(667 牛)的脚蹬力,动作中使用副翼保持机翼水平。

3.4.3　第 25.147(c)款符合性验证说明

针对第 25.147(c)款采用的符合性验证方法为 MOC6,验证工作具体如下:

通过横向操纵试飞试验,验证飞机能从速度等于 1.3V_{SR} 的定常飞行中,分别向停车发动机一侧和相反方向做 20°坡度的转弯。

试飞程序为:在 1.3V_{SR} 平飞和临界发动机停车下配平飞机到机翼水平的稳定爬升状态,向工作发动机一侧和相反一侧作 20°转弯,然后改出。

3.4.4　第 25.147(d)款符合性验证说明

针对第 25.147(d)款采用的符合性验证方法为 MOC6,验证工作具体如下:

通过横向操纵试飞试验,验证飞机在临界发动机停车时能正常滚转机动。

试飞程序为:在临界发动机停车下配平飞机到稳定直线转弯飞行,在 30°稳定转弯飞行过程中完成滚转角为 60°的阶跃操纵副翼动作,演示的滚转方向为最不利的方向。

3.4.5　第 25.147(e)款符合性验证说明

针对第 25.147(e)款采用的符合性验证方法为 MOC6,验证工作具体如下:

通过横向操纵试飞试验,验证四发飞机能从速度等于 $1.3V_{SR}$ 平飞时,分别向停车发动机一侧和相反方向做 20°坡度转弯。

试飞程序为:在 $1.3V_{SR}$ 平飞和两台临界发动机停车下配平飞机到机翼水平的稳定爬升状态,向工作发动机一侧和相反一侧做 20°转弯,然后改出。

3.4.6　第 25.147(f)款符合性验证说明

针对第 25.147(f)款,采用的符合性验证方法为 MOC6,验证工作具体如下:

通过横向操纵—全发工作试飞试验,验证整个飞行包线范围内进行横滚的操纵性能,包括直到 V_{FC}/M_{FC} 的任一速度下,确认飞机有足够的横向操纵,能提供安全所需的滚转速率峰值,而不需要过度的操纵力或操纵行程。同时,对进近和着陆形态做仔细评定,检查是否有足够的操纵来补偿接近地面时的突风和尾流的扰动。

3.5　符合性文件清单

通常,针对第 25.147 条的符合性文件清单如表 3-2 所示。

表 3-2　建议的符合性文件清单

序　号	符 合 性 报 告	符合性方法
1	航向和横向操纵试飞大纲	MOC6
2	航向操纵试飞报告	MOC6

4　符合性判据

试飞试验结果表明:

(1) 双发飞机能够向工作发动机一侧偏航和向不工作发动机一侧突然改变 15°航向,且脚蹬力不超过规章要求的 68 公斤。且使用副翼能够使机翼保持在近似水平状态,在整个机动过程中,飞机是可控的并且没有任何危险的特性,无须特殊的驾驶技巧就能改变航向。

(2) 在所规定的状态下,飞机的航向操纵能力足够使飞机能向工作发动机一侧偏航和向不工作的两台临界发动机一侧突然改变 15°航向,且脚蹬力不超过规章要求的 68 公斤。且使用副翼能够使机翼保持在近似水平状态,在整个机动过程中,飞机是可控的并且没有任何危险的特性,无须特殊的驾驶技巧就能改变航向。

(3) 在单发工作时能够在指定条件下从速度等于 $1.3V_{SR1}$ 的定常飞行中,分别向停车发动机一侧和相反方向做 20°坡度的转弯。

(4) 临界发动机不工作时飞机能作正常机动,在临界发动机不工作时,有足够的横向操纵性,能在不超过 11 秒的时间内滚转 60°,而不需要过度的操纵力或操纵行程。

(5) 两台临界发动机不工作时滚转响应使飞机能做正常机动,且在最大可能使用的速度下,飞机有足够的横向操纵性,没有过度的操纵力或操纵行程。

（6）在直到 V_{FC}/M_{FC} 的任一速度下，飞机有足够的横向操纵性，能提供安全所需的滚转速率峰值，不需要过度的操纵力或操纵行程，且有足够的操纵来补偿接近地面时的突风和尾流的扰动。

参考文献

［1］ 14 CFR 修正案 25 - 42 Airworthiness Review Program；Amendment No. 6：Flight Amendments ［S］.

［2］ 14 CFR 修正案 25 - 72 Special Review：Transport Category Airplane Airworthiness Standards ［S］.

［3］ 14 CFR 修正案 25 - 108 1 - g Stall Speed as the Basis for Compliance with Part 25 of the Federal Aviation Regulations ［S］.

［4］ 14 CFR 修正案 25 - 115 Miscellaneous Flight Requirements；Powerplant Installation Requirements；Public Address System；Trim Systems and Protective Breathing Equipment；and Powerplant Controls ［S］.

［5］ FAA. AC25 - 7C Flight Test Guide for Certification of Transport Category Airplanes ［S］. 2012.

运输类飞机适航标准
第 25.149 条符合性验证

1 条款介绍

1.1 条款原文

第 25.149 条 最小操纵速度

(a) 在制定本条要求的最小操纵速度时,用以模拟临界发动机失效的方法,必须体现在服役中预期对操纵性最临界的动力装置失效模式。

(b) V_{MC},空中最小操纵速度 V_{MC} 是校正空速,在该速度,当临界发动机突然停车时,能在该发动机继续停车情况下保持对飞机的操纵,并维持坡度不大于 5° 的直线飞行。

(c) 在下列条件下,V_{MC} 不得超过 $1.13V_{SR}$:

(1) 发动机处于最大可用起飞功率(推力)状态;

(2) 重心在最不利的位置;

(3) 飞机按起飞状态配平;

(4) 海平面最大起飞重量(或验证 V_{MC} 所需的任何较小的重量);

(5) 飞机处于腾空后沿飞行航迹最临界的起飞形态,但起落架在收起位置;

(6) 飞机已腾空,地面效应可忽略不计;

(7) 停车发动机的螺旋桨按适用情况处于下列状态之一:

(i) 风车状态;

(ii) 在对于该螺旋桨操纵装置的特定设计最可能的位置;

(iii) 如果飞机具有表明符合第 25.121 条的爬升要求时可接受的自动顺桨装置,则顺桨。

(d) 在速度 V_{MC},为维持操纵所需的方向舵脚蹬力不得超过 667 牛(68 公斤;150 磅),也不得要求减少工作发动机的功率(推力),在纠偏过程中,为防止航向改变超过 20°,飞机不得出现任何危险的姿态,或要求特殊的驾驶技巧、机敏或体力。

(e) V_{MCG},地面最小操纵速度 是起飞滑跑期间的校正空速,在该速度,当临界发动机突然停车时,能仅使用操纵力限制在 667 牛(68 公斤;150 磅)的方向舵操纵

(不使用前轮转向)和使用机翼保持水平的横向操纵来保持对飞机的操纵,使得采用正常驾驶技巧就能安全地继续起飞。在确定 V_{MCG} 时,假定全发工作时飞机加速的航迹沿着跑道中心线,从临界发动机停车点到航向完全恢复至平行于该中心线的一点的航迹上任何点偏离该中心线的横向距离不得大于 9 米(30 英尺)。V_{MCG} 必须按下列条件制定:

(1) 飞机处于每一种起飞形态,或者按申请人的选择,处于最临界的起飞形态;

(2) 工作发动机处于最大可用起飞功率(推力)状态;

(3) 重心在最不利的位置;

(4) 飞机按起飞状态配平;

(5) 起飞重量范围内的最不利重量。

(f) V_{MCL},全发工作着陆进场期间的最小操纵速度 V_{MCL} 是校正空速,在此速度,当临界发动机突然停车时,能在该发动机继续停车的情况下保持对飞机的操纵,并维持坡度不大于 5° 的直线飞行。V_{MCL} 必须按下列条件制定:

(1) 飞机处于全发工作进场和着陆的最临界形态,或申请人如有选择则为所选取的每一形态;

(2) 重心在最不利的位置;

(3) 飞机按全发工作的进场状态配平;

(4) 最不利重量,或申请人如有选择作为重量的函数;

(5) 对于螺旋桨飞机,假定在保持 3° 进场航迹角所需的功率(推力)时发动机失效,失效发动机的螺旋桨处于不需驾驶员采取措施达到的位置;和

(6) 工作发动机在复飞设置功率(推力)状态。

(g) V_{MCL-2},三发或三发以上的飞机,一台临界发动机停车时进场和着陆进场期间的最小操纵速度 是校正空速,在此速度,当第二台临界发动机突然停车时,能在这两台发动机继续停车的情况下保持对飞机的操纵,并维持坡度不大于 5° 的直线飞行。V_{MCL-2} 必须按下列条件制定:

(1) 飞机处于一台临界发动机停车进场和着陆的最临界形态,或申请人如有选择则为所选取的每一形态;

(2) 重心在最不利的位置;

(3) 飞机按一台临界发动机停车进场状态配平;

(4) 最不利重量,或申请人如有选择作为重量的函数;

(5) 对于螺旋桨飞机,假定在保持 3° 进场航迹角所需的功率(推力)时发动机失效,并且其它不工作发动机的螺旋桨顺桨,更临界的失效发动机的螺旋桨处于不需驾驶员采取措施达到的位置;

(6) 当一台临界发动机失效时,工作发动机设定在保持 3° 进场航迹角所需的功率(推力)状态;和

(7) 工作发动机的功率(推力)在第二台临界发动机停车后立即迅速从本条(g)

(6)规定的功率(推力)状态分别改变到:

（i）最小功率(推力);

（ii）复飞设置功率(推力)。

(h)在 V_{MCL} 和 V_{MCL-2} 的演示中:

（1）方向舵操纵力不得超过 667 牛(68 公斤;150 磅);

（2）飞机不得呈现危险的飞行特性,或要求特殊的驾驶技巧、机敏和体力;

（3）横向操纵必须有足够的滚转能力,从稳定飞行的初始状态,飞机必须能在不大于 5 秒钟的时间内改变 20 度的坡度,滚转的方向应使飞机从不工作发动机向工作发动机一侧转变航向;和

（4）对于螺旋桨飞机,在发动机失效后螺旋桨达到的任何位置,及随后的发动机或螺旋桨任何可能的操纵运动期间,均不得呈现危险的飞行特性。

〔中国民用航空局 1995 年 12 月 18 日第二次修订,2001 年 5 月 14 日第三次修订,2011 年 11 月 7 日第四次修订〕

1.2　条款背景

第 25.149 条规定飞机空中最小操纵速度、地面最小操纵速度、全发工作着陆进场期间的最小操纵速度等要求。

1.3　条款历史

第 25.149 条在 CCAR25 部初版首次发布,截至 CCAR‒25‒R4,该条款共修订过 3 次,如表 1‒1 所示。

表 1‒1　第 25.149 条条款历史

第 25.149 条	CCAR25 部版本	相关 14 CFR 修正案	备　注
首次发布	初版	25‒42	
第 1 次修订	R2	——	
第 2 次修订	R3	25‒84	
第 3 次修订	R4	25‒108	

1.3.1　首次发布

1985 年 12 月 31 日发布了 CCAR25 部初版,其中包含第 25.149 条,该条款参考了 14 CFR 修正案 25‒42 号修正案的内容制定,该修正案删除了 §25.149(b),将修订前的 §25.149(a)调整为 §25.149(b);将 §25.149(d)中的"180 lb"改为"150 lb";新增了 §25.149(a)、§25.149(e)、§25.149(f)、§25.149(g)和 §25.149(h)。

1.3.2　第 1 次修订

1995 年 12 月 18 日发布的 CCAR‒25‒R2 对第 25.149 条进行了第 1 次修订,本次修订对第 25.149(b)款、第 25.149(e)款、第 25.149(f)款和第 25.149(g)款进

行了文字修订,使条款表述更加明确。

1.3.3 第2次修订

2001年5月14日发布的CCAR-25-R3对第25.149条进行了第2次修订,本次修订参考了14 CFR修正案25-84,将§25.149(f)(6)和§25.149(g)(7)(ii)中的"最大可用起飞最大功率(推力)状态"改为"复飞设置功率(推力)"。

1.3.4 第3次修订

2011年11月7日发布的CCAR-25-R4对第25.149条进行了第3次修订,本次修订参考了14 CFR修正案25-108,将§25.149(c)中的1.2V_{S1}修改为1.13V_{SR1}。

2 条款解读

2.1 条款要求

第25.149(a)款规定用于模拟临界发动机失效的方法,对于操纵性来说必须是最严重的动力装置失效形式。也就是说不工作发动机推力减小的速率必须与使用中发动机突然停止工作的情况一样。方向舵操纵力限制为667牛。

第25.149(b)、(c)、(d)款规定了空中最小操纵速度。飞机在空中达到该速度时,临界发动机突然停车,能在该发动机停车而其他发动机仍为起飞推力情况下保持对飞机的操纵,并保持零偏航和坡度不大于5°的直线飞行。在纠正航向偏差过程中,只需正常的驾驶技巧且不应超出规定的操纵力,航向变化不大于20°且不能出现危险的飞行姿态。

第25.149(e)款规定了地面最小操纵速度。起飞滑跑过程中,如在地面最小操纵速度时临界发动机突然停车,有可能使用主操纵装置来恢复当时飞机的操纵,用正常的驾驶技巧和不大于规定的操纵力能安全地完成继续起飞,并保证飞机在跑道上的航迹偏离跑道中心线的水平距离不大于9米。

第25.149(f)款规定了全发工作进近的最小操纵速度。在该速度,当临界发动机突然停车时,能在该发动机继续停车情况下,恢复对飞机的操纵,并维持零偏航或坡度不大于5°的直线飞行。

第25.149(g)款规定了三发或三发以上飞机,一台临界发动机停车时着陆进近的最小操纵速度。在该速度下,当第二台发动机突然停车时,能在这两台发动机继续停车的情况下恢复对飞机的操纵,并维持零偏航或坡度不大于5°的直线飞行。

第25.149(h)款对第25.149(f)款和第25.149(g)款的演示提出了要求。

2.2 相关条款

与第25.149条相关的条款如表2-1所示。

表 2-1　第 25.149 条相关条款

序　号	相关条款	相　关　性
1	第 25.121 条	第 25.149(c)(7)(iii) 目如果飞机具有表明符合第 25.121 条的爬升要求时可接受的自动顺桨装置,则顺桨
2	第 25.107 条	第 25.107(a)(1) 项中临界发动机失效时的校正空速 V_{EF} 不得小于按第 25.149(e) 款确定的 V_{MCG}
3	第 25.1513 条	第 25.1513 条最小操纵速度必须将按第 25.149 条确定的 V_{MC} 制定为使用限制

3　验证过程

3.1　验证对象

第 25.149 条的验证对象为飞机最小操纵速度。

3.2　符合性验证思路

针对第 25.149(a) 款,通过试飞表明在演示本条要求的最小操纵速度时,采用了对操纵性最临界的动力装置失效模式。

针对第 25.149(b)、(c)、(d) 款,通过试飞表明飞机在空中达到该速度时,临界发动机突然停车,能在该发动机停车而其他发动机仍为起飞推力情况下保持对飞机的操纵,并保持零偏航和坡度不大于 5°的直线飞行。在纠正航向偏差过程中,只需正常的驾驶技巧且方向舵脚蹬力不得超过 68 公斤,航向变化不大于 20°且不能出现危险的飞行姿态。

针对第 25.149(e) 款,通过试飞表明在地面最小操纵速度时临界发动机突然停车,能使用不超过 68 公斤的方向舵脚蹬力和使用正常的驾驶技巧安全地完成继续起飞,并保证飞机在跑道上的航迹偏离跑道中心线的水平距离不大于 9 米。

针对第 25.149(f) 款,通过试飞表明在全发工作进近的最小操纵速度。当临界发动机突然停车时,能在该发动机继续停车情况下,恢复对飞机的操纵,并维持零偏航或坡度不大于 5°的直线飞行。

针对第 25.149(g) 款,通过试飞表明,在一台临界发动机停车时着陆进近的最小操纵速度下,当第二台发动机突然停车时,能在这两台发动机继续停车的情况下恢复对飞机的操纵,并维持零偏航或坡度不大于 5°的直线飞行。

针对第 25.149(h) 款,表明在 V_{MCL-2} 和 V_{MCL} 的演示中方向舵操纵力不超过 68 公斤,飞机不出现危险特性,无须特殊驾驶技巧和体力,横向操纵时,能在 5 秒内使飞机从不工作发动机向工作发动机一侧改变 20°的坡度。对于螺旋桨飞机,在发动机失效后螺旋桨任何位置,不呈现危险特性。

3.3 符合性验证方法

通常,针对第25.149条的符合性验证方法如表3-1所示。

表3-1　建议的符合性方法

条 款 号	专 业	符 合 性 方 法										备 注
		0	1	2	3	4	5	6	7	8	9	
第25.149(a)款	操　稳							6				
第25.149(b)款	操　稳			2				6				
第25.149(c)款	操　稳			2				6				
第25.149(d)款	操　稳							6				
第25.149(e)款	操　稳			2				6				
第25.149(f)款	操　稳			2				6				
第25.149(g)款	操　稳			2				6				
第25.149(h)款	操　稳							6				

3.4 符合性验证说明

3.4.1　第25.149(a)款符合性验证说明

第25.149(a)款的符合性验证方法为MOC6,建议的试飞程序如下:

将一台外侧发动机调定为最大推力,而把另一侧发动机调定为慢车推力,保持机翼水平减速直到方向舵全偏。

对调左右侧发动机的功率,保持机翼水平减速直到方向舵全偏。

3.4.2　第25.149(b)款符合性验证说明

第25.149(b)款采用的符合性验证方法包括MOC2和MOC6,验证工作具体如下:

1) MOC6验证过程

建议的试飞程序如下。

(1) 建立燃油不平衡状态,临界的不工作发动机一侧的燃油多出若干(具体重量取决取证飞机的具体情况)。

(2) 将飞机按起飞状态配平并使其处于稳定直线水平飞行。

(3) 在要求的发动机状态下减速至方向舵全偏,滚转角小于等于5°,保持航向不变确定静态最小操纵速度,脚蹬力不超过68公斤。

(4) 用切断临界发动机燃油的方法进行动态最小操纵速度演示:要求航向变化小于等于20°,方向舵脚蹬力小于等于68公斤,在保持试验空速情况下能恢复到保持航向不变。

(5) 在偏航阻尼器接通下进行动态演示试验。

2) MOC2验证过程

在空中最小操纵速度试飞的试验数据基础上,对空中最小操纵速度在不同场高和场温下进行扩展计算,而得到不同场高和场温下的空中最小操纵速度。

3.4.3　第 25.149(c)款符合性验证说明

针对第 25.149(c)款,采用的符合性验证方法包括 MOC2 和 MOC6,验证工作具体如下:

1) MOC6 验证过程

通过 MOC6 中的空中最小速度试飞试验,验证 V_{MC} 没有超过 $1.13V_{SR}$,建议的试飞程序如下。

(1)建立燃油不平衡状态,临界的不工作发动机一侧的燃油多出若干(具体重量取决取证飞机的具体情况)。

(2)将飞机按起飞状态配平并使其处于稳定直线水平飞行。

(3)在要求的发动机状态下减速至方向舵全偏,滚转角小于等于 5°,保持航向不变确定静态最小操纵速度,脚蹬力不超过 68 公斤。

(4)用切断临界发动机燃油的方法进行动态最小操纵速度演示:要求航向变化小于等于 20°,方向舵脚蹬力小于等于 68 公斤,在保持试验空速情况下能恢复到保持航向不变。

(5)在偏航阻尼器接通下进行动态演示试验。

2) MOC2 验证过程

在空中最小操纵速度试飞的试验数据基础上,将空中最小操纵速度扩展至海平面最临界重量,验证该情况下的空中最小操纵速度未超过 $1.13V_{SR}$。

3.4.4　第 25.149(d)款符合性验证说明

针对第 25.149(d)款,采用的符合性验证方法为 MOC6,建议的试飞程序如下:

(1)建立经批准的最大燃油横向不平衡状态。

(2)将飞机按起飞状态配平并使其处于稳定直线水平飞行。

(3)在要求的发动机状态下减速至方向舵全偏,滚转角小于等于 5°,保持航向不变确定静态最小操纵速度,脚蹬力不超过 68 公斤。

(4)用切断临界发动机燃油的方法进行动态最小操纵速度演示:要求航向变化小于等于 20°,方向舵脚蹬力小于等于 68 公斤,在保持试验空速情况下能恢复到保持航向不变。

(5)在偏航阻尼器接通下进行动态演示试验。

3.4.5　第 25.149(e)款符合性验证说明

针对第 25.149(e)款,采用的符合性验证方法包括 MOC2 和 MOC6,验证工作具体如下:

1) MOC6 验证过程

建议的试飞程序如下:

(1)将飞机设置为规定的起飞构型,并按起飞程序配平。

(2)设置油门杆为正常起飞位。

（3）在预先选定的速度下断开前轮操纵机构（前轮转弯处于自由转向模态），仅利用方向舵控制飞机，其他操纵仅用于保持机翼水平。

（4）在预先选定的速度上切断临界发动机燃油。

（5）飞行员判断发动机失效后用方向舵将飞机恢复到平行于跑道中心线滑行。

（6）正反航向试飞消除风的影响。

（7）试验过程中，尽量减小前轮摩擦力对试飞结果的影响。

（8）以试飞确定的 V_{MCG} 演示一次继续起飞。

（9）不能无意使用刹车。

2）MOC2 验证过程

在 V_{MCG} 试飞的试验数据基础上，对 V_{MCG} 在不同场高和场温下进行扩展计算，而得到不同场高和场温下的地面最小操纵速度。

3.4.6　第 25.149(f)款符合性验证说明

针对第 25.149(f)款，采用的符合性验证方法包括 MOC2 和 MOC6，验证工作具体如下：

1）MOC6 验证过程

建议的试飞程序如下：

（1）建立经批准的最大燃油横向不平衡状态。

（2）飞机按全发工作的进场状态配平。

（3）在要求的发动机状态下减速至方向舵全偏，滚转角小于等于 5°，保持航向不变确定静态最小操纵速度，脚蹬力不超过 68 公斤。

（4）用切断临界发动机燃油的方法进行动态最小操纵速度演示：要求航向变化小于等于 20°，方向舵脚蹬力小于等于 68 公斤，在保持试验空速情况下能恢复到保持航向不变。

（5）在 V_{MCL} 稳定直线飞行中，演示飞机具有在 5 秒内向工作发动机方向改变 20°坡度的能力。

（6）在偏航阻尼器接通下进行动态演示试验。

2）MOC2 验证过程

在着陆进场最小操纵速度试飞的试验数据基础上，对着陆进场最小操纵速度在不同场高和场温下进行扩展计算，而得到不同场高和场温下的着陆进场最小操纵速度。

3.4.7　第 25.149(g)款符合性验证说明

针对第 25.149(g)款，采用的符合性验证方法包括 MOC2 和 MOC6，验证工作具体如下：

1）MOC6 验证过程

建议的试飞程序如下：

（1）建立经批准的最大燃油横向不平衡状态。

（2）飞机按全发工作的进场状态配平。

（3）在要求的发动机状态下减速至方向舵全偏,滚转角小于等于 5°,保持航向不变确定静态最小操纵速度,脚蹬力不超过 68 公斤。

（4）用切断临界发动机燃油的方法进行动态最小操纵速度演示：要求航向变化小于等于 20°,方向舵脚蹬力小于等于 68 公斤,在保持试验空速情况下能恢复到保持航向不变。

（5）在 V_{MCL} 稳定直线飞行中,演示飞机具有在 5 秒内向工作发动机方向改变20°坡度的能力。

（6）在偏航阻尼器接通下进行动态演示试验。

2）MOC2 验证过程

在着陆进场最小操纵速度试飞的试验数据基础上,对着陆进场最小操纵速度在不同场高和场温下进行扩展计算,而得到三发或三发以上的飞机在不同场高和场温下的着陆进场最小操纵速度。

3.4.8 第 25.149(h)款符合性验证说明

针对第 25.149(h)款,采用的符合性验证方法为 MOC6,建议的试飞程序如下：

（1）建立经批准的最大燃油横向不平衡状态。

（2）飞机按全发工作的进场状态配平。

（3）在要求的发动机状态下减速至方向舵全偏,滚转角小于等于 5°,保持航向不变确定静态最小操纵速度,脚蹬力不超过 68 公斤。

（4）用切断临界发动机燃油的方法进行动态最小操纵速度演示：要求航向变化小于等于 20°,方向舵脚蹬力小于等于 68 公斤,在保持试验空速情况下能恢复到保持航向不变。

（5）在 V_{MCL} 稳定直线飞行中,演示飞机具有在 5 秒内向工作发动机方向改变20°坡度的能力。

3.5 符合性文件清单

通常,针对第 25.145 条的符合性文件清单如表 3 - 2 所示。

表 3 - 2 建议的符合性文件清单

序 号	符合性报告	符合性方法
1	最小操纵速度试飞大纲	MOC6
2	最小操纵速度试飞报告	MOC6
3	最小操纵速度计算报告	MOC2

4 符合性判据

（1）飞机在规定的发动机状态下保持恒定航向飞行,机翼保持水平减速。

（2）飞机在空中最小操纵速度时，临界发动机突然停车，能在该发动机停车而其他发动机仍为起飞推力情况下保持对飞机的操纵，并保持零偏航和坡度不大于5°的直线飞行。

（3）在纠正航向偏差过程中，使用正常的驾驶技巧，在不超出规定操纵力的情况下，航向变化不大于20°，未出现危险的飞行姿态。

（4）在地面最小操纵速度时临界发动机突然停车，可使用主操纵装置来恢复当时飞机的操纵，用正常的驾驶技巧和不大于规定的操纵力能安全地完成继续起飞，并保证飞机在跑道上的航迹偏离跑道中心线的水平距离不大于9米。

（5）在全发工作进近的最小操纵速度下，当临界发动机突然停车时，能在该发动机继续停车情况下，恢复对飞机的操纵，并维持零偏航或坡度不大于5°的直线飞行。

（6）三发或三发以上飞机，一台临界发动机停车时，在着陆进近的最小操纵速度，当第二台发动机突然停车时，能在这两台发动机继续停车的情况下恢复对飞机的操纵，并维持零偏航或坡度不大于5°的直线飞行。

（7）完成了按第25.149(f)款和第25.149(g)款要求的演示试飞。

参考文献

［1］ 14 CFR 修正案 25 - 42 Airworthiness Review Program；Amendment No. 6：Flight Amendments［S］.

［2］ 14 CFR 修正案 25 - 72 Special Review：Transport Category Airplane Airworthiness Standards［S］.

［3］ 14 CFR 修正案 25 - 84 Revision of Certain Flight Airworthiness Standards to Harmonize With European Airworthiness Standards for Transport Category Airplanes［S］.

［4］ 14 CFR 修正案 25 - 108 1 - g Stall Speed as the Basis for Compliance with Part 25 of the Federal Aviation Regulations［S］.

［5］ FAA. AC25 - 15 Approval of Flight Management Systems in Transport Category Airplanes［S］. 1989.

［6］ FAA. AC25 - 7C Flight Test Guide for Certification of Transport Category Airplanes［S］. 2012.

运输类飞机适航标准
第25.161条符合性验证

1 条款介绍

1.1 条款原文

第25.161条 配平

（a）总则 飞机配平后，在驾驶员或自动驾驶仪对主操纵装置或其相应的配平操纵装置不再施力，并不再将其移动时，必须满足本条的配平要求。

（b）横向和航向配平 在正常预期的运行（包括以 $1.3V_{SR1}$ 到 V_{MO}/M_{MO} 之间的任何速度运行）条件下，当重心在有关的使用限制范围内有最不利的横向移动时，飞机必须能维持横向和航向配平。

（c）纵向配平 在下述过程中飞机必须能维持纵向配平：

（1）最大连续功率（推力）爬升，速度不大于 $1.3V_{SR1}$，起落架在收起位置，襟翼分别在：

（i）收起位置；

（ii）起飞位置。

（2）无动力下滑，速度不大于 $1.3V_{SR1}$；或者在相应于3度下滑角的功率设置的适当重量和形态下，速度在正常范围内的进场；取两者最严重情况，起落架放下，襟翼分别在：

（i）收起位置；和

（ii）放下位置，且经批准的着陆重心位置和重量的最不利组合；V

（3）平飞，起落架和襟翼在收起位置，速度从 $1.3V_{SR1}$ 至 V_{MO}/M_{MO}，以及起落架在放下位置，速度从 $1.3V_{SR1}$ 至 V_{LE}。

（d）纵向、航向和横向配平 在下列状态的爬升飞行过程中，飞机必须在 $1.3V_{SR1}$ 能维持纵向、航向和横向配平（对于横向配平，坡度不得超过5°）：

（1）临界发动机停车；

（2）其余发动机处于最大连续功率（推力）状态；

（3）起落架和襟翼在收起位置。

(e) 四发或四发以上的飞机 四发或四发以上的飞机必须在下列状态的直线飞行中能维持配平：重心在最不利的位置；和按第 25.123 条(a)为确定两发不工作状态下的航路飞行航迹所要求的爬升速度、形态和功率。

〔中国民用航空局 2011 年 11 月 7 日第四次修订〕

1.2 条款背景

第 25.161 条出现的背景是对飞机在各种飞行阶段和形态下的三向配平能力提出具体要求。

1.3 条款历史

第 25.161 条在 CCAR25 部初版首次发布，截至 CCAR - 25 - R4,该条款共修订过 1 次,如表 1-1 所示。

表 1-1 第 25.161 条条款历史

第 25.161 条	CCAR25 部版本	相关 14 CFR 修正案	备　　注
首次发布	初版	25 - 23,25 - 38	
第 1 次修订	R4	25 - 108,25 - 115	

1.3.1 首次发布

1985 年 12 月 31 日发布了 CCAR25 部初版,其中包含第 25.161 条,该条款参考 1970 年 5 月 8 日发布的 14 CFR 修正案 25 - 23 和 1977 年 2 月 1 日发布的 14 CFR 修正案 25 - 38 中的 §25.161 的内容制定。14 CFR 修正案 25 - 23 相对于 1965 年发布的 14 CFR 修正案 25 - 0,修订了 §25.161(c)(2),修订了重心位置的要求,修订原因是之前使用经验表明 §25.161(c)(2)中的纵向配平没有对重心后限位置情况提出要求,但运输类飞机在实际运行时能够通过装载出现后重心的情况;14 CFR 修正案 25 - 38 修订了 §25.161(e)(1),将条款中对 §25.69 的引用改为 §25.123(a),修订原因是 §25.69 已经被删除,此次修订仅为文字性修订。

1.3.2 第 1 次修订

2011 年 11 月 7 日发布的 CCAR - 25 - R4 对第 25.161 条进行了第 1 次修订,本次修订参考了 14 CFR 修正案 25 - 108 和 14 CFR 修正案 25 - 115 中的 §25.161 的内容制定。14 CFR 修正案 25 - 108 将 §25.161(b)至(e)中的失速速度和对应的安全系数进行了修订,用基准失速速度(V_{SR})替换了失速速度(V_S),同时由于基准失速速度 V_{SR} 一般比失速速度 V_S 大 6%～8%,为确保与修订前条款具有相同的安全水平,则对基于失速速度定义的其他速度的安全系数也进行了相应调整;14 CFR 修正案 25 - 115 修订了 §25.161(c)(2)和 §25.161(e),协调了 14 CFR PART 25 和欧洲适航条款中关于配平的要求,修订之后的条款与欧洲适航条款中关于配平的要求一致。

2 条款解读

2.1 条款要求

第 25.161 条目的是验证飞机在各种飞行阶段和形态下是否有足够或满意的三向配平能力。配平的含义是指在飞行中,能把升降舵、副翼和方向舵操纵力调整到零而保持原来的飞行状态不变的能力,也就是使作用在飞机上三轴的合力、合力矩及驾驶杆力均为零的能力。

第 25.161(a)款为整个条款总则,其规定飞机配平后,在驾驶员或自动飞行控制系统对主操纵装置或其相应的配平操纵装置不再进行施力使其移动时,第 25.161(b)款、第 25.161(c)款、第 25.161(d)款和第 25.161(e)款中的配平要求应当得到满足。

第 25.161(b)款要求飞机在 $1.3V_{SR1}$ 至 V_{MO}/M_{MO} 之间的任何速度上,考虑燃油系统的故障,使横向重心处于可预计的最不利位置时,飞机必须能够保持横—航向配平。横向重心处于可预计的最不利位置是指考虑飞机在飞行过程中可能遇到的最大燃油不平衡情况和横向装载不平衡情况。

第 25.161(c)(1)项要求纵向配平应在速度不大于 $1.3V_{SR1}$ 的最大连续功率(推力)爬升状态进行演示,此时起落架在收起位置,襟翼分别在收起和放下位置。

第 25.161(c)(2)项要求纵向配平应在速度不大于 $1.3V_{SR1}$ 的无动力下滑状态或者发动机为 3°下滑角功率的进场状态(取两者中的严重情况)进行演示,此时起落架在收起位置,襟翼分别在收起和放下位置。此时着陆重心和重量为最不利组合。

第 25.161(c)(3)项要求飞机以干净外形进行水平飞行配平能力演示,速度从 $1.3V_{SR1}$ 至 V_{MO}/M_{MO};以及起落架在放下位置,速度从 $1.3V_{SR1}$ 至 V_{LE} 的配平能力演示。

第 25.161(d)款要求飞机在以 $1.3V_{SR1}$ 这一速度的爬升飞行过程中,飞机处于干净外形,临界发动机停车,其余发动机处于最大连续功率(推力)状态,必须能维持纵向、航向和横向配平(对于横向配平,坡度不得超过 5°)。

第 25.161(e)款要求四发或四发以上的飞机能够在最不利重心、构型和第 25.123(a)款对两台发动机不工作时确定的航路飞行航迹要求的功率状态能维持直线飞行配平,也就是具有三轴配平能力。

2.2 相关条款

与第 25.161 条相关的条款如表 2-1 所示。

表 2-1 第 25.161 条相关条款

序　号	相关条款	相　关　性
1	第 25.123 条	第 25.123 条为确定在两发不工作状态下的航路飞行航迹提出了要求

3 验证过程

3.1 验证对象

第 25.161 条的验证对象为飞机的三向配平能力。

3.2 符合性验证思路

第 25.161 条主要是需要评价和演示飞机的配平能力。针对第 25.161 条,工业界一般采用飞行试验的方法来表明符合性。按照条款要求,进行横向和航向配平试飞试验、纵向爬升配平试飞试验、纵向下滑配平试飞试验、纵向平飞配平试飞试验和一发失效时爬升配平试飞试验来验证飞机在考虑了不同的飞行状态、飞机构型、推力(功率)、装载和燃油消耗等因素的情况下具备足够的三向配平能力。飞行试验之前,检查平尾、副翼和方向舵偏度,并将最大偏度设置为容差下限。

3.3 符合性验证方法

通常,针对第 25.161 条的符合性验证方法如表 3-1 所示。

表 3-1 建议的符合性方法

条　款　号	专　业	符 合 性 方 法										备　注
		0	1	2	3	4	5	6	7	8	9	
第 25.161(a)款	操　稳							6				
第 25.161(b)款	操　稳							6				
第 25.161(c)款	操　稳							6				
第 25.161(d)款	操　稳							6				
第 25.161(e)款	操　稳							6				

3.4 符合性验证说明

3.4.1 第 25.161(a)款符合性验证说明

第 25.161(a)款是总则,采用的符合性验证方法包括 MOC6,具体验证工作如下:

按照第 25.161(b)款、第 25.161(c)款、第 25.161(d)款和第 25.161(e)款要求设置飞机构型并完成配平动作后松杆,维持配平状态继续飞行。

3.4.2　第 25.161(b)款符合性验证说明

针对第 25.161(b)款采用的符合性验证方法包括 MOC6,具体验证工作如下:

建立燃油不平衡状态,将飞机配平于 $1.3 V_{SR1}$ 至 V_{MO}/M_{MO} 之间选择的速度上来进行,设定横—航向配平机构,使飞机可以松开操纵并可维持飞机原来姿态。这时推力(功率)为保持该选定速度的状态。纵向重心是任意的,除非存在临界重心位置。

3.4.3　第 25.161(c)款符合性验证说明

针对第 25.161(c)(1)项,采用的符合性验证方法包括 MOC6,具体验证工作如下:

纵向爬升配平特性应在爬升状态中演示。飞机处于最大着陆重量和重心前限,飞机配平于 $1.3 V_{SR1}$,调整纵向配平偏度使飞机能松手保持原俯仰姿态飞行。此时发动机为最大连续功率(推力),起落架收上,按起飞襟翼和干净外形两种状态进行演示。

针对第 25.161(c)(2)项,采用的符合性验证方法包括 MOC6,具体验证工作如下:

纵向无动力下滑配平特性应在下滑状态中演示。飞机处于最大着陆重量和重心前限,飞机配平于 $1.3 V_{SR1}$,调整纵向配平偏度使飞机能松手保持原下滑姿态飞行。此时发动机为慢车推力,起落架放下,按襟翼收上和放下两种状态进行演示。

针对第 25.161(c)(3)项,采用的符合性验证方法包括 MOC6,具体验证工作如下:

纵向平飞配平特性应在干净外形和起落架放下外形中演示。在飞机处于干净外形时,让飞机处于较重的巡航重量,飞机配平于 $1.3 V_{SR1}$ 至 V_{MO}/M_{MO} 之间的数个空速上,使飞机能松手保持原姿态飞行;在飞行处于起落架放下外形时,让飞机配平于 $1.3 V_{SR1}$ 至 V_{LE}/M_{LE} 之间的数个空速上,使飞机能松手保持原姿态飞行。推力处于维持相应配平速度的状态。如有必要,可用小角度俯冲来达到较高空速。

3.4.4　第 25.161(d)款符合性验证说明

第 25.161(d)款采用的符合性验证方法包括 MOC6,具体验证工作如下:

飞机处于大重量、前重心和干净外形,同时配平于 $1.3 V_{SR1}$ 上实现稳定爬升,使飞机能松手保持原姿态飞行。临界发动机为慢车推力,其余发动机处于最大连续工作状态,最终坡度不超过 5°。

3.4.5　第 25.161(e)款符合性验证说明

第 25.161(e)款采用的符合性验证方法包括 MOC6,具体验证工作如下:

飞机处于演示第 25.123(a)款所用的构型以及使用的空速,临界发动机为风车状态,第二台发动机为慢车状态,其余发动机为最大连续推力状态,调整配平机构使飞机能松手保持原来的直线飞行。

3.5　符合性文件清单

通常,针对第 25.161 条的符合性文件清单如表 3-2 所示。

表 3－2　建议的符合性文件清单

序　号	符 合 性 报 告	符合性方法
1	配平试飞大纲	MOC6
2	配平试飞报告	MOC6

4　符合性判据

第 25.161 条的符合性判据如下：

针对第 25.161(a)款，可在所有试验状态点完成横向和航向配平试飞、纵向爬升/无动力下滑/水平飞行配平试飞和一发失效时的配平试飞，并且飞机都能够配平到稳定直线飞行，且松杆后维持配平状态继续飞行，飞机无异常响应。

针对第 25.161(b)款，在飞机配平后，主操纵装置或其他相应的配平机构不再移动时，飞机的横航向是可以维持配平的。

针对第 25.161(c)款，在飞机配平后，主操纵装置或其他相应的配平机构不再移动时，飞机的纵向是可以维持配平的。

针对第 25.161(d)款，在一发失效时不对称燃油情况下的爬升中飞机能维持纵向和横航向配平。对于横向配平，坡度不大于 5°。

针对第 25.161(e)款，在两台发动机不工作时的爬升状态时能维持三轴配平进行直线飞行。

参考文献

［1］　14 CFR 修正案 25－23 Transport Category Airplane Type Certification Standards［S］.

［2］　14 CFR 修正案 25－38 Airworthiness Review Program，Amendment No. 3：Miscellaneous Amendments［S］.

［3］　14 CFR 修正案 25－108 1－g Stall Speed as the Basis for Compliance with Part 25 of the Federal Aviation Regulations［S］.

［4］　14 CFR 修 正 案 25－115 Miscellaneous Flight Requirements；Powerplant Installation Requirements；Public Address System；Trim Systems and Protective Breathing Equipment；and Powerplant Controls［S］.

运输类飞机适航标准
第 25.171 条符合性验证

1 条款介绍

1.1 条款原文

第 25.171 条　总则

飞机必须按照第条 25.173 至第条 25.177[①] 的规定,是纵向、航向和横向稳定的。此外,如果试飞表明对安全运行有必要,则在服役中正常遇到的任何条件下,要求有合适的稳定性和操纵感觉(静稳定性)。

1.2 条款背景

第 25.171 条对飞机静稳定性提出了总体要求。静稳定性是指当飞机受到外界扰动,在扰动消失后飞机能自动恢复到原来平衡状态的一种飞行特性。满足静稳定性是飞机最基本的飞行品质要求之一。

1.3 条款历史

第 25.171 条在 CCAR25 部初版首次发布,截至 CCAR - 25 - R4,该条款未进行过修订,如表 1 - 1 所示。

表 1 - 1　第 25.171 条条款历史

第 25.171 条	CCAR25 部版本	相关 14 CFR 修正案	备　注
首次发布	初版	—	

1985 年 12 月 31 日首次发布了 CCAR25 部初版,其中包含第 25.171 条,该条款参考 1964 年 12 月 24 日发布的 14 CFR PART 25 中的 §25.171 的内容制定。

2 条款解读

2.1 条款要求

该条款是稳定性的总则性要求,要求飞机在纵向和横航向具有静稳定性。飞

---

① 应为第 25.173 条至第 25.177 条,原条款如此。——编注

机稳定性是指飞机保持初始运动状态,抵抗外界扰动,以及在扰动停止后自动恢复到初始运动状态的特性。飞行中主要的扰动源是气流(如阵风和大气紊流等)。在飞机设计中,选择适当气动外形,控制重心的变化范围,来满足稳定性的要求。

按所研究的运动方向不同,稳定性又可分为纵向稳定性和横侧向稳定性。稳定性好的飞机能够在有外界扰动的情况下较好地保持飞机的稳定状态,有助于减轻飞行员的工作负担,提高完成任务的效率。飞机的稳定性和操纵性是相互牵制的,稳定性过强则操纵性会受影响。不同的飞机需依据飞机的设计特征,确定稳定性和操纵性的重点。

2.2 相关条款

与第 25.171 条相关的条款如表 2-1 所示。

表 2-1 第 25.171 条相关条款

序 号	相 关 条 款	相 关 性
1	第 25.173 条	第 25.171 条稳定性总则性条款,在表明对第 25.173 条款符合性时,同时要符合第 25.171 条
2	第 25.175 条	第 25.171 条稳定性总则性条款,在表明对第 25.175 条款符合性时,同时要符合第 25.171 条
3	第 25.177 条	第 25.171 条稳定性总则性条款,在表明对第 25.177 条款符合性时,同时要符合第 25.171 条

3 验证过程

3.1 验证对象

第 25.171 条的验证对象为飞机的稳定性。

3.2 符合性验证思路

第 25.171 条为飞机静稳定性的总则性条款,对该条款通过确认对第 25.173 条至第 25.177 条验证符合性,确认满足第 25.171 条的要求。引用第 25.173 条至第 25.177 条的验证结果,采用 MOC1 说明的方法表明对第 25.171 条的符合性。

3.3 符合性验证方法

通常,针对第 25.171 条的符合性验证方法如表 3-1 所示。

表 3-1 建议的符合性方法

条 款 号	专 业	符合性方法										备 注
		0	1	2	3	4	5	6	7	8	9	
第 25.171 条	操 稳		1									

3.4 符合性验证说明

在完成对第 25.173 条至第 25.177 条的所有验证工作后,引用纵向静稳定性和横航向静稳定性的飞行试验结果,分析飞机在纵向和横航向上的稳定性,依此,按第 25.171 条要求编制飞机静稳定性说明报告。

3.5 符合性文件清单

通常,针对第 25.171 条的符合性文件清单如表 3 - 2 所示。

表 3 - 2 建议的符合性文件清单

序 号	符 合 性 报 告	符合性方法
1	飞机纵向及横航向静稳定性说明	MOC1

4 符合性判据

对于第 25.171 条,判定以下条件满足,则符合条款要求:

(1) 已完成第 25.173 条至第 25.177 条的所有验证工作。

(2) 第 25.173 条至第 25.177 条的计算分析和飞行试验的验证结果表明,飞机在纵向、航向和横向上都是稳定的。

参考文献

[1] FAA. AC25 - 7A Change 1 Flight test Guide for Certification of Transport Category Airplanes [S]. 1999.

[2] FAA. AC25 - 7C Flight Test Guide for Certification of Transport Category Airplanes [S]. 2012.

运输类飞机适航标准 第 25.173 条符合性验证

1 条款介绍

1.1 条款原文

第 25.173 条 纵向静稳定性

在第 25.175 条中规定的条件下,升降舵操纵力(包括摩擦力)必须有如下的特性:

(a) 为获得并维持低于所规定的配平速度的速度,必须用拉力,为获得并维持高于所规定的配平速度的速度,必须用推力。该特性必须在能够获得的任何速度予以证实,但速度不必超过对应于该形态的最大限制速度:起落架放下形态时不超过起落架收放限制速度,襟翼放下形态时不超过襟翼收放限制速度,光洁形态时不超过 V_{FC}/M_{FC},并不必低于定常不失速飞行的最小速度。

(b) 当从本条(a)规定范围内的任何速度缓慢地松除操纵力时,空速必须回复到初始配平速度,对第 25.175(a)、(c)、(d)条中所规定的爬升、进场和着陆状态,速度允差为 10%,对第 25.175(b)条中所规定的巡航状态,速度允差为 7.5%。

(c) 杆力—速度曲线的稳定的平均斜率不得低于 1 牛每 1.3 节(1 公斤每 13.2 节;1 磅每 6 节)。

(d) 在本条(b)所规定的自由回复速度带内,如果不要求驾驶员特别注意,就能回复到并维持所希望的配平速度和高度,则允许飞机不加操纵力而稳定在高于或低于所希望的配平速度的速度。

1.2 条款背景

第 25.173 条对飞机纵向静稳定性提出了要求。纵向稳定性,包括迎角稳定性和速度稳定性,分别指飞机抵抗迎角和速度变化的能力。

1.3 条款历史

第 25.173 条在 CCAR25 部初版首次发布,截至 CCAR - 25 - R4,该条款未进行过修订,如表 1 - 1 所示。

表 1-1 第 25.173 条条款历史

第 25.173 条	CCAR25 部版本	相关 14 CFR 修正案	备　注
首次发布	初版	—	

1985 年 12 月 31 日发布了 CCAR25 部初版,其中包含第 25.173 条,该条款参考 1964 年 12 月 24 日发布的 14 CFR PART 25 中的 §25.173 的内容制定。

2　条款解读

2.1　条款要求

该条款的目的是研究飞机绕纵轴的稳定性,它与保持已建立的配平飞行状态或者受扰动后恢复到初始配平状态的飞机固有能力有关。飞机受扰动后会产生迎角变化和速度变化,在瞬时干扰影响下,仅迎角改变而飞机有恢复到配平迎角的倾向,则飞机具有迎角静稳定性;在瞬时干扰影响下,仅速度改变而飞机有恢复配平飞行速度的自然倾向,则飞机具有速度静稳定性。杆力—速度曲线斜率为以上两个稳定性的综合,如果具有迎角静稳定性和速度静稳定性,则具有稳定的杆力—速度曲线斜率,即减小并保持低于配平空速的速度需要拉杆力,而大于配平空速的速度需要推杆力,此时飞机具有纵向静稳定性。

第 25.173(a)款中要求飞机在定常不失速飞行的最小速度和起落架或襟翼使用限制速度,或在 V_{FC}/M_{FC} 之间(与试验形态相应)的任何可获得的速度上,使用拉杆力来获得和保持比配平速度低的速度,而使用推杆力来获得和保持比配平速度高的速度,不得存在杆力的反向。

第 25.173(b)款要求在第 25.173(a)款中试验速度范围内任一速度,当缓慢地释放所施加的操纵力时,在爬升、进场和着陆飞行状态,空速必须恢复到与初始配平速度相差 10% 以内的回复速度带内,而巡航状态速度则恢复到与初始配平速度相差 7.5% 以内的回复速度带内。

第 25.173(c)款中要求在第 25.175 条中所规定的相应速度范围,每一种试验形态的杆力随速度变化曲线的平均斜率,不得小于 1 牛每 1.3 节(1 公斤每 13.2 节,1 磅每 6 节)。

第 25.173(d)款要求在所规定的自由回复速度带内,如果不要求驾驶员特别注意,飞机能回复到并维持所希望的配平速度和高度,则允许飞机松杆稳定在自由回复速度范围内。

2.2　相关条款

与第 25.173 条相关的条款如表 2-1 所示。

表 2-1 第 25.173 条相关条款

序 号	相关条款	相 关 性
1	第 25.171 条	第 25.171 条为该条款的总则性条款
2	第 25.175 条	第 25.175 条为该条款的演示规定了具体要求

3 验证过程

3.1 验证对象

第 25.173 条款的验证对象为飞机的纵向静稳定性。

3.2 符合性验证思路

在完成了第 25.175 条要求的飞机纵向静稳定性的演示后,再采用 MOC1 设计说明的方法表明满足第 25.173 条对升降舵操纵力的要求,速度允差范围和杆力—速度曲线的稳定平均斜率也满足条款要求。

3.3 符合性验证方法

通常,针对第 25.173 条的符合性验证方法如表 3-1 所示。

表 3-1 建议的符合性方法

条 款 号	专 业	符 合 性 方 法										备 注
		0	1	2	3	4	5	6	7	8	9	
第 25.173 条	操 稳		1					6				

3.4 符合性验证说明

本条不需要单独的飞行试验,应结合第 25.175 条的纵向静稳定性演示试飞的结果表明符合性。

通过纵向静稳定性的试飞结果分析说明:在不同构形、速度、高度、重量和重心组合下为获得并维持低于所规定的配平速度的速度,使用拉杆力和拉杆位移,为获得并维持高于所规定的配平速度的速度,用推杆力和推杆位移。在试验速度上缓慢松除操纵力时,爬升、进场和着陆状态的速度允差满足不大于 10% 的要求,高速巡航、低速巡航和起落架放下巡航状态的速度允差满足不大于 7.5% 的要求。杆力—速度曲线斜率满足大于 1 公斤每 13.2 节的要求。

3.5 符合性文件清单

通常,针对第 25.173 条的符合性文件清单如表 3-2 所示。

表 3 - 2　建议的符合性文件清单

序　号	符 合 性 报 告	符合性方法
1	纵向静稳定性的说明	MOC1
2	纵向静稳定性试飞大纲	MOC6
3	纵向静稳定性试飞报告	MOC6

4　符合性判据

飞行试验数据表明满足下列要求。

（1）使用拉杆力获得并维持低于所规定的配平速度的速度，使用推杆力获得并维持高于所规定的配平速度的速度。

（2）松除操纵力时，空速回复到初始配平速度，在爬升、进场和着陆状态，速度允差为 10%，在巡航状态，速度允差为 7.5%。

（3）杆力—速度曲线的稳定的平均斜率大于等于 1 牛每 1.3 节（1 公斤每 13.2 节，1 磅每 6 节）。

参考文献

FAA. AC25 - 7C Flight Test Guide for Certification of Transport Category Airplanes [S]. 2012.

运输类飞机适航标准
第25.175条符合性验证

1 条款介绍

1.1 条款原文

第25.175条 纵向静稳定性的演示

必须按下列各项来表明纵向静稳定性：

(a) 爬升 飞机速度在下列状态速度的85％至115％之间时，杆力—速度曲线均必须具有稳定的斜率：

(1) 飞机配平，其条件为：

(i) 襟翼在收起位置；

(ii) 起落架在收起位置；

(iii) 最大起飞重量；

(iv) 对于活塞发动机，75％的最大连续功率；对于涡轮发动机，由申请人选为爬升期间使用限制的最大功率(推力)。

(2) 飞机配平在最佳爬升率速度，但此速度不必小于1.3VSR1[①]。

(b) 巡航 在巡航状态，必须按下列各项来表明纵向静稳定性：

(1) 起落架收起作高速巡航时，在配平速度附近的下列速度范围内，杆力—速度曲线均必须具有稳定的斜率，该速度范围为：从自由回复速度带上下界分别扩展配平速度的15％或50节，取大者(但该速度范围不必包括低于1.3VSR1和高于V_{FC}/M_{FC}的速度，也不必包括要求杆力超过222牛(23公斤；50磅)的速度)。上述要求必须在下列条件下予以满足：

(i) 襟翼在收起位置；

(ii) 重心在最不利的位置(见第25.27条)；

(iii) 最大起飞重量与最大着陆重量之间最临界的重量；

(iv) 对于活塞发动机，75％的最大连续功率；对于涡轮发动机，由申请人选为使用限制的最大巡航功率(推力)(见第25.1521条)，但此功率(推力)不必超过在

---

① 应为V_{SR1}，但原文如此。——编注

V_{MO}/M_{MO} 时所需的值;

(v) 飞机按本条(b)(1)(iv)所需的功率(推力)作平飞配平。

(2) 起落架收起作低速巡航时,在配平速度附近的下列速度范围内杆力—速度曲线均必须具有稳定的斜率,该速度范围为:从自由回复速度带上下界分别扩展配平速度的 15% 或 50 节,取大者(但该速度范围不必包括低于 $1.3V_{SR1}$,和高于本条(b)(1)规定的速度范围中最小速度的速度,也不必包括要求杆力超过 222 牛(23 公斤;50 磅)的速度)。上述要求必须在下列条件下予以满足:

(i) 本条(b)(1)规定的襟翼位置,重心位置和重量;

(ii) 速度等于(V_{MO}+$1.3V_{SR1}$)/2 平飞所需的功率(推力)。

(iii) 飞机按本条(b)(2)(ii)所需功率(推力)作平飞配平。

(3) 起落架放下巡航时,在配平速度附近的下列速度范围内,杆力—速度曲线均必须具有稳定的斜率,该速度范围为:从自由回复速度带上下界分别扩展配平速度的 15% 成 50 节,取大者(但该速度范围不必包括低于 1.3VSR1 和高于 VLE 的速度,也不必包括要求杆力超过 222 牛(23 公斤;50 磅)的速度)。上述要求必须在下列条件下予以满足:

(i) 本条(b)(1)规定的襟翼位置,重心位置和重量;

(ii) 对于活塞发动机,75% 的最大连续功率,对于涡轮发动机,由申请人选为使用限制的最大巡航功率(推力),但此功率(推力)不必超过以 V_{LE} 平飞所需的值;

(iii) 飞机按本条(b)(3)(ii)所需的功率(推力)作平飞配平。

(c) 进场 速度在 V_{SW} 和 $1.7V_{SR1}$ 之间,在下列条件下,杆力—速度曲线均必须具有稳定的斜率;

(1) 襟翼在进场位置;

(2) 起落架在收起位置;

(3) 最大着陆重量;

(4) 飞机在 $1.3V_{SR1}$ 配平,具有足以在该速度维持平飞所需的功率(推力)。

(d) 着陆 速度在 V_{SW} 和 $1.7V_{SRO}$ 之间,在下列条件下,杆力—速度曲线均必须具有稳定的斜率,并且杆力不得超过 356 牛(36 公斤;80 磅):

(1) 襟翼在着陆位置;

(2) 起落架在放下位置;

(3) 最大着陆重量;

(4) 发动机在 $1.3V_{SRO}$ 配平:

(i) 无功率(推力);和

(ii) 平飞功率(推力)。

(5) 飞机按无功率(推力)在 $1.3V_{SRO}$ 配平。

〔中国民用航空局 2011 年 11 月 7 日第四次修订〕

1.2 条款背景

第 25.175 条对飞机纵向静稳定性的演示提出要求。

1.3 条款历史

第 25.175 条在 CCAR25 部初版首次发布，截至 CCAR - 25 - R4，该条款共修订过 1 次，如表 1 - 1 所示。

表 1 - 1 第 25.175 条条款历史

第 25.175 条	CCAR25 部版本	相关 14 CFR 修正案	备 注
首次发布	初版	—	
第 1 次修订	R4	25 - 108，25 - 115	

1.3.1 首次发布

1985 年 12 月 31 日发布了 CCAR25 部初版，其中包含第 25.175 条，该条款参考 1964 年 12 月 24 日发布的 14 CFR PART 25 中的 §25.175 的内容制定。

1.3.2 第 1 次修订

2011 年 11 月 7 日发布的 CCAR - 25 - R4 对第 25.175 条进行了第 1 次修订，本次修订参考了 14 CFR 修正案 25 - 108 和 14 CFR 修正案 25 - 115 的内容：

14 CFR 修正案 25 - 108 要求用 V_{SR1} 取代 V_{S1}，用 V_{SRO} 取代 V_{SO}。

14 CFR 修正案 25 - 115 修订(d)(4)，增加了平飞功率状态的要求。

2 条款解读

2.1 条款要求

第 25.175 条明确规定了演示纵向静稳定性的符合性要求所使用的飞行状态、飞机形态、配平速度、试验速度范围和推力状态，具体如下：

1) 爬升状态

(1) 最大起飞重量。

(2) 后重心。

(3) 在最有利爬升速度或 1.3 V_{SR1}（取两者中的较大者）配平，试验速度范围在配平速度的 85% 和 115% 之间变化。

(4) 襟翼收上。

(5) 起落架收上。

(6) 最大使用爬升推力。

(7) 合适的低的飞行高度，例如 1 500 米，以便能达到高的推力值。

2) 巡航状态

(1) 最大起飞和着陆之间的最临界重量。

（2）最不利重心位置。

（3）配平速度为根据表 2-1"推力位置"栏内所确定的速度；速度变化范围是实际自由回复速度带的上、下界再加上配平速度的 15%，（但不小于 50 节），不需包括操纵力超过 222 牛（50 磅）或低于 $1.3\,V_{SR1}$ 取的飞行速度。

（4）襟翼收上。

（5）起落架分别为收上和放下（根据不同的巡航飞行速度范围而定），如表 2-1 所示。

（6）推力位置如表 2-1 所示。

表 2-1　飞机形态与飞行速度

巡 航 位 置	推 力 位 置	最大飞行速度
起落架收起（高速）	最大巡航推力或达到 V_{MO}/M_{MO} 所需的值（取两者中较小者）	V_{FC}/M_{FC}
起落架收起（低速）	达到 $(V_{MO}+1.3\,V_{SR1})/2$ 平飞的需用功率	高速范围试验的最低速度
起落架放下	最大巡航推力或达到 V_{LE} 所需的值（取两者中的较小者）	V_{LE}

（7）飞行高度，对于高速巡航，通常取 M 数作为限制的高度范围；对于低速巡航，通常取空速作为限制的高度范围。

3）进场状态

（1）最大着陆重量。

（2）后重心。

（3）试验速度范围在 V_{SW} 和 $1.7\,V_{SR1}$ 之间变化。

（4）襟翼进场位置。

（5）起落架收上。

（6）推力调定在维持 $1.3\,V_{SR1}$ 平飞配平。

（7）飞行高度取空速作为限制的高度范围，例如 3 000 米。

4）进场状态

（1）最大着陆重量。

（2）前重心和后重心。

（3）试验速度范围在 V_{SR} 和 $1.7\,V_{SR0}$ 之间变化。

（4）襟翼着陆位置。

（5）起落架放下。

（6）飞机按无功率（推力）在 $1.3\,V_{SR0}$ 配平。

（7）飞行高度取空速作为限制的高度范围，例如 3 000 米。

2.2　相关条款

与第 25.175 条相关的条款如表 2-2 所示。

表 2-2　第 25.175 条相关条款

序　号	相关条款	相　关　性
1	第 25.171 条	第 25.171 条为该条款的总则性条款
2	第 25.173 条	第 25.173 条规定了纵向静稳定性特性要求

3　验证过程

3.1　验证对象

第 25.175 条的验证对象为飞机纵向静稳定性。

3.2　符合性验证思路

对于纵向静稳定性的验证主要为试飞验证,参考 FAA 咨询通告 AC25-7C,主要试飞程序如下:按条款要求的状态在平稳的空气中将飞机配平,后重心装载通常是最临界的。获得配平速度之后,施加一轻的拉杆力将飞机稳定在较低的速度上。根据所试验的速度范围,以可接受的速度增量继续这一过程,直到达到稳定、不失速飞行的最小速度,或者对应此形态所要求的最小速度。对于每一组试验点,要求从配平速度开始进行连续的拉杆力试验,以消除迟滞影响。在所要求的速度范围的端点处,应逐渐松除驾驶杆力以便让飞机缓慢向配平速度和零杆力回复。由于操纵系统存在一定的摩擦力,因此飞机稳定的最终速度通常小于初始配平速度。这一新的速度称为自由回复速度,它必须满足第 25.173 条的要求。再从配平速度开始进行试验,应该用与上面所述的同样方法逐渐施加推杆力以及逐渐松除推杆力。为表明对第 25.175 条的符合性,下面的每一种情况都应该进行试验。如第 25.253(c)款中所描述的验证结冰条件下的稳定性的最大速度要低于 300 节、V_{FC} 或可以证明由于动压增加的影响而使机身没有冰积聚的速度。

3.3　符合性验证方法

通常,针对第 25.175 条的符合性验证方法如表 3-1 所示。

表 3-1　建议的符合性方法

条　款　号	专　业	符 合 性 方 法										备　注
		0	1	2	3	4	5	6	7	8	9	
第 25.175 条	操　稳							6				

3.4 符合性验证说明

该条款采用 MOC6 飞行试验进行验证,主要飞行试验程序如下:

(1) 飞机在平稳的大气中配平。

(2) 仅用升降舵使飞机减速,每隔约 5~10 节的速度增量稳定飞机,并计下杆力和相应的速度。

(3) 减速至速度范围内的端点后,评价操纵特性,然后逐渐放松操纵力,使飞机回复至配平,并记下最终稳定的速度。

(4) 重复(1)~(3)的步骤,将飞机从配平加速至速度范围的端点。

(5) 所获得的纵向操纵力试验点对空速绘成曲线图,以表明确实具有稳定梯度的纵向静稳定性。该曲线还应表示出原始配平点和两个回复到配平的点,以评价回复到配平的特性。

(6) 在试验中,改变速度会引起飞机高度的变化,与此相应会改变 M 数和输出的推力或功率。因此,对于整个机动过程,应允许有个小的高度变化范围,此范围限制为 ± 910 米($\pm 3\,000$ 英尺)。如果超出了此高度范围,则可以通过改变推力或功率调定值以及襟翼和起落架的位置使其回到原始配平高度,但不要改变配平的调定值,然后以飞机原先的形态,继续进行推杆或拉杆机动。

(7) 推杆和拉杆机动都要稍微超出所要求的速度范围,以保证所得到的数据至少能延伸到所要求的速度范围。

(8) 在每一个试验点保持力不变的同时,空速和瞬间的垂直速度发生周期性的形式变化,这是由于长周期(沉浮)振荡的缘故,需对试验数据进行平滑处理。

(9) 某些飞机机翼燃油在油箱隔室内急速晃动,因此,应考虑在产生最大晃动时的燃油装载情况进行试验,因为燃油晃动的影响通常是降低稳定性,但通常只与试验所需要的时间有关。在对所要求的杆力—速度斜率做出评价之前,应从数据中消除上述不稳定的因素。

验证结冰条件下的稳定性,参考 AC25-25,可以使用待机冰型,采用大着陆重量、后重心位置、对称燃油载荷,在爬升、巡航和进场形态下,按照第 25.175(a)至(d)款所述的速度范围内,调整功率或推力并验证稳定性。

3.5 符合性文件清单

通常,针对第 25.175 条的符合性文件清单如表 3-2 所示。

表 3-2 建议的符合性文件清单

序　号	符合性报告	符合性方法
1	纵向静稳定性试飞大纲	MOC6
2	纵向静稳定性试飞报告	MOC6

4　符合性判据

试飞数据应表明符合下列要求。

（1）按条款要求的飞行状态、飞机形态、配平速度、试验速度范围和推力状态完成飞机纵向静稳定性的演示。

（2）各个飞行形态的杆力—速度曲线均具有稳定的斜率，满足第 25.173 条的要求，即平均斜率不得低于 1 牛每 1.3 节。

参考文献

［1］　14 CFR 修正案 25 - 108 1 - g Stall Speed as the Basis for Compliance with Part 25 of the Federal Aviation Regulations［S］.

［2］　14 CFR 修正案 25 - 115 Miscellaneous Flight Requirements；Powerplant Installation Requirements；Public Address System；Trim Systems and Protective Breathing Equipment；and Powerplant Controls［S］.

［3］　CAAC. AC91 - 03 运输类飞机连续适航文件［S］. 中国民用航空局适航司，1991.

［4］　FAA. AC25 - 25 Performance and Handling Characteristics in the Icing Conditions Specified in Part 25，Appendix C［S］. 2007.

［5］　FAA. AC25 - 7C Flight Test Guide for Certification of Transport Category Airplanes［S］. 2012.

［6］　FAA. AC25.253 - 1A High-speed Characteristics［S］. 1976.

运输类飞机适航标准
第 25.177 条符合性验证

1 条款介绍

1.1 条款原文

第 25.177 条　横向和航向静稳定性

(a)〔备用〕

(b)〔备用〕

(c) 在直线定常侧滑飞行中,副翼和方向舵操纵行程和操纵力,必须基本上稳定地正比于侧滑角,并且该比例系数必须在与该飞机使用状态相应的整个侧滑角范围内,不超出安全运行所必需的限制。对更大的角度,直到相应于蹬满舵或方向舵脚蹬力达到 800 牛(82 公斤,180 磅)的角度为止,方向舵脚蹬力不得有反逆现象,增加方向舵偏度必须使侧滑角增加。对于本款的符合性,必须根据适用情况,按所有起落架位置和襟翼位置以及对称动力状态,以 $1.13V_{SR1}$ 至 V_{FE}、V_{LE} 或 V_{FC}/M_{FC} 的速度进行演示验证。

(d) 在速度 V_{MO}/M_{MO} 和 V_{FC}/M_{FC} 之间的方向舵梯度必须满足(c)款的要求,但只要发散是逐渐的且易于为驾驶员识别和控制,则(副翼偏度与相应的方向舵输入相反的)上反效应可以是负的。

〔中国民用航空局 1995 年 12 月 18 日第二次修订,2011 年 11 月 7 日第四次修订〕

1.2 条款背景

飞机原处在定常水平直线飞行状态,当受到横航向瞬态干扰,如遇到侧风、不对称垂直阵风时,飞机有无回到原来飞行状态的能力,即是飞机的横航向静稳定性。为评价飞机的横航向静稳定性制定了第 25.177 条,该条款对飞机横航向静稳定性的演示以及评价要求进行了规定。

1.3 条款历史

第 25.177 条在 CCAR25 部初版首次发布,截至 CCAR - 25 - R4,该条款共修订过 2 次,如表 1 - 1 所示。

表 1-1 第 25.177 条条款历史

第 25.177 条	CCAR25 部版本	相关 14 CFR 修正案	备 注
首次发布	初版	—	
第 1 次修订	R2	25-72	
第 2 次修订	R4	25-108	

1.3.1 首次发布

1985 年 12 月 31 日发布了 CCAR25 部初版,其中包含第 25.177 条,该条款参考 1964 年 12 月 24 日生效的 14 CFR PART 25 中的第 25.177 条的内容制定。

1.3.2 第 1 次修订

1995 年 12 月 18 日发布的 CCAR-25-R2 对第 25.177 条进行了第 1 次修订,本次修订参考了 14 CFR 修正案 25-72 的内容:对标题进行了修改,将(a)(b)款作为备用;修订了(c)款,删除了"非加速向前侧滑",增加了符合性演示验证要求;增加了(d)款,规定了在速度 V_{MO}/M_{MO} 和 V_{FC}/M_{FC} 之间的方向舵梯度的要求。

1.3.3 第 2 次修订

2011 年 11 月 7 日发布的 CCAR-25-R4 对第 25.177 条进行了第 2 次修订,本次修订参考了 14 CFR 修正案 25-108 的内容:将"1.2 V_{S1}"改为"1.13 V_{SR1}"。

2 条款解读

2.1 条款要求

该条款目的是评价和演示横向和航向静稳定性。

飞机的航向静稳定性:当飞机受扰动而方向平衡改变后,飞机自动恢复原来方向平衡状态的性能,是飞机的航向静稳定性。在本条中,表现为当方向舵松浮时,具有从机翼水平侧滑中恢复的趋势。对于任何的起落架和襟翼位置以及对称动力状态,速度从 1.13 V_{SR1} 至相应飞机形态的 V_{FE}、V_{LE} 或 V_{FC}/M_{FC},都要求有稳定的航向静稳定性。

飞机的横向静稳定性:飞行中,当飞机受到扰动其侧向平衡改变后,飞机自动恢复原来侧向平衡状态的性能,是飞机的横向静稳定性。在本条中,表现为当副翼松浮时,具有从侧滑中使低机翼抬起的趋势。对于任何的起落架和襟翼位置以及对称动力状态,速度从 1.13 V_{SR1} 至相应形态的 V_{FE}、V_{LE} 或 V_{FC}/M_{FC} 或 V_{MO}/M_{MO},横向静稳定均须是稳定。从速度 V_{MO}/M_{MO} 到 V_{FC}/M_{FC} 之间的速度上,如果其发散特性是逐渐的、驾驶员易于辨认的和驾驶员易于控制的,则允许横向稳定性是不稳定的。

第 25.177(c)款要求在适用于飞机使用的侧滑角范围(经验表明,对于运输类飞机,一般为 15°)内作定常直线侧滑飞行的情况下,副翼及方向舵的操纵位移和操纵力应与侧滑角成正比,且必须处于安全适用所需要的限制以内,必须在所有起落架和襟翼位置以及对称功率状态,在速度从 $1.13 \ V_{SR1}$ 至相应形态的 V_{FE}、V_{LE} 或 V_{FC}/M_{FC} 的范围内,演示与这些稳定直线侧滑的符合性。对于更大的角度,直到采用全偏方向舵或达到 800 牛(180 磅)脚蹬力时所达到的侧滑角,脚蹬力不得反向,而且增大方向舵偏度必须相应地增大侧滑角。

第 25.177(d)款要求在从 V_{MO}/M_{MO} 到 V_{FC}/M_{FC} 速度之间,增加方向舵偏度必须继续使侧滑角增加,但是在该速度范围内,相对相应的方向舵输入副翼偏转所显示的上反效应可为负,只要发散是逐渐的、驾驶员易于辨认的和驾驶员易于控制的。

2.2　相关条款

与第 25.177 条相关的条款如表 2-1 所示。

表 2-1　第 25.177 条相关条款

序　号	相 关 条 款	相　　关　　性
1	第 25.171 条	第 25.171 条为该条款的总则性条款

3　验证过程

3.1　验证对象

第 25.177 条款的验证对象为飞机的横向和航向静稳定性。

3.2　符合性验证思路

采用 MOC6 飞行试验方法在较大的重量、后重心、相协调的各种襟翼和起落架位置对应的形态的低高度和最大高度进行试飞试验,期间发动机推力为保持平飞所需的推力。验证结冰条件下的航向与横向稳定性采用待机冰和稳定航向侧滑进行试飞验证。

3.3　符合性验证方法

通常,针对第 25.177 条的符合性验证方法如表 3-1 所示。

表 3-1　建议的符合性方法

条　款　号	专　业	符 合 性 方 法										备　注
		0	1	2	3	4	5	6	7	8	9	
第 25.177 条	操　稳							6				

3.4　符合性验证说明

该条款采用 MOC6 飞行试验进行验证,参考 FAA 咨询通告 AC25-7C,主要试飞程序如下。

航向静稳定性：飞机在预定的形态，稳定在所要求的配平速度，在用副翼保持机翼水平的同时，使用方向舵在两个方向使飞机缓慢地产生偏航。当方向舵放松时，观察确认飞机有回到直线飞行的趋势。

横向静稳定性：飞机稳定在预定的形态和配平的速度，用副翼使飞机倾斜，同时用方向舵操纵保持航向不变来建立定常直线侧滑飞行。当方向舵保持固定而放松副翼时，观察确认低机翼有恢复到水平的趋势。起始的倾斜角推荐值不小于10°或用一半方向舵偏度保持稳定直线侧滑所需要的倾斜角（取先出现者）。在进行这种评定时，不允许驾驶员进行回中滚转操纵。

定常直线侧滑：进行向左和向右两个方向的定常直线侧滑，记录副翼和方向舵的操纵力和偏度与侧滑角的关系。试飞试验到足够大的侧滑角，直到受全偏方向舵或脚蹬力 800 牛（180 磅）的限制。

无方向舵锁死现象：方向舵锁死是方向舵出现气动过补偿，并在无额外的驾驶员输入情况下方向舵偏到满偏度的一种状态。为了检查在待定形态和配平速度时无方向舵锁死现象，在保持所要求的飞机航迹的同时进行稳定直线侧滑飞行，直到认为是对安全使用所需要的限制为止，确认副翼和方向舵操纵位移能够保持协调，并且操纵力必须与侧滑角成比例增加，当侧滑角大于飞机正常使用相应的侧滑角，直到方向舵达到满偏度或方向舵脚蹬力达到 180 磅对应的侧滑角时，方向舵脚蹬力没有反向，并且必须在侧滑角增加的情况下才能增加方向舵偏度。该试验要求大于正常侧滑角试验的目的是表明，直到方向舵极限偏度，没有出现方向舵反逆现象。在为保持航向操纵而进行动态方向舵输入时，可能会达到方向舵极限偏度。

验证结冰条件下的横向和航向稳定性，参考 AC25-25 可以使用待机冰型，采用中等重量到较轻重量、后重心位置及对称燃油载荷，在不同形态下，在规定速度下配平飞机，进行稳定航向侧滑至方向舵满舵，方向舵脚蹬力达到 180 磅或横向操纵满舵中的先到者。

3.5　符合性文件清单

通常，针对第 25.177 条的符合性文件清单如表 3-2 所示。

表 3-2　建议的符合性文件清单

序　号	符 合 性 报 告	符合性方法
1	横向和航向静稳定性试飞大纲	MOC6
2	横向和航向静稳定性试飞报告	MOC6

4　符合性判据

对于第 25.177 条，判定以下条件满足，则符合条款要求：

（1）在适用于飞机使用的侧滑角范围内作稳定直线侧滑飞行中，副翼和方向舵操纵位移和操纵力应与侧滑角成正比，且处于安全适用所需要的限制以内。

（2）在侧滑角大于飞机正常使用的侧滑角，直到方向舵达到满偏度或方向舵脚蹬力达到 800 牛（82 公斤）时的侧滑角，方向舵脚蹬力没有反向，并且必须在侧滑角增加的情况下才能增加方向舵偏度。

（3）在速度 V_{MO}/M_{MO} 和 V_{FC}/M_{FC} 之间的方向舵梯度的发散是逐渐的且易于为驾驶员识别和控制，则上反效应可以为负。

参考文献

［1］ 14 CFR 修正案 25‐72 Special Review: Transport Category Airplane Airworthiness Standards［S］.

［2］ 14 CFR 修正案 25‐108 1‐g Stall Speed as the Basis for Compliance with Part 25 of the Federal Aviation Regulations［S］.

［3］ FAA. AC25‐7C Flight Test Guide for Certification of Transport Category Airplanes［S］. 2012.

［4］ FAA. AC25‐25 Performance and Handling Characteristics in the Icing Conditions Specified in Part 25, Appendix C［S］. 2007.

运输类飞机适航标准
第25.181条符合性验证

1 条款介绍

1.1 条款原文

第25.181条 动稳定性

(a) 在相应于飞机形态的$1.13V_{SR1}$和最大允许速度之间产生的任何短周期振荡(不包括横向和航向的组合振荡),在主操纵处于下列状态时,必须受到重阻尼:

(1) 松浮状态;

(2) 固定状态。

(b) 在相应于飞机形态的$1.13V_{SR1}$和最大允许速度之间产生的任何横向和航向组合振荡("荷兰滚"),在操纵松浮情况下,必须受到正阻尼,而且必须依靠正常使用主操纵就可加以控制,无需特殊的驾驶技巧。

〔中国民用航空局1995年12月18日第二次修订,2011年11月7日第四次修订〕

1.2 条款背景

第25.181条对飞机的纵向、航向和横向动稳定性提出了要求。

1.3 条款历史

第25.181条在CCAR25部初版首次发布,截至CCAR-25-R4,该条款共修订过2次,如表1-1所示。

表1-1 第25.181条条款历史

第25.181条	CCAR25部版本	相关14 CFR修正案	备 注
首次发布	初版	—	
第1次修订	R2	25-72	
第2次修订	R4	25-108	

1.3.1　首次发布

1985 年 12 月 31 日发布了 CCAR25 部初版,其中包含第 25.181 条,该条款参考 1964 年 12 月 24 日发布的 14 CFR PART 25 中的第 25.181 条的内容制定。

1.3.2　第 1 次修订

1995 年 12 月 18 日发布的 CCAR - 25 - R2 对第 25.181 条进行了第 1 次修订,本次修订参考了 14 CFR 修正案 25 - 72 的内容,对第 25.181(a)(b)款进行修改,将条款中的"失速速度"改为 1.2 倍的失速速度"1.2 V_S"。

1.3.3　第 2 次修订

2011 年 11 月 7 日发布的 CCAR - 25 - R4 对第 25.181 条进行了第 2 次修订,本次修订参考了 14 CFR 修正案 25 - 108 的内容,将第 25.181 条中的"1.2 V_S"改为"1.13 V_{SR}"。

2　条款解读

2.1　条款要求

该条款的目的是评价和演示与纵向和横—航向各自的短周期振荡有关的飞机阻尼特性。

在飞机飞行时,引起飞机偏离的扰动停止作用后,飞行器的运动特征参数恢复到它在基准运动时的数值的特性。这种稳定性属于运动稳定性,即为飞行器的动稳定性。一般情况下飞行器的扰动运动有如下几种典型情况。动稳定:扰动运动为减幅振动(阻尼振动),或为单调(非周期)衰减运动。动不稳定:扰动运动为增幅振动(发散振动),或为单调(非周期)发散运动。动中立稳定:扰动运动为等幅振动,或一直保持扰动状态。动稳定性由飞机本身的结构、气动参数和基准飞行状态决定,与外界干扰情况无关。

第 25.181(a)款规定在飞行操纵固定和松浮情况下,短周期振荡必须重阻尼。其中短周期振荡是指对应于纵向运动特征方程的一对大复根的飞机纵向小扰动运动模态;主要特征是周期短(一般为零点几秒到数秒)衰减快的振荡运动;主要运动变量是攻角和俯仰角,而飞机速度变化甚小。重阻尼模态反映受迎角扰动而引起飞机绕重心的快速俯仰振动的过程。因振动频率高,驾驶员难以干预操纵,所以要求有良好的稳定性。该款要求适用于所有适用形态和各种形态相联系的失速速度和最大允许飞行速度(即 V_{FE}、V_{LE} 或 V_{FC}/M_{FC} 等)之间的任何飞行速度。第 25.181(b)款规定横向和航向动稳定性的要求是在主操纵松浮情况下,在失速速度和最大允许飞行速度(即相应于 V_{FE}、V_{LE} 或 V_{FC}/M_{FC})之间出现的任何短周期振荡必须是正阻尼的,而且使用正常主操纵就可以加以控制,无须特殊驾驶技巧。

2.2　相关条款

第 25.181 条无相关条款。

3　验证过程

3.1　验证对象

第 25.181 条的验证对象为飞机的动稳定性。

3.2　符合性验证思路

采用 MOC6 飞行试验方法表明符合性。

3.3　符合性验证方法

通常,针对第 25.181 条的符合性验证方法如表 3-1 所示。

表 3-1　建议的符合性方法

条　款　号	专　业	符 合 性 方 法										备　注
		0	1	2	3	4	5	6	7	8	9	
第 25.181 条	操　稳							6				

3.4　符合性验证说明

该条款验证采用 MOC6 飞行试验方法。

纵向动稳定性:通常在机头上仰和下俯两个方向,以一定的速率和幅值快速移动或脉冲操纵机构来完成纵向动稳定性试验。对于每一种形态,必须在足够多的试验点上检查纵向动稳定度,以保证在所有速度上的符合性。

横向和航向动稳定性:将飞机配平于松浮、机翼水平、非加速和无偏航飞行,通过以能激起横—航向响应(荷兰滚)的速率和幅值的倍脉冲来操纵方向舵(迅速偏转方向舵或副翼),以激起荷兰滚振荡。荷兰滚是飞机的横向和航向短周期组合振荡,是一种同时偏航与滚转的横向和航向耦合运动。该振荡应与飞机振荡响应同相位。荷兰滚振荡激起后迅速放松方向舵操纵,观察产生的响应。横—航向动稳定性的验证状态,必须在所有状态和形态下进行。如果是临界的,则重点要放在不利的机翼燃油装载形态上。要对试验的高度、推力状态、重量和重心位置最临界的组合进行。

验证结冰条件下的动稳定性,只要无冰污染飞机没有边界符合性方面的问题,就没必要进行带冰型的飞机的动稳定性试验。此外,在第 25.253(c)款中验证在附录 C 所规定的冰积聚条件下具有稳定性的最大速度时,应当满足第 25.181 条款的要求。

关于纵向动稳定性,通过试飞结果表明,飞机操纵正常,无异常响应。通过时间历程曲线表明,在各个试验状态中纵向振荡两周后俯仰角速度衰减为小于最初振荡幅值的 1/10,即飞机的纵向短周期阻尼比表现为重阻尼,以满足短周期振荡必须受到重阻尼的要求。关于横航向动稳定性,在所试验的高度速度范围内,飞机在所有襟缝翼卡位下,飞机的振荡过程快速衰减完毕,以满足大纲中荷兰滚振荡必须受到正阻尼的要求。

3.5　符合性文件清单

通常,针对第 25.181 条的符合性文件清单如表 3-2 所示。

表 3-2　建议的符合性文件清单

序　号	符 合 性 报 告	符合性方法
1	动稳定性试飞大纲	MOC6
2	动稳定性试飞报告	MOC6

4　符合性判据

对于第 25.181 条,判定以下条件满足,则符合条款要求:

(1) 按照经批准的试飞大纲完成了飞行试验并获得了试验数据。

(2) 纵向动稳定性的判据:纵向短周期阻尼必须受到重阻尼(在两周内,振荡幅值衰减到 1/10 初始幅值)。

(3) 横向航向动稳定的判据:在操纵机构松浮时,振荡必须受到正阻尼,并且在正常使用主操纵系统而不需要特殊的驾驶技巧情况下,振荡可控。

参考文献

[1] 14 CFR 修正案 25 - 72 Special Review：Transport Category Airplane Airworthiness Standards [S].

[2] 14 CFR 修正案 25 - 108 1 - g Stall Speed as the Basis for Compliance with Part 25 of the Federal Aviation Regulations [S].

[3] FAA. AC25 - 7C Flight Test Guide for Certification of Transport Category Airplanes [S]. 2012.

[4] FAA. AC25 - 25 Performance and Handling Characteristics in the Icing Conditions Specified in Part 25，Appendix C [S]. 2007.

运输类飞机适航标准 第 25.201 条符合性验证

1 条款介绍

1.1 条款原文

第 25.201 条　失速演示

(a) 必须在下列状态的直线飞行和 30°坡度转弯中演示失速:

(1) 无动力;

(2) 维持 $1.5V_{SR1}$ 平飞所需的功率(推力)(V_{SR1} 为相应于襟翼在进场位置,起落架在收起位置和最大着陆重量的基准失速速度)。

(b) 本条(a)规定的两种状态,均必须能在下列条件下满足第 25.203 条适用的要求:

(1) 使用批准的襟翼位置及起落架和减速装置位置每一可能的组合;

(2) 申请合格审定范围内各种有代表性的重量;

(3) 最不利于改出失速的重心位置;和

(4) 飞机直线飞行按第 25.103(b)(6)条规定的速度配平。

(c) 必须用下列程序来表明符合第 25.203 条的要求:

(1) 从失速速度之上足以保证建立稳定减速率的某速度开始,采用纵向操纵,使飞机速度降低不超过每秒 1 节,直到飞机失速;

(2) 此外,对于转弯飞行失速,采用纵向操纵,以实现直至每秒 3 节减速率;

(3) 飞机一旦失速,即用正常的改出方法来改出。

(d) 当固有的飞行特性向驾驶员显示清晰可辨的飞机失速现象时,可认为该飞机已失速。可接受的失速现象如下,这些现象既可单独出现,也可以组合出现:

(1) 不能即刻阻止的机头下沉;

(2) 抖振,其幅度和剧烈程度能强烈而有效地阻止进一步减速;或

(3) 俯仰操纵达到后止动点,并且在改出开始前操纵器件在该位置保持一短暂的时间后不能进一步增加俯仰姿态。

〔中国民用航空局 2001 年 5 月 14 日第三次修订,2011 年 11 月 7 日第四次

修订]

1.2　条款背景

第 25.201 条对失速演示提出了具体要求。

1.3　条款历史

第 25.201 条在 CCAR25 部初版首次发布,截至 CCAR‑25‑R4,该条款共修订过 2 次,如表 1‑1 所示。

表 1‑1　第 25.201 条条款历史

第 25.201 条	CCAR25 部版本	相关 14 CFR 修正案	备　　注
首次发布	初版	—	
第 1 次修订	R3	25‑84	
第 2 次修订	R4	25‑108	

1.3.1　首次发布

1985 年 12 月 31 日发布了 CCAR25 部初版,其中包含第 25.201 条,该条款参考 1964 年 12 月 24 日发布的 14 CFR PART 25 中的第 25.201 条的内容制定。

1.3.2　第 1 次修订

2001 年 5 月 14 日发布的 CCAR‑25‑R3 对第 25.201 条进行了第 1 次修订,本次修订参考了 14 CFR 修正案 25‑84 的内容,明确了演示失速的程序和飞机构型等要求:对 §25.201(b)(c)(d) 进行了修订,对原失速演示的内容进行了重新调整。

1.3.3　第 2 次修订

2011 年 11 月 7 日发布的 CCAR‑25‑R4 对第 25.201 条进行了第 2 次修订,本次修订参考了 14 CFR 修正案 25‑108 的内容,目的是对失速速度重新定义,用基准失速速度 V_{SR} 替换了失速速度 V_S:对 §25.201(a)(2) 和 (b)(4) 进行了修订,将 §25.201(a)(2) 中的"1.6 V_{S1}"调整为"1.5 V_{SR1}",将条款中对 §25.103(b)(1) 的引用调整为 §25.103(b)(6)。

2　条款解读

2.1　条款要求

当飞机迎角大于其临界迎角时,飞机上翼面出现气流分离,导致飞机升力急剧下降,出现机头下俯、抖振和姿态变化等失速现象。失速试验目的是通过演示来表明飞机能从正常飞行中可达到的最大迎角安全改出,并确定合适的失速警告余量,以便让航线驾驶员及时使飞机从任何可能的大迎角状态恢复到正常,而避免进入失速状态。

第 25.201(a)款规定失速演示时,必须以有动力(1.5 V_{SR1} 平飞所需的推力)和无动力,在水平飞行和 30°坡度转弯中演示。第 25.201(b)款给出了第 25.201(a)款规定的状态需要满足第 25.203 条失速特性的具体条件:使用批准的襟翼位置及起落架和减速装置位置每一可能的组合;各种有代表性的重量;最不利重心位置;飞机按选定的速度(不小于 1.13 V_{SR} 且不大于 1.3 V_{SR})配平。第 25.201(c)款规定了符合第 25.203 条要求的程序。第 25.201(d)款给出了可接受的失速现象:不能即刻阻止的机头下沉;抖振,其幅度和剧烈程度能强烈而有效地阻止进一步减速;或俯仰操纵达到后止动点,并且在改出开始前操纵器件在该位置保持一短暂的时间后不能进一步增加俯仰姿态。这些现象可以单独出现,也可以组合出现。

2.2　相关条款

与第 25.201 条相关的条款如表 2－1 所示。

表 2－1　第 25.201 条相关条款

序　号	相 关 条 款	相　　关　　性
1	第 25.103 条	第 25.103 条为失速演示提供了飞机直线飞行配平速度
2	第 25.203 条	第 25.203 条提供了失速演示需要满足的特性要求

3　验证过程

3.1　验证对象

第 25.201 条的验证对象为飞机失速特性。

3.2　符合性验证思路

该条款采用 MOC6 飞行试验等方法表明符合性。参考 FAA 咨询通告 AC25－7C,主要形态如下:

(1) 应该对正常所批准的所有形态,在机翼水平和带 30°倾斜侧转弯飞行中进行,发动机分别为有动力和无动力。

(2) 失速特性的试验形态应该包括在所有襟翼位置所使用的减速装置,除非加以限制,在特定襟翼位置不使用这些装置。这些装置包括用作减速板的扰流板以及批准在飞行中使用的反推装置。除了在正常使用中有动力时很可能使用减速装置情况(如在着陆进场期间使用扰流板)之外,通常,应在无动力情况下进行使用减速装置的失速演示。

(3) 对于任何也许改变飞机失速特性的系统或装置,应该在使其处于正常工作模式时研究失速特性,如果飞机自动飞行控制系统的设计不能防止在失速警告迎角以上飞行,则应该评定在自动飞行控制系统下飞机失速时的失速特性和失速警告的适时性。

（4）在对应的形态下，在飞机慢车状态进行无动力失速。

（5）有动力失速，推力应调定到 1.5 V_{SR} 的速度进行水平飞行所需要的值，襟翼为进场位置、起落架收起、重量为最大着陆重量。此处的进场襟翼是用来表明与第 25.121(d) 款进场爬升相符合的最大襟翼偏度。

（6）失速特性试验通常在重心后限，这是典型的最不利情况。但是，如果在前重心进行的失速速度试验表明在重心前限存在临界的失速改出特性，那么应在最临界装载情况下表明与第 25.203 条的符合性。

（7）必须在直到批准的最大使用高度上演示失速，以确定是否存在对失速特性的任何不利的压缩性影响。应在起落架和襟翼收上以及最不利的重心位置进行这些试验。根据需要，可将推力调定到保持近似水平飞行和每秒 1 节的减速率所需要的值。只要在接近批准的最大高度出现失速，那么小的下降率是允许的。应该在机翼水平失速和 30°坡度转弯失速中检查失速特性。

（8）对于申请在已知结冰条件下飞行的合格审定，失速特性演示应该在带有模拟冰型的情况下进行，该模拟冰型对称地附着在没有采用防冰系统保护的所有操纵面上。

（9）如果采用失速警告作为试验的终止点，则应该演示当在建议的使用速度上飞行时，飞机是安全可操纵的和可机动的。

（10）失速特性还应该在允许的最大不对称燃油载荷下进行演示。其要求在第 25.203(a) 款和(c) 款中做了规定。

3.3　符合性验证方法

通常，针对第 25.201 条的符合性验证方法如表 3-1 所示。

表 3-1　建议的符合性方法

条　款　号	专　业	符 合 性 方 法										备　注
		0	1	2	3	4	5	6	7	8	9	
第 25.201 条	操　稳							6				

3.4　符合性验证说明

该条款验证采用 MOC6 飞行试验方法，试飞方法如下：

（1）飞机在 1.13 V_{SR} 到 1.3 V_{SR} 速度上和相应的发动机动力和飞机形态下配平到松杆飞行。然后仅仅使用纵向主操纵来保持第 25.201(c)(1) 项或第 25.201(c)(2) 项（按适用）所规定的相一致的减速率（进入速率，每秒 1 节），直到达到失速。在整个失速和改出（迎角已减小到无失速警告）过程中，发动机功率和驾驶员所选定的配平位置须保持不变。

（2）在失速速度和失速特性试飞中，采用相同的配平基准速度（1.23 V_{SR}）。对所有的失速试验,都以在飞机飞行手册中已经给出的失速速度为基准。

(3)如果飞机具有防失速装置,按以直到每秒 3 节的进入速率进行失速特性评价,则确定进入速率对防失速装置的工作点不存在不利影响。

(4)对于飞机前重心和后重心,其失速由纵向操纵机构达到后止动位置所定义的飞机,在失速演示试飞中,驾驶杆在后极限位置停留的时间须与确定失速速度时的时间相同。

(5)直到飞机被认为是失速的那一点为止,正常使用横航向操纵必须产生一个相应偏转方向的滚转。

3.5　符合性文件清单

通常,针对第 25.201 条的符合性文件清单如表 3-2 所示。

表 3-2　建议的符合性文件清单

序　号	符 合 性 报 告	符合性方法
1	失速演示/特性试飞大纲	MOC6
2	失速演示/特性试飞报告	MOC6

4　符合性判据

对于第 25.201 条,判定以下条件满足,则符合条款要求:

通过本条款规定的要求和程序进行失速演示试飞,直到飞机被认为是失速的那一点为止,然后改出。

参考文献

[1] 14 CFR 修正案 25-84 Revision of Certain Flight Airworthiness Standards to Harmonize With European Airworthiness Standards for Transport Category Airplanes [S].

[2] 14 CFR 修正案 25-108 1-g Stall Speed as the Basis for Compliance with Part 25 of the Federal Aviation Regulations [S].

[3] FAA. AC25-7C Flight Test Guide for Certification of Transport Category Airplanes [S]. 2012.

运输类飞机适航标准 第 25.203 条符合性验证

1 条款介绍

1.1 条款原文

第 25.203 条 失速特性

（a）直到飞机失速时为止，必须能操纵副翼和方向舵产生和修正滚转及偏航，不得出现反操纵现象，不得出现异常的机头上仰，直到失速以及在整个失速过程中，纵向操纵力必须是正的。此外，必须能以正常的操纵迅速防止失速和从失速中改出。

（b）对于机翼水平失速，在失速和完成改出之间发生的滚转大约不得超过 20°左右。

（c）对于转弯飞行失速，飞机失速后的运动不得过于剧烈或幅度过大，以至难以用正常的驾驶技巧迅速改出并恢复对飞机的操纵。改出期间出现的最大坡度不能超过：

（1）对于小于并直到每秒 1 节的减速率的情况，在原转弯方向大约 60°，或相反方向大约 30°；和

（2）对于超过每秒 1 节的减速率的情况，在原转弯方向大约 90°，或相反方向大约 60°。

〔中国民用航空局 2001 年 5 月 14 日第三次修订〕

1.2 条款背景

第 25.203 条对失速特性提出了要求。

1.3 条款历史

第 25.203 条在 CCAR25 部初版首次发布，截至 CCAR-25-R4，该条款共修订过 1 次，如表 1-1 所示。

1.3.1 首次发布

1985 年 12 月 31 日发布了 CCAR25 部初版，其中包含第 25.203 条，该条款参考 1964 年 12 月 24 日发布的 14 CFR PART 25 中的 §25.203 的内容制定。

表 1 - 1　第 25.203 条条款历史

第 25.203 条	CCAR25 部版本	相关 14 CFR 修正案	备　注
首次发布	初版	—	
第 1 次修订	R3	25 - 84	

1.3.2　第 1 次修订

2001 年 5 月 14 日发布的 CCAR - 25 - R3 对第 25.203 条进行了第 1 次修订，本次修订参考了 14 CFR 修正案 25 - 84 的内容：对 §25.203(c) 进行了修订，补充了转弯飞行失速的定量要求。

2　条款解读

2.1　条款要求

第 25.203(a) 款要求直到飞机失速时为止，副翼和方向舵操纵必须能产生和修正滚转和偏航，不能出现反操纵现象；不能出现异常的机头上仰；直到失速发生和在整个失速过程中，纵向操纵力必须是正的；此外，必须能用正常的操纵迅速地防止失速和从失速中改出。

第 25.203(b) 款对于机翼水平失速，在失速和完成改出之间发生的滚转不得超过 20°。

第 25.203(c) 款对于转弯飞行失速，在失速以后飞机的运动不应太剧烈或幅度过大，否则，用正常的驾驶技术很难迅速改出和恢复飞机的操纵。其中由于大坡度转弯、拉起或者飞行航迹的突然变化引起过大的机动载荷时，飞机将会以更高的指示空速失速。从这样的飞行状态进入的失速被称为"加速的机动失速"，由于突然的机动飞行导致的失速倾向于比非加速的失速更快，或更严重，因为它们是在比正常空速高的条件下发生的，和/或是在可能在比预期俯仰姿态更低的时候发生，这些可能是经验不足的飞行员想不到的。在发生加速的失速时，如果不能及时采取步骤改出失速，则可能导致完全失控，特别是可能导致有动力尾旋。该条款中还对改出期间出现的坡度有定量的要求。

2.2　相关条款

与第 25.203 条相关的条款如表 2 - 1 所示。

表 2 - 1　第 25.203 条相关条款

序　号	相 关 条 款	相　　关　　性
1	第 25.103 条	第 25.103 条为失速演示提供了飞机直线飞行配平速度
2	第 25.201 条	第 25.201 条提供了失速演示具体要求

3 验证过程

3.1 验证对象

第 25.203 条的验证对象为飞机失速特性。

3.2 符合性验证思路

由于失速是边界飞行状态,此时飞机处于大迎角状态,作用在飞机上的气动力和飞机运动情况都比较复杂,难以靠解析计算精确求解,可靠的方法是飞行试验,因此采用 MOC6 飞行试验方法表明符合性。试飞形态参见第 25.201 条的试飞形态。

3.3 符合性验证方法

通常,针对第 25.203 条的符合性验证方法如表 3-1 所示。

表 3-1 建议的符合性方法

条 款 号	专 业	符 合 性 方 法										备 注
		0	1	2	3	4	5	6	7	8	9	
第 25.203 条	操 稳							6				

3.4 符合性验证说明

该条款采用 MOC6 飞行试验的方法,参考 FAA 咨询通告 AC25-7C,主要试飞方法如下。

(1) 在相应的功率和形态下,在比参考失速速度大 13%～30% 的速度上将飞机配平到松杆飞行。然后,仅使用纵向主操纵机构建立和保持与第 25.201(c)(1)款或第 25.201(c)(2)款(按适用)所规定的相一致的减速率(失速进入率),直至飞机失速。在整个失速和改出(直至迎角已减小到无失速警告范围)过程中,发动机功率和驾驶员所选定的配平位置须保持不变。

(2) 在失速速度和失速特性试验中,均须采用相同的配平基准速度(例如,$1.23V_{SR}$)。对于所有失速试验,其配平速度都以飞机飞行手册给出的失速速度为基准。

(3) 在接近失速过程中,从配平速度到失速警告开始的速度,随着速度减小,纵向拉杆力应连续增加;小于失速警告开始速度时,如果纵向杆力变化不是突然的或过分的,则可以接受纵向拉杆力有些减小。

(4) 按第 25.203(a)款要求,直到认为飞机已失速那一点,正常使用横向操纵必须产生(或修正)相应方向上的滚转,正常使用航向操纵必须产生(或修正)相应方向上的偏航。正常使用操纵机构必须能够防止失速或从失速中改出。

(5) 第 25.203(b)款规定,对于机翼水平失速,"在失速和完成改出期间发生的滚转不得超过大约 20°"。如果在改出期间横向操纵是有效的,则在机翼水平失速时倾斜角可以偶尔超过 20°。

(6) 第 25.203(c)款要求,30°坡度转弯失速后,飞机的运动"不得过于剧烈或幅度过大⋯⋯",以致难以迅速改出以及需要超常的驾驶技巧。在改出过程中,在初始转弯方向最大倾斜角不应超过大约 60°,在相反方向,最大倾斜角不应超过 30°。

3.5　符合性文件清单

通常,针对第 25.203 条的符合性文件清单如表 3 - 2 所示。

表 3 - 2　建议的符合性文件清单

序　号	符 合 性 报 告	符合性方法
1	失速演示/特性试飞大纲	MOC6
2	失速演示/特性试飞报告	MOC6

4　符合性判据

(1) 关于第 25.203 条,判定以下条件满足,则符合条款要求:直到飞机失速为止,没有出现反操纵现象。

(2) 在机翼水平失速中,失速和改出期间滚转角小于等于 20°,转弯飞行失速改出期间坡度满足条款要求。

参考文献

[1]　14 CFR 修正案 25 - 84 Revision of Certain Flight Airworthiness Standards to Harmonize With European Airworthiness Standards for Transport Category Airplanes [S].
[2]　FAA. AC25 - 7C Flight Test Guide for Certification of Transport Category Airplanes [S]. 2012.
[3]　美国联邦航空局.飞机飞行手册[M].陈新河,译.上海:上海交通大学出版社,2010.

运输类飞机适航标准
第 25.207 条符合性验证

1 条款介绍

1.1 条款原文

第 25.207 条 失速警告

（a）在直线和转弯飞行中，为防止襟翼和起落架在任一正常位置时无意中造成失速，必须给驾驶员以有效的清晰可辨的具有足够余量的失速警告。

（b）警告可以通过飞机固有的气动力品质来实现，也可以借助在预期要发生失速的飞行状态下能作出清晰可辨的警告的装置（如振杆器）来实现。但是，仅用要求驾驶舱内机组人员给予注意的目视失速警告装置是不可接受的。如果使用警告装置，则该警告装置必须在本条（c）和（d）中规定的速度，在本条（a）中规定的每一种飞机形态都提供警告。除了本条（h）（2）（ii）中所描述的失速警告外，本条（e）中规定的结冰条件下的失速警告必须以非结冰条件下的失速警告同样的方式给出。

（c）当速度以不超过每秒 1 节减速时，在每个正常形态，失速警告必须能在 V_{SW} 速度开始。此速度应超出按照 25.201（d）确定的失速速度不小于 5 节或 5% 校正空速（取大者）。失速警告一旦开始，必须持续到攻角减小至接近失速警告开始时的攻角。

（d）除了满足本条（c）的要求，在发动机慢车状态且飞机处于 25.103（b）（5）规定的重心位置下的直线飞行，当速度以不超过每秒 1 节减速时，每个正常形态下的 V_{SW} 必须超出 V_{SR} 不少于①3 节或 3% 校正空速（两者取大者）。

（e）在结冰条件下，直线飞行和转弯飞行中的失速警告裕度应足够保证飞行员防止失速（按 25.201（d）中定义的），当失速警告出现后飞行员在不少于 3 秒开始改出机动。当验证本条的符合性时，飞行员应采取和非结冰条件下相同方式的改出机动。验证飞行时的飞机减速率应不超过每秒 1 节，且：

（1）对于起飞阶段使用的每一形态，按附录 C 中定义的更临界的起飞冰积聚和起飞最后阶段冰积聚条件；

---

① 应为"不小于"，原文如此。——编注

（2）飞机航路形态按附录 C 中定义的航路冰积聚条件；

（3）飞机等待形态按附录 C 中定义的等待冰积聚条件；

（4）飞机进场形态按附录 C 中定义的进场冰积聚条件；

（5）飞机着陆形态按附录 C 中定义的着陆冰积聚条件。

（f）在结冰和非结冰条件下，必须有足够的失速警告裕度，以使在至少以 1.5 g 的航迹法向过载及至少每秒 2 节的减速率减速转弯中出现失速警告 1 秒后，驾驶员开始改出机动可以避免失速。当在结冰条件下演示本要求的符合性时，驾驶员应采取和非结冰条件下相同方式的改出机动。应按以下条件用飞行试验表明符合性：

（1）襟翼和起落架在任一正常位置；

（2）飞机配平于 $1.3V_{SR}$ 的直线飞行；和

（3）保持飞机以 $1.3V_{SR}$ 平飞的功率或推力。

（g）对于系统失效后飞行中很可能使用的增升装置的每一个非正常形态，必须提供失速警告（包括飞机飞行手册程序中的所有形态）。

（h）在结冰条件下飞行时，防冰系统开启并执行其预期功能之前，用附录 C 第 Ⅱ 部分(e)所定义的冰积聚，实施下列要求：

（1）如果该防冰系统的开启取决于驾驶员看到参考表面上规定的冰积聚（并不是刚刚开始结冰），按本条要求实施，但本条(c)和(d)除外；

（2）对于启动防冰系统的其他方法，当飞机以不超过每秒 1 节的减速率进行减速时，在直线和转弯飞行的失速警告裕度必须足以允许驾驶员防止飞机进入失速且不会出现任何不利的飞行状况，驾驶员应采取和非结冰条件下相同方式的改出机动。

（i）如果提供失速警告的方式和非结冰条件下相同，驾驶员不得在警告出现后 1 秒内开始改出机动。

（ii）如果提供失速警告的方式和非结冰条件下不同，驾驶员不得在警告出现后 3 秒内开始改出机动。此外，必须用 25.201 条的演示表明 25.203 条的符合性，但第 25.201(c)(2)条中的减速率不需要进行演示。

〔中国民用航空局 2011 年 11 月 7 日第四次修订〕

1.2 条款背景

第 25.207 条对失速警告提出了具体要求，目的是在失速警告和失速之间提供一个足够的范围，以便让驾驶员及时改出飞机，避免无意中使飞机失速。要求飞机在任何形态下，为防止意外失速，必须有足够范围的失速警告，能使驾驶员在直线和转弯飞行中清晰可辨。

1.3 条款历史

第 25.207 条在 CCAR25 部初版首次发布，截至 CCAR - 25 - R4，该条款共修订过 1 次,如表 1 - 1 所示。

表 1 - 1　第 25.207 条条款历史

第 25.207 条	CCAR25 部版本	相关 14 CFR 修正案	备　　注
首次发布	初版	—	
第 1 次修订	R4	25 - 108,25 - 121	

1.3.1　首次发布

1985 年 12 月 31 日发布了 CCAR25 部初版,其中包含第 25.207 条,该条款参考 1964 年 12 月 24 日发布的 14 CFR PART 25 中的§25.207 的内容制定。

1.3.2　第 1 次修订

2011 年 11 月 7 日发布的 CCAR - 25 - R4 对第 25.207 条进行了第 1 次修订,本次修订参考了 14 CFR 修正案 25 - 108 和 14 CFR 修正案 25 - 121 的内容:修正案 25 - 108 对§25.207(b)(c)进行了修订,新增了§25.207(d)(e)(f),对失速警告裕度内容进行了补充说明。修正案 25 - 121 对§25.207(b)进行了修订,将§25.207(e)和(f)编排为(f)和(g),增加了§25.207(e)和(h),补充了结冰条件下的失速警告要求。

2　条款解读

2.1　条款要求

第 25.207 条要求飞机在任何形态下,为防止意外失速,必须在足够范围内有失速警告,能使驾驶员在直线和转弯飞行中清晰可辨。

第 25.207(a)款规定失速警告指示必须清晰明确,应能保证驾驶员对即将来临的失速有确切的判定。第 25.207(b)款规定失速警告的方式,包括飞机固有飞行品质或采用警告装置,并对不同的警告方式提出了具体要求。第 25.207(c)款和(d)款规定失速警告必须在失速警告速度开始,并对失速警告速度提供了最小限制要求。第 25.207(e)款规定了在结冰条件下失速警告出现后,飞行员有 3 秒反应时间开始改出机动,这时失速警告裕度应足够保证飞行员防止失速。第 25.207(f)款规定结冰和非结冰条件下有足够的失速警告裕度使驾驶员在过载情况下改出,并给出演示本条符合性的要求。第 25.207(g)款规定必须提供系统失效状态下的失速警告。第 25.207(h)款规定在结冰条件下飞机未打开防冰系统时,根据防冰系统启动方式不同要求不同,并且如果结冰条件下失速警告方式与非结冰条件下相同,则驾驶员在警告出现后 1 秒后改出,如果方式不相同,则驾驶员在警告出现后 3 秒后改出。

2.2　相关条款

与第 25.207 条相关的条款如表 2 - 1 所示。

表 2 - 1　第 25.207 条相关条款

序　号	相关条款	相　关　性
1	第 25.103 条	第 25.103(b)款提供了失速警告中的重心位置
2	第 25.201 条	第 25.201(d)款提供了失速警告的速度基准
3	第 25.203 条	如果在结冰条件下失速警告方式与非结冰条件不同,根据第 25.207 条具体要求用第 25.201 条演示表明第 25.203 条的符合性

3　验证过程

3.1　验证对象

第 25.207 条的验证对象为飞机失速警告。

3.2　符合性验证思路

该条款验证采用 MOC1 设计说明和 MOC6 飞行试验方法,通过 MOC1 说明飞机失速警告的相关功能,并结合失速速度、机翼水平失速特性、30°坡度转弯失速特性和结冰条件下的失速警告的试飞结果和报告验证该条款。

3.3　符合性验证方法

通常,针对第 25.207 条的符合性验证方法如表 3 - 1 所示。

表 3 - 1　建议的符合性方法

条 款 号	专 业	符 合 性 方 法										备 注
		0	1	2	3	4	5	6	7	8	9	
第 25.207 条	操 稳		1					6				

3.4　符合性验证说明

该条款验证主要采取 MOC1 设计说明和 MOC6 飞行试验方法验证。

失速警告设计说明警告装置和指示的可靠性和安全性,且失速告警具有足够的清晰度、余量和可辨程度。

失速警告飞行试验通常与第 25.103 条和第 25.203 条所要求的失速试验结合进行,试验形态为正常飞行的所有可能的形态,试飞程序也与第 25.103 条和第 25.203条试飞程序相同。飞行试验中的数据采集和处理主要通过记录飞行中的飞机姿态随时间的变化,重点记录失速警告速度、警告形式、警告特性、抖振强度和驾驶员的评价。

关于结冰条件的失速警告验证方法参考了 AC25 - 25,主要验证方法如下:

(1) 为表明对第 25.207 条的符合性,失速警告应该与失速速度试验、失速演示/特性试验以及快速进场速率试验结合进行评定。

(2) 正常防冰系统的工作。下面给出一个失速警告的可接受的试验大纲的例子,失速警告是在至少 1.5g 过载的缓慢下降转弯以及至少每秒 2 节的进入率的情况下：

a. 待结冰。

b. 中等重到较低的重量，后重心位置，对称燃油载荷。

c. 正常失速试验的高度。

d. 在下述各形态下，保持直线水平飞行所需的功率或推力状态，以 1.3 V_{SR} 配平飞机。在试验演示过程中，保持配平功率或推力。必要时，在确立以至少 1.5g 过载且至少每秒 2 节的减速率之前增加速度。失速告警之后，降低速度直至 1 秒，并采用与无冰污染的飞机相同的恢复机动进行恢复。

（a）增升装置收起形态；

（b）最低升力起飞形态；

（c）最大升力着陆形态。

（3）防冰系统启动且工作之前的结冰。下面给出了可接受的方法，以评估结冰条件下，在防冰系统启动并执行其功能前的失速告警余量。

a. 如果防冰系统的启动是依据目视观察参考表面（如结冰探测器或机翼前缘）上聚积的规定的结冰量（并不是开始有结冰迹象），则在前面段落中给出的防冰系统正常工作的试验大纲仍旧适用，但是正常系统工作之前要有结冰。

b. 如果防冰系统的启动不是依据上面 a 段中的识别方法，则采用下面的方法验证在正常系统工作前有足够的失速告警余量是可接受的：

（a）在下面①与②所给出形态下，以 1.3 V_{SR} 配平飞机。

① 增升装置收起形态：直飞/无动力。

② 着陆形态：直飞/无动力。

（b）当减速率达到每秒 1 节时，降低速度至超过失速告警 1 秒，并验证采用与无冰污染飞机相同的恢复机动可以防止失速，且没有产生任何不利的特性（如机翼快速自动倾斜）。对于给出失速警告的方法不同于无结冰的飞机的情况，而是由一种不同的方法提供的情况下，第 25.207(h)(2)(ii) 目要求演示具有令人满意的失速特性，并且在失速警告至少 3 秒时间内，在驾驶员没有采取任何恢复措施的情况下，仍具有防止失速的能力。

3.5 符合性文件清单

通常，针对第 25.207 条的符合性文件清单如表 3－2 所示。

表 3－2 建议的符合性文件清单

序　号	符 合 性 报 告	符合性方法
1	失速警告系统设计描述	MOC1
2	失速警告试飞大纲	MOC6
3	失速警告试飞报告	MOC6

4　符合性判据

对于第 25.207 条,判定以下条件满足,则符合条款要求:

(1) 按照经批准的试飞大纲完成了飞行试验并获得了试验数据。

(2) 因为失速警告要求数据准确,所以对试飞结果要进行严格的处理和修正,最后与失速速度比较,满足余度要求。

参考文献

[1]　14 CFR 修正案 25 - 108 1 - g Stall Speed as the Basis for Compliance with Part 25 of the Federal Aviation Regulations [S].

[2]　14 CFR 修正案 25 - 121 Airplane Performance and Handling Qualities in Icing Conditions [S].

[3]　FAA. AC25 - 12 Airworthiness Criteria for the Approval of Airborne Windshear Warning Systems in Transport Category Airplanes [S]. 1987.

[4]　FAA. AC25 - 25 Performance and Handling Characteristics in the Icing Conditions Specified in Part 25, Appendix C [S]. 2007.

[5]　FAA. AC25 - 7C Flight Test Guide for Certification of Transport Category Airplanes [S]. 2012.

运输类飞机适航标准 第 25. 231 条符合性验证

1 条款介绍

1.1 条款原文

第 25.231 条 纵向稳定性和操纵性

（a）陆上飞机在任何可合理预期的运行条件下，或者在着陆或起飞期间发生回跳时，不得有不可控制的前翻倾向。此外还要求：

（1）机轮刹车工作必须柔和，不得引起任何过度的前翻倾向；

（2）如采用尾轮式起落架，在混凝土跑道上起飞滑跑时，必须可能在 75% V_{SR1} 的速度，维持直至推力线水平的任何姿态。

（b）对于水上飞机和水陆两用飞机，必须制定对起飞、滑行和着水的安全最不利的水面条件。

〔中国民用航空局 2011 年 11 月 7 日第四次修订〕

1.2 条款背景

第 25.231 条款规定了陆上飞机、水上飞机和水陆两用飞机的地面运行时的纵向稳定性和操纵性。

1.3 条款历史

第 25.231 条在 CCAR25 部初版首次发布，截至 CCAR - 25 - R4,该条款共修订过 1 次,如表 1 - 1 所示。

表 1 - 1 第 25. 231 条条款历史

第 25.231 条	CCAR25 部版本	相关 14 CFR 修正案	备 注
首次发布	初版	—	
第 1 次修订	R4	25 - 108	

1.3.1 首次发布

1985 年 12 月 31 日发布了 CCAR25 部初版,其中包含第 25.231 条,该条款参

考了 14 CFR PART 25 中的第 25.231 条的内容制定。

1.3.2　第 1 次修订

2011 年 11 月 7 日发布的 CCAR - 25 - R4 对第 25.231 条进行了第 1 次修订，本次修订参考了 14 CFR 修正案 25 - 108 的内容，修改了 § 25.231(a)(2)，把"80% V_{S1}"修改为"75% V_{SR1}"。

2　条款解读

2.1　条款要求

第 25.231 条(a)款中的不可控制的前翻倾向主要是针对后三点式布局飞机，当重心靠前时，飞机容易侧翻，在设计中应该避免。本条(a)(1)中的刹车工作必须柔和，是指刹车设计必须连续平顺，没有突跳，同时在整个刹车能力工作范围内，产生的最大减速率不能引起飞机前翻。本条(b)款对水上飞机和水陆两用飞机水面运行条件进行了规定。

第 25.231 条总的要求是对足以代表正常使用的粗糙跑道上的滑行特性，所做的评价应能充分识别出在各种下沉速度下着陆期间的任何危险特性或倾向。要考虑的变量有重心和滑行速度。在地面操纵期间的座舱运动动态特性不应妨碍飞机的操纵，回跳时的飞机俯仰运动不应产生静态俯仰操纵问题。

2.2　相关条款

第 25.231 条无相关条款。

3　验证过程

3.1　验证对象

第 25.231 条的验证对象为飞机在地面和水面运行时的稳定性和操纵性。

3.2　符合性验证思路

针对第 25.231(a)款，需要通过地面纵向稳定性和操纵性试飞来验证对条款的符合性。

针对第 25.231(b)款，需要通过水面纵向稳定性和操纵性试飞来验证对条款的符合性。

3.3　符合性验证方法

通常，针对第 25.231 条的符合性验证方法如表 3-1 所示。

表 3-1　建议的符合性方法

条款号	专业	符合性方法										备注
		0	1	2	3	4	5	6	7	8	9	
第 25.231(a)款	操　稳							6				
第 25.231(b)款	操　稳							6				

3.4 符合性验证说明

3.4.1 第 25.231(a)款符合性验证说明

针对第 25.231(a)款,采用的符合性验证方法为 MOC6,验证具体工作如下: 需通过以下三个科目来验证对第 25.231(a)款的符合性。

在起飞、着陆和滑行期间,检查和定性评定地面纵向稳定性和操纵性,特别要检查刹车、反推力、顺风和减速板对地面纵向稳定性和操纵性的影响。试验时,飞机重量和重心任选,起落架放下。

在起飞速度(中断起飞场景)达到 V_1 时和前轮着地(进场着陆场景)时,分别对称打开反推装置,使飞机减速至设定速度,用正常刹车使飞机完全停止。试验时,飞机重量和重心任选,起落架放下。

在起飞速度(中断起飞场景)达到 V_1 时和前轮着地(进场着陆场景)时,分别一发打开反推装置,另一发无动力,使飞机减速至设定速度,用正常刹车使飞机完全停止。试验时,飞机重量和重心任选,起落架放下。

3.4.2 第 25.231(b)款符合性验证说明

针对第 25.231(b)款采用的符合性验证方法为 MOC6,验证工作具体如下: 为验证对第 25.231(b)款的符合性,应在对安全最不利的水面条件下,进行起飞、滑行和着水试验。

3.5 符合性文件清单

通常,针对第 25.231 条的符合性文件清单如表 3-2 所示。

表 3-2 建议的符合性文件清单

序　号	符 合 性 报 告	符合性方法
1	地面纵向稳定性和操纵性试飞大纲	MOC6
2	地面纵向稳定性和操纵性试飞报告	MOC6
3	水面纵向稳定性和操纵性试飞大纲	MOC6
4	水面纵向稳定性和操纵性试飞报告	MOC6

4 符合性判据

试飞结果表明飞机地面运行时有满意的可操纵性,反推力打开时,不需要特殊的驾驶技巧或机敏就能维持俯仰控制;用最大反推力和正常的刹车就能很容易地将飞机完全刹停;机轮刹车工作柔和,没有引起任何过度的前翻倾向。则满足第 25.231(a)款的要求。

试飞结果表明飞机在最不利的水面条件下飞行安全,则满足 25.231(b)款的要求。

参考文献

[1] 14 CFR 修正案 25 - 108 1 - g Stall Speed as the Basis for Compliance with Part 25 of the Federal Aviation Regulations [S].

[2] FAA. AC25 - 25 Performance and Handling Characteristics in the Icing Conditions Specified in Part 25，Appendix C [S]. 2007.

[3] FAA. AC25 - 7C Flight Test Guide for Certification of Transport Category Airplanes [S]. 2012.

运输类飞机适航标准 第 25.233 条符合性验证

1 条款介绍

1.1 条款原文

第 25.233 条　航向稳定性和操纵性

(a) 飞机在地面运行可预期的任何速度,在风速直到 20 节或 $0.2V_{SRO}$(取大者,但不必高于 25 节)的 90°侧风中,不得有不可控制的地面打转倾向。这可在制定第 25.237 条要求的 90°侧风分量时予以表明。

(b) 陆上飞机在以正常着陆速度作无动力着陆中必须有满意的操纵性,而不要求特殊的驾驶技巧或机敏,无需利用刹车或发动机动力来维持直线航迹。这可在结合其它试验一起进行的无动力着陆中予以表明。

(c) 飞机在滑行时必须有足够的航向操纵性。这可在结合其它试验一起进行的起飞前滑行的过程中予以表明。

〔中国民用航空局 2011 年 11 月 7 日第四次修订〕

1.2 条款背景

第 25.233 条规定了在侧风下起飞、着陆滑跑和无动力着陆以及滑行时的航向稳定性和操纵性的要求。

1.3 条款历史

第 25.233 条在 CCAR25 部初版首次发布,截至 CCAR-25-R4,该条款共修订过 1 次,如表 1-1 所示。

表 1-1　第 25.233 条条款历史

第 25.233 条	CCAR25 部版本	相关 14 CFR 修正案	备　　注
首次发布	初版	25-42	
第 1 次修订	R4	25-108	

1.3.1　首次发布

1985 年 12 月 31 日发布了 CCAR25 部初版,其中包含第 25.233 条,该条款参

考 1964 年 12 月 24 日 FAA 发布的 14 CFR PART 25 中的 §25.301 以及 1978 年发布的 14 CFR 修正案 25-42,该修正案对 §25.233(a)进行了修订,用"风速直到 20 节或 0.2V_{SO}(取大者,但不必高于 25 节)"替代"0.2V_{SO}"。此处 V_{SO} 是指着陆构型时的 FAA 失速速度。

1.3.2 第 1 次修订

2011 年 11 月 7 日发布的 CCAR-25-R4 对第 25.233 条进行了第 1 次修订,本次修订参考了 14 CFR 修正案 25-108 内容:将 §25.233(a)中的"0.2 V_{SO}"改为"0.2 V_{SRO}"。本修正案重新定义运输类飞机引用的失速速度,用基准失速速度 V_{SRO} 代替着陆构型时的 FAA 失速速度 V_{SO}。

2 条款解读

2.1 条款要求

制定本条款的目的是保证飞机在各种运行条件下的地面滑行、起飞和着陆的滑跑过程中具有满意的航向稳定性和操纵性。

第 25.233(a)款是对有动力的情况下侧风中飞机地面打转趋势的要求。该款要求不得有不可控的地面打转倾向,驾驶员可以利用差动发动机推力(或拉力)、刹车和空气动力操纵机构控制住打地转的倾向,该条款不需要单独验证,可结合第 25.237 条对应的侧风试验予以表明。

第 25.233(b)款是专门针对陆上飞机的所有发动机失效后的着陆要求。发动机失效后,不使用差动发动机推力(或拉力)以及刹车,也不需要特殊的驾驶技巧,可通过空气动力操纵机构(通常指方向舵和扰流板等)来保持飞机直线航迹。

第 25.233(c)款是对飞机滑行时的航向操纵性的要求。飞机滑行时必须要有足够的航向操纵性。

2.2 相关条款

与第 25.233 条相关的条款如表 2-1 所示。

表 2-1 第 25.233 条相关条款

序 号	相 关 条 款	相 关 性
1	第 25.237 条	第 25.237 条为关于制定飞机起飞、着陆时的侧风分量速度限制或建议侧风速度限制,以确保飞机有足够或满意的横向和航向操纵能力的条款

3 验证过程

3.1 验证对象

第 25.233 条的验证对象为飞机地面滑行和着陆时的航向稳定性和操纵品质。

3.2　符合性验证思路

为表明对该条款的符合性,一般采用飞行试验的方法,并且需飞三个试飞科目来表明符合性。

通过侧风中起飞和着陆的试飞科目验证飞机是否存在不可控的地面打转倾向。

通过无动力着陆试飞来验证飞机以正常着陆速度作无动力着陆中有满意的操纵性,而不要求特殊的驾驶技巧或机敏,无须利用刹车或发动机动力来维持直线航迹。

通过起飞滑行试飞来验证飞机有足够的航向操纵性。

3.3　符合性验证方法

通常,针对第 25.233 条的符合性验证方法如表 3-1 所示。

表 3-1　建议的符合性方法

条　款　号	专　业	符 合 性 方 法										备　注
		0	1	2	3	4	5	6	7	8	9	
第 25.233(a)款	操　稳							6				
第 25.233(b)款	操　稳							6				
第 25.233(c)款	操　稳							6				

3.4　符合性验证说明

3.4.1　侧风中起飞和着陆

第 25.233(a)款要求飞机在 90°侧风中,不得有不可控制的地面打转倾向。应通过 MOC6 的方法来验证,建议的试飞程序具体如下:

本试飞科目最重要的试验条件是侧风的风速和风向,因此需要采用仪器设备(通常采用活动气象车)测量风速和风向。具体试飞时,气象车位置选择在起飞离地点和着陆接地点之间,测量场高 10 米处风速和风向。当测到 90°侧风风速达到20 节或 0.2 V_{SRO}(取大者,但不必高于 25 节)时,进行正常起飞、着陆。

试飞时,飞机形态为小重量和后重心,起落架放下,设置正常起飞和着陆的襟缝翼形态,且在着陆时正常使用反推力装置。如果飞机装有偏航阻尼器,则应在偏航阻尼器接通时进行起飞和着陆,而在偏航阻尼器断开时进行着陆试飞。另外试飞时还应考虑左右机翼油箱燃油不对称(燃油不对称量应根据具体的型号设计情况)。

3.4.2　无动力着陆

第 25.233(b)款采用的符合性验证方法为 MOC6,建议的试飞程序如下:

本试飞科目对气象条件没有特殊要求。

试飞时,飞机形态为小重量和后重心,起落架放下,设置正常着陆的襟缝翼形态,发动机双发慢车情况下着陆,着陆中且不使用差动刹车及发动机,维持直线航迹。

3.4.3 滑行

第25.233(c)款采用的符合性验证方法包括 MOC6,建议的试飞程序如下:

本试飞科目对气象条件没有特殊要求。

试飞时,飞机重量和重心任选,襟缝翼状态任选,起落架放下,前轮转弯功能正常,结合其他试飞科目起飞前滑行或着陆后滑行中对飞机滑行时的航向操纵性予以验证。

3.5 符合性文件清单

通常,针对第25.233条的符合性文件清单如表3-2所示。

表3-2 建议的符合性文件清单

序 号	符 合 性 报 告	符合性方法
1	地面航向稳定性和操纵性试飞大纲	MOC6
2	地面航向稳定性和操纵性试飞报告	MOC6
3	侧风试飞大纲	MOC6
4	侧风试飞报告	MOC6

4 符合性判据

在试飞机组评定报告中,确认机组的评定意见为:飞机在侧风中没有不可控的地面打转倾向,满足第25.233(a)款的要求。

在试飞机组评定报告中,确认机组的评定意见为:飞机在以正常着陆速度作无动力着陆过程中有满意的操纵性,没有使用特殊的驾驶技巧或机敏,没有使用刹车或发动机动力来维持直线航迹,满足第25.233(b)款的要求。

在试飞机组评定报告中,确认机组的评定意见为:飞机有足够的航向操纵性,满足第25.233(c)款的要求。

参考文献

[1] 14 CFR 修正案 25-23 Transport Category Airplane Type Certification Standards [S].

[2] 14 CFR 修正案 25-42 Airworthiness Review Program; Amendment No. 6; Flight Amendments [S].

[3] 14 CFR 修正案 25-94 Transport Category Airplanes, Technical Amendments and Other Miscellaneous Corrections [S].

[4] 14 CFR 修正案 25-108 1-g Stall Speed as the Basis for Compliance with Part 25 of the

Federal Aviation Regulations [S].

[5]   FAA. AC25 - 7C Flight Test Guide for Certification of Transport Category Airplanes [S]. 2012.

运输类飞机适航标准第 25.235 条符合性验证

1 条款介绍

1.1 条款原文

第 25.235 条 滑行条件

当飞机在正常运行中可合理预期的最粗糙地面上滑行时,减震机构不得损伤飞机的结构。

1.2 条款背景

所有平整的跑道和滑行道都有固有的表面不平整度和粗糙度。第 25.235 条对于飞机在粗糙地面滑行时,考虑地面载荷、机身弹性和起落架动力特性等因素,提出减震机构不得损伤飞机结构的要求。

1.3 条款历史

第 25.235 在 CCAR25 部初版首次发布,截至 CCAR-25-R4,该条款未进行过修订,如表 1-1 所示。

表 1-1 第 25.235 条条款历史

第 25.235 条	CCAR25 部版本	相关 14 CFR 修正案	备 注
首次发布	初版	—	

1985 年 12 月 31 日发布了 CCAR25 部初版,其中包含第 25.235 条,该条款参考 1964 年 12 月 24 日发布的 14 CFR PART 25 中的 §25.235 的内容制定。

2 条款解读

2.1 条款要求

减震机构是指飞机起落架缓冲支柱和轮胎等。对于最粗糙地面标准,根据 AC25-491-1,可使用未修缮前的旧金山 28R 跑道从 1 530~1 538 英尺区间的粗糙度数据。

可能造成的结构损伤是指起落架交点及机体连接区、机翼、尾翼和机身结构。

2.2 相关条款

第 25.235 条无相关条款。

3 验证过程

3.1 验证对象

第 25.235 条的验证对象为飞机的起落架缓冲机构。

3.2 符合性验证思路

本条款的验证思路：首先根据 AC25.491 - 1 的要求，通过载荷计算得到起落架交点及机体连接区、机翼、尾翼和机身结构动滑行时的动载荷和地面载荷；如果计算得到的载荷经与其他地面载荷情况对比后，被筛选出来构成了飞机结构的严重情况，则需要根据这些滑行载荷对可能损伤的结构进行强度校核，校核的结果需表明在根据 AC25.491 - 1 4a) 节确定的最粗糙地面滑行时，不会造成对这些飞机结构的损伤；最后通过静力试验验证强度校核结果的正确性。

3.3 符合性验证方法

通常，针对第 25.235 条的符合性验证方法如表 3-1 所示。

表 3-1　建议的符合性方法

条　款　号	专　业	符 合 性 方 法										备　注
		0	1	2	3	4	5	6	7	8	9	
第 25.235 条	外　形			2		4						

3.4 符合性验证说明

主要采用 MOC2 计算分析和 MOC4 实验室试验进行第 25.235 条的验证。

3.4.1 MOC2 验证过程

通过载荷计算得到起落架交点及机体连接区、机翼、尾翼和机身结构滑行时的动载荷和地面载荷；然后将计算得到的载荷经与起落架交点及机体连接区、机翼、尾翼和机身结构受到的其他地面载荷情况进行筛选，找出机身结构动滑行的严重工况。

计算分析采用的重量：按 AC25.491 - 1 的要求，考虑带最大燃油和带最大商载，并按前后重心极限位置布置的最大起飞重量和最大着陆重量的各种组合。

跑道不平度激励标准：采用旧金山第 28R 号跑道的剖面数据作为跑道不平度激励标准。

滑行速度的选取：飞机匀速滑行，滑行速度取值范围从 20 节（10.289 米/秒）到最大地面速度（起飞滑行为 V_R，着陆滑行为 1.25 V_{L2}）。

根据筛选出的严重工况,对影响区进行强度校核,确认不会对结构造成损伤。

3.4.2　MOC4 验证过程

根据筛选出的工况,在静力试验中结合/安排相应的试验科目,如全机最大垂直力着陆情况限制载荷试验、全机最大垂直力着陆情况极限载荷、全机最大侧偏着陆情况限制载荷试验,对强度校核的结果进行验证,表明强度校核结果的正确性。

3.5　符合性文件清单

通常,针对第 25.235 条的符合性文件清单如表 3-2 所示。

表 3-2　建议的符合性文件清单

序　号	符 合 性 报 告	符合性方法
1	(起落架交点及机体连接区、机翼、尾翼和机身结构)载荷筛选报告	MOC2
2	(起落架交点及机体连接区、机翼、尾翼和机身结构)强度校核报告	MOC2
3	全机静力试验大纲	MOC4
4	全机静力试验报告	MOC4

4　符合性判据

载荷计算、强度校核与静力试验结果应表明:飞机在正常运行中可合理预期的最粗糙地面上滑行时,减震机构不会损伤飞机的结构。

(1) 完成载荷计算。

(2) 完成强度校核。

(3) 静力试验结果与计算结果相符合。

(4) 确定飞机正常运行的预期的最粗糙地面状态。

(5) 减震机构的承载能力符合设计要求。

参考文献

[1]　FAA. AC25.491-1 Taxi, Takeoff and Landing Roll Design Loads [S]. 2000.

[2]　FAA. AC25-25 Performance and Handling Characteristics in the Icing Conditions Specified in Part 25, Appendix C [S]. 2007.

[3]　Notice of Proposed Rulemaking. Notice No. 68-18 [S]. 1968.

运输类飞机适航标准
第 25.237 条符合性验证

1 条款介绍

1.1 条款原文

第 25.237 条　风速

(a) 对于陆上飞机和水陆两用飞机,满足如下要求:

(1) 应制定在干跑道上对起飞和着陆演示是安全的 90°侧风分量,该分量必须至少为 20 节或 $0.2V_{SRO}$(取大者,但不必超过 25 节)。

(2) 在结冰条件下,没有冰积聚情况下确定的起飞侧风分量是有效的;

(3) 必须为下列条件确定着陆时的侧风分量:

(i) 非结冰条件;和

(ii) 附录 C 中规定的着陆冰积聚的结冰条件。

(b) 对于水上飞机和水陆两用飞机,有下述要求:

(1) 必须制定在正常运行中可合理预期的一切水面条件下起飞和着水均安全的最大的 90°侧风分量,该分量必须至少是 20 节或 $0.2V_{SRO}$(取大者,但不必超过 25 节)。

(2) 必须制定在正常运行中可合理预期的一切水面条件下往任何方向滑行均为安全的风速,该风速必须至少是 20 节或 $0.2V_{SRO}$(取大者,但不必超过 25 节)。

〔中国民用航空局 2011 年 11 月 7 日第四次修订〕

1.2 条款背景

统计表明,33%的进近着陆事故都是由不利风速条件造成的,如大侧风、顺风和风切变;70%的冲出跑道事件都是因跑道条件伴随侧风条件产生的;85%的侧风事故和事故症候发生在着陆阶段。因此必须制定飞机起飞和着陆时的侧风分量速度限制或建议侧风速度限制,以确保飞机有足够或满意的横向和航向操纵能力。因此第 25.237 条提出飞机必须满足侧风条件下安全起飞和着陆以及水面滑行的要求。

1.3 条款历史

第 25.237 条在 CCAR25 部初版首次发布,截至 CCAR - 25 - R4,该条款共修订过 1 次,如表 1－1 所示。

表 1－1　第 25.237 条条款历史

第 25.237 条	CCAR25 部版本	相关 14 CFR 修正案	备　注
首次发布	初版	25－42	
第 1 次修订	R4	25－108,25－121	

1.3.1　首次发布

1985 年 12 月 31 日发布了 CCAR25 部初版,其中包含第 25.237 条,该条款参考了 14 CFR 修正案 25－42(对 §25.237 进行了修订,用"风速直到 20 节或 0.2 V_{SO}(取大者,但不必高于 25 节)"替代"0.2 V_{SO}")。此处 V_{SO} 是指着陆构型时的 FAA 失速速度。

1.3.2　第 1 次修订

2011 年 11 月 7 日发布的 CCAR－25－R4 对第 25.237 条进行了第 1 次修订,本次修订参考了 14 CFR 修正案 25－108(重新定义运输类飞机引用的失速速度,用基准失速速度 V_{SRO} 代替着陆构型时的 FAA 失速速度 V_{SO},将第 25.233(a)款中的"0.2 V_{SO}"改为"0.2 V_{SRO}")和修正案 25－121(增加了对结冰状态下的必须确定着陆状态的最大侧风分量的要求)。

2　条款解读

2.1　条款要求

本条(a)(1)项"该分量必须至少为 20 节或 0.2 V_{SRO}(取大者,但不必超过 25 节)"中 0.2 V_{SRO} 是取决于着陆形态失速速度的变量,如 V_{SRO}＝140 节,0.2 V_{SRO}＝28 节,此时侧风限制可取最小值 25 节;如 V_{SRO}＝95 节,0.2 V_{SRO}＝19 节,则此时侧风限制的最小值必须至少为 20 节。这是对飞机起飞和着陆的最低侧风要求,往往飞机生产厂家会演示比本条款要求更高的侧风速度,使飞机有更广的航线适用性和飞行的安全裕度。本款要求该侧风限制的最小值应是 90°侧风分量,且必须在干跑道上演示能够安全地起飞和着陆,本款中没有明确飞机的结冰状态,该状态在本条(a)(2)与(a)(3)项中进一步明确。

本条(a)(2)项是对(a)(1)项中起飞验证科目条件的补充说明。"在结冰条件下,没有冰积聚情况下确定的起飞侧风分量是有效的",这是因为,在结冰条件下起飞前,会通过除冰,确保飞机起飞时的机翼和尾翼以及其操纵面都能保持无冰雪污染状态,与没有冰积聚情况下飞机的状态一致。因而没有冰积聚情况下确定的起飞侧风分量可作为结冰条件下的起飞的侧风分量,而不需要通过试飞来验证。

本条(a)(3)项是对(a)(1)项中着陆验证科目条件的补充说明。要求在非结冰条件下和附录 C 中规定的着陆冰积聚的结冰条件下分别确定着陆时的侧风限制。

着陆时飞机可能会有两种状态，一种是非结冰条件，另一种是结冰状态。两种情况下的侧风限制不一样，因而均需要验证。

本条(b)款则是要求水上飞机和水陆两用飞机应制定水面起飞及着水和水面滑行均安全的最大正侧风分量。且该分量必须至少为 20 节或 0.2 V_{SRO}(取大者，但不必超过 25 节)。

2.2　相关条款

与第 25.237 条相关的条款如表 2-1 所示。

表 2-1　第 25.237 条相关条款

序　号	相　关　条　款	相　　关　　性
1	第 25.233 条	第 25.233(a)款是关于在侧风中不得有不可控制的地面打转倾向，该款的验证与第 25.237 条结合完成

3　验证过程

3.1　验证对象

第 25.237 条的验证对象为飞机在侧风下起飞和着陆时的稳定性和操纵品质。

3.2　符合性验证思路

通过地面航向稳定性和操纵性—侧风科目试飞来验证飞机在正侧风直到 20 节或 0.2 V_{SO}(取大者，但不必超过 25 节)下，飞机操纵响应正常，可以安全起飞和着陆。

通过水面航向稳定性和操纵性—侧风科目试飞来验证飞机在正侧风直到 20 节或 0.2 V_{SO}(取大者，但不必超过 25 节)下，飞机操纵响应正常，可以安全起飞、着水和水面滑行。

3.3　符合性验证方法

通常，针对第 25.237 条的符合性验证方法如表 3-1 所示。

表 3-1　建议的符合性方法

条　款　号	专　业	符　合　性　方　法										备　注
		0	1	2	3	4	5	6	7	8	9	
第 25.237 条	操　稳							6				

3.4　符合性验证说明

3.4.1　第 25.237(a)款符合性验证说明

针对第 25.237(a)款，采用的符合性验证方法为 MOC6，验证具体工作如下：

　　首先按照本文中 2.1 节条款要求中的说明,确定飞机 90°侧风分量限制目标值,并通过试飞来验证(如果该飞机 0.2 V_{SRO} 大于 25 节,则此时侧风限制可取 25 节;如果该飞机 0.2 V_{SRO} 大于 20 节但小于或等于 25 节,则此时可根据飞机的实际情况以及将来运营的考虑在 20 节至 25 节中选一个值;如果 0.2 V_{SRO} 小于 20 节,则需确定为 20 节)。

　　选择侧风限制目标值之后,需要通过试飞来验证在该侧风限制值下运行的安全性。试飞验证其中的一个关键问题是试飞机场的选择,因为大部分机场跑道方向都与常年遇到的风的风向一致或接近一致,所以有 20~25 节 90°侧风分量适合开展该项试飞的机场比较少。

　　通过"地面航向稳定性和操纵性—侧风起飞"科目验证对第 25.237(a)款中关于起飞时侧风要求的符合性,即在所制定的最大 90°侧风分量条件下进行正常起飞,检验侧风下起飞的安全性。试验时采用后重心,同时着陆试飞时要考虑燃油不平衡的情况。

　　通过"地面航向稳定性和操纵性—侧风着陆"试飞科目验证对第 25.237(a)款中关于着陆时侧风要求的符合性,即在所制定的最大正侧风条件下进行正常着陆试飞,检验在侧风下着陆的安全性。试验时采用后重心,同时着陆试飞时要考虑燃油不平衡的情况。试飞机状态包括非结冰条件和附录 C 中规定的着陆冰积聚的结冰条件。

3.4.2　第 25.237(b)款符合性验证说明

　　针对第 25.237(b)款采用的符合性验证方法为 MOC6,验证工作具体如下:

　　应通过水面航向稳定性和操纵性—侧风科目验证对第 25.237(b)款的符合性,即在试飞期间遇到的离地高度 10 米处最大正侧风(不必超过 25 节)条件下进行正常起飞、着水和水面滑行,检验在侧风下起飞、着水和水面滑行的安全性。试验时采用后重心,同时着水试飞时要考虑燃油不平衡的情况。

3.5　符合性文件清单

　　通常,针对第 25.237 条的符合性文件清单如表 3-2 所示。

表 3-2　建议的符合性文件清单

序　号	符 合 性 报 告	符合性方法
1	侧风试飞大纲	MOC6
2	侧风试飞报告	MOC6

4　符合性判据

　　试飞结果表明飞机在选定的侧风限制值下起飞、着陆或着水及水面滑行中有足够的航向稳定性和操纵性。飞机的操纵力可接受,不需过大的操纵力即可完成正常操作,且无不正常的操纵力特性。根据实际试飞验证的侧风分量值,制定了针对飞机起飞和着陆或着水的侧风限制条件。

参考文献

[1] 14 CFR 修正案 25 - 42 Airworthiness Review Program；Amendment No. 6：Flight Amendments [S].

[2] 14 CFR 修正案 25 - 108 1 - g Stall Speed as the Basis for Compliance with Part 25 of the Federal Aviation Regulations [S].

[3] 14 CFR 修正案 25 - 121 Airplane Performance and Handling Qualities in Icing Conditions [S].

[4] FAA. AC25. 773 - 1 Pilot Compartment View Design Considerations，[S]. 1993.

[5] FAA. AC25 - 7C Flight Test Guide for Certification of Transport Category Airplanes [S]. 2012.

运输类飞机适航标准
第25.251条符合性验证

1 条款介绍

1.1 条款原文

第25.251条 振动和抖振

(a) 飞机必须通过飞行演示在任何很可能的运行情况下,都不会发生任何妨碍继续安全飞行的振动和抖振。

(b) 必须通过飞行演示飞机的每一部件,在不超过 V_{DF}/M_{DF} 的任何相应速度和动力条件下,不会发生过度的振动。必须使用验证过的最大速度来按第25.1505条的要求制定飞机的使用限制。

(c) 除本条(d)的规定外,在正常飞行中,包括巡航期间的形态变化,不得存在强烈程度足以干扰操纵飞机、引起空勤人员过度疲劳或引起结构损伤的抖振状态,在上述限度以内的失速警告抖振是允许的。

(d) 在速度直到 V_{MO}/M_{MO} 的直线飞行巡航形态,不得有可觉察的抖振,但失速警告抖振是允许的。

(e) 对于 M_D 大于0.6或最大使用高度超过7,600米(25,000英尺)的飞机,必须按飞机申请审定的空速或马赫数、重量和高度范围,确定其巡航形态下发生可察觉抖振的正机动载荷系数。该载荷系数、速度、高度和重量的包线必须为正常运行提供足够的速度和载荷系数范围。可能发生的无意中对抖振边界的超越,不得导致不安全的状态。

〔中国民用航空局1995年12月18日第二次修订,2011年11月7日第四次修订〕

1.2 条款背景

第25.251条出现的背景是为了确保飞机在任何很可能的运行情况下不会出现妨碍继续安全飞行的振动和抖振。

1.3 条款历史

第25.251条在CCAR25部初版首次发布,截至CCAR-25-R4,该条款共修订过2次,如表1-1所示。

表 1 - 1　第 25.251 条条款历史

第 25.251 条	CCAR25 部版本	相关 14 CFR 修正案	备　注
首次发布	初版	25 - 23	
第 1 次修订	R2	25 - 72,25 - 77	
第 2 次修订	R4	—	文字修订

1.3.1　首次发布

1985 年 12 月 31 日发布了 CCAR25 部初版,其中包含第 25.251 条,该条款参考 1970 年 5 月 8 日发布的 14 CFR 修正案 25 - 23 中的 §25.251 的内容制定。14 CFR 修正案 25 - 23 相对于 1965 年发布的 14 CFR 修正案 25 - 0,主要修订了 §25.251(c),要求在正常飞行,包括巡航期间的构型变化,不应存在剧烈的抖振干扰操纵飞机;新增加了 §25.251(d)和(e),补充了重量、高度和速度以及载荷方面的限制。

1.3.2　第 1 次修订

1995 年 12 月 18 日发布的 CCAR - 25 - R2 对第 25.251 条进行了第 1 次修订,本次修订参考了 14 CFR 修正案 25 - 72 和 14 CFR 修正案 25 - 77 中 §25.251 的内容制定。14 CFR 修正案 25 - 72 主要修订了 §25.251(c),增加了"对于 M_D 大于 0.6 或者最大使用高度超过 7 600 m(25 000 英尺)的飞机"的限定,使条款更清楚、明确;14 CFR 修正案 25 - 77 主要修订了 §25.251(a)和(b),对振动和抖振明确提出了飞行演示的要求。

1.3.3　第 2 次修订

2011 年 11 月 7 日发布的 CCAR - 25 - R4 对第 25.251 条进行了第 2 次修订,主要是文字上的修改,实质性内容无变化。

2　条款解读

2.1　条款要求

第 25.251 条的目的是确定在巡航状态下,初始抖动发生时飞机升力系数与马赫数组合的边界,以表明在任何给定的飞机总重、高度和马赫数限制范围内,飞机能够按规定的法向加速度作机动飞行。

第 25.251(a)款为总则性要求,即在任何很可能的运行情况下,都不会发生任何妨碍继续安全飞行的振动和抖振,并且明确了必须通过飞行演示来表明。

第 25.251(b)款明确了必须通过飞行演示来验证:在不超过 V_{DF}/M_{DF} 的任何速度和动力条件下,不出现过度振动,同时明确:使用验证过的最大速度按第 25.1505 条制定使用限制。

第 25.251(c)款明确了在正常飞行中,包括巡航期间飞机形态变化,不得存在

过度抖振,并且明确出现下列抖振就应该认为是过度的:

(1) 能引起结构损伤或者持续一段时间后能够导致结构损伤。

(2) 能引起驾驶员疲劳或干扰驾驶员从而影响飞机或飞机各系统的操纵。

(3) 影响飞行仪表的可读性的振动和抖动。

第 25.251(d)款明确了在巡航构型时,并且速度直到 V_{MO}/M_{MO},不允许有可察觉的抖振。

第 25.251(e)款要求应在飞机合格审定的空速和/或马赫数、重量、高度,确定可觉察抖振的正机动载荷系数,即确定抖振起始包线,并且该包线可为正常运行提供足够的速度和载荷系数范围。

2.2 相关条款

与第 25.251 条相关的条款如表 2-1 所示。

表 2-1 第 25.251 条相关条款

序　号	相　关　条　款	相　　关　　性
1	第 25.1505 条	第 25.251 条为确定第 25.1505 条中的最大使用限制速度提供了依据

3 验证过程

3.1 验证对象

第 25.251 条的验证对象为飞机的振动和抖振特性。

3.2 符合性验证思路

对于第 25.251 条,主要是通过振动与抖振试飞试验获得进入抖振的机动飞行试验数据,然后通过计算分析工作,绘制出合格审定的空速或马赫数、重量和高度范围内以及相应过载范围内的抖振包线,从而对飞行试验状态点进行扩展,说明在任何可能的运行情况下,都不会发生任何妨碍继续安全飞行的振动和抖振。

3.3 符合性验证方法

通常,针对第 25.251 条的符合性验证方法如表 3-1 所示。

表 3-1 建议的符合性方法

条　款　号	专　业	符 合 性 方 法										备　注
		0	1	2	3	4	5	6	7	8	9	
第 25.251(a)款	操　稳							6				
第 25.251(b)款	操　稳							6				
第 25.251(c)款	操　稳							6				

条 款 号	专 业	符 合 性 方 法										备 注
		0	1	2	3	4	5	6	7	8	9	
第 25.251(d)款	操 稳							6				
第 25.251(e)款	操 稳			2				6				

3.4　符合性验证说明

3.4.1　第 25.251(a)款符合性验证说明

针对第 25.251(a)款采用的符合性验证方法包括 MOC6,具体验证工作如下:

按照第 25.251(b)款、第 25.251(c)款、第 25.251(d)款、第 25.251(e)款要求设置飞机构型并完成相应的飞行演示,包括 V_{DF}/M_{DF} 演示飞行、V_{MO}/M_{MO} 平飞、前重心抖振边界飞行、机动稳定性(后重心)飞行。在 V_{DF}/M_{DF} 演示飞行过程中评价飞机过度振动情况。在 V_{MO}/M_{MO} 平飞过程中评价飞机可觉察的抖振情况。在前重心抖振边界飞行过程中确定机动过程中的初始抖振点。在机动稳定性(后重心)飞行中,通过收敛转弯直到制止性抖振、推杆器工作或 2.5g 过载,确定杆力—过载曲线。

3.4.2　第 25.251(b)款符合性验证说明

针对第 25.251(b)款采用的符合性验证方法包括 MOC6,具体验证工作如下:

飞机以 V_{DF}/M_{DF} 的速度在若干个高度上飞行,高度范围从切实可行的最大巡航高度到切实可行的最低实际高度。飞行试验从 V_{MO}/M_{MO} 配平状态开始,推力不超过最大连续推力。飞机总重设置为在巡航状态下实际上能达到的最大重量,重心处于或接近于后限。

(1) 在 V_{DF}/M_{DF} 速度上,使用增阻装置(扰流板和阻力板);如果反推力装置设计为供在空中使用,则在其极限速度状态下使用。

(2) 对于装有气动除冰套的飞机,在直到 V_{MO}/M_{MO} 速度上,在除冰装置接通和断开(如果是自动的)或不工作状态下评定飞机振动或抖振情况。

如果要求在除冰装置接通时把最大使用速度(V_{MO}/M_{MO})限制到一个较低值,则表明在新的 V_{MO}/M_{MO} 加上在除冰装置断开时确定的速度扩展量(V_{MO}/M_{MO} 至 V_{DF}/M_{DF})的速度上评价飞机振动或抖振情况。

3.4.3　第 25.251(c)款符合性验证说明

第 25.251(c)款采用的符合性验证方法包括 MOC6,具体验证工作如下:

演示在正常飞行起落过程中,包括巡航期间形态变化,评价飞机抖振状态情况。

3.4.4　第 25.251(d)款符合性验证说明

第 25.251(d)款采用的符合性验证方法包括 MOC6,具体验证工作如下:

在重心前限、临界重量和高度的初始组合建立初始配平状态，再使用最大连续推力将飞机在 1g 飞行中加速到 V_{MO}/M_{MO}。演示表明在直到 V_{MO}/M_{MO} 的任一速度的直线飞行中没有出现可察觉的抖振。

3.4.5 第 25.251(e)款符合性验证说明

针对第 25.251(e)款，采用的符合性验证方法包括 MOC2 和 MOC6，各项验证工作如下：

1）MOC2 验证过程

通过振动与抖振试飞计算分析工作，在飞机合格审定的空速或马赫数、重量和高度范围内，确定其在巡航形态下发生可察觉抖振的正机动载荷系数。

2）MOC6 验证过程

充分进入抖振的机动飞行试验风险较大，一般不采用。通常采用驾驶飞机的飞行员针对下述条件下评价飞机的特性。

（1）飞机构型为前重心、大重量，并且飞机处于不同试飞高度，速度从失速抖振速度直到 V_{MO}/M_{MO}，确定初始抖振边界。

（2）飞机构型为后重心、小重量，飞机配平，进行收敛转弯，直到接近抖振开始，验证范围为对于抖振起始点出现在大约为 +1g 和 +2g 之间的各种载荷系数时的所有重量/高度/速度组合；除非存在足够的抖振或其他现象（自然的、人工的或两者组合），其强度能强烈而有效地制止驾驶员进一步施加使飞机抬头的纵向操纵力，从而使飞机不会有超过限制载荷系数的危险。

3.5 符合性文件清单

通常，针对第 25.251 条的符合性文件清单如表 3-2 所示。

表 3-2 建议的符合性文件清单

序 号	符合性报告	符合性方法
1	抖振与振动试飞大纲	MOC6
2	飞机抖振特性计算报告	MOC2
3	飞机抖振特性试飞报告	MOC6

4 符合性判据

第 25.251 条的符合性判据如下：

针对第 25.251(a)款，在抖振和抖振边界试飞科目所有试验的状态点上，没有发生任何妨碍继续安全飞行的振动和抖振。

针对第 25.251(b)款，在不超过 V_{DF}/M_{DF} 的任何相应速度和动力条件下，飞机都没有发生过度的振动。

针对第 25.251(c)款，在正常飞行中，没有出现强烈程度足以干扰飞机操纵、引起空勤人员过度疲劳或引起结构损伤的抖振。

　　针对第 25.251(d)款,在速度直到 V_{MO}/M_{MO} 的直线飞行巡航状态,飞机操纵和响应正常,没有可觉察的抖振。

　　针对第 25.251(e)款,飞机的俯仰趋势是柔和、易于控制的;飞机对纵向主操纵的俯仰响应是可预测的;直到初始抖振边界的杆力都随过载增加而增加;超过初始抖振边界后,飞机杆力未出现反向,对抖振边界的超越不会导致不安全的状态。且不需特殊技巧即可进入及改出试验状态。

参考文献

［1］ 14 CFR 修正案 25 - 77 Vibration, Buffet and Aeroelastic Stability Requirements for Transport Category Airplanes［S］.

［2］ 14 CFR 修正案 25 - 72 Special Review:Transport Category Airplane Airworthiness Standards［S］.

［3］ FAA. AC25 - 7C Flight Test Guide for Certification of Transport Category Airplanes［S］. 2012.

［4］ FAA. AC25. 253 - 1A High - Speed Characteristics［S］. 1976.

［5］ FAA. AC25. 629 - 1A Aeroelastic Stability, Substantiation, Transport Category Airplanes［S］. 1998.

运输类飞机适航标准
第 25.253 条符合性验证

1 条款介绍

1.1 条款原文

第 25.253 条　高速特性

（a）增速特性和速度恢复特性　必须满足下列对增速特性和速度恢复特性的要求：

（1）很可能引起无意中增速（包括俯仰和滚转的颠倾）的运动状态和特性，必须用配平在直至 V_{MO}/M_{MO} 的任一很可能使用的巡航速度的飞机来模拟。这些运行状态和特性包括突风颠倾、无意的操纵动作、相对于操纵系统摩擦来说，较低的杆力梯度、旅客的走动、由爬升改为平飞以及由 M 数限制高度下降到空速限制高度。

（2）计及有效的固有或人为速度警告发出后驾驶员作出反应的时间，必须表明在下述条件下能够恢复到正常的姿态，并且速度降低到 V_{MO}/M_{MO}：

（i）不需要特别大的驾驶杆力或特殊的技巧；

（ii）不超过 V_D/M_D，V_{DF}/M_{DF} 及各种结构限制；

（iii）不出现会削弱驾驶员判读仪表或操纵飞机恢复正常的能力的抖振。

（3）飞机在不超过 V_{MO}/M_{MO} 的任一速度配平，在直到 V_{DF}/M_{DF} 的任一速度下，对绕任一轴的操纵输入不得有反逆响应。飞机的俯仰、横滚或偏航的倾向必须轻微，并可用正常驾驶技巧即刻控制。当飞机在 V_{MO}/M_{MO} 配平后，在大于 V_{FC}/M_{FC} 的速度下，升降舵操纵力相对速度的关系曲线斜率不一定要稳定，但是在直到 V_{DF}/M_{DF} 的所有速度下，必须为推力，而且在达到 V_{DF}/M_{DF} 时，升降舵的操纵力不得有突然或过度的减小。

（b）具有稳定性的最大速度 V_{FC}/M_{FC}　V_{FC}/M_{FC} 是襟翼和起落架收起时，必须满足第 25.143（g）条、第 25.147（e）条、第 25.175（b）（1）条、第 25.177 条和第 25.181 条要求的最大速度。除非第 25.253 条（c）中另有规定，该速度不得小于 V_{MO}/M_{MO} 和 V_{DF}/M_{DF} 的平均值，但在 M 数成为限制因素的高度，M_{FC} 不必超过发出有效速度警告的 M 数。

（c）结冰条件下具有稳定性的最大速度　　在附录 C 所规定的冰积聚条件下具有稳定性的最大速度,应当满足 25.143(g),25.147(e),25.175(b)(1)、25.177 和 25.181 条的要求,取下列值中较小值:

（1）校正空速 300 节;

（2）V_{FC};或

（3）经演示由于动压的增加使机体不会产生冰积聚的速度。

〔中国民用航空局 1995 年 12 月 18 日第二次修订,2001 年 5 月 14 日第三次修订,2011 年 11 月 7 日第四次修订〕

1.2　条款背景

第 25.253 条出现的背景是评价飞机的增速特性和速度恢复特性,同时规定飞机应该具备的最大稳定速度。

1.3　条款历史

第 25.253 条在 CCAR25 部初版首次发布,截至 CCAR - 25 - R4,该条款共修订过 3 次,如表 1 - 1 所示。

表 1 - 1　第 25.253 条条款历史

第 25.253 条	CCAR25 部版本	相关 14 CFR 修正案	备　注
首次发布	初版	25 - 23,25 - 54	
第 1 次修订	R2	25 - 72	
第 2 次修订	R3	25 - 84	
第 3 次修订	R4	25 - 121	

1.3.1　首次发布

1985 年 12 月 31 日发布了 CCAR25 部初版,其中包含第 25.253 条,该条款参考 1970 年 5 月 8 日发布的 14 CFR 修正案 25 - 23 和 1980 年 10 月 14 日发布的 14 CFR 修正案 25 - 54 中的 §25.253 的内容制定。14 CFR 修正案 25 - 23 相对于 1965 年发布的 14 CFR 修正案 25 - 0,将 §25.253(a)(2) 中的"高度"改为了"姿态",此次修订仅为文字性修订;14 CFR 修正案 25 - 54 修订了 §25.253(a)(2)(ii),将"不会引起结构损伤的抖振"改为了"不出现会削弱驾驶员判读仪表或操纵飞机恢复正常的能力的抖振",修订是因为高速特性飞行试验不是为了演示结构强度。

1.3.2　第 1 次修订

1995 年 12 月 18 日发布的 CCAR - 25 - R2 对第 25.253 条进行了第 1 次修订,本次修订参考了 14 CFR 修正案 25 - 72 中的 §25.253 的内容制定。14 CFR 修正案 25 - 72 修订了 §25.253(a)(3),明确了飞机配平速度的上限为 V_{MO}/M_{MO},同时

对配平在 V_{MO}/M_{MO} 时，飞机速度在 V_{FC}/M_{FC} 和 V_{DF}/M_{DF} 之间的升降舵操纵力提出了具体要求，对"反逆响应"进行了更明确的说明。

1.3.3 第 2 次修订

2001 年 5 月 14 日发布的 CCAR－25－R3 对第 25.253 条进行了第 2 次修订，本次修订参考了 14 CFR 修正案 25－84 中的 § 25.253 的内容制定。14 CFR 修正案 25－84 协调了 FAA 规章与欧洲适航规章 § 25.253 中 V_{FC}/M_{FC} 的定义，并且在 § 25.253(b) 中增加了对 § 25.143(f) 的引用。

1.3.4 第 3 次修订

2011 年 11 月 7 日发布的 CCAR－25－R4 对第 25.253 条进行了第 3 次修订，本次修订参考了 14 CFR 25 修正案 25－121 中的 § 25.253 的内容制定。14 CFR 25 修正案 25－121 对 § 25.253(b) 的内容进行了调整，增加了 § 25.253(c) 内容，对结冰条件下具有稳定性的最大速度进行了定义和要求。

2 条款解读

2.1 条款要求

本条款的目的主要有：确定飞机的 V_{FC}/M_{FC} 和结冰条件下具有稳定性的最大速度；评价飞机高速时飞机速度增加后运动状态和特性；评价高速时飞机从速度增加过程中改出能力。

第 25.253(a) 款提出了增速特性和速度恢复特性必须满足的要求。在确定必要的飞行试验时，至少须考虑下列因素：

(1) 从 V_{MO}/M_{MO} 直到 V_{DF}/M_{DF} 的纵向操纵效率。

(2) 任何合理的、可能的误配平对颠倾改出的影响。

(3) 动稳定性和静稳定性。

(4) 在巡航速度直到 V_{MO}/M_{MO} 的任一速度下配平，由于旅客走动等引起的速度增加。

(5) 压缩性效应引起的配平变化。

(6) 从无意的速度增加中改出时的特性。

(7) 垂直阵风和水平阵风所引起的颠倾。

(8) 水平阵风和逆温层引起的速度增加。

(9) 对 V_{MO}＋6 节/M_{MO}＋0.01M 有效的不会出错的声音速度告警信号。

(10) 减速装置使用时的速度和飞行航迹的控制。

(11) 使用减速装置所引起的操纵力的可控制性。

其中，"V_{MO}/M_{MO}"是指最大使用速度/马赫数，即飞机在正常使用中允许的最大飞行速度/马赫数。

"V_{FC}/M_{FC}"是指具有稳定性的最大速度，即必须满足正常操纵和稳定性要求的最大验证速度/马赫数。

"V_{DF}/M_{DF}"是指最大飞行演示俯冲速度/马赫数。

第 25.253(b)款定义了具有稳定性的最大速度"V_{FC}/M_{FC}",并规定除非在第 25.253(c)款中另有规定,该速度不得小于 V_{MO}/M_{MO} 和 V_{DF}/M_{DF} 的平均值,但在马赫数成为限制因素的高度,M_{FC} 不必超过发出有效速度告警的马赫数。

第 25.253(c)款主要定义了在结冰条件下具有稳定性的最大速度。

2.2 相关条款

与第 25.253 条相关的条款如表 2-1 所示。

表 2-1　第 25.253 条相关条款

序　号	相关条款	相　关　性
1	第 25.143 条	第 25.253 条确定的 V_{FC}/M_{FC} 必须满足第 25.143(g)款的要求
2	第 25.147 条	第 25.253 条确定的 V_{FC}/M_{FC} 必须满足第 25.147(e)款的要求
3	第 25.175 条	第 25.253 条确定的 V_{FC}/M_{FC} 必须满足第 25.175(b)(1)项的要求
4	第 25.177 条	第 25.253 条确定的 V_{FC}/M_{FC} 必须满足第 25.177 条的要求
5	第 25.181 条	第 25.253 条确定的 V_{FC}/M_{FC} 必须满足第 25.181 条的要求

3　验证过程

3.1　验证对象

第 25.253 条的验证对象为飞机的高速特性。

3.2　符合性验证思路

第 25.253 条主要是确定飞机在正常气象条件下和结冰条件下具有稳定性的最大速度,同时验证在重心移动、无意的速度增加、阵风颠倾、减速装置使用、飞行状态变化等情况下,并且飞机处于高速时的增速特性和速度恢复特性。因此,针对第 25.253 条,一般采用高速特性试飞试验来表明符合性。

3.3　符合性验证方法

通常,针对第 25.253 条的符合性验证方法如表 3-1 所示。

表 3-1　建议的符合性方法

条　款　号	专　业	符 合 性 方 法										备　注
		0	1	2	3	4	5	6	7	8	9	
第 25.253(a)款	操　稳							6				
第 25.253(b)款	操　稳							6				
第 25.253(c)款	操　稳							6				

3.4　符合性验证说明

3.4.1　第 25.253(a)款符合性验证说明

针对第 25.253(a)款,采用的符合性验证方法为 MOC6,具体验证工作如下:

完成下列高速特性试飞试验:

(1)重心移动:根据飞机内部布局情况,按典型数量的乘客和/或服务车向前移动到最可能的位置来改变重心,在超速告警发出 3 秒后改出。

(2)无意的速度增加:V_{MO}/M_{MO} 速度配平,对俯仰施加足够大的向前力使得飞机产生 0.5g 的过载,保持 5 秒,然后以不大于 1.5g 的载荷改出。

(3)突风颠倾:在试验时操纵面偏移量适应于飞机的型别,并取决飞机的稳定性,对于具有高机动性和低机动性的飞机分别采用上限和下限。

a. 纵向颠倾:V_{MO}/M_{MO} 速度配平,采用平飞所需功率/推力,但不大于最大连续功率/推力配平飞,减小速度,而后使机头产生 $6°\sim12°$ 的机头下俯姿态,以模拟垂直平面内的突风,加速到超速告警发出 3 秒后改出。

b. 横向颠倾:V_{MO}/M_{MO} 速度配平,使用迅速滚转来模拟突风,倾斜角不得小于 $45°$,也不得大于 $60°$,在达到倾斜角的过程中,方向舵和纵向操纵机构应保持不变,在达到这个倾斜角时滚转角速度应受到阻止,之后松手至少 10 秒或超速告警发出 3 秒,取先出现者。

c. 双轴颠倾:V_{MO}/M_{MO} 速度配平,建立俯仰姿态,在达到 V_{MO}/M_{MO} 之前使飞机滚转 $15°\sim25°$,保持既定姿态直到超速告警发出后 3 秒。

(4)由爬升转入平飞:飞机先配平于有代表性的爬升状态,推力为最大允许爬升推力/功率状态,完成由爬升转入平飞直到超速告警发出后 3 秒,然后使用不大于 1.5g 的过载完成改出。

(5)从马赫数限制高度下降:按规定的限制空速程序表进行下降,直到超速告警发出后 3 秒,然后使用不大于 1.5g 的过载完成改出。

(6)减速装置的使用:演示在高速飞行时打开减速板不会产生过度的飞行航迹偏差,以 V_{MO}/M_{MO} 水平飞行配平飞机,在大于 V_{MO}/M_{MO}、但没有大到在机动时会超过 V_{DF}/M_{DF} 的速度上,打开减速板到驾驶员所选择的任一位置,不产生:

a. 驾驶杆松浮时,正的法向过载大于 2.0g。

b. 需要超过 20 磅的纵向操纵力来克服低头力矩以保持 1g 飞行。

(7)俯冲到 V_{DF}/M_{DF}:在 V_{MO}/M_{MO} 配平飞机到稳定飞行,之后使飞机颠倾,沿着比初始航迹低 $7.5°$ 的飞行航迹飞行 20 秒,然后以 1.5g 的过载改出。

3.4.2　第 25.253(b)款和(c)款符合性验证说明

针对第 25.253(b)款和(c)款采用的符合性验证方法包括 MOC6,具体验证工作如下:

在验证第 25.143(g)款的过载杆力梯度—机动特性试飞科目,验证第 25.147

(e)款的横向操纵—双发工作试飞科目,验证第 25.175(b)(1)项的纵向静稳定性—高速巡航试飞科目,验证第 25.181 条的横向和航向静稳定性试飞科目,验证在第 25.181 条的纵向动稳定性和横航向动稳定性试飞科目中对 V_{FC}/M_{FC} 进行验证,表明在选定的 V_{FC}/M_{FC} 上第 25.143(g)款、第 25.147(e)款、第 25.175(b)(1)项和第 25.177 条要求可以满足。基于对这些条款的验证结果,进而表明符合第 25.253(b)款和(c)款要求。

3.5 符合性文件清单

通常,针对第 25.253 条的符合性文件清单如表 3-2 所示。

表 3-2 建议的符合性文件清单

序 号	符 合 性 报 告	符合性方法
1	高速特性试飞大纲	MOC6
2	高速特性试飞报告	MOC6

4 符合性判据

针对第 25.253(a)款,高速特性试飞相关符合性判据为:

(1)飞机机动过程中最大速度对应最大速度增量 ΔV 满足 $V_{MO}+\Delta V \leqslant V_{DF}-9$ 节(9 节为空速系统制造误差 3 节和超速警告系统误差 6 节之和);最大 M 数对应最大马赫数增量 ΔM 满足 $M_{MO}+\Delta M \leqslant M_{DF}-0.015$,即(0.015M 为上空速系统的制造误差 0.005M 和超速警告系统误差 0.01M 之和)。

(2)最大纵向操纵力满足第 25.143(c)款对杆力的要求,不需要特别大的驾驶杆力或特殊的技巧;没有出现会削弱驾驶员判读仪表或操纵飞机恢复正常的能力的抖振的现象。

(3)俯冲过程使用的是推力,俯冲过程没有出现操纵反逆响应,俯冲过程仅需要正常驾驶技巧,俯冲过程中对应最大速度增量 ΔV 和最大马赫数增量 ΔM,满足 $V_{MO}+\Delta V < V_{DF}$,$M_{MO}+\Delta M < M_{DF}$;俯冲过程改出不需要特别大的驾驶杆力或特殊的技巧,也没有出现会削弱驾驶员判读仪表或操纵飞机恢复正常的能力的抖振的现象。

(4)在大纲规定的试验点打开减速板时,飞机满足如下要求:当驾驶杆松浮时,最大正的法向过载系数小于 2.0;飞机最大需要不超过 20 磅的纵向操纵力来克服低头力矩以保持 1g 飞行。

针对第 25.253(b)款和(c)款的符合性判据为:选定的 V_{FC}/M_{FC} 在第 25.143(f)款、第 25.147(e)款、第 25.175(b)(1)项、第 25.177 条和第 25.181 条相应试飞科目中进行了验证。

参考文献

[1] 14 CFR 修正案 25 – 23 Transport Category Airplane Type Certification Standards [S].

[2] 14 CFR 修正案 25 – 54 Airworthiness Review Program; Amendment No. 8A: Aircraft, Engine, and Propeller Airworthiness, and Procedural Amendments [S].

[3] 14 CFR 修正案 25 – 72 Special Review: Transport Category Airplane Airworthiness Standards [S].

[4] 14 CFR 修正案 25 – 84 Revision of Certain Flight Airworthiness Standards to Harmonize With European Airworthiness Standards for Transport Category Airplanes [S].

[5] 14 CFR 修正案 25 – 121 Airplane Performance and Handling Qualities in Icing Conditions [S].

[6] FAA. AC25 – 7C Flight Test Guide for Certification of Transport Category Airplanes [S]. 2012.

[7] FAA. AC25. 253 – 1A High – Speed Characteristics [S]. 1976.

[8] FAA. AC25 – 25 Performance and Handling Characteristics in the Icing Conditions Specified in Part 25, Appendix C [S]. 2007.

运输类飞机适航标准
第25.255条符合性验证

1 条款介绍

1.1 条款原文

第25.255条 失配平特性

(a) 从飞机在不超过 V_{MO}/M_{MO} 的巡航速度配平的初始状态开始,在机头上仰和下沉两个方向上的失配平程度为下列两者中之大者时,飞机必须有满意的机动稳定性和操纵性:

(1) 纵向配平系统以其对应于特定飞行状态的正常速率,在没有气动载荷的情况下移动3秒钟(对于没有动力作动配平系统的飞机为相应的失配平程度),除非是受到配平系统止动器的限制(包括第25.655(b)条对于可调水平安定面要求的止动器)。

(2) 在高速巡航状态维持平飞时,自动驾驶仪所能承受的最大误配量。

(b) 在本条(a)规定的失配平状态,当法向加速度从+1 g变为本条(c)规定的正值和负值时,要求:

(1) 杆力对g的曲线在直到和包括 V_{FC}/M_{FC} 的任何速度必须有正的斜率;

(2) 在 V_{FC}/M_{FC} 和 V_{DF}/M_{DF} 之间的各种速度,纵向主操纵力的方向不得反逆。

(c) 除本条(d)和(e)规定者外,必须在下述两种法向加速度范围之一的飞行中演示对本条(a)规定的符合性:

(1) -1 g到+2.5 g;

(2) 0 g至2.0 g,用可接受的方法外推到-1 g和+2.5 g。

(d) 如果用本条(c)(2)规定的程序来演示符合性,而在关于纵向主操纵力反逆的试飞中存在临界情况,则必须从发现存在该临界情况时的法向加速度到本条(c)(1)规定的相应限制范围进行试飞。

(e) 在本条(a)要求的试飞中,不必超过第25.333(b)条和第25.337条规定的限制机动载荷系数以及与很可能无意中超越按第25.251(e)条确定的抖振边界相关的机动载荷系数。此外,法向加速度小于1 g的试飞演示的进入速度,必须在不

超过 V_{DF}/M_{DF} 就能完成改出的限度以内。

(f) 在本条(a)规定的失配平状态,必须从 V_{DF}/M_{DF} 的超速情况,施加不大于556 牛(57 公斤;125 磅)的纵向操纵力,就能产生至少 1.5 g 的法向加速度改出,此时可仅用纵向主操纵或辅以纵向配平系统,如果采用纵向配平辅助产生所要求的载荷系数,必须在 V_{DF}/M_{DF} 表明能沿使飞机抬头的方向驱动纵向配平机构,而主操纵面承受的载荷对应于下列使飞机抬头操纵力中的最小者:

(1) 按第 25.301 条和第 25.397 条所规定的服役中预期最大操纵力;

(2) 产生 1.5 g 所需的操纵力;

(3) 对应于抖振或其它现象的操纵力,这些现象的剧烈程度足以强有力地制止进一步施加纵向主操纵力。

1.2　条款背景

曾经,装有可配平安定面的喷气运输机曾遇到过因"急流颠倾"而造成高速俯冲的现象。当飞机在低头方向误配平并加速到很高速度,会出现升降舵效率不足以改出,并且,水平安定面的电机由于作用在水平安定面上的气动载荷过大而不能转动,从而使水平安定面不能在抬头方向配平。制订第 25.255 条是为了预防在高速误配平飞行时出现不良特性。

1.3　条款历史

第 25.255 条在 CCAR25 部初版首次发布,截至 CCAR - 25 - R4,该条款未修订过,如表 1 - 1 所示。

表 1 - 1　第 25.255 条条款历史

第 25.255 条	CCAR25 部版本	相关 14 CFR 修正案	备　　注
首次发布	初版	25 - 42	

1985 年 12 月 31 日发布了 CCAR25 部初版,其中包含第 25.255 条,该条款参考 1978 年 3 月 1 日发布的 14 CFR 修正案 25 - 42 中的 §25.255 内容制定。14 CFR 修正案 25 - 42 新增了 §25.255,对失配平的飞机在高速条件下机动稳定性和速度恢复特性提出了要求。

2　条款解读

2.1　条款要求

第 25.255 条的目的是确保保证在高速条件下机头上仰和下沉两个方向上的失配平时,飞机必须有满意的机动稳定性和操纵性。

第 25.255(a)款是一般性要求,该款中的机动稳定性可用所加的操纵力与飞机重心处的法向加速度的关系曲线表示,此时必须把误配平量调定到下列值中的大者：

（1）第 25.255(a)(1)项规定,纵向配平系统以其在特定飞行状态的正常速率在无气动载荷的条件下移动 3 秒。由于许多现代的配平系统是变速率系统,为了提供统一标准,因此该项要求确定机动条件,并用该条件下的无载荷配平速率来设定所要求的误配平量。对于无动力配平系统的飞机,经验表明,适用的纵向误配平量为产生 30 磅操纵力所必需的值或达到配平极限,取先出现者。

（2）第 25.255(a)(2)项规定,在高速巡航状态维持平飞时,自动驾驶仪所能承受的最大误配量。高速巡航状态对应于以最大连续功率或推力所达到的速度或 V_{MO}/M_{MO},取先出现者。自动驾驶仪的最大误配平量可能是几个变量的函数(如空速、重量、重心、杆位移等),因此,误配平量应与试验状态相对应。

第 25.255(b)款制定了失配平状态下正的机动稳定性的基本要求,用以表明在直到 V_{FC}/M_{FC} 的所有速度上有正的机动稳定性,并且在 V_{FC}/M_{FC} 和 V_{DF}/M_{DF} 之间的各种速度纵向操纵力没有出现反逆现象。

第 25.255(c)款要求：研究机动稳定性(第 25.255(b)款)要包括—1g 和 +2.5g 之间的所有能达到的加速度值。与此有关的第 25.333(b)款和第 25.337 条限制最大负 g 值在 V_D 时为 0g。第 25.251 条对于在抖振成为问题的那些高度,进一步限制为由于可能出现的非有意偏离而超过抖振起始边界的 g 值。第 25.255(c)(2)项允许使用可接受的方法对飞行试验数据进行合理的外推。例如,如果在 0g 到 +2g 之间的杆力梯度和预测值一致,那么外推到—1g 和 2.5g 应是允许的。

第 25.255(d)款要求：如果飞行试验时存在着边界条件,则在第 25.255(b)(1)项的适用限制范围的边界上进行飞行试验。

第 25.255(e)款要求：研究内容只限制于飞机结构强度限制和可能的无意中超过抖振起始包线情况下所对应的机动载荷系数,同时也考虑到在—1g 到 +1g 范围内的试验条件下速度会明显增加这一事实,并且限制进入速率以避免超过 V_{DF}/M_{DF}。

第 25.255(f)款要求：在第 25.255(a)款所述的失配平情况下,从 V_{DF}/M_{DF} 的超速状态改出时,必须能产生至少 +1.5g 的法向加速度。如果在合理预期的高度上,从 V_{DF}/M_{DF} 开始改出颠倾时,由于不利的飞行特性而不能达到该法向加速度,则应将飞机的飞行包线(重心、V_{DF}/M_{DF}、高度等)限制在能达到 +1.5g 法向加速度的范围。如果为获得 +1.5g 的法向加速度而必须使用配平,则必须通过在主操纵面承受的载荷为下列三个规定值中的最小值情况下进行操作予以证明。

（1）使用第 25.397 条的飞行员限制载荷所引起的力(300 磅)。

（2）产生 +1.5g 的法向加速度所要求的操纵力(125 和 300 磅之间)。

（3）产生强度足以抑制进一步施加纵向主操纵系统的操纵力的抖振或其他现象时所对应的操纵力。

2.2　相关条款

与第25.255条相关的条款如表2-1所示。

表2-1　第25.255条相关条款

序　号	相关条款	相　关　性
1	第25.251条	第25.251条确定的抖振边界相关的机动载荷系数需要作为第25.255条验证的输入条件
2	第25.301条	第25.301条确定的服役中预期最大操纵力需要作为第25.255条验证的输入条件
3	第25.333条	第25.333条规定的限制机动载荷系数需要作为第25.255条验证的输入条件
4	第25.337条	第25.337条规定的限制机动载荷系数需要作为第25.255条验证的输入条件
5	第25.397条	第25.397条确定的服役中预期最大操纵力需要作为第25.255条验证的输入条件
6	第25.655条	第25.655条关于可调水平安定面要求的止动器相关限制需要作为第25.255条验证的输入条件

3　验证过程

3.1　验证对象

第25.255条的验证对象为飞机的失配平特性。

3.2　符合性验证思路

针对第25.255条,首先确定失配平量,然后通过失配平特性试飞试验验证失配平状态下杆力—过载特性和验证俯冲到V_{DF}/M_{DF}改出能力来表明。

3.3　符合性验证方法

通常,针对第25.255条的符合性验证方法如表3-1所示。

表3-1　建议的符合性方法

条　款　号	专　业	符 合 性 方 法										备　注
		0	1	2	3	4	5	6	7	8	9	
第25.255条	操　稳							6				

3.4　符合性验证说明

针对第25.255条,采用的符合性验证方法包括MOC6,具体验证工作如下:
(1) 失配平量的确定。

第 25.255(a)款要求失配平特性试飞中失配平量取下述之大者：

a. 纵向配平系统在无气动载荷条件下移动 3 秒(两个方向)。

b. 自动驾驶仪在高速巡航平飞时能够承受的最大失配平量(两个方向)。

(2) 验证失配平状态下杆力—过载特性。

首先，将飞机调整到要求的高度和速度状态、发动机平飞推力但不超过最大连续功率，在 V_{MO}/M_{MO} 配平飞机到稳定直线飞行数秒时间，记录飞机的平尾配平位置，之后将飞机纵向配平向低头/抬头方向调整最大失配平量对应的角度，然后俯冲使其增速，在要求的速度/马赫数状态下通过收敛转弯或稳定拉起和推杆阶跃进行失配平条件下的杆力—过载特性试验，试验的法向加速度范围为 0g～2.5g，同时，按照第 25.255(c)(2)项的要求，将试飞结果外推到 -1g 和 2.5g。整个试验过程在对大操纵力和小操纵力来说最不利的载荷情况下进行。

(3) 验证失配平状态下验证俯冲到 V_{DF}/M_{DF} 改出能力

首先，将飞机调整到要求的高度和速度状态、发动机平飞推力但不超过最大连续功率，在 V_{MO}/M_{MO} 配平飞机到稳定直线飞行数秒时间，将飞机纵向配平向低头方向调整最大失配平量对应的角度，俯冲加速到 V_{DF}/M_{DF}，然后以不小于 1.5g 的法向加速度改出。整个试验过程在对大操纵力和小操纵力来说最不利的载荷情况下进行。

3.5 符合性文件清单

通常，针对第 25.255 条的符合性文件清单如表 3-2 所示。

表 3-2 建议的符合性文件清单

序 号	符 合 性 报 告	符合性方法
1	失配平试飞大纲	MOC6
2	失配平试飞报告	MOC6

4 符合性判据

针对第 25.255 条，失配平试飞试验相关的符合性判据如下：

(1) 失配平杆力—过载特性试飞过程中，在直到 V_{FC}/M_{FC} 的所有速度上，操纵杆力对飞机重心处法向加速度 g 的斜率都是稳定的和正的，在 V_{FC}/M_{FC} 和 V_{DF}/M_{DF} 之间的速度，纵向操纵力没有反向。

(2) 飞机从 V_{DF}/M_{DF} 的超速状态改出时，仅使用纵向主操纵能够产生至少 1.5g 的法向加速度的要求，使用纵向主操纵的杆力满足第 25.255(f)款的要求。

参考文献

[1] 14 CFR 修正案 25 - 42 Airworthiness Review Program；Amendment No. 6：Flight

Amendments [S].

[2] FAA. AC25 - 7A Change 1 Flight Test Guide for Certification of Transport Category Airplanes [S]. 1999.

[3] FAA. AC25 - 25 Performance and Handling Characteristics in the Icing Conditions Specified in Part 25, Appendix C [S]. 2007.

CCAR25 部
G 分部　使用限制和资料

运输类飞机适航标准 第25.1501条符合性验证

1 条款介绍

1.1 条款原文

第25.1501条 总则

（a）必须制定第25.1503条至第25.1533条所规定的每项使用限制以及为安全运行所必需的其它限制和资料。

（b）必须按第25.1541条至第25.1587条的规定，使这些使用限制和为安全运行所必需的其它资料可供机组人员使用。

1.2 条款背景

第25.1501条作为G分部的总则性条款，要求按照条款要求制定必要的使用限制及标记标牌，这些资料必须能提供给机组人员使用。

1.3 条款历史

第25.1501条在CCAR25部初版首次发布，截至CCAR-25-R4，该条款未进行过修订，如表1-1所示。

表1-1 第25.1501条条款历史

第25.1501条	CCAR25部版本	相关14CFR修正案	备 注
首次发布	初版	—	

1985年12月31日发布了CCAR25部初版，其中包含第25.1501条，该条款参考1964年12月24日发布的14 CFR PART 25中的第25.1501条的内容制定。

2 条款解读

2.1 条款要求

第25.1501条为G分部使用限制和资料的总则性要求，规定必须要提供第25.1503条至第25.1533条规定的使用限制，以及为安全运行所必需的其他限制和资料,并满足第 25.1541 条至第 25.1587 条的要求,通过标记标牌和飞行手册,使这些使用限制和为安全运行所必需的其他资料能提供给机组人员使用。

第 25.1503 条至第 25.1533 条所规定的使用限制包括:空速限制、重量重心限制、载重分布、动力装置限制、辅助动力装置限制、最小飞行机组、运行类型、温度高度限制、持续适航文件、机动飞行载荷系数和附加使用限制。

第 25.1541 条至第 25.1587 条的规定包括标记标牌要求及飞机飞行手册要求。

2.2　相关条款

与第 25.1501 条相关的条款如表 2 - 1 所示。

表 2 - 1　第 25.1501 条相关条款

序　号	相　关　条　款	相　关　性
1	第 25.1503 条至第 25.1533 条	制定第 25.1503 条至第 25.1533 条所规定的每项使用限制以及为安全运行所必需的其他限制和资料
2	第 25.1541 条至第 25.1587 条	按第 25.1541 条至第 25.1587 条的规定,使这些使用限制和为安全运行所必需的其他资料可供机组人员使用

3　验证过程

3.1　验证对象

第 25.1501 条验证对象为使用限制和资料。

3.2　符合性验证思路

为表明对该条款的符合性,一般采用说明性文件的方法表明:已按第 25.1503 条至第 25.1533 条的要求制定了所规定的每项使用限制以及必需的其他限制和资料,并按照第 25.1541 条至第 25.1587 条的规定,生成了这些使用限制和为安全运行所必需的其他资料,并可提供给机组人员使用。

3.3　符合性验证方法

通常,针对第 25.1501 条的符合性验证方法如表 3 - 1 所示。

表 3 - 1　建议的符合性方法

条　款　号	专　业	符 合 性 方 法										备　注
		0	1	2	3	4	5	6	7	8	9	
第 25.1501 条	总　体		1									

3.4　符合性验证说明

针对第 25.1501 条,采用的符合性方法为 MOC1,验证具体工作如下:

第 25.1501 条中提及的第 25.1503 条至第 25.1533 条所规定的使用限制包括空速限制、重量重心限制、载重分布、动力装置限制、辅助动力装置限制、最小飞行机组、运行类型、温度高度限制、持续适航文件、机动飞行载荷系数和附加使用限制。

第 25.1541 条至第 25.1587 条的规定包括标记标牌要求及飞机飞行手册要求。

编制说明性文件,引用第 25.1541 条至第 25.1587 条的符合性验证结论说明已按照第 25.1503 条至第 25.1533 条的要求制定了上述使用限制及安全运行所必需的其他资料,并按照第 25.1541 条至第 25.1587 条的要求设置了标记标牌并编写了飞机飞行手册。

3.5　符合性文件清单

通常,针对第 25.1501 条的符合性文件清单如表 3-2 所示。

表 3-2　建议的符合性文件清单

序　号	符 合 性 报 告	符合性方法
1	标记标牌设计说明	MOC1
2	飞机飞行手册	MOC1
3	各类限制说明	MOC1

4　符合性判据

制定了每项使用限制、安全运行所必需的其他限制和相关资料,生成了这些使用限制和为安全运行所必需的其他资料,可提供给机组人员使用。

参考文献

FAA. AC25.735-1 Brakes and Braking Systems Certification Tests and Analysis [S]. 2002.

运输类飞机适航标准
第 25.1503 条符合性验证

1 条款介绍

1.1 条款原文

第 25.1503 条 空速限制：总则

当空速限制是重量、重量分布、高度或 M 数的函数时，必须制定与这些因素的每种临界组合相应的限制。

1.2 条款背景

第 25.1503 条对空速限制的制定提出了总的要求，需要考虑空速限制与重量、重量分部、高度和 M 数的关系，如相关，则需要制定空速限制与这些变量相应组合的限制。

1.3 条款历史

第 25.1503 条在 CCAR25 部初版首次发布，截至 CCAR - 25 - R4，该条款未修订过，如表 1 - 1 所示。

表 1 - 1 第 25.1503 条条款历史

第 25.1503 条	CCAR25 部版本	相关 14 CFR 修正案	备 注
首次发布	初版	—	

1985 年 12 月 31 日发布了 CCAR25 部初版，其中包含第 25.1503 条，该条款参考 1964 年 12 月 24 日发布的 14 CFR PART 25 中的第 25.1503 条的内容制定。

2 条款解读

2.1 条款要求

本条款对空速限制的制定提出了总体要求，空速限制的内容：第 25.1505 条至第 25.1517 条所规定的各项速度限制，包括第 25.1505 条最大使用限制速度、第 25.1507 条机动速度、第 25.1511 条襟翼展态速度、第 25.1513 条最小操纵速度、第

25.1515 条有关起落架的速度和第 25.1517 条颠簸气流速度 V_{RA}。条款要求当空速限制是重量、重量分布、高度或 M 数的函数时,必须制定与这些因素的每种临界组合相应的限制。

2.2 相关条款

与第 25.1503 条相关的条款如表 2-1 所示。

表 2-1 第 25.1503 条相关条款

序 号	相关条款	相 关 性
1	第 25.1505 条至第 25.1517 条	如是重量、重量分布、高度或 M 数的函数时,必须制定与这些因素的每种临界组合相应的限制

3 验证过程

3.1 验证对象

第 25.1503 条的验证对象为飞机的空速限制。

3.2 符合性验证思路

为表明对该条款的符合性,一般采用说明性文件的方法表明:说明在制定第 25.1505 条至第 25.1517 条所规定的各项速度限制时考虑了空速限制与重量、重量分布、高度或 M 数等的关系,并按需制定了与这些因素的每种临界组合相应的限制。

3.3 符合性验证方法

通常,针对第 25.1503 条的符合性验证方法如表 3-1 所示。

表 3-1 建议的符合性方法

条 款 号	专 业	符 合 性 方 法										备 注
		0	1	2	3	4	5	6	7	8	9	
第 25.1503 条	总 体		1									

3.4 符合性验证说明

针对第 25.1503 条,采用的符合性方法为 MOC1,说明报告中应包括以下内容:

空速限制包括最大使用限制速度、机动速度、襟翼展态速度、最小操纵速度、有关起落架的速度、颠簸气流速度及其他相关的速度限制。

说明在制定第 25.1505 条至第 25.1517 条所规定的各项速度限制时考虑了空速限制与重量、重量分布、高度或 M 数等的关系,并按需制定了与这些因素的每种临界组合相应的限制。

3.5　符合性文件清单

通常,针对第 25.1503 条的符合性文件清单如表 3 - 2 所示。

表 3 - 2　建议的符合性文件清单

序　号	符 合 性 报 告	符合性方法
1	空速限制设计说明	MOC1

4　符合性判据

在制定第 25.1505 条至第 25.1517 条所规定的各项速度限制时考虑了空速限制与重量、重量分布、高度或 M 数等的关系,并制定了与这些因素的每种临界组合相应的限制。

运输类飞机适航标准
第 25.1505 条符合性验证

1 条款介绍

1.1 条款原文

第 25.1505 条　最大使用限制速度

最大使用限制速度（V_{MO}/M_{MO}—空速或 M 数，在特定高度取其临界者）指在任何飞行状态（爬升、巡航或下降）下，都不得故意超过的速度，但在试飞或驾驶员训练飞行中，经批准可以使用更大的速度。V_{MO}/M_{MO} 必须制定成不高于设计巡航速度 V_C，并充分低于 V_D/M_D 或 V_{DF}/M_{DF}，使得飞行中很不可能无意中超过后一速度。V_{MO}/M_{MO} 与 V_D/M_D 或 V_{DF}/M_{DF}，之间的速度余量不得小于按第 25.335(b)条确定的余量，或按第 25.253 条进行试飞时认为是必需的余量。

〔中国民用航空局 2011 年 11 月 7 日第四次修订〕

1.2 条款背景

第 25.1505 条是制定飞机的最大使用限制速度，要求在运行中不得故意超过该速度。

1.3 条款历史

第 25.1505 条在 CCAR25 部初版首次发布，截至 CCAR-25-R4，该条款共修订过 1 次，如表 1-1 所示。

表 1-1　第 25.1505 条条款历史

第 25.1505 条	CCAR25 部版本	相关 14 CFR 修正案	备　注
首次发布	初版	—	
第 1 次修订	R4	—	

1.3.1　首次发布

1985 年 12 月 31 日发布了 CCAR25 部初版，其中包含第 25.1505 条，该条款参考 1964 年 12 月 24 日发布的 14 CFR PART 25 中的第 25.1505 条的内容制定。

1.3.2　第 1 次修订

2011 年 11 月 7 日发布的 CCAR - 25 - R4 对第 25.1505 条进行了第 1 次修订,将"使得飞行中极不可能无意中超过后一速度"中的"极不可能"修改为"很不可能"。

2　条款解读

2.1　条款要求

本条款规定了最大使用限制速度的定义,明确为在任何飞行状态下都不得故意超过的速度,但是在飞机训练过程中经过批准可以使用更大的速度。同时该条款给出了最大使用限制速度的制定原则:V_{MO}/M_{MO} 必须制定成不高于设计巡航速度 V_C,并充分低于 V_D/M_D 或 V_{DF}/M_{DF},使得飞行中很不可能无意中超过后一速度。V_{MO}/M_{MO} 与 V_D/M_D 或 V_{DF}/M_{DF} 之间的速度余量不得小于按第 25.335(b)款确定的余量,或按第 25.253 条进行试飞时认为是必需的余量。

由于喷气飞机很容易引起"超速"现象(如不适当地进入紊流区、驾驶员改出操作不当或偶然的无意操纵等均可能使飞机速度超过 V_{MO}/M_{MO}),为满足在 V_{MO}/M_{MO} 状态发生"超速"时仍能保证飞行安全,必须规定 V_{MO}/M_{MO} 足够地低于飞机设计俯冲速度 V_D/M_D;当飞行速度超过 V_D/M_D 时,将可能导致飞机结构的损坏。因此,必须把 V_{MO}/M_{MO} 作为使用限制,列入飞行手册。

第 25.253 条建立了确定高速时可接受的稳定性和操纵性准则。第 25.335 条设计空速确定了 V_{MO}/M_{MO} 与 V_D/M_D 或 V_{DF}/M_{DF} 之间的速度余量。

2.2　相关条款

与第 25.1505 条相关的条款如表 2-1 所示。

表 2-1　第 25.1505 条相关条款

序　号	相 关 条 款	相　　关　　性
1	第 25.253 条	提供了确定 V_{MO}/M_{MO} 与 V_D/M_D 或 V_{DF}/M_{DF} 之间速度余量的一种方法
3	第 25.335(b)款	提供了确定 V_{MO}/M_{MO} 与 V_D/M_D 或 V_{DF}/M_{DF} 之间速度余量的一种方法

3　验证过程

3.1　验证对象

第 25.1505 条的验证对象为飞机的最大使用限制速度。

3.2　符合性验证思路

为表明对该条款的符合性,一般采用说明性文件的方法表明:最大使用限制速度是根据第 25.253 条高速特性的飞行试验结果和第 25.335 条设计空速所确定的空速及余量来确定的。

3.3 符合性验证方法

通常,针对第 25.1505 条的符合性验证方法如表 3-1 所示。

表 3-1 建议的符合性方法

条 款 号	专 业	符 合 性 方 法										备 注
		0	1	2	3	4	5	6	7	8	9	
第 25.1505 条	操 稳		1									

3.4 符合性验证说明

本条款的验证方法为设计说明。比较 V_{MO}/M_{MO}、V_C 及 V_D/M_D 或 V_{DF}/M_{DF},说明 V_{MO}/M_{MO} 不高于 V_C,引用第 25.253 条和第 25.335(b) 款的验证结论,表明 V_{MO}/M_{MO} 充分低于 V_D/M_D 或 V_{DF}/M_{DF},在飞行中极不可能无意中超过此速度。

3.5 符合性文件清单

通常,针对第 25.1505 条的符合性文件清单如表 3-2 所示。

表 3-2 建议的符合性文件清单

序 号	符 合 性 报 告	符合性方法
1	最大使用限制速度设计说明报告	MOC1

4 符合性判据

对于第 25.1505 条,判定以下条件满足,则符合条款要求:

(1) 制定了最大使用限制速度。

(2) 完成了第 25.253 条和第 25.335 条的验证工作,结果符合要求。

(3) V_{MO}/M_{MO} 不高于设计巡航速度 V_C,并充分低于 V_D/M_D 或 V_{DF}/M_{DF}。

(4) V_{MO}/M_{MO} 与 V_D/M_D 或 V_{DF}/M_{DF} 之间的速度余量不小于按第 25.335(b) 款确定的余量,或按第 25.253 条进行试飞时认为是必需的余量。

参考文献

[1] FAA. AC25.253-1A High-speed Characteristics [S]. 1976.
[2] FAA. AC25.1581-1 Change 1 Airplane Flight Manual [S]. 2012.

运输类飞机适航标准
第 25.1507 条符合性验证

1 条款介绍

1.1 条款原文

第 25.1507 条　机动速度

必须制定机动速度。该速度不得超过按第 25.335(c)条确定的设计机动速度 V_A。

1.2 条款背景

第 25.1507 条为飞机的机动操纵规定了速度的限制,从而保证飞机结构的安全。

1.3 条款历史

第 25.1507 条在 CCAR25 部初版首次发布,截至 CCAR-25-R4,该条款未进行过修订,如表 1-1 所示。

表 1-1　第 25.1507 条条款历史

第 25.1507 条	CCAR25 部版本	相关 14 CFR 修正案	备　注
首次发布	初版	—	

1985 年 12 月 31 日发布了 CCAR25 部初版,其中包含第 25.1507 条,该条款参考 1964 年 12 月 24 日发布的 14 CFR PART 25 中的 §25.1507 的内容制定。

2 条款解读

2.1 条款要求

该条款要求必须制定机动速度,并将该值作为使用限制写入飞行手册中,条款要求该速度不得超过按第 25.335(c)款确定的设计机动速度 V_A。

第 25.335(c)款规定的设计机动速度 V_A 是允许飞机进行以最大升力系数和最大正机动载荷系数作机动飞行的极限速度。在该速度范围内,飞机能安全地进行机动操纵。

载荷计算中使用的设计机动速度 V_A 是随飞机重量不同而变化的,按照本条所制定的飞机机动速度是作为使用限制写入飞行手册中供驾驶员使用的空速,以指示空速表示,换算后的数值不能超过第 25.335 条中规定的设计机动速度 V_A。

根据第 25.1583(a)(3)项,将机动速度写入飞行手册使用限制部分时,需要说明:"方向舵和副翼操纵器件作全行程操纵,以及在使用接近失速的迎角作机动时,均应限制飞行速度低于此值"。需要说明的是,FAA 通过 14 CFR 修正案 25 - 130 修订了§25.1583(a)(3),以澄清即使以设计机动速度或低于设计机动速度飞行,也不允许飞行员在一个飞机方向轴上多次做出大的操纵输入,或者在不止一个飞机方向轴上同时做出单一的全行程操纵输入,否则会危及飞机的结构。修订后需要增加的说明如下所列:

"(i)俯仰、横滚或偏航全行程操纵应限制在机动速度以下;并且(ii)应避免进行快速和大行程的交替操纵输入,尤其是伴随有大的俯仰、滚转和偏航姿态改变的情况,以及在多于一个方向轴上同时进行全行程操纵输入,因为这些操纵在任何速度,包括在机动速度以下,都可以导致结构失效。"

CCAR - 25 - R4 尚未纳入此修正案。

2.2 相关条款

与第 25.1507 条相关的条款如表 2 - 1 所示。

表 2 - 1 第 25.1507 条相关条款

序 号	相关条款	相 关 性
1	第 25.335(c)款	第 25.335(c)款为机动速度的制定提供依据
2	第 25.1583(a)(3)项	第 25.1583(a)(3)项要求将依据第 25.1507 条制定的机动速度写入飞机飞行手册的使用限制章节

3 验证过程

3.1 验证对象

第 25.1507 条的验证对象为飞机的机动速度。

3.2 符合性验证思路

为表明对该条款的符合性,一般采用说明性文件的方法说明:制定机动速度过程的符合性考虑,给出确定速度大小的依据。

3.3 符合性验证方法

通常,针对第 25.1507 条的符合性验证方法如表 3 - 1 所示。

表 3 - 1　建议的符合性方法

条　款　号	专　业	符 合 性 方 法										备　注
		0	1	2	3	4	5	6	7	8	9	
第 25.1507 条	总　体		1									

3.4　符合性验证说明

针对第 25.1507 条,采用的符合性验证方法为 MOC1,验证具体工作如下:

说明制定机动速度过程的符合性考虑,给出确定速度大小的依据,该速度不超过按 §25.335(c) 确定的设计机动速度 V_A,并将制定的机动速度纳入飞机飞行手册使用限制章节。

3.5　符合性文件清单

通常,针对第 25.1507 条的符合性文件清单如表 3 - 2 所示。

表 3 - 2　建议的符合性文件清单

序　号	符 合 性 报 告	符合性方法
1	机动速度制定设计说明	MOC1

4　符合性判据

制定了机动速度并纳入飞机飞行手册的使用限制部分,该速度不超过按第 25.335(c) 款确定的设计机动速度 V_A。

运输类飞机适航标准
第 25.1511 条符合性验证

1 条款介绍

1.1 条款原文

第 25.1511 条　襟翼展态速度

必须制定对应于各襟翼位置和发动机功率（推力）的襟翼展态速度 V_{FE}。该速度不得超过按第 25.335(e) 条和第 25.345 条所选定的设计襟翼速度 V_F。

1.2 条款背景

第 25.1511 条背景是规定飞机使用襟翼时的速度限制，保证飞机襟翼及其相关结构的安全。

1.3 条款历史

第 25.1511 条在 CCAR25 部初版首次发布，截至 CCAR-25-R4，该条款未修订过，如表 1-1 所示。

表 1-1　第 25.1511 条条款历史

第 25.1511 条	CCAR25 部版本	相关 14 CFR 修正案	备　注
首次发布	初版	—	

1985 年 12 月 31 日发布了 CCAR25 部初版，其中包含第 25.1511 条，该条款参考了 14 CFR PART 25 中的 §25.1511 的内容制定。

2 条款解读

2.1 条款要求

襟翼展态速度 V_{FE} 为襟翼处于规定的放下位置所允许使用的最大飞行空速，以指示空速（IAS）表示。

设计襟翼速度 V_F 为飞机在起飞、进场、着陆各阶段，考虑到期间可能遇到的对称机动和突风情况下，襟翼处于放下位置，或由一个位置到另外一个位置的转换时设计规定的最大飞行速度,以当量空速(EAS)表示,供结构强度设计使用。

襟翼展态速度 V_{FE} 换算成当量空速后不得超过按第 25.335 条和第 25.345 条所确定的设计襟翼速度 V_F。V_{FE} 的制定既不能过高也不能过低。如过低,则飞机性能得不到充分发挥,如过高,将使襟翼承受过多的载荷。一般情况,在 V_F 与 V_{FE} 之间留有不小于 10 节的裕度是合适的。

2.2　相关条款

与第 25.1511 条相关的条款如表 2-1 所示。

表 2-1　第 25.1511 条相关条款

序　号	相关条款	相　关　性
1	第 25.335 条	第 25.335 条选定的设计襟翼速度 V_F 必须作为第 25.1511 条襟翼展态速度的限制
2	第 25.345 条	第 25.345 条选定的设计襟翼速度 V_F 必须作为第 25.1511 条襟翼展态速度的限制

3　验证过程

3.1　验证对象

第 25.1511 条的验证对象为飞机的襟翼展态速度限制。

3.2　符合性验证思路

针对第 25.1511 条,需要通过襟翼展态速度制定原则说明文件来表明符合性。

3.3　符合性验证方法

通常,针对第 25.1511 条的符合性验证方法如表 3-1 所示。

表 3-1　建议的符合性方法表

条　款　号	专　业	符　合　性　方　法										备　注
		0	1	2	3	4	5	6	7	8	9	
第 25.1511 条	载　荷		1									

3.4　符合性验证说明

针对第 25.1511 条,采用的符合性验证方法包括 MOC1,具体验证工作如下:

在说明文件中描述制定 V_{FE} 时考虑了襟翼位置及对应的襟翼展态速度 V_{FE} 与襟翼设计速度 V_F 之间合理余量等因素。

同时,在说明性文件中描述飞机性能和操稳相关试飞表明制定的 V_{FE} 能满足飞机飞行要求。

3.5 符合性文件清单

通常,针对第 25.1511 条的符合性文件清单如表 3－2 所示。

表 3－2 建议的符合性文件清单

序 号	符 合 性 报 告	符合性方法
1	飞机襟翼展态速度说明报告	MOC1

4 符合性判据

第 25.1511 条的符合性判据为:V_{FE} 不大于按第 25.335(e)款和第 25.345 条所选定的设计襟翼速度 V_F。

运输类飞机适航标准
第 25.1513 条符合性验证

1 条款介绍

1.1 条款原文

第 25.1513 条 最小操纵速度

必须将按第 25.149 条确定的最小操纵速度 V_{MC} 制定为使用限制。

1.2 条款背景

第 25.1513 条背景是在飞行手册将第 25.149 条确定的最小操纵速度 V_{MC} 作为使用限制,供飞行员使用。

1.3 条款历史

第 25.1513 条在 CCAR25 部初版首次发布,截至 CCAR - 25 - R4,该条款未修订过,如表 1 - 1 所示。

表 1 - 1 第 25.1513 条条款历史

第 25.1513 条	CCAR25 部版本	相关 14 CFR 修正案	备　注
首次发布	初版	—	

1985 年 12 月 31 日发布了 CCAR25 部初版,其中包含第 25.1513 条,该条款参考了 14 CFR PART 25 中的 §25.1513 内容制定。

2 条款解读

2.1 条款要求

第 25.149 条确定的最小操纵速度 V_{MC} 为空中最小操纵速度。第 25.1513 条的目的是在飞行手册中将这一速度作为使用限制,供飞行员使用。

2.2 相关条款

与第 25.1513 条相关的条款如表 2 - 1 所示。

表 2-1　第 25.1513 条相关条款

序　号	相 关 条 款	相　　关　　性
1	第 25.149 条	第 25.149 条确定的最小操纵速度 V_{MC} 必须作为第 25.1513 条最小操纵速度限制

3　验证过程

3.1　验证对象

第 25.1513 条的验证对象为制定飞机的最小操纵速度限制。

3.2　符合性验证思路

针对第 25.1513 条,引用飞机飞行手册,表明在飞行手册中已经将第 25.149 条确定的最小操纵速度制定为使用限制。

3.3　符合性验证方法

通常,针对第 25.1513 条的符合性验证方法如表 3-1 所示。

表 3-1　建议的符合性方法表

条　款　号	专　业	符 合 性 方 法										备　注
		0	1	2	3	4	5	6	7	8	9	
第 25.1513 条	操　稳		1									

3.4　符合性验证说明

针对第 25.1513 条,采用 MOC1 方法表明符合性,具体验证工作如下:

引用飞机飞行手册表明已经将按第 25.149 条制定的 V_{MC} 纳入了飞行手册限制章节。

3.5　符合性文件清单

通常,针对第 25.1513 条的符合性文件清单如表 3-2 所示。

表 3-2　建议的符合性文件清单

序　号	符 合 性 报 告	符合性方法
1	飞机飞行手册	MOC1

4　符合性判据

第 25.1513 条的符合性判据如下:

(1) 飞机飞行手册限制章节中已经包括了最小操纵速度。

（2）最小操纵速度按第 25.149 条制定。

参考文献

FAA. AC25 - 7A Change 1 Flight Test Guide for Certification of Transport Category Airplanes ［S］. 1999.

运输类飞机适航标准
第 25.1515 条符合性验证

1 条款介绍

1.1 条款原文

第 25.1515 条 有关起落架的速度

（a）所制定的起落架收放速度 V_{LO}，不得超过按第 25.729 条和由飞行特性所确定的安全收、放起落架的飞行速度。如果放起落架的飞行速度和收起落架的速度不同，则必须将这两种速度分别标为 $V_{LO(EXT)}$ 和 $V_{LO(RET)}$。

（b）所制定的起落架伸态速度 V_{LE}，不得超过起落架锁定在完全放下位置时能安全飞行的速度和按第 25.729 条确定的速度。

1.2 条款背景

第 25.1515 条背景是制定飞机收放起落架及起落架放下飞行时的速度限制，保证飞机起落架及其相关结构的安全。

1.3 条款历史

第 25.1515 条在 CCAR25 部初版首次发布，截至 CCAR - 25 - R4，该条款未修订过，如表 1 - 1 所示。

表 1 - 1 第 25.1515 条条款历史

第 25.1515 条	CCAR25 部版本	相关 FAR 修正案	备 注
首次发布	初版	25 - 38	

1985 年 12 月 31 日发布了 CCAR25 部初版，其中包含第 25.1515 条，该条款参考了 14 CFR 修正案 25 - 38 中的 § 25.1515 的内容制定。14 CFR 修正案 25 - 38 主要是补充考虑了生产厂家对飞机起落架放下和收上时的速度作不同规定的情况。

2 条款解读

2.1 条款要求

第 25.1515 条规定了飞机收放起落架时的速度限制,保证飞机起落架及其相关结构的安全。

起落架收放速度 V_{LO},是指允许飞机进行起落架收上或放下操纵时所对应的最大飞行空速。超出该速度进行起落架收、放操作,将有可能导致起落架收放机构、起落架定位锁定或舱门结构因负载过大而损坏,以及其他影响飞行安全的因素发生。

起落架伸态速度 V_{LE},是指飞机在起落架锁定在完全放下位置时允许安全飞行所对应的最大飞行空速。超出该速度时,起落架锁定在全伸展状态飞行将可能因局部结构负载过大而导致起落架和/或周围结构损坏,以及其他影响飞行安全的因素发生。

2.2 相关条款

与第 25.1515 条相关的条款如表 2-1 所示。

表 2-1 第 25.1515 条相关条款

序 号	相关条款	相 关 性
1	第 25.729 条	第 25.1515 条款起落架伸态速度的限制不得小于第 25.729 条确定的起落架相关速度

3 验证过程

3.1 验证对象

第 25.1515 条的验证对象为飞机与起落架相关的速度限制。

3.2 符合性验证思路

在确定第 25.1515 条中的 V_{LO} 和 V_{LE} 时,首先需要进行结构强度方面的考虑,进行气动载荷计算和相关的结构强度分析,给出第 25.729 条要求的起落架收放机构正常工作的临界速度和起落架锁定在伸出位置时结构不损坏的临界速度,然后以此速度数值为基础,在不小于该速度数值的基础上,考虑飞机性能、操稳品质、运行等方面的要求,制定起落架收放速度或起落架伸态速度的限制值。

在设计过程中如果起落架放下和收上操作的过程中载荷差异很大,则飞机放下操纵速度和收起操纵速度可以不同。

在确定 V_{LO} 和 V_{LE} 后,应将所确定的速度数值纳入飞机的飞行手册中。

3.3 符合性验证方法

通常,针对第 25.1515 条的符合性验证方法如表 3-1 所示。

表 3-1　建议的符合性方法表

条 款 号	专 业	符 合 性 方 法										备 注
		0	1	2	3	4	5	6	7	8	9	
第 25.1515 条	操稳、起落架、载荷		1									

3.4 符合性验证说明

针对第 25.1515 条,采用的符合性验证方法包括 MOC1,具体验证工作如下:

在起落架操作速度设计文件中描述起落架气动载荷计算和相关的结构强度分析工作,描述确定第 25.729 条要求的起落架收放机构正常工作的临界速度和起落架锁定在伸出位置时结构不损坏的临界速度的过程,描述以此速度数值为基础,并充分考虑影响安全飞行的所有因素来制定起落架收放速度或起落架伸态速度的限制值的过程,将确定的 V_{LO} 和 V_{LE} 纳入飞行手册。

3.5 符合性文件清单

通常,针对第 25.1515 条的符合性文件清单如表 3-2 所示。

表 3-2　建议的符合性文件清单

序 号	符 合 性 报 告	符 合 性 方 法
1	有关起落架的速度说明	MOC1

4 符合性判据

第 25.1515 条的符合性判据如下:

(1) V_{LO} 不大于按第 25.729 条要求确定的起落架收放机构正常工作的临界速度。

(2) V_{LE} 不大于按第 25.729 条要求确定的起落架锁定在伸出位置时结构不损坏的临界速度。

(3) 飞机性能和操稳相关试飞表明制定的 V_{LO} 和 V_{LE} 能满足飞机飞行要求。

参考文献

14 CFR 修正案 25 - 38 Airworthiness Review Program,Amendment No. 3:Miscellaneous Amendments [S].

运输类飞机适航标准第 25.1516 条符合性验证

1 条款介绍

1.1 条款原文

第 25.1516 条 其它速度限制

必须制定与速度相关的其它限制条款。

〔中国民用航空局 2011 年 11 月 7 日第四次修订〕

1.2 条款背景

第 25.1516 条对其他速度限制的制定提出了要求。

1.3 条款历史

第 25.1516 条在 CCAR - 25 - R4 首次发布，如表 1 - 1 所示。

表 1 - 1 第 25.1516 条条款历史

第 25.1516 条	CCAR25 部版本	相关 14 CFR 修正案	备　　注
首次发布	R4	25 - 105	

2011 年 11 月 7 日发布了 CCAR - 25 - R4，其中包含第 25.1516 条，该条款的制定参考了 14 CFR 修正案 25 - 105 的内容。

FAA 制定本条款的目的主要是与 EASA 制定的规章相协调。EASA 于 2000 年 10 月制定了 CS25.1516 条。在没有此条之前，FAA 对此相关的安全问题已做考虑，其通过 §25.1501 使用限制和资料—总则、§25.1503 空速限制—总则对其他需要制定的速度限制提出要求，但没有具体明确的条款。而 EASA 已对"其他速度限制"制定了明确条款要求，根据 1988 年 FAA 和 EASA 双方达成的有关适航标准协调的协议和 1999 年双方"快速跟踪协调项目"，FAA 通过 14 CFR 修正案 25 - 105 增加了 §25.1516 有关"其它速度限制的要求"。

2 条款解读

2.1 条款要求

本条中"与速度相关的其他限制"是指除第 25.1505 条、第 25.1507 条、第 25.1511 条、第 25.1513 条、第 25.1515 条和第 25.1517 条规定的速度限制外,其他任何可能需要制定的速度限制,如风挡雨刷、冲压涡轮、反推装置和着陆灯等或其他速度限制。条款要求必须按需制定上述速度限制之外的其他速度限制并纳入飞机飞行手册中。

2.2 相关条款

与第 25.1516 条相关的条款如表 2-1 所示。

表 2-1 第 25.1516 条相关条款

序 号	相 关 条 款	相 关 性
1	第 25.1501 条	第 25.1501(a)款规定必须制定第 25.1503 条至第 25.1533 条所规定的每项使用限制以及为安全运行所必需的其他限制和资料,包含了第 25.1516 条的条款要求
2	第 25.1545 条	第 25.1545 条要求第 25.1583(a)款所要求的空速限制信息必须为飞行机组易于辨读和理解,包含了第 25.1516 条要求制定的其他速度限制
3	第 25.1581 条	第 25.1581(a)(2)项飞机飞行手册必须包含由于设计、使用或操作特性而为安全运行所必需的其他资料,包含了第 25.1516 条的条款要求
4	第 25.1583 条	第 25.1583(a)款要求必须提供安全运行所必需的其他空速限制,包含了第 25.1516 条的条款要求

3 验证过程

3.1 验证对象

第 25.1516 条的验证对象为其他速度限制。

3.2 符合性验证思路

为表明对该条款的符合性,一般采用说明性文件、分析计算和飞行试验的方法,说明分析过程的符合性考虑,给出确定其他速度限制的数据及依据;计算扩展全包线范围内的速度限制;选取典型的临界情况,验证速度限制的准确性。

3.3 符合性验证方法

通常,针对第 25.1516 条的符合性验证方法如表 3-1 所示。

表 3 - 1　建议的符合性方法

条 款 号	专 业	符 合 性 方 法										备 注
		0	1	2	3	4	5	6	7	8	9	
第 25.1516 条	总 体		1	2				6				

3.4　符合性验证说明

针对第 25.1516 条,采用的符合性验证方法包括 MOC1、MOC2 和 MOC6,验证具体工作如下。

3.4.1　MOC1 验证过程

说明其他速度限制制定过程的符合性考虑,给出确定其他速度限制的大小及确定的依据。

将制定的其他速度限制通过飞机飞行手册给出。

3.4.2　MOC2 验证过程

通过计算分析的扩展,获得在全包线范围内的其他速度限制的数值(按需)。

3.4.3　MOC6 验证过程

针对每一制定的其他速度限制,考虑重量、重心、温度和高度等因素,选取典型的临界条件,进行其他速度限制的飞行演示,确认速度限制制定的准确性(按需)。

3.5　符合性文件清单

通常,针对第 25.1516 条的符合性文件清单如表 3 - 2 所示。

表 3 - 2　建议的符合性文件清单

序　号	符 合 性 报 告	符合性方法
1	其他速度限制设计说明	MOC1
2	其他速度限制计算分析报告	MOC2
3	其他速度限制飞行试验大纲	MOC6
4	其他速度限制飞行试验报告	MOC6
5	飞机飞行手册	MOC1

4　符合性判据

制定了其他速度限制并纳入飞行手册的使用限制部分。

参考文献

[1]　FAA. AC25 - 105 Revisions to Requirements Concerning Airplane Operating Limitations and the Content of Airplane Flight Manuals for Transport Category Airplanes [S].

[2]　FAA. AC25.1581 - 1 Change 1 Airplane Flight Manual [S]. 2012.

运输类飞机适航标准
第 25.1517 条符合性验证

1 条款介绍

1.1 条款原文

第 25.1517 条 颠簸气流速度，V_{RA}

必须建立颠簸气流速度 V_{RA}，作为第 25.1585(a)(8) 条所要求的紊流穿越空速的建议值，该值必须：

（1）不大于确定 V_B 时最大突风强度下的设计空速，并且

（2）不小于第 25.335(d) 条确定的 V_B 最小值，并且

（3）充分小于 V_{MO}，以确保在遭遇紊流时很可能发生的空速改变不会导致过速警告的频繁发生。如果选取其它值缺少合理依据，V_{RA} 必须小于 $V_{MO} - 35$ 节（TAS）。

〔中国民用航空局 2001 年 5 月 14 日第三次修订〕

1.2 条款背景

第 25.1517 条背景是提供给驾驶员的一个建议值 V_{RA}，以期让飞机安全穿越紊流。

1.3 条款历史

第 25.1517 条在 CCAR-25-R3 首次发布，截至 CCAR-25-R4，该条款未修订过，如表 1-1 所示。

表 1-1 第 25.1517 条条款历史

第 25.1517 条	CCAR25 部版本	相关 14 CFR 修正案	备 注
首次发布	R3	25-86	

2001 年 5 月 14 日发布了 CCAR-25-R3，其中包含第 25.1517 条，该条款参考了 14 CFR 修正案 25-86 中的 §25.1517 的内容制定。修正案 25-86 引入了紊流突风速度的概念，目的是与欧洲规章协调一致。

2　条款解读

2.1　条款要求

颠簸气流速度 V_{RA} 是飞机在穿越紊流时提供给驾驶员的一个建议值。

V_{RA} 不能小于第 25.335 条定义的 V_B 最小值，也不能大于确定 V_B 时最大阵风强度下的设计空速。

V_{RA} 也要充分小于 V_{MO}，以防止超速告警的频繁发生。

V_{RA} 的建议值应在飞行手册中给出，通常为随高度变化的一条曲线，并且该值较正常使用的巡航速度要小。飞机巡航时如遇紊流，驾驶员应减速至建议的颠簸气流速度并尽量保持该速度以通过紊流区，以保证安全。

2.2　相关条款

与第 25.1517 条相关的条款如表 2-1 所示。

表 2-1　第 25.1517 条相关条款

序　号	相 关 条 款	相　　关　　性
1	第 25.335 条	第 25.1517 条确定的 V_{RA} 必须小于第 25.335(d) 款确定的 V_B
2	第 25.1585(a)(8) 目	第 25.1517 条确定的 V_{RA} 须作为第 25.1585(a)(8) 目所要求的紊流穿越空速的建议值

3　验证过程

3.1　验证对象

第 25.1517 条的验证对象为飞机的颠簸气流速度限制。

3.2　符合性验证思路

针对第 25.1517 条，通过符合性说明描述：V_{RA} 需在最大和最小的 V_B 之间确定；确定 V_{RA} 时应考虑其距低速抖振边界和高速抖振边界有合适的裕度；确定 V_{RA} 时要充分小于 V_{MO}。

3.3　符合性验证方法

通常，针对第 25.1517 条的符合性验证方法如表 3-1 所示。

表 3-1　建议的符合性方法

条　款　号	专　业	符合性方法										备　注
		0	1	2	3	4	5	6	7	8	9	
第 25.1517 条	操　稳		1									

3.4　符合性验证说明

针对第 25.1517 条,采用的符合性验证方法包括 MOC1,具体验证工作如下:

通过说明文件描述 V_{RA} 与 V_B 最大值和最小值之间的关系、V_{RA} 与 V_{MO} 之间的关系以及 V_{RA} 与抖振边界之间的关系,尽量用高度—速度图表形式来表达。V_{RA} 在 V_B 最大值和最小值之间;V_{RA} 与 V_{MO} 之间有充分裕度;V_{RA} 与高速以及低速抖振边界之间有充分裕度。

3.5　符合性文件清单

通常,针对第 25.1517 条的符合性文件清单如表 3 - 2 所示。

表 3 - 2　建议的符合性文件清单

序　号	符 合 性 报 告	符合性方法
1	有关颠簸气流速度的说明	MOC1

4　符合性判据

针对第 25.1517 条的符合性判据为:V_{RA} 在 V_B 最大值和最小值之间;V_{RA} 与 V_{MO} 之间有充分裕度;V_{RA} 与高速以及低速抖振边界之间有充分裕度。

参考文献

[1]　14 CFR 修正案 25 - 38 Airworthiness Review Program,Amendment No. 3:Miscellaneous Amendments [S].

[2]　FAA. AC25 - 21 Certification of Transport Airplane Structure [S]. 1999.

运输类飞机适航标准
第 25.1519 条符合性验证

1 条款介绍

1.1 条款原文

第 25.1519 条　重量、重心和载重分布

必须将按第 25.23 条至第 25.27 条确定的飞机重量、重心和载重分布的限制制定为使用限制。

1.2 条款背景

第 25.1519 条明确必须将重量、重心和载重分布的限制制定为使用限制的要求，列入飞行手册和/或重量平衡手册。

1.3 条款历史

第 25.1519 条在 CCAR25 部初版首次发布，截至 CCAR - 25 - R4，该条款未进行过修订，如表 1 - 1 所示。

表 1 - 1　第 25.1519 条条款历史

第 25.1519 条	CCAR25 部版本	相关 14 CFR 修正案	备　注
首次发布	初版	—	

1985 年 12 月 31 日发布了 CCAR25 部初版，其中包含第 25.1519 条，该条款参考 1964 年 12 月 24 日发布的 14 CFR PART 25 中的 § 25.1519 的内容制定。

2 条款解读

2.1 条款要求

为使飞机能安全运行，飞机的总重量及重心应该在规定的重量、重心范围之内。第 25.23 条至第 25.27 条分别制定了对飞机载重分布限制、重量限制以及重心限制的要求，第 25.1519 条的要求是要将这些条款确定的限制纳入飞行手册或重量平衡手册。

第 25.23 条给出了制定载重分布限制的要求。飞机的总重量包括飞机使用空

重、商载和燃油,其中商载和燃油的分布会影响飞机的载重分布。燃油分布是指燃油在飞机上各油箱中的载油量,受到燃油油箱布置、油箱容量及飞机加油和耗油程序的限制。商载分布是指飞机客舱的载客量、货舱的载货量及其分布,受到客舱容积、货舱容积以及客、货舱地板的线载荷、面载荷及总载荷的限制。燃油和商载的分布会影响飞机的重量和重心,因此还受到飞机总重量及重心范围的限制。应规定严格的燃油、商载重量的分布限制及装载程序,确保飞机的总重和重心在飞机的重量和重心包线内。

飞机的重量限制包括各种最大重量限制和最小重量限制。第 25.25 条给出了确定最大重量限制和最小重量限制时要考虑的因素。

AMC25.1519 指出,需经审定确定飞机的最大起飞重量、最大着陆重量和最小飞行重量,以及最大停机坪重量(或滑行重量)、最大零油重量和任何其他重量限制。同时应提供最大刹车能量限制和最大轮胎速度限制,在确定最大起飞重量和最大着陆重量时,飞机的刹车能量和轮胎速度不能超过这两个限制值。

第 25.27 条指出,确定飞机的重心前限和重心后限时要考虑飞行要求、飞机结构限制和制造商选定的值。飞机前后重心位置对飞机性能、操稳特性、飞行载荷等有重要影响。飞机的前后重心位置要经飞行性能、操稳品质以及飞行载荷和强度专业进行验证。对经验证的重心范围,制造商可以按需要缩减。

飞机在不同飞行阶段(地面、起飞、飞行和着陆等)和/或不同重量下有不同的前后重心范围,通过重量和重心包线提供。

2.2 相关条款

与第 25.1519 条相关的条款如表 2-1 所示。

表 2-1 第 25.1519 条相关条款

序 号	相关条款	相 关 性
1	第 25.23 条	第 25.23 条规定了载重分布限制要求
2	第 25.25 条	第 25.25 条规定了重量限制要求
3	第 25.27 条	第 25.27 条规定了重心限制要求
4	第 25.1583(c)款	第 25.1583(c)款规定了飞行手册中使用限制部分关于重量和载重分布的要求

3 验证过程

3.1 验证对象

第 25.1519 条的验证对象为飞行手册和载重与平衡手册,确定飞机的重量、重心及载荷分布被制定为使用限制。

3.2　符合性验证思路

载重分布、重量、重心的验证工作根据第 25.23 条、第 25.25 条和第 25.27 条的要求进行,第 25.1519 条的要求是需表明根据这些条款经过验证的各项限制已纳入飞行手册或重量平衡手册,可通过确认手册中相关章节的内容来表明对第 25.1519 条要求的符合性。

3.3　符合性验证方法

通常,针对第 25.1519 条的符合性验证方法如表 3 - 1 所示。

表 3 - 1　建议的符合性方法

条　款　号	专　业	符 合 性 方 法										备　注
		0	1	2	3	4	5	6	7	8	9	
第 25.1519 条	重　量		1									

3.4　符合性验证说明

针对第 25.1519 条,采用的符合性验证方法为 MOC1。

通过引用飞行手册或重量平衡手册,确认已纳入各项载重分布限制、重量限制与重心限制,并确认各项限制值经过验证。

3.5　符合性文件清单

通常,针对第 25.1519 条的符合性文件清单如表 3 - 2 所示。

表 3 - 2　建议的符合性文件清单

序　号	符 合 性 文 件	符合性方法
1	飞行手册/重量平衡手册	MOC1

4　符合性判据

(1) 飞行手册或重量平衡手册根据条款要求纳入了各项重量、重心与载重分布限制。

(2) 已完成第 25.23 条、第 25.25 条和第 25.27 条的验证工作。

参考文献

[1]　FAA. AC25 - 7C Flight Test Guide for Certification of Transport Category Airplanes [S]. 2012.

[2]　FAA. AC25.1581 - 1 Change 1 Airplane Flight Manual [S]. 2012.

[3]　EASA. AMC 25.1519 [S].

运输类飞机适航标准第 25.1521 条符合性验证

1 条款介绍

1.1 条款原文

第 25.1521 条 动力装置限制

(a) 总则 必须制定本条规定的动力装置限制,该限制不得超过发动机或螺旋桨型号合格证中的相应限制,也不得超过作为符合本部任何其它要求依据的限制值。

(b) 活塞发动机装置 对活塞发动机装置,必须制定与下列参数有关的使用限制:

(1) 在临界压力高度和海平面压力高度下并在下述功率下的马力或扭矩、转速、进气压力和持续时间:

(i) 最大连续功率(根据适用情况,相应于非增压工作状态或每一种增压工作状态);

(ii) 起飞功率(根据适用情况,相应于非增压工作状态或每一种增压工作状态);

(2) 燃油品级或规格;

(3) 汽缸头温度和滑油温度;

(4) 其限制值已定为发动机型号合格证构成部分的任一其它参数,但对于因装置的设计或其它规定限制而不会在正常工作期间超过的参数,则不必制定限制值。

(c) 涡轮发动机装置 对涡轮发动机装置,必须制定与下列参数有关的使用限制:

(1) 在下述功率下的发动机马力、扭矩或推力、转速、燃气温度和持续时间:

(i) 最大连续功率或推力(根据适用情况,相应于加力或非加力工作状态);

(ii) 起飞功率或推力(根据适用情况,相应于加力或非加力工作状态);

(2) 燃油牌号或规格;

（3）其限制值已定为发动机型号合格证构成部分的任一其它参数，但对于因装置的设计或其它规定限制而不会在正常工作期间超过的参数，则不必制定限制值。

（d）周围温度　必须制定周围温度限制（如装有防寒装置，包括对该装置的限制），其值为按照第 25.1043（b）条制定的最高周围大气温度。

〔中国民用航空局 1995 年 12 月 18 日第二次修订〕

1.2　条款背景

第 25.1521 条的目的是要求所制定的动力装置限制不得超过发动机和螺旋桨型号合格证中的相应限制，以及动力装置安装的其他符合性要求的限制。

1.3　条款历史

第 25.1521 条在 CCAR25 部初版首次发布，截至 CCAR-25-R4，该条款共修订过 1 次，如表 1-1 所示。

表 1-1　第 25.1521 条条款历史

第 25.1521 条	CCAR25 部版本	相关 14 CFR 修正案	备　注
首次发布	初版	—	
第 1 次修订	R2	25-72	

1.3.1　首次发布

1985 年 12 月 31 日发布了 CCAR25 部初版，其中包含第 25.1521 条，该条款参考 1964 年 12 月 24 日发布的 14 CFR PART 25 中的 § 25.1521 的内容制定。

1.3.2　第 1 次修订

1995 年 12 月 18 日发布的 CCAR-25-R2 对第 25.1521 条进行了第 1 次修订，本次修订参考了 14 CFR 修正案 25-72 的内容：为了与 § 33.7（发动机额定值和使用限制）的内容保持清晰一致，改变了本条的基本形式。

2　条款解读

2.1　条款要求

第 25.1521（a）款要求根据发动机型号合格数据单为飞机动力装置制定相应的限制。

第 25.1521（b）款是对活塞发动机必须制定的限制要求，在此文中不做解读。

第 25.1521（c）款是对涡轮发动机必须制定的限制要求。对于给定的飞机不仅需要包括：转速、排气/涡轮温度、滑油温度和压力、燃油温度和压力、防冰、批准的燃油、滑油和添加剂的说明，以及时间、高度、外界温度、空速等定义动力装置限制所必需的其他参数，并且还要考虑动力装置限制时的运行状态。

第 25.1521（d）款要求为飞机动力装置制定关于周围温度的限制。

2.2 相关条款

与第 25.1521 条相关条款如表 2-1 所示。

表 2-1　第 25.1521 条相关条款

序　号	相关条款	相　关　性
1	第 25.1041 条	第 25.1041 条规定动力装置和辅助动力装置的冷却系统的要求。
2	第 25.1541 条	第 25.1541 条规定飞机上标记和标牌的要求。
3	第 25.1549 条	第 25.1549 条规定动力装置辅助动力装置仪表的要求。
4	第 25.1583(b)款	第 25.1583(b)款规定动力装置的限制要求。

3　验证过程

3.1　验证对象

第 25.1521 条的验证对象为飞机飞行手册。

3.2　符合性验证思路

针对第 25.1521 条,需要通过系统设计描述来表明制定了动力装置系统相关限制,并通过地面试验和飞行试验来验证这些要求得到满足。

3.3　符合性验证方法

通常,针对第 25.1521 条的符合性验证方法如表 3-1 所示。

表 3-1　建议的符合性方法

条　款　号	专　业	符合性方法										备　注
		0	1	2	3	4	5	6	7	8	9	
第 25.1521(a)款	动力装置		1				5	6				
第 25.1521(c)款	动力装置		1				5	6				
第 25.1521(d)款	动力装置						5	6				
第 25.1521 条	辅助动力装置		1				5	6				

3.4　符合性验证说明

针对第 25.1521 条,采用的符合性验证方法包括 MOC1、MOC5 和 MOC6,验证具体工作如下:

3.4.1　MOC1 验证过程

发动机推力、转速、涡轮级间温度、持续运行时间、燃油牌号及规格、发动机运行包线及发动机附件等相关限制在发动机型号合格证数据单中给出。对于飞机动力装置系统,飞行手册和飞机机组操作手册中需制定这些限制,供机组操作使用。

发动机的 3 个推力等级(最大起飞、正常起飞、最大连续)的推力、转速、涡轮级间温度和持续时间限制在发动机型号合格证数据单中给出。在飞机飞行手册和飞机机组操作手册中需制定这些限制,供机组操作使用。

飞机飞行手册的限制章节需明确发动机使用的燃油牌号和规格。

发动机滑油系统、发动机运行包线、发动机附件的限制值在发动机型号合格证数据单中给出。并明确在飞机飞行手册的限制章节中。

辅助动力装置安装在飞机上后,采用系统设计描述说明其使用限制与操作限制的定义与要求,并在相关的文件与飞机操作运行手册中说明。

3.4.2 MOC5 和 MOC6 验证过程

飞机通过滑油油量指示地面试验、发动机工作特性地面试验、发动机起动地面试验、发动机排气地面试验、短舱内的冷却地面试验、短舱内的通风地面试验、发动机操纵器件地面试验、短舱排液地面试验、EICU 控制功能地面试验、发动机控制与操纵地面试验等地面试验,以及发动机性能特性—飞行推力确定试验、发动机性能特性—功率提取对发动机性能的影响试验、发动机工作特性试验、发动机起动试验、发动机控制与操纵试验、发动机操纵器件试验、反推力装置工作检查试验、负加速度试验、进气道溅水试验、发动机排气试验、短舱内的冷却试验、短舱内的通风试验、动力装置液体排放试验、EICU 和控制开关试验等飞行试验对所制定的动力装置相关限制,包括发动机的相关工作限制和发动机的外部环境包线限制,进行确认,确认发动机在这些限制下,能正常工作。

飞机的温度包线右边界对应的最大外界大气温度,在地面条件和在空中运行条件下均满足要求。在飞机上进行短舱内的冷却机上地面试验与飞行试验,对动力装置部件和液体所制定的温度限制进行验证,并在飞机飞行手册中给出温度包线。除燃油喷嘴表面温度外,所测温度数据按照第 25.1043 条规定的温度修正方法进行修正,修正后的短舱内环境温度、部件表面温度及其周围环境温度均应满足温度限制要求。

由于受到燃油喷嘴内燃油流动的影响,燃油喷嘴表面温度和舱内环境温度的变化趋势不同,并且燃油流动对燃油喷嘴表面温度起主要作用,因此采取第 25.1043 条规定的温度修正方法对燃油喷嘴表面温度进行修正,修正后燃油喷嘴表面温度应低于限制值。

在飞机上进行 APU 工作特性地面试验,验证在预期的运行环境下 APU 地面工作特性。在试验过程中,如未出现 APU 参数超限,例如排气温度高、转速超限、滑油温度高、滑油压力低等参数限制,未出现失速、喘振或熄火等不利的特性,则表明符合条款的要求。

在飞机上进行 APU 再起动能力地面试验,验证在预期运行环境下的各种极端环境条件下 APU 再起动能力。在试验过程中,如未出现 APU 参数超限,例如排气温度高、转速超限、滑油温度高、滑油压力低等参数限制,未出现失速、喘振或熄火等不利的特性,则表明符合条款的要求。

在飞机上进行 APU 工作特性试飞。APU 工作特性试飞验证各典型高度在

APU 空/负载、大/小速度条件下的发电和引气功能,APU 空中引气起动主发功能,验证 APU 在工作包线内的工作特性。在 APU 工作特性试飞整个过程中,如果未出现 APU 参数超限,例如排气温度高、转速超限、滑油温度高、滑油压力低等参数限制,未出现失速、喘振或熄火等不利的特性,则表明符合条款的要求。

飞机应完成辅助动力装置冷却系统的地面试验和飞行试验,在试验过程中如果 APU 系统正常工作,滑油温度、LRU 温度、排气消音器表面温度试飞测量值依据第 25.1043 条外推至飞机温度包线最高温度校正结果在限制温度以下,则表明符合条款的要求。

3.5 符合性文件清单

通常,针对第 25.1521 条的符合性文件清单如表 3 - 2 所示。

表 3 - 2 建议的符合性文件清单

序　号	符 合 性 报 告	符合性方法
1	动力装置/APU 系统设计描述	MOC1
2	动力装置/APU 机上地面试验大纲	MOC5
3	动力装置/APU 机上地面试验报告	MOC5
4	飞行手册	MOC1
12	动力装置/APU 试飞大纲	MOC6
13	动力装置/APU 试飞报告	MOC6

4 符合性判据

针对第 25.1521 条,确认飞机飞行手册已考虑了以下限制:

(1) 在发动机型号合格数据单中所列的发动机的相关使用限制。

(2) 在最大连续功率或推力下的发动机马力、扭矩或推力、转速、燃气温度和持续时间限制。

(3) 在起飞功率或推力下的发动机马力、扭矩或推力、转速、燃气温度和持续时间限制。

(4) 燃油牌号或规格限制。

(5) 任一其他参数限制,其限制值已定为发动机型号合格证构成部分。但对于因装置的设计或其他规定限制而不会在正常工作期间超过的参数,则不必制定限制值。

(6) 周围温度限制(如装有防寒装置,包括对该装置的限制),其值为按照第 25.1043(b) 款制定的最高周围大气温度。

参考文献

[1] 14 CFR 修正案 25 - 72 Special Review: Transport Category Airplane Airworthiness Standards [S].

[2] FAA. AC25 - 13 Reduced and Derated Takeoff Thrust (Power) Procedures [S]. 1988.

运输类飞机适航标准
第 25.1522 条符合性验证

1 条款介绍

1.1 条款原文

第 25.1522 条　辅助动力装置限制

如果飞机上装有辅助动力装置,必须将为辅助动力装置制定的各项限制,包括使用类别,规定为飞机的使用限制。

1.2 条款背景

第 25.1522 条是对辅助动力装置限制的要求,目的是确保飞机的限制能覆盖辅助动力装置的各项限制。

1.3 条款历史

第 25.1522 条在 CCAR25 部初版首次发布,截至 CCAR - 25 - R4,该条款未进行过修订,如表 1 - 1 所示。

表 1 - 1　第 25.1522 条条款历史

第 25.1522 条	CCAR25 部版本	相关 14 CFR 修正案	备　注
首次发布	初版	25 - 46,25 - 72	

1985 年 12 月 31 日发布了 CCAR25 部初版,其中包含第 25.1522 条,该条款参考了 14 CFR 修正案 25 - 46 和 14 CFR 修正案 25 - 72 的内容。

在 14 CFR PART 25 适航标准最初发布时,辅助动力装置并未在运输类飞机上广泛使用。随着运输类飞机广泛采用辅助动力装置,FAA 通过 14 CFR 修正案 25 - 46 新增 § 25.1522。

14 CFR 修正案 25 - 72 修订 § 25.1522 为 "If an auxiliary power unit is installed in the airplane, limitations established for the auxiliary power unit, including categories of operation, must be specified as operating limitations for the airplane. "

2 条款解读

2.1 条款要求

第 25.1522 条款要求飞机的限制中需纳入为辅助动力装置制定的各项限制。

目前在型号合格审定中通常通过等效安全的形式引入 2001 年 4 月 FAA 关于 APU 安装要求的 14 CFR PART 25 附录 K 草案(NPRM)或者 EASA CS25J1521 的要求。

2.2 相关条款

与第 25.1522 条相关的条款如表 2-1 所示。

表 2-1 第 25.1522 条相关的条款

序 号	相关条款	相 关 性
1	第 25.1501 条	第 25.1501 条要求必须制定第 25.1522 条规定的每项使用限制
2	第 25.1583 条	第 25.1583(b)(1)项验证时要求飞机飞行手册中需纳入第 25.1522 条要求的辅助动力装置限制

3 验证过程

3.1 验证对象

第 25.1522 条的验证对象为辅助动力装置系统。

3.2 符合性验证思路

针对第 25.1522 条,确定并验证辅助动力装各项限制,并将其纳入飞机的飞行手册中。

3.3 符合性验证方法

通常,针对第 25.1522 条的符合性验证方法如表 3-1 所示。

表 3-1 建议的符合性方法

条 款 号	专 业	符 合 性 方 法										备 注
		0	1	2	3	4	5	6	7	8	9	
第 25.1522 条	APU		1				5	6				

3.4 符合性验证说明

针对第 25.1522 条,采用的符合性验证方法包括 MOC1、MOC5 和 MOC6,各项验证具体工作如下。

3.4.1　MOC1 验证过程

在辅助动力装置系统设计描述中说明辅助动力装置安装在飞机上后，对其使用限制（包括辅助动力装置功率、转速、燃气温度、持续时间以及周围温度）进行了定义与说明，并纳入了飞机飞行手册。

3.4.2　MOC5 验证过程

通过辅助动力装置地面试验，验证辅助动力装置在预期的环境下的工作状态均不会超出已制定的限制。一般包括：在常温、高温、高寒等环境条件下辅助动力装置地面工作特性试验；在常温、高温、高寒、高原等环境条件下辅助动力装置地面再起动能力试验；辅助动力装置冷却系统地面试验。

3.4.3　MOC6 验证过程

通过辅助动力装置试飞，验证辅助动力装置在预期的环境下的工作状态均不会超出已制定的限制。一般包括：辅助动力装置工作特性飞行试验；辅助动力装置再起动能力飞行试验；辅助动力装置冷却系统飞行试验。

3.5　符合性文件清单

通常，针对第 25.1522 条的符合性文件清单如表 3－2 所示。

表 3－2　建议的符合性文件清单

序　号	符 合 性 报 告	符合性方法
1	辅助动力装置系统设计描述	MOC1
2	飞机飞行手册	MOC1
3	辅助动力装置系统地面试验大纲	MOC5
4	辅助动力装置系统地面试验报告	MOC5
5	辅助动力装置系统飞行试验大纲	MOC6
6	辅助动力装置系统飞行试验报告	MOC6

4　符合性判据

针对第 25.1522 条，辅助动力装置的所有限制已经制定并经过验证，相应的限制已纳入飞机的飞行手册中。

参考文献

[1]　14 CFR 修正案 25－46 Airworthiness Review Program Amendment No. 7 [S].

[2]　14 CFR 修正案 25－72 Special Review: Transport Category Airplane Airworthiness Standards [S].

[3]　FAA. AC20－88A Announcement of Availability of Advisory Circular 20－88A: Guidelines on the Marking of Aircraft Powerplant Instruments (Displays) [S]. 1986.

[4]　FAA. AC25－8 Auxiliary Fuel System Installations [S]. 1986.

运输类飞机适航标准
第 25.1523 条符合性验证

1 条款介绍

1.1 条款原文

第 25.1523 条 最小飞行机组

必须考虑下列因素来规定最小飞行机组,使其足以保证安全运行:

(a) 每个机组成员的工作量;

(b) 有关机组成员对必需的操纵器件的可达性和操作简易性;

(c) 按第 25.1525 条所核准的运行类型。

附录 D 阐述了按本条要求确定最小飞行机组时采用的准则。

1.2 条款背景

第 25.1523 条对最小飞行机组的确定提出了具体要求,强调在一定的设备配置条件下,驾驶员编制人数能使规定的最小飞行机组在没有过度注意力集中或疲劳的情况下执行任务,能够保证安全飞行。

1.3 条款历史

第 25.1523 条在 CCAR25 部初版首次发布,截至 CCAR - 25 - R4,该条款未进行过修订,如表 1 - 1 所示。

表 1 - 1 第 25.1523 条条款历史

第 25.1523 条	CCAR25 部版本	相关 14 CFR 修正案	备 注
首次发布	初版	25 - 3	

1985 年 12 月 31 日发布了 CCAR25 部初版,其中包含第 25.1523 条,该条款参考 1965 年 4 月 21 日发布的 14 CFR 修正案 25 - 3 确定。该修正案增加了附录 D,给出了在根据 §25.1523 确定最小飞行机组时要考虑的准则,废止了此前只依据飞机重量来确定飞行机组数量的做法。

2 条款解读

2.1 条款要求

第25.1523(a)款所指的工作量是指机组在完成其基本工作职能过程中的工作量。

第25.1523(b)款要求的可达性和操作简易性在附录D中有具体解释。

第25.1523(c)款中提及的核准的运行类型是在被提交审定的飞机所配置的设备(系统)基础上所核准的各种气象条件及交通管制条件下的运行类型。系统(设备)的配置决定了飞机飞行操作控制的自动化程度,相应影响到驾驶员的精力及飞行安全,从而影响最小飞行机组的配备人数。

附录D(a)款规定了机组基本工作职能:飞行航迹的控制、防撞、导航、通信及飞机发动机和系统的操作与监控以及指挥决策。附录D(b)款规定了在考察机组工作量过程中需考虑到的对工作量产生影响的因素,包括操纵器件、显示和告警、操作程序、操纵力、系统监控、离岗操作、自动化、通信与导航、应急情况和机组失能等。附录D(c)款要求运行类型需考虑飞机运行所依据的运行规则。

飞机的最小机组编制人数通常由飞机制造商在设计的早期阶段确定,但最终必须通过机组工作量评估,确认在最小机组编制情况下,机组能够顺利完成其基本工作职能,保证飞行安全,并且不会有过高的工作负荷。在机组工作量评估过程中,如果局方发现有影响机组完成基本工作职能或者工作负荷过高的情况,那么将会要求制造商采取措施消除不利的影响,其中可能会要求增加最小机组人员数量。

2.2 相关条款

与第25.1523条相关的条款如表2-1所示。

表 2-1　第 25.1523 条相关条款

序　号	相 关 条 款	相　　关　　性
1	第 25.771 条	第 25.771(a)款规定驾驶舱及其设备必须能使(按第 25.1523条规定的)最小飞行机组在执行职责时不致过分专注或疲劳
2	第 25.1525 条	第 25.1525 条规定了确定飞机运行类型的要求

3 验证过程

3.1 验证对象

第25.1523条的验证对象为最小飞行机组。

3.2 符合性验证思路

对第25.1523条的符合性验证首先需区分是新研制的机型(驾驶舱)还是在原

有型号(驾驶舱)的基础上进行的局部改进,或者增减原有已经过审定的机组编制数量。针对新研制的机型以及增减机组编制数量,需对机组工作量开展全面评估;对于原有型号的设计更改,需对机组工作量进行局部评估。

机组工作量评估通常有三种方法,即直接比较法、间接比较法和独立评估法。使用直接比较法和间接比较法的前提是新机型与参考机型在驾驶舱设计原理、布局、操纵使用等各方面都有较高程度的相似性。如果新的设计与其他经过验证的设计有显著的不同,与参考设计之间的比较则变得很有局限性。在这种情况下,需要对新设计进行独立评估。独立评估应基于新设计本身的标准,以及经申请人确定和局方同意的预期功能。对于新研机型,通常使用直接比较法和间接比较法;对于局部更改的驾驶舱,可采用独立评估法,对于更改机组编制数量的情况,可视情采用以上三种方法或者其组合。

机组工作量评估应结合设计描述、分析、模拟器试验、飞行试验等开展,其中飞行试验可用来证实分析或模拟器试验的结果。

3.3 符合性验证方法

通常,针对第 25.1523 条的符合性验证方法如表 3-1 所示。

表 3-1 建议的符合性方法

条 款 号	专 业	符 合 性 方 法										备 注
		0	1	2	3	4	5	6	7	8	9	
第 25.1523 条	总 体		1	2				6		8		

3.4 符合性验证说明

机组工作量评估的符合性验证过程如下。

3.4.1 MOC1 验证过程

通过设计方案,表明申请人在设计阶段确定最小飞机组的考虑因素时,如驾驶舱的布置、操纵器件可达性、操作简易性以及告警与指示信息等,就充分考虑工作量因素,或借鉴与某种机型的相似性设计。

3.4.2 MOC2 验证过程

在飞机设计阶段,根据申请人确定的机组编制以及驾驶舱的设计和操作程序的设计,通过分析的方法给出完成飞行任务所需的时间,并与参考机型完成相同飞行任务所需的时间进行对比。对比分析的结果可作为模拟器试验和飞行试验的参考。

一种可接受的分析方法为时间线分析法(time line analysis),它把工作量量化为完成各项任务的可用时间的百分比。

3.4.3 MOC6 与 MOC8 验证过程

通过飞行试验或模拟器试验,并采用直接比较法、间接比较法或独立评估法,对机组工作量进行评估。

直接比较法：直接比较法是通过申请人在新机型与参考机型上执行相同的任务，以获得新机型的相应数据，从而完成新机型与参考机型之间的比较。需通过设计相应场景，规划和安排好相应的试验程序以保证评估的准确性和可重复性。另外，应尽量减少两个两机型评估的时间间隔。

间接比较法：当无法将一个机型和另一个机型进行直接的对比评价时，例如选择将航线在役机型作为参考机型，但又没有参考机型的飞机可用于试飞时，可用间接比较法。间接比较法与直接比较法的主要过程是相同的。但是，间接比较法用于对比的不是参考机型已有的数据，或者通过参考机型模拟器试验和飞行试验测量得到的数据，而是试飞员将原型机的试飞过程与在参考机型上的飞行经历进行比较。在进行以上比较分析时应足够谨慎，因为间接比较的数据并没有直接比较数据准确和可靠，所以应仔细分析间接比较试验得到的结论，并检查其合理性和一致性。

独立评估法：独立评估法不通过与参考机型的比较进行，而是通过自身标准进行相应的评估。独立评估方法要求在进行试验前建立进行评估的数据搜集工具的有效标准。例如，如果采用 Bedford 工作量等级评定方法搜集数据以进行主观工作量评估，则评定者需在试验之前即确定工作量为不可接受的等级值。

独立评估法通常更多应用于部分更改的驾驶舱。但是，必须把驾驶舱系统作为一个整体以对新部件进行评估，因为集成系统会对驾驶舱中其它系统的任务性能和工作量产生影响。

评估过程分为以下步骤：

(1) 设计任务场景。根据附录 D 机组基本职能与影响工作量的因素，结合飞机型号的设计特征与操作程序，设计典型的任务场景。在设计的场景中，应涵盖各种典型的飞行阶段，基于运行类型与机组操作程序，涉及飞行航迹的控制、防撞、导航、通信与飞机发动机和系统的操作及监控以及指挥决策等机组职责，并考虑操纵器件、显示和告警、操作程序、操纵力、系统监控、离岗操作、自动化、通信与导航、应急情况和机组失能等影响工作的因素，以及航路、气象、机组工作计划和放飞构型等条件。应建立检查矩阵或清单，确保各类因素在典型设计场景中都得到合理和充分的考虑。

(2) 选择参考机型。对于直接比较法与间接比较法，需选择参考机型。参考机型的选择需考虑飞机的类型和构型、预期使用用途、驾驶舱布局、驾驶舱系统的功能和机组操作程序等方面的相似性。

(3) 选择参试机组。为保证参与试飞与模拟器试验的飞行员的代表性，需包括申请方试飞员、局方试飞员和航线飞行员。对于试飞，为保证安全性，每组机组成员中必须有申请方试飞员。对于航线飞行员，在试验前一周内需要完成一定的航线飞行。

（4）开展试飞与模拟器验证。根据每个典型验证场景的特点，考虑场景的可实现性、实施的可行性等，分配至飞行试验与模拟器试验中实施。对于模拟器试验，所使用的模拟器的构型需满足逼真度要求。对于飞行试验，根据验证场景的设置，部分科目需选取真实民航航线和机场进行，部分可选取非民航航线和机场进行。

参试机组采用贝德福德评分法和 NASA – TLX 评分法对工作量进行评估。根据评估结果分析在每个飞行阶段的工作量，分析时需考虑不同类型的飞行员评估意见的权重。

通过眼动仪、心率仪等测量设备，在试验过程中记录试验机组的眼动和心率等生理特征数据，并对这些数据进行分析，验证试验机组主观评估的合理性。

3.5　符合性文件清单

通常，针对第 25.1523 条的符合性文件清单如表 3 – 2 所示。

表 3 – 2　建议的符合性文件清单

序　号	符 合 性 报 告	符合性方法
1	最小机组参考机型选取分析报告	MOC1
2	最小飞行机组试验场景选取分析报告	MOC1
3	机组工作量分析报告	MOC2
4	机组工作量模拟器试验大纲	MOC8
5	机组工作量模拟器试验报告	MOC8
6	机组工作量试飞大纲	MOC6
7	机组工作量试飞报告	MOC6

4　符合性判据

对于新研制的机型（驾驶舱）以及增减经过审定的机组编制数量的情况，符合性判据为：在申请的飞行机组编制人数下，在驾驶舱系统设备配置条件下，按附录 D 的要求完成机组工作量评估。评估的结果表明飞行机组工作量等同于或少于参考机型，可达性、操纵性、身体和精神负荷等技术评价指标等于或优于参考机型，最小机组能够完成附录 D 中的各项工作职能，能够安全操纵飞机且不致过分的疲劳或注意力集中。

针对在原有型号（驾驶舱）的基础上进行局部更改的情况，符合性判据为：根据新的设计特征设计典型任务场景，完成机组工作量评估。评估的结果表明与老设计相比，机组工作量得到了改善，或者即使机组工作量没有改善或有所增加，但经审查方审查认为，新设计能够保证最小机组完成附录 D 中的各项工作职能。

参考文献

［1］　FAA. AC25. 1523 - 1 Minimum Flightcrew ［S］. 1993.

［2］　FAA. AC25 - 7C Flight Test Guide for Certification of Transport Category Airplanes ［S］. 2012.

［3］　CS 25 AMC 25. 1523 Minimum Flight Crew ［S］.

运输类飞机适航标准
第 25.1525 条符合性验证

1 条款介绍

1.1 条款原文

第 25.1525 条　运行类型

飞机限用的运行类型按其适航审定所属类别及所装设备来制定。

1.2 条款背景

航空器在实际运行中受限于飞机设备、天气条件和运行环境条件等,有不同的运行类型,例如仪表飞行规则下运行、目视飞行规则下运行、大气结冰条件下运行和延伸跨水运行等。不同运行类型对飞机设备有不同的要求,包括 CCAR25 部适航要求和 CCAR91 部及 CCAR121 部等运行规章要求。第 25.1525 条要求根据航空器申请人申请的运行类型对航空器是否满足这些相关适航要求和运行规章要求进行审查。

1.3 条款历史

第 25.1525 条在 CCAR25 部初版首次发布,截至 CCAR - 25 - R4,该条款未进行过修订,如表 1 - 1 所示。

表 1 - 1　第 25.1525 条条款历史

第 25.1525 条	CCAR25 部版本	相关 FAR 修正案	备　注
首次发布	初版	—	

1985 年 12 月 31 日发布了 CCAR25 部初版,其中包含第 25.1525 条,该条款参考 1964 年 12 月 24 日发布的 14 CFR PART 25 中的第 25.1525 条的内容制定。

2 条款解读

2.1 条款要求

本条款规定了飞机投入运行时的运行类型限制,确保飞机投入运行时的符合性。

运行类型是指按飞机所属类别及飞机设备确定的能安全飞行的运行条件,包括但不限于气象条件、交通管制条件和终端机场的进场着陆条件等。飞机的限用运行类型按适航审定所属的类别和所配置的系统和设备的情况来制定,其限制主要体现在以下两个方面。

(1) 根据飞机所属类别及申请的运行类型,飞机应满足相应适航规章条款的要求,针对运输类飞机应符合 CCAR25 部的相应要求。例如申请结冰运行类型,则飞机的防冰系统、结冰条件下飞机的性能和飞行品质等要符合 CCAR25 部相关条款的要求。

(2) 除适航要求外,申请运行类型还应满足适用的运行规章的要求。运输类飞机对应的运行规章为 CCAR91 部和 CCAR121 部,正常类、实用类、特技类和通勤类飞机适用的运行要求为 CCAR91 部。在运行规章中,对不同的运行类型必须安装的飞机系统设备以及性能进行了规定。在表明第 25.1525 条符合性时,申请人应通过设计文件及符合性验证文件表明飞机已经按运行规章要求安装了所需的系统设备,这些设备通过了适航合格审定,且能满足运行规章的要求。

一般运输类飞机的运行类型包括但不限于目视规则下运行、仪表飞行规则下运行、大气结冰条件下运行和延伸跨水运行等。

2.2 相关条款

与第 25.1525 条相关的条款如表 2-1 所示。

表 2-1 第 25.1525 条相关条款

序　号	相关条款	相　关　性
1	第 25.1301 条	第 25.1525 条限用的运行类型所需安装设备的功能和安装应符合第 25.1301 条的要求
2	第 25.1309 条	第 25.1525 条限用的运行类型所需安装设备的应符合第 25.1309 条的要求
3	第 25.1523 条	第 25.1523 条的最小飞行机组的制定应考虑到按第 25.1525 条获核准的运行类型
4	第 25.1583 条	第 25.1583 条的使用限制中必须提供依第 25.1525 条获批准的运行类型

3 验证过程

3.1 验证对象

第 25.1525 条的验证对象为 CCAR25 部进行合格审定的运输类飞机的运行类型。

3.2　符合性验证思路

依据飞机市场目标和要求、设计目标和要求以及设计特征,完成运输类飞机的运行类型定义,明确计划申请的运行类型,梳理与该运行类型相关的 CCAR25 部条款,引用这些条款的符合性验证结论,表明飞机能满足第 25.1525 条的要求。

CCAR91 部及 CCAR121 部规定了大型运输类飞机各种不同运行类型下应当安装的系统和设备。应通过设计说明飞机安装了 CCAR91 部和 CCAR121 部相应运行类型所要求的系统和设备,并且这些设备的功能和安装按照 CCAR25 部适用要求进行合格审定来表明符合性。

3.3　符合性验证方法

通常,针对第 25.1525 条的符合性验证方法如表 3-1 所示。

表 3-1　建议的符合性方法

条 款 号	专 业	符 合 性 方 法										备 注
		0	1	2	3	4	5	6	7	8	9	
第 25.1525 条	总 体		1									

3.4　符合性验证说明

针对第 25.1525 条,采用的符合性验证方法为 MOC1,验证具体工作如下(以"目视飞行规则下运行"为例说明)。

(1) 依据飞机市场目标和要求、设计目标和要求以及设计特征,完成运输类飞机的运行类型定义,明确飞机计划申请的运行类型,包含但不限于下述运行类型:

a. 目视飞行规则下运行;

b. 仪表飞行规则下运行;

c. 大气结冰条件下运行;

d. 延伸跨水运行。

(2) 依据确定的运行类型,确认运行规章 CCAR91 部和 CCAR121 部对飞机所安装仪表和设备的要求,制定符合要求的机上所装仪表和设备清单,在相应的设计方案中明确清单中所列仪表和设备需符合 CCAR25 部相关条款的要求,完成系统与设备的安全性分析、设备鉴定试验、设备安装验证和系统功能验证。

(3) 飞机在进行功能可靠性试飞时,需针对运行类型选择场景开展飞行验证,以对飞机具有所申请的运行类型能力进行核查。

(4) 案例。"目视飞行规则下运行"的适用运行规章为:第 91.403 条"按目视飞行规则运行的仪表和设备"、第 91.407 条"在夜间和云上运行的仪表和设备"、第 91.431 条"气象雷达"、第 121.323 条"夜间运行的仪表和设备"和第 121.349 条"仪表飞行规则运行或者非地标领航的航路上目视飞行规则运行的无线电设备",目视飞行规则下运行所需安装的设备如表 3-2 所示。

表 3-2 目视飞行规则下运行所需安装的设备

序号	条 款	条款要求安装的设备
1	第 91.403 条	a) 一个备用磁罗盘 b) 两个时钟(具有计时功能) c) 三套灵敏气压高度表(高度带) d) 三套空速表(空速带) e) 两个红光防撞灯、三个白光频闪灯
2	第 91.407 条	a) 两个红光防撞灯、三个白光频闪灯、一个红光航行灯、一个绿光航行灯和一个白光航行灯 b) 三个着陆灯 c) 仪表板的导光板照明、顶灯以及仪表板泛光照明 d) 客舱照明 e) 四个手电筒
3	第 91.431 条	气象雷达设备
4	第 121.349 条	a) 两套 VHF 通信系统(可选装第三套) b) 一套 HF 通信系统(可选装第二套) c) 两套甚高频全向信标(VOR) d) 两套仪表着陆系统(ILS) e) 两套指点信标(MB) f) 一套自动定向仪(ADF)(可选装第二套 ADF) g) 两套测距器(DME)
5	第 121.323 条	a) 两个红光防撞灯、三个白光频闪灯、一个红光航行灯、一个绿光航行灯、一个白光航行灯、三个着陆灯和仪表板的导光板照明、顶灯以及仪表板泛光照明 b) 三套空速指示系统,每个探头均有电防冰,提供空速指示和马赫数指示(满足第 121.305 条"飞机仪表和设备"(a)款和(j)(1)项要求) c) 三套灵敏气压高度表(高度带)(满足第 121.305 条"飞机仪表和设备"(b)款和(j)(2)项) d) 两个时钟(具有计时功能)(满足第 121.305 条"飞机仪表和设备"(c)款要求) e) 两组大气温度指示,每组显示包括大气总温(TAT)和大气静温(SAT)(满足第 121.305 条"飞机仪表和设备"(d)款要求) f) 三个姿态指示器(满足第 121.305 条"飞机仪表和设备"(e)款、(j)(5)项和(l)项要求) g) 三个侧滑指示器(满足第 121.305 条"飞机仪表和设备"(f)款和(j)(4)项要求) h) 四个航向指示器(满足第 121.305 条"飞机仪表和设备"(g)款和(j)(6)项要求) i) 一个备用磁罗盘(满足第 121.305 条"飞机仪表和设备"(h)款要求)

（续表）

序 号	条 款	条款要求安装的设备

j) 两个垂直速度指示器（垂直速度带）（满足第 121.305 条"飞机仪表和设备"(i)款和(j)(3)项要求）

k) 两套独立的烟雾探测系统（满足第 121.308 条"厕所防火"(a)款要求）

l) 两个盥洗室废物箱灭火瓶（满足第 121.308 条"厕所防火"(b)款要求）

m) 一个手提式灭火瓶（满足第 121.309 条"应急设备"(c)(4)项要求）

n) 一个 Halon1211 手提式灭火瓶，一个 Halon1211 手提式灭火瓶和一个水型手提式灭火瓶（满足第 121.309 条"应急设备"(c)(5)项和(c)(7)项要求）

o) 两个急救箱和一个应急医疗箱，每个急救箱里备有一副橡胶防护手套或者等效的无渗透手套（满足第 121.309 条"应急设备"(d)款要求）

p) 一把应急斧（满足第 121.309 条"应急设备"(e)款和第 121.743 条"应急医疗设备"要求）

q) 一个电池供电的扩音器（满足第 121.309 条"应急设备"(f)款要求）

r) 应急撤离滑梯（满足第 121.310 条"附件应急设备"(a)款要求）

s) 客舱应急照明，包括应急过道灯、应急地板荧光条、应急出口位置标志、应急出口标志、邻近地板出口标志

t) 外部应急照明，包括外部应急灯（满足第 121.310 条"附件应急设备"(h)款要求）

u) 四个手电筒（满足第 121.310 条"附件应急设备"(l)款要求）

v) 按照不同座级和客户选装要求，飞机客舱布置有相应数量的旅客座椅和服务员座椅。驾驶舱布置两个驾驶员座椅和一个观察员座椅，其中驾驶员座椅、观察员座椅、服务员座椅均配置符合 TSO-C114 的带金属锁扣装置的安全带，旅客座椅配置有符合 TSO-C22 的带金属锁扣装置的安全带（满足第 121.311 条"座椅、安全带和肩带装置"要求）

w) 两套风挡雨刷（满足第 121.313 条"其他设备"(b)款要求）

x) 电源系统（满足第 121.313 条"其他设备"(c)款要求）

y) 电源简图页（满足第 121.313 条"其他设备"(d)款要求）

z) 两套大气数据系统（满足第 121.313 条"其他设备"(e)款要求）

aa) 驾驶舱门（满足第 121.313 条"其他设备"(f)款要求）

bb) 盥洗室门锁（满足第 121.313 条"其他设备"(i)款要求）

cc) 旅客广播系统（满足第 121.318 条"机内广播系统"要求）

dd) 内话系统，包括客舱内话和维护内话（满足第 121.319 条"机组成员机内通话系统"要求）

ee) 高度保持和警告系统（满足第 121.320 条"高度保持和警告系统"要求）

3.5　符合性文件清单

第 25.1525 条建议的符合性文件清单如表 3-3 所示。

表 3-3　建议的符合性文件清单

序　号	符 合 性 报 告	符合性方法
1	运输类飞机的运行类型定义文件	MOC1
2	某运行类型的设备清单	MOC1

4　符合性判据

（1）申请的运行类型已定义。

（2）每一运行类型已按 CCAR91 部和 CCAR121 部确定所需安装的设备，制定有相应的设备清单。

（3）每一运行类型的机上所需安装设备已确定符合的 CCAR25 部相关条款。

（4）所需安装设备的系统完成了相关的安全性分析，且获得适航批准。

（5）所需安装设备完成了相应的设备鉴定，且鉴定结果符合要求。

（6）所需安装设备完成了相应的机上安装验证，且获得适航批准。

（7）飞机的功能可靠性试飞证明所需安装设备在预期的运行场景下满足要求。

参考文献

［1］　FAA. AC25.1581-1 Change 1 Airplane Flight Manual［S］. 2012.

［2］　AC-91-10 R1 国产航空器的运行评审［S］.

运输类飞机适航标准
第 25.1527 条符合性验证

1 条款介绍

1.1 条款原文

第 25.1527 条　周围大气温度和使用高度

必须制定受飞行、结构、动力装置、功能或设备的特性限制所允许运行的最大周围大气温度和最大高度。

〔中国民用航空局 2011 年 11 月 7 日第四次修订〕

1.2 条款背景

第 25.1527 条对飞机的周围大气温度和使用高度的制定提出了要求,为飞机飞行手册的温度和高度包线的制定提供输入。

1.3 条款历史

第 25.1527 条在 CCAR25 部初版首次发布,截至 CCAR - 25 - R4,该条款共修订过 1 次,如表 1 - 1 所示。

表 1 - 1　第 25.1527 条条款历史

第 25.1527 条	CCAR25 部版本	相关 14 CFR 修正案	备　注
首次发布	初版	—	
第 1 次修订	R4	25 - 105	

1.3.1 首次发布

1985 年 12 月 31 日发布了 CCAR25 部初版,其中包含第 25.1527 条,该条款参考 1964 年 12 月 24 日发布的 14 CFR PART 25 中的 §25.1527 的内容制定。

1.3.2 第 1 次修订

2011 年 11 月 7 日发布的 CCAR - 25 - R4 对第 25.1527 条进行了第 1 次修订,本次修订参考了 14 CFR 修正案 25 - 105 的内容,增加了对周围大气温度的制定要求。

原先 FAA 的 §25.1527 只要求对最大使用高度做出相关说明。而 EASA 的

CS25.1527 不仅要求了最小使用高度和最大使用高度,而且还对周围环境温度也做了相关要求。FAA 通过颁布 14 CFR 修正案 25 - 105 与 EASA 的该条内容保持一致。

2　条款解读

2.1　条款要求

本条规定了飞机运行最大周围温度和最大高度的总体要求,所制定的最大周围温度和最大高度受飞行、结构、动力装置、系统或设备特性的限制。

2.2　相关条款

与第 25.1527 条相关的条款如表 2 - 1 所示。

表 2 - 1　第 25.1527 条相关条款

序　号	相 关 条 款	相　　关　　性
1	第 25.1309 条	第 25.1309 条要求装机设备在预期运行环境下必须功能正常
2	第 25.305 条	第 25.305 条要求在预期运行环境下必须保证飞机的结构完整性
3	第 25.307 条	第 25.307 条要求在预期运行环境下必须保证飞机的结构完整性
4	第 25.365(d)款	第 25.365(d)款要求在预期运行环境下必须保证飞机的结构完整性
5	第 25.843(a)款	第 25.843(a)款要求在预期运行环境下必须保证飞机的结构完整性
6	第 25.21 条	第 25.21 条要求飞机的操纵性、稳定性、配平、失速特性和振动特性在直至最大使用高度的每一高度均要满足
7	第 25.251 条	第 25.251 条要求飞机振动特性在直至最大使用高度的每一高度均得到满足
8	第 25.1587 条	第 25.1587 条要求在飞机飞行手册中提供飞机环境包线下的飞机性能数据
9	第 25.1583 条	第 25.1583 条要求飞行手册应提供第 25.1527 条要求的周围大气温度和使用高度

3　验证过程

3.1　验证对象

第 25.1527 条的验证对象为飞机的最大周围大气温度和最大高度。

3.2　符合性验证思路

通常采用说明性文件和飞行试验的方法表明对该条款的符合性。

飞行特性限制的最大周围温度和最大高度主要考虑在最大周围温度和最大高度范围内的飞机性能及飞机的操纵性、稳定性、配平和失速特性,要满足 B 分部的相关要求。

结构特性限制的最大周围温度和最大高度主要考虑能承受的载荷限制及座舱压差的限制,需要验证在最大周围温度和最大高度范围内,结构的设计必须能够承受限制载荷而无有害的永久变形,及必须能够承受条款要求的压差载荷。

动力装置特性限制的最大周围温度和最大高度需要考虑在最大周围温度和最大高度范围内发动机均可安全工作,不会出现达到危险程度的不利特性。

系统或设备特性限制的最大周围温度和最大高度需考虑飞机各系统及机载设备在最大周围温度和最大高度范围内的每一高度功能正常。

综合以上经验证的受飞行、结构、动力装置、系统或设备的特性限制的最大周围温度和最大高度作为使用限制,写入飞行手册中。

3.3　符合性验证方法

通常,针对第 25.1527 条的符合性验证方法如表 3-1 所示。

表 3-1　建议的符合性方法

条款号	专业	符合性方法										备注
		0	1	2	3	4	5	6	7	8	9	
第 25.1527 条	性能		1					6			9	

3.4　符合性验证说明

针对第 25.1527 条,采用的符合性验证方法为 MOC1、MOC6 和 MOC9,验证具体工作如下。

3.4.1　MOC1

给出预期的高度和温度包线,飞机及各系统应分别表明在该预期的运行环境包线下,飞机结构有足够的结构强度,各系统均能工作正常,飞机性能和操稳品质能满足 CCAR25 部 B 分部的要求。

从下述方面表明对第 25.1527 条的符合性。

在设备层面,引用装机设备的设备鉴定试验结果,表明装机设备满足在预期环境条款下正常工作的要求。

在系统层面,飞机动力装置、主飞控、高升力、液压能源、起落架、自动飞行、无线电通信、音频管理功能、信息、飞行记录、显示和机组告警、大气数据和惯性基准、无线电导航、综合监视、飞行管理功能、航电核心处理、客舱、机载维护、电源、照明、燃油、APU、防火、水/废水、空调及气源、防冰除雨以及氧气等系统对第 25.1309(a)款进行符合性验证,引用相应符合性报告结论表明飞机各系统在飞机预期的温度—高度包线范围内功能正常。对动力装置,引用其符合性报告表明动力装置正常工作的环境包线不超过飞机环境包线。

在飞机层面,通过引用第 25.305 条、第 25.307 条、第 25.365(d)款和第 25.843(a)款的符合性报告和结论,表明飞机在飞机环境包线内的结构完整性;通过引用对第 25.21 条、第 25.251 条和第 25.1587 条的符合性报告和结论,表明在飞机环境包线下,飞机性能满足爬升梯度的要求并提供了全包线范围内的性能数据,飞机的操纵性、稳定性、配平、失速特性和振动特性在直至最大使用高度的每一高度均满足条款要求。

3.4.2　MOC6

针对 MOC6 的符合性方法,结合其他试飞科目中的高、中、低的高度科目试飞,对飞机的高度包线进行验证;结合高温和高寒试飞,在极端温度下对飞机及各系统的功能进行验证。

3.4.3　MOC9

所有装机设备按 DO-160 进行设备鉴定,装机设备在规定的温度和压力环境条件下(大于飞机的环境包线)可正常地工作,表明装机设备满足在预期环境条款下正常工作的要求。

3.5　符合性文件清单

通常,针对第 25.1527 条的符合性文件清单如表 3-2 所示。

表 3-2　建议的符合性文件清单

序　号	符 合 性 报 告	符合性方法
1	周围大气温度和使用高度设计说明	MOC1
2	周围大气温度和使用高度飞行试验大纲	MOC6
3	周围大气温度和使用高度飞行试验报告	MOC6
4	飞机飞行手册	MOC6
5	设备环境鉴定试验报告	MOC9

4　符合性判据

对于第 25.527 条,判定以下条件满足,则符合条款要求:

(1) 飞机设备在规定的温度和压力环境条件下(大于飞机的环境包线)可正常的工作。

(2) 制定的飞机周围大气温度和使用高度能满足表 2-1 中相关条款的要求。

(3) 飞机飞行手册中给出了周围大气温度和使用高度的使用限制。

参考文献

FAA. AC25 - 105 Revisions to Requirements Concerning Airplane Operating Limitations and the Content of Airplane Flight Manuals for Transport Category Airplanes [S].

运输类飞机适航标准
第 25.1529 条符合性验证

1 条款介绍

1.1 条款原文

第 25.1529 条 持续适航文件

申请人必须根据本部附录 H 编制适航当局可接受的持续适航文件。如果有计划保证在交付第一架飞机之前或者在颁发标准适航证之前完成这些文件,则这些文件在型号合格审定时可以是不完备的。

1.2 条款背景

1970 年之前,绝大多数制造厂家已经为大型运输飞机用户提供维护信息手册,不过 FAA 没有就这些手册应该包括的内容、手册分发以及手册提供给用户的时间等方面提出标准。

1970 年 2 月 5 日,FAA 发布 14 CFR 修正案 25-21,包含第 25.1529 条,要求 TC 申请人给用户提供飞机维护手册,并对这些手册应该包括的内容、手册的分发以及手册提供给用户的时间等方面提出要求。

关于"持续适航文件"此条款,中国民用航空局航空器适航司于 1989 年 1 月 3 日颁发了适航通告 AC-25-H1,1991 年 12 月 22 日又颁发了咨询通告 AC-91-03,并宣布 AC-91-03 生效之日起,原 AC-25-H1 作废。

1.3 条款历史

第 25.1529 条在 CCAR25 部初版首次发布,截至 CCAR-25-R4,该条款共修订过 1 次,修订说明如表 1-1 所示。

表 1-1 第 25.1529 条条款历史

第 25.1529 条	CCAR25 部版本	相关 14 CFR 修正案	备 注
首次发布	初版	25-54	
第 1 次修订	R4	25-68,25-102,25-123	

1.3.1 首次发布

1985 年 12 月 31 日中国适航当局发布了 CCAR25 部初版,其中包含第 25.1529 条,该条款参考 1970 年 12 月 24 日发布的 14 CFR 中的 §25.1529 以及 14 CFR 修正案 25 - 54 的内容制定。

1980 年 10 月 14 日,FAA 发布了 14 CFR 修正案 25 - 54,将第 25.1529 条由"维修手册",修订为"持续适航文件"。为了统一飞机制造商与营运人/所有人对持续适航文件的认识,便于持续适航文件开发、修订和使用,本修正案对 §25.1529 及相关规章的条款进行了协调和统一修订。鉴于持续适航文件格式和内容要求涉及信息量大,本次修订对持续适航文件的要求采取"主条款+附录"的形式,提高了法规要求的条理性和可读性。

1.3.2 第 1 次修订

2011 年 11 月 7 日发布的 CCAR - 25 - R4 对第 25.1529 条进行了第 1 次修订,本次修订参考了 14 CFR 修正案 25 - 68、25 - 102 和 25 - 123 的内容:将附录 H 中第 H25.1(a)款中加入"以及 CCAR21 部和 CCAR26 部的使用条款";附录 H 中第 H25.4 条中加入了燃油适航限制项目和 EWIS 限制项目的要求;附录 H 中增加了第 H25.5 条"电气互联系统(EWIS)的持续适航文件"。

1989 年 8 月 18 日,FAA 发布了 14 CFR 修正案 25 - 68,对 14 CFR PART 25 附录 H 进行文字修订。2001 年 5 月 7 日,FAA 发布了 14 CFR 修正案 25 - 102,在 14 CFR PART 25 附录 H 中增加了 §H25.4(a)(2),要求必须制定保持点火源防护设计特征的所有必需的维护和检查措施以及关键设计构型控制项目,并作为适航限制项目纳入持续适航文件中提供给运营商贯彻。2007 年 11 月 8 日,FAA 发布了 14 CFR 修正案 25 - 123,对 14 CFR PART 25 附录 H 进行了修订,重点改进飞机电气布线系统的设计、安装和维护,并将这些要求尽可能向燃油箱系统安全的要求看齐。

2 条款解读

2.1 条款要求

2.1.1 概述

第 25.1529 条规定申请人必须根据 CCAR25 部附录 H 的要求编制适航当局可接受的持续适航文件。允许在颁发型号合格证时,持续适航文件可以未完成审批,但必须有相应编制及审批计划,保证在交付第一架飞机之前或者颁发标准适航证之前完成所有持续适航文件的审批。

2.1.2 基本要求

(1)持续适航文件作为飞机型号合格审定要求的一部分,在型号合格审定阶段进行编写和审查。

(2)飞机交付或者首次颁发标准适航证之前,持续适航文件应当获得适航当局的批准或认可。

（3）飞机交付或者首次颁发标准适航证时，应向飞机所有人或运营人提供持续适航文件。

（4）第 25.1529 条几乎涉及飞机的全部系统和部件，每一份具体的持续适航文件涉及的技术问题各不相同，结合上述对本条款适航性要求进行的溯源分析和技术释义，本条款要求的持续适航文件的编写格式依据 ATA 2200 或者 ASD S1000D。

2.1.3　适航性要求涉及的主要技术问题

适航性要求涉及的主要技术如表 2-1 所示。

表 2-1　第 25.1529 条适航性技术要求

序　号	条　款　号	涉及的技术点
1	第 25.1519 条	（1）持续适航文件编制符合附录 H 的要求 （2）在第一架飞机交付之前交付
2	CCAR25 部附录 H	（1）对持续适航文件的编制、修订、发布进行持续控制 （2）持续适航文件的编制需要满足相关格式要求 （3）持续适航文件的内容应当包括飞机维护部分和维护说明书 （4）持续适航文件必须包括适航限制部分，并和其他部分分别开来。适航限制部分的内容需要满足相关条款要求

本条款适航性要求涉及的主要技术问题如下：

（1）具备完整的持续适航文件编制、修订和管控能力，需要建立相关的组织机构和管理体系。

（2）持续适航文件的编制需要保证内容的完整性。

（3）持续适航文件的编制格式需要满足相关工业标准的要求。

（4）持续适航文件需要包括适航限制部分（飞机结构 ALI、燃油箱防爆 ALI、电气互联系统的检查和审定维修要求）。

2.1.4　持续适航文件的分类、格式和语言要求

（1）按照实际的用途，飞机的持续适航文件可分为维修要求、维修程序和构型控制三类。

（2）每本手册都有便于使用者查阅、修订控制（包括临时修订）和了解其修订历史的手册控制部分，并且其正文部分的编排和格式应执行相关标准。

（3）持续适航文件包括的手册使用中文或者英文编写，但应当明确呈交适航当局评估的每本手册所使用的语言（不同手册可以使用不同语言）。使用另一种语言编制同一手册的准确性审核责任由申请方承担。

（4）持续适航文件各手册之间相互引用、引用国家或者行业标准、引用发动机和机载设备制造厂家单独编制的文件时，必须保证内容的连贯性和协调一致，并且

避免造成不便于使用的连续或者多层次引用。

2.1.5　持续适航文件的修订要求

（1）飞机投入使用后，主机厂应对持续适航文件的准确性、可用性和与设计的符合性进行持续跟踪，并在发现或者反馈下述情况下及时修订涉及的持续适航文件：

a．存在错误或不准确的情况；

b．缺乏某些使用、维修及其他保持飞机持续适航的限制、要求、方法和程序的信息；

c．存在不可操作的使用、维修及其他保持飞机持续适航的限制、要求、方法和程序的信息；

d．在对其飞机进行设计更改后。

（2）对于已经交付的飞机，主机厂使用各种服务文件的方法更改持续适航文件，此类服务文件中至少注明以下信息：

a．修改手册的名称和部分（页码和段落）；

b．适用的具体构型和序号的飞机（包括设计更改的信息）；

c．具体修订的内容（一般由主机厂提供修订插页）；

d．执行期限（如适用）。

（3）为保证持续适航文件修订控制责任的落实，主机厂应建立满足下述要求并经适航当局认可的持续适航文件有效性控制管理体系：

a．明确修订责任部门和人员；

b．能够及时收集、分析和处理飞机用户的使用和维修信息；

c．将对持续适航文件影响的评估作为设计更改的必要环节；

d．以书面的程序明确管理体系工作的流程、标准和规范。

2.1.6　持续适航文件的分发要求

（1）在飞机交付时应将所有的持续适航文件一同提供飞机所有人或运营人，并向其及时提供后续的修订内容。

（2）持续适航文件可以以纸面、电子文档（光盘和网络）或者其组合的方式向飞机所有人或运营人提供，但以电子文档方式提供时应当保证任何人无意或者有意情况下都不能修改其内容。

（3）对于发动机、机载设备和零部件制造厂家单独编写的手册，可以通过与主机厂签订协议的形式明确由其单独向飞机所有人或运营人提供，但主机厂有责任监督协议的落实，并在协议得不到履行时直接向飞机所有人或运营人提供这些手册。

（4）为保证飞机所有人或运营人及时获得和使用最新有效持续适航文件，主机厂应建立一个所有手册现行有效版本的索引（包括发动机、机载设备和零部件制造厂家单独编制的手册），并定期及时更新和向飞机所有人或运营人提供。

（5）持续适航文件分发责任的落实，主机厂应建立满足下述要求并经适航当局认可的持续适航文件分发管理体系：

a. 明确分发责任部门和人员；

b. 以书面的程序明确管理体系工作的流程、标准和规范。

2.2　相关条款

与第 25.1529 条相关的条款如表 2-2 所示。

表 2-2　第 25.1529 条相关条款

序　号	相 关 条 款	相　　关　　性
1	第 25.981(d)款	第 25.981(d)款要求建立针对燃油箱点燃防护的关键设计构型控制限制、检查或其他程序并说明应纳入第 1529 条所要求的持续适航文件的适航限制部分，即燃油适航性限制项目
2	第 25.1729 条	第 25.1729 条规定了持续适航文件：EWIS 的相关内容，包括 EWIS 适航性限制项目和 EWIS 手册的相关内容
3	第 25.1309(b)款	第 25.1309(b)款规定了失效状态的概率，是飞机审定维修要求相关内容的依据
4	第 25.571 条	第 25.571 条给出结构损伤容限和疲劳评定的要求。条款明确说明了需制订为预防灾难性破坏所必需的检查工作或其他程序，载入第 1529 条要求的持续适航文件中的适航限制章节，即结构适航性限制项目 同时此条款内容给出结构损伤容限和疲劳评定的要求也是飞机结构修理相关内容的依据
5	第 25.1519 条	第 25.1519 条规定了重量、重心和载重分布的要求（分布在第 25.23 条至第 25.27 条），是飞机重量平衡相关内容的依据

3　验证过程

3.1　验证对象

第 25.1529 条的验证对象为持续适航文件。

3.2　符合性验证思路

该条款主要是要保证持续适航文件的完整性、准确性和可操作性，符合性验证工作的思路可分六步进行。

3.2.1　第一步

对照第 25.1529 条款的要求，确定型号飞机持续适航文件清单，与适航审查当局达成一致意见。

3.2.2　第二步

制定型号飞机持续适航文件工作计划。

3.2.3　第三步

编写持续适航文件工作制度与管理程序、持续适航文件分发管理程序和持续适航文件更改管理程序等顶层文件，并提交适航审查。

3.2.4 第四步

按工作计划和相关程序要求开展数据收集和分析及各持续适航文件的编写工作；按工作计划提交各持续适航文件的初稿供适航审查。

3.2.5 第五步

按相关持续适航文件工作方案和计划的规定开展持续适航文件的验证工作。

3.2.6 第六步

根据验证结果和初稿适航审查意见对持续适航文件进行更改完善，并向适航提供终稿供批准或认可。针对持续适航文件的编写方法和流程将制定对应文件以保证数据来源的可靠性、准确性和完整性。

（1）根据 FAA ORDER 8110.54A 附录 2"运输类飞机持续适航文件检查单"的要求，确定符合条款内容要求的飞机型号持续适航文件清单或数据。

（2）为表明各持续适航文件或数据的安全、正确、适用和经济性，在持续适航文件初稿编制完成后，需由设计方、制造方和试飞单位确定验证要求、验证计划和具体方案，采取适当的方法对持续适航文件进行验证。

a. 首先，将对各持续适航文件开展 Validation，即书面验证工作，以保证数据内容与设计的一致性、完整性和正确性。验证内容通常包括但不限于以下内容：概述性资料、系统、安装说明、使用和操作说明、故障处理说明以及维修支持信息等技术内容和数据是否正确；是否与适用的工程数据一致，描述是否清楚；在执行防止任务伤害维修人员或制作飞机所需维修任务之前，该程序是否清楚标明保证飞机安全的所有要求；是否所有消耗性材料都能正确地加以识别，对特殊消耗性材料是否有相应的用法说明；是否正确地标明了所有诸如数量、距离和公差等数值；是否失去了重要的技术信息等。

b. 同时对部分操作程序，如飞机维修手册中的操作程序，开展 Verification，通过分析计算、飞行试验、模拟器试验和实际操作验证等方式进行验证，以保证操作程序的正确性和可操作性。

3.3 符合性验证方法

通常，针对第 25.1529 条的符合性验证方法如表 3－1 所示。

表 3－1 建议的符合性方法

条 款 号	专 业	符 合 性 方 法										备 注
		0	1	2	3	4	5	6	7	8	9	
第 25.1529 条	持续适航文件		1	2	3	4			7			

3.4 符合性验证说明

第 25.1529 条的符合性验证方法采用符合性声明、说明性文件、分析计算、安全性评估、实验室试验和机上检查等方法。

通过对条款的分析解读以及型号设计过程中的输出明确申请人所必须编制的持续适航文件，形成持续适航文件清单，与适航当局达成一致意见，保证其完整性。

通过持续适航文件的编写方法和流程编制对应文件以保证数据来源的可靠性、准确性和完整性。

表明各持续适航文件或数据的安全、正确、适用和经济性，在持续适航文件初稿编制完成后，需由设计方、制造方和试飞单位确定验证要求、验证计划和具体方案，采取适当的方法对持续适航文件进行验证，并验证结果保证其可操作性。

申请人通过符合性声明，表明对持续适航文件的完整性。并且通过说明性文件表明具备了对持续适航文件的编制和修订能力，也通过说明性文件表明对持续适航文件编写格式的符合性。通过分析计算和系统安全性分析验证适航限制文件。

3.4.1　MOC0 符合性声明

采用符合性声明的方式表明持续适航文件编制对条款符合的完整性。由于各制造商对于手册内容划分的不同，因此需表明所制定的持续适航文件包含了CCAR25 部附录 H 的要求。可根据持续适航文件审核单（见表 3-2）对其内容完整性进行判定。

表 3-2　运输类飞机持续适航文件完整性审核单

要　　　求	规章附录	ICA 的表明
（　）每台发动机的 ICA	H25.1(b)	
（　）每台螺旋桨的 ICA	H25.1(b)	
（　）本章节中要求的每个设备的 ICA	H25.1(b)	
（　）要求的关于飞机的（　）设备、（　）发动机和（　）螺旋桨与飞机的接口信息	H25.1(b)	
（　）如果装在飞机上的（　）设备、（　）发动机或（　）螺旋桨的制造商没有提供相应的 ICA，那么飞机的 ICA 必须包含（　）使飞机持续适航的必要信息	H25.1(b)	
（　）申请人的计划说明他们或者装在飞机上的产品与设备的制造商如何来分发 ICA 的更改	H25.1(c)	
（　）ICA 由一本或多本手册构成	H25.2(a)	
（　）手册简单而实用	H25.2(b)	
（　）手册必须用英语编写	H25.3	
（　）手册必须包含解释飞机的特性和用来进行维修和预防性维修的必要数据的介绍	H25.3(a)(1)	

（续表）

要　　　求	规章附录	ICA 的表明
（　）关于（　）飞机及其系统和安装的描述、（　）发动机及其系统和安装的描述、（　）螺旋桨及其系统和安装的描述和（　）设备及其系统和安装的描述	H25.3(a)(2)	
（　）基本的控制和操作信息，描述（　）飞机部件及其系统如何控制和（　）飞机部件及其系统如何工作，包括（　）任何专门的程序和限制	H25.3(a)(3)	
（　）勤务信息，包括（　）勤务站、（　）油箱容量、（　）油罐容量、（　）使用的液体种类和（　）各个系统的适用压力	H25.3(a)(4)	
（　）接近面板的位置，用来进行（　）检查和（　）勤务	H25.3(a)(4)	
（　）勤务信息，包括（　）润滑点的位置和（　）使用的润滑剂	H25.3(a)(4)	
（　）勤务要求的设备	H25.3(a)(4)	
（　）拖拉说明和限制	H25.3(a)(4)	
（　）停靠信息	H25.3(a)(4)	
（　）顶升信息	H25.3(a)(4)	
（　）校平信息	H25.3(a)(4)	
（　）计划信息，对（　）飞机每个零部件，包括进行（　）清洗、（　）检查、（　）校正、（　）测试、（　）润滑的建议的周期；和（　）在这些周期内建议的工作	H25.3(b)(1)	
（　）计划信息，对（　）飞机发动机，包括进行（　）清洗、（　）检查、（　）校正、（　）测试、（　）润滑的建议的周期；和（　）在这些周期内建议的工作 **注意**：该信息可在 FAA 认可的发动机 ICA 中	H25.3(b)(1)	
（　）计划信息，对（　）飞机辅助动力装置，包括进行（　）清洗、（　）检查、（　）校正、（　）测试、（　）润滑的建议的周期；和（　）在这些周期内建议的工作	H25.3(b)(1)	
（　）计划信息，对（　）飞机螺旋桨，包括进行（　）清洗、（　）检查、（　）校正、（　）测试、（　）润滑的建议的周期；和（　）在这些周期内建议的工作	H25.3(b)(1)	
（　）计划信息，对（　）飞机附件，包括建议的周期，用来（　）清洗、（　）检查、（　）校正、（　）测试、（　）润滑的建议的周期；和（　）在这些周期内建议的工作	H25.3(b)(1)	
（　）计划信息，对（　）飞机仪表，包括进行（　）清洗、（　）检查、（　）校正、（　）测试、（　）润滑的建议的周期；和（　）在这些周期内建议的工作	H25.3(b)(1)	

（续表）

要　　　求	规章附录	ICA 的表明
（　）计划信息，对（　）飞机设备，包括进行（　）清洗、（　）检查、（　）校正、（　）测试、（　）润滑的建议的周期；和（　）在这些周期内建议的工作	H25.3(b)(1)	
（　）对于（　）飞机及其（　）发动机、（　）辅助动力装置、（　）螺旋桨、（　）附件、（　）仪表和（　）设备的每一个零部件的检查程度	H25.3(b)(1)	
（　）可接受的磨损容限	H25.3(b)(1)	
如果申请人表明（　）项目极度复杂，需要专门的维修技术、测试设备，或专业知识，那么申请人可以把一个（　）附件、（　）仪表或（　）设备的制造商作为该信息的来源	H25.3(b)(1)	
（　）建议的大修周期和对 ALS 的必要参考	H25.3(b)(1)	
（　）检查计划，包括检查（　）频率和需要（　）检查的程度以保证持续适航	H25.3(b)(1)	
（　）适航要求的所有 CMR	H25.3(b)(1)	
（　）排故信息，描述（　）可能的故障、（　）如何识别故障和（　）如何排除故障	H25.3(b)(2)	
（　）关于采取任何必预防必要的预防措施来（　）拆除和（　）更换产品（发动机和螺旋桨）的顺序和方法的描述	H25.3(b)(3)	
（　）关于采取任何必预防必要的预防措施来（　）拆除和（　）更换零部件的顺序和方法的描述	H25.3(b)(3)	
（　）其他说明，包括在地面运行过程中用来（　）测试系统（　）存放限制和步骤，（　）做对称性检查，（　）称重和确定重心，（　）举升和支撑	H25.3(b)(4)	
（　）结构接近面板的示意图和当没提供接近面板时如何接近并进行检查的信息	H25.3(c)	
（　）申请特种检查技术的细节，包括被做了具体规定的 X 射线和超声波检查	H25.3(d)	
（　）在检查后申请结构的保护性处理所需要的信息	H25.3(e)	
（　）结构紧固件的全部数据，例如（　）鉴别、（　）丢弃建议和（　）扭矩值	H25.3(f)	
（　）需要的专用工具清单	H25.3(g)	
（　）ICA 必须包含一个章节，标题为适航限制，与其他文件（　）隔离和（　）清楚地区分开来	H25.4(a)	

注意： 有关的 ACO/ECO 人员将会评估和批准申请人 ICA 中的适航限制部分（ALS）

（续表）

要　　求	规章附录	ICA 的表明
（　）ALS 必须描述按照 14 CFR 第 25.571 条的要求批准的每个强制要求的更换时间、结构检查间隔和相关的结构检查程序	H25.4(a)(1)	
（　）ALS 必须描述按照 14 CFR 第 25.981 条的要求批准的燃油箱系统的强制的更换时间、检查间隔、相关的检查程序以及所有关键设计构型的控制限制	H25.4(a)(2)	
（　）如果 ICA 由多个手册组成，这段中要求的 ALS 必须包含在主手册中	H25.4(b)	
（　）ALS 必须在一个显著的地方包含一个易读的陈述，文中写道："ALS 是 FAA 根据 14 CFR 第 43.16 条和第 91.403 条的要求批准的和专门用于维护的，除非 FAA 批准了一个替代程序才能更改 ALS。"	H25.4(b)	

在表明持续适航文件的完整性方面应注意以下几个方面：

（1）持续适航文件应包括飞机所有零部件的文件。这些文件应使整架飞机的持续适航性达到如下程度，即任意一个不需要编制持续适航文件的零部件相应维修文件的缺失，不会对运营人保持飞机处于适航状态的能力造成不利影响。

（2）编制的关于零件、子组件、组件或者模块的持续适航文件，考虑到适航限制、安全性评估、部件分类和符合性要求方面的因素。每个零部件可按单个部件或者作为组件或系统的一部分来处理。

（3）对于高度复杂零件或部件，其持续适航文件如果由零件或部件的制造商提供，则飞机的持续适航文件应通过修订版本和出版日期来清楚地索引零件或部件制造商的持续适航文件，因为这些持续适航文件是第 25.1529 条要求的完整持续适航文件的一部分，还应把这些零部件的持续适航文件提交给第 21.50(b)款规定的所有人或运营人。

（4）每个型号的航空器都应当有一个主手册，来介绍并指导如何使用持续适航文件所包括的手册，并附有一个所有手册的清单（包括发动机、螺旋桨、机载设备和零部件型号申请人单独编制的手册）。

（5）对于已有型号飞机的改装，可能涉及那些不属于 TC 部分和在持续适航文件中没有反映的其他维修数据。当修理或改装的设计更改数据对型号设计产生了实质上更改，并因此可被认为是设计大改时，应评估持续适航文件中是否需要这些修理或改装信息。任何设计大改数据，无论是用于修理还是用于改装，当数据量足够大到需要持续适航文件增加大量内容时，可作为 STC 或者修订的 TC 来批准。

3.4.2　MOC1 说明性文件

在进行符合性验证工作时，需要提交的说明性文件一般包括以下几种：顶层文件、修订发布程序、文件编制和交付计划、持续适航文件及符合性说明表。

1) 顶层文件

顶层文件对持续适航文件的编制内容和计划进行了总体规定,该文件说明的重点一般包括以下要素:语言要求、格式要求、持续适航文件的数据源管理、持续适航文件的数据内容要求、数据逻辑关系说明、各文件手册的编制规范、文件数据的构型管理、文件的质量控制(包括自审、内审和维修程序验证等)、提交审查的手册或文件计划以及文件的修订、控制和发布的管理等。

2) 修订和发布程序

编制持续适航文件的修订颁发计划和相关程序,说明持续适航文件满足§H25.1的修订颁发的管理要求。

持续适航文件编制和管理体系是持续适航文件能够顺利执行的物质基础,是表明持续适航文件符合适航要求的第一步。持续适航文件编制和管理体系的在表明符合性方面重点关注以下三方面内容。

(1) 组织机构:设立相应的组织机构负责持续适航文件的编写和管理。

(2) 人员情况:从事持续适航文件编写和管理的人员数量是否充足,相关人员是否具有足够的能力从事该项工作。

(3) 管理规范:制定了书面的持续适航文件编制和管理规定/流程/规范,明确了相关部门及人员的职责。建立了检查和验证机制,管理流程/规定/规范是否存在漏洞,相关措施是否得以实施。

3) 文件编制和交付计划

如果颁发型号合格证之前不能提交完备的持续适航文件,则需制定详细的计划,该计划应充分说明飞机交付或颁发标准适航证之前提供持续适航文件,并获得适航当局认可。

4) 持续适航文件

按照顶层文件的划分,编制所规定的持续适航文件,并提交适航当局。文件的编写格式可采取 ATA2200 或 S1000D 的标准格式要求,这些文件一般包括MRBR、CMR、ALS、AMM、TEM、TSM、NDT、SWPM、IPC 和 WDM 等,具体的手册由申请人的审定计划来确定。

可分两个阶段向适航当局提交给持续适航文件,第一阶段提交持续适航文件的初稿,在此阶段需保证持续适航文件整体性和系统性,第二阶段提交持续适航文件的正式稿,此阶段主要保证持续适航文件的技术正确性。

持续适航文件中的审定维修要求(CMR)和适航限制部分(ALS)由适航审查组批准,而其他持续适航文件由航空器评审组(AEG)评审,其中维修审查委员会报告(MRBR)应由 AEG 的维修审查委员会评估批准,其他持续适航文件由 AEG 发布持续适航文件认可函的形式认可。

(1) 编制形式。持续适航文件中的每一类文件都可以以一本或多本手册的形

式编制,但下述手册或内容需要适航当局批准,并应当按照适航当局的相应要求单独编制:

  a. 适航性限制项目(ALI);

  b. 审定维修要求(CMR);

  c. 维修审查委员会报告(MRBR);

  d. 结构修理手册(SRM);

  e. 其他适航审定部门要求批准的文件(如 ETOPS 运行涉及的构型、维修和程序,CCAR26 部涉及的特殊持续适航文件等)。

  特别注意:尽管有些 ALI 和 CMR 以 MRBR 附件/附录的形式提交给航空器营运人,但 MRBR 不能代替审定过程中形成的 ALI 和 CMR 文件,仅意味着 ALI 和 CMR 不必单独提供给航空器所有人或运行人,ALI 和 CMR 文件必须单独编制、单独审定。

  每个型号的航空器都应当有一个主手册,来介绍并指导如何使用持续适航文件所包括的手册,并附有一个所有手册的清单。

  (2)编排格式。每本手册都应当有便于使用者查阅、修订控制(包括临时修订)和了解其修订历史的手册控制部分,并且其正文部分的编排和格式应当按照 ATA2200 或等效标准来编写。推荐使用等效标准 ASD S1000D。

  持续适航文件各手册之间中相互引用、引用国家或者行业标准、引用发动机和机载设备型号申请人单独编制的文件时,必须保证内容的连贯性和协调一致,并且避免造成不便于使用的连续或者多层次引用。

  (3)编写语言。CCAR25 部规定,持续适航文件的内容必须用中文编写。在实际操作过程中,由于我国已经取证的民用运输类飞机大量采用国外供应商提供的机载设备,该部分的持续适航文件均由英文编写,并且考虑到国产飞机出口的要求,因此可将持续适航文件编写语言的要求放宽。目前要求持续适航文件包括的手册可以使用中文或者英文编写,但应当明确呈交适航当局评估的每本手册所使用的语言,同一部手册必须采用相同的语言编写(不同手册可以使用不同语言)。

  3.4.3 MOC2 计算分析

  在制定结构适航限制项目和燃油适航限制项目时,需要采用相关的分析计算方法来表明符合性,具体方法参见第 25.571 条和第 25.981 条的符合性方法说明。

  3.4.4 MOC3 安全性评估

  在制定审定维修要求(CMR)时,需要采用安全性评估的方法来表明符合性,具体方法参看第 25.1309 条款和 AC25-19 的符合性方法说明。

  3.4.5 MOC4 实验室试验

  在制定结构修理手册时,需要采用实验室试验方法表明分析数据的准确性。

  3.4.6 MOC7 机上检查

  申请人提供预期使用人员(如试飞维修人员、教员和工程支援人员等)对经过审核的运行文件和持续适航文件内容进行资料验证和操作程序验证,明确其与使用的工程源数据是否相符,操作程序涉及的工具、材料和数量及距离是否准确与完整,确认文件内容可正确理解和具备可操作性。

3.4.7　对 AEG 表明符合性

除适航限制外的其他持续适航文件通常情况由 AEG(飞标部门)进行评审。在 AEG 评审过程中,AEG 主要负责包括评审 ICA 的维修要求、解决 ICA 维修要求的不足之处和就 ICA 的维修要求的可接受性与 ACO 取得一致意见。还包括协助评审 ICA 的其他部分和后续的更改。申请人应尽可能多地与 AEG 适航监察员交流,明确审查过程中双方任何有分歧的地方,给出相关的纠正措施,确保能按照规章的运营和维护要求给出修订持续适航手册,以控制 ICA 出版物的进展。

申请人对 AEG 关于持续适航文件符合性表明重点关注两个方面,一是持续适航文件中所引用的关键数据是否正确,是否已经获得了审定部门的批准,该项要求主要通过向 AEG 提交相应的说明性文件来表明符合性;二是持续适航文件的编写是否具备操作性,满足相关运行要求,该项要求主要通过虚拟维修验证和试验验证的方式表明符合性。

3.5　符合性文件清单

通常,针对第 25.1529 条建议的符合性文件清单如表 3-3 所示。

表 3-3　建议的符合性文件清单

序　号	符　合　性　报　告	符合性方法
1	适航限制性项目(结构、燃油和 EWIS)	MOC1
2	审定维修要求	MOC1
3	EWIS 手册	MOC1
4	重量平衡手册	MOC1
5	维修计划文件	MOC1
6	飞机维修手册	MOC1
7	线路图册	MOC1
8	飞机图解零件目录	MOC1
9	动力装置总成手册	MOC1
10	故障隔离手册	MOC1
11	无损检测手册	MOC1
12	发动机手册	MOC1
13	部件维修手册	MOC1
14	工具和设备手册	MOC1
15	系统原理图册	MOC1
16	顶层文件	MOC1
17	符合性声明	MOC0

4 符合性判据

针对第 25.1529 条,当持续适航文件的完整性、准确性和可操作性达到下述状态时,可判定符合该条款的要求。

4.1 符合性声明

编制有符合 CCAR25 部附录 H 要求的持续适航文件完整性检查单;完成了完整性检查内容的检查,且检查结果符合要求。

4.2 符合性说明

4.2.1 顶层文件

顶层文件规定了持续适航文件的编制内容和计划,并包括如下要素:语言要求、格式要求、持续适航文件的数据源管理、持续适航文件的数据内容要求、数据逻辑关系说明、各文件手册的编制规范、文件数据的构型管理、文件的质量控制、提交审查/评审的手册或文件计划以及文件的修订、控制和发布的管理等。

4.2.2 修订和发布程序

编制的持续适航文件的修订颁发计划和相关程序,明确了持续适航文件满足 §H25.1 的修订颁发的管理要求,必须包含三方面内容:组织机构、人员情况和管理规范。

4.2.3 持续适航文件

根据顶层文件的划分编制所规定的持续适航文件,按要求提交适航当局,这些要求除了技术要求,还应包括编制形式、编排格式及编制语言的要求;持续适航文件应满足 ATA100/ATA2200 或 S1000D 的标准格式要求;提交的持续适航文件应满足整体性、系统性及技术正确性的要求,即保证文件内容完整,各文件相关内容合理关联,输入数据源准确。

4.3 支持的符合性验证工作

(1)完成结构适航限制项目、燃油适航限制项目及结构修理手册的计算分析,且计算分析结果满足符合性要求。

(2)审定维修要求(CMR)、系统限制项目及 EWIS 限制项目的编制应在相应安全性评估符合相关条款要求的前提下完成。

(3)结构修理手册的相关数据通过实验室试验确认了数据的准确性。

(4)对于经过审核的运行文件和持续适航文件的内容,通过必要的机上验证,确认文件内容可正确理解和具备可操作性,AEG 提供相应认可函表明满足符合性要求。

参考文献

[1] 14 CFR 修正案 25 - 54 Airworthiness Review Program; Amendment No. 8A; Aircraft,

Engine, and Propeller Airworthiness, and Procedural Amendments [S].

[2] 14 CFR 修正案 25 - 68 Revision of General Operating and Flight Rules [S].

[3] 14 CFR 修正案 25 - 102 Transport Airplane Fuel Tank System Design Review, Flammability Reduction, and Maintenance and Inspection Requirements [S].

[4] 14 CFR 修正案 25 - 123 Enhanced Airworthiness Program for Airplane Systems/Fuel Tank Safety [S].

[5] FAA. Aviation Rulemaking Advisory Committee, Transport Airplane and Engine Issue Area, Flight Controls Harmonization Working Group, Task1-Flight Control Systems Report [S].

运输类飞机适航标准 第 25.1531 条符合性验证

1 条款介绍

1.1 条款原文

第 25.1531 条 机动飞行载荷系数

必须制定载荷系数限制。该限制不得超过由第 25.333(b)条中的机动包线确定的正限制载荷系数。

1.2 条款背景

第 25.1531 条的目的是规定飞机在空中飞行时的机动载荷系数,供驾驶员参考。

1.3 条款历史

第 25.1531 条在 CCAR25 部初版首次发布,截至 CCAR-25-R4,该条款未进行过修订,如表 1-1 所示。

表 1-1 第 25.1531 条条款历史

第 25.1531 条	CCAR25 部版本	相关 14 CFR 修正案	备 注
首次发布	初版	—	

1985 年 12 月 31 日发布了 CCAR25 部初版,其中包含第 25.1531 条,该条款参考 1964 年 12 月 24 日发布的 14 CFR PART 25 中的 §25.1531 的内容制定。

2 条款解读

2.1 条款要求

规定的载荷系数限制,不能超过第 25.333(b)款确定的机动包线范围,在高速飞行时不超过最大载荷系数限制,低速飞行时(包括襟翼打开状态)不超过按飞机最大升力系数限制计算得到的过载系数,以此作为参考和限制,在操纵中避免载荷系数过大造成的部件负载过大损坏,以及飞机失速的发生。

2.2 相关条款

与第25.1531条相关的条款如表2-1所示。

表 2-1   第 25.1531 条相关条款

序　号	相关条款	相　关　性
1	第 25.333 条	第25.333(b)款为飞行机动包线图,第25.1531条机动飞行载荷系数限制不得超过该包线图确定的正限制载荷系数
2	第 25.337 条	第25.337条规定了限制机载荷系数的计算方法
3	第 25.345 条	第25.345(a)(1)项规定襟翼放下时,机动到正限制载荷系数2.0

3   验证过程

3.1   验证对象

第25.1531条的验证对象为飞机的载荷系数限制。

3.2   符合性验证思路

明确飞机制定的机动飞行载荷系数限制,并与第25.333(b)款规定的飞行机动包线进行对比,通过系统描述的方法表明对条款的符合性。

3.3   符合性验证方法

通常,针对第25.1531条的符合性验证方法如表3-1所示。

表 3-1   建议的符合性方法

条　款　号	专　业	符 合 性 方 法										备　注
		0	1	2	3	4	5	6	7	8	9	
第 25.1531 条	总　体		1									

3.4   符合性验证说明

针对第25.1531条,采用的符合性验证方法为 MOC1,验证具体工作如下。

(1) 按照第25.333(b)款要求确定的飞行机动包线示意图如图3-1所示。

飞行机动包线中的正限制机动载荷系数可根据第25.337(b)款和第25.345(a)(1)项确定。在襟翼收起时,飞机的正限制机动载荷系数 n 不得小于 $2.1+\dfrac{10\,890}{W(公斤)+4\,540}$,但是"$n$"不得小于2.5,不必大于3.8,此处 W 为设计最大起飞重量。在襟翼放下时,第25.345(a)(1)项则直接规定了飞机的正限制载荷系数为+2.0。

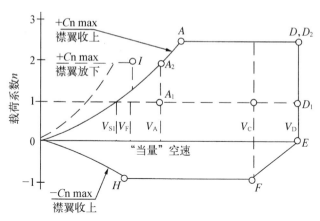

图 3-1　飞行包线示意图

（2）在襟翼收起时,根据第 25.337(c)款要求,负限制载荷系数为−1.0;在襟翼放下时,根据图 3-1 飞行包线示意图,载荷系数最小值为 0。

（3）分别制定襟翼收起和襟翼放下时的机动飞行载荷系数限制说明。在襟翼收起时,机动飞行载荷系数限制为−1.0～n;在襟翼放下时,机动飞行载荷系数限制为 0～+2.0。

3.5　符合性文件清单

通常,针对第 25.1531 条的符合性文件清单如表 3-2 所示。

表 3-2　建议的符合性文件清单

序　号	符 合 性 报 告	符合性方法
1	飞机机动飞行载荷系数设计说明文件	MOC1

4　符合性判据

制定有机动飞行载荷系数的说明文件,并且该载荷系数值不超出第 25.337(b)款和第 25.345(a)(1)项的要求。

参考文献

［1］　民用运输机结构载荷分析:原理与实践[R].中航工业 AE100 项目管理办公室,1998.
［2］　飞机设计手册总编委会.飞机设计手册(第九册)[M].航空工业出版社,2001.

运输类飞机适航标准
第 25.1533 条符合性验证

1 条款介绍

1.1 条款原文

第 25.1533 条　附加使用限制

(a) 必须制定下列附加使用限制：

(1) 必须制定最大起飞重量，对于这些重量应表明飞机符合本部有关条款(包括在不同高度和周围温度下满足第 25.121(a) 至(c)条的起飞爬升的规定)；

(2) 必须制定最大着陆重量，对于这些重量应表明飞机符合本部有关条款(包括在不同高度和周围温度下满足第 25.119 条和第 25.121(d)条的着陆爬升和进场爬升的规定)；

(3) 必须制定最小起飞距离，对这些距离应表明飞机在平整硬质道面上符合本部的有关条款(包括在不同重量、高度、温度、风分量、跑道道面情况(干、湿道面)和跑道坡度下满足第 25.109 条和第 25.113 条的规定)。另外，根据用户申请，对带沟槽或多孔摩擦道面，也可以制定湿跑道起飞距离并得到批准，只要该种道面的设计、建造及维护方法为适航当局所接受。

(b) 各种可变因素(例如高度、温度、风和跑道坡度)的极限值，均指表明飞机符合本部有关条款的极限值。

〔中国民用航空局 1995 年 12 月 18 日第二次修订，2001 年 5 月 14 日第三次修订〕

1.2 条款背景

第 25.1533 条的目的是规定了飞机飞行手册必须提供的附加使用限制。

1.3 条款历史

第 25.1533 条在 CCAR25 部初版首次发布，截至 CCAR-25-R4，该条款共修订过 2 次，如表 1-1 所示。

1.3.1 首次发布

1985 年 12 月 31 日发布了 CCAR25 部初版，其中包含第 25.1533 条，该条款参考 1964 年 12 月 24 日发布的 14 CFR PART 25 中的第 25.1533 条的内容制定。

表 1 - 1　第 25.1533 条条款历史

第 25.1533 条	CCAR25 部版本	相关 14 CFR 修正案	备　注
首次发布	初版	—	
第 1 次修订	R2	25 - 72	
第 2 次修订	R3	25 - 92	

1.3.2　第 1 次修订

1995 年 12 月 18 日发布的 CCAR - 25 - R2 对第 25.1533 条进行了第 1 次修订,本次修订参考了 14 CFR 修正案 25 - 72 的内容。

(1) 修改了涉及本条的上一修正案中的一处文字错误。

(2) 将上一修正案(a)(2)部分的"必须制定最大着陆重量,对于这些重量应表明飞机符合本部有关条款(包括在不同高度和周围温度下满足第 25.119 条和第 25.12 条的着陆爬升和进场爬升的规定)"修改为"必须制定最大着陆重量,对于这些重量应表明飞机符合本部有关条款(包括在不同高度和周围温度下满足第 25.119 条和第 25.121(d)款的着陆爬升和进场爬升的规定)"。

1.3.3　第 2 次修订

2001 年 5 月 14 日发布的 CCAR - 25 - R3 对第 25.1533 条进行了第 2 次修订,本次修订参考了 14 CFR 修正案 25 - 92 的内容:(a)(3)的跑道道面情况改为可以允许湿跑道情形。另外,增加"根据用户申请,对带沟槽或多孔摩擦道面,也可以制定湿跑道起飞距离并得到批准,只要该种道面的设计、建造及维护方法为适航当局所接受"。

2　条款解读

2.1　条款要求

最大起飞重量是指因设计或运行限制,飞机起飞时所容许的最大重量。在适航审定中,最大起飞重量由承制方确定,经过适航部门同意,并应记录在数据表和说明书中。最大起飞重量受机场高度、气温、跑道长度和跑道干扰等因素的影响。

最大着陆重量是飞机在着陆时允许的最大重量,它要考虑着陆时的冲击对起落架和飞机结构的影响。最大着陆重量是由制造商确定和经适航部门同意,并写入数据表和使用说明书的飞机重量。

最小起飞距离是飞机从滑跑开始到飞越起飞 35 米高度的所需最小距离。制定最小起飞距离时,应考虑飞机的加速—停止距离,以达到对飞机性能的优化。

2.2　相关条款

与第 25.1533 条相关的条款如表 2 - 1 所示。

表 2 - 1　第 25.1533 条相关条款

序　号	相关条款	相　关　性
1	第 25.109 条	第 25.1533 条要求制定的最小起飞距离必须满足第 25.109 条的加速—停止距离要求
2	第 25.113 条	第 25.1533 条要求制定的最小起飞距离必须满足第 25.113 条的起飞距离和起飞滑跑距离要求
3	第 25.119 条	第 25.1533 条要求制定的最大着陆重量必须满足第 25.119 条的着陆爬升要求
4	第 25.121 条	第 25.1533 条要求制定的最大起飞重量必须满足第 25.121 (a)款至(c)款的各种起飞爬升要求；第 25.1533 条要求制定的最大着陆重量必须满足第 25.121(d)款的进场爬升要求
5	第 25.1501 条	第 25.1501 条是使用和限制资料的总则性条款，要求必须制定第 25.1501 条至第 25.1533 条所规定的每项使用限制以及为安全运行所必需的其他限制资料
6	第 25.1583 条	第 25.1583 条是使用限制条款，其中(h)款规定必须提供按第 25.1533 条制定的使用限制
7	第 25.1587 条	第 25.1587(b)(4)项要求制定第 25.1533 条的各种限制和资料的程序应具有指导性文件的形式，并且该程序包括任何有关的限制或资料

3　验证过程

3.1　验证对象

第 25.1533 条的验证对象为飞机的最大起飞重量、最大着陆重量和最小起飞距离等附加使用限制。

3.2　符合性验证思路

制定飞机的附加使用限制，并与相关条款规定的飞机性能数据进行对比，通过系统描述的方法表明对条款的符合性。

3.3　符合性验证方法

通常，针对第 25.1533 条的符合性验证方法如表 3 - 1 所示。

表 3 - 1　建议的符合性方法

条　款　号	专　业	符合性方法										备　注
		0	1	2	3	4	5	6	7	8	9	
第 25.1533 条	总　体		1									

3.4 符合性验证说明

针对第 25.1533 条，采用的符合性验证方法为 MOC1，验证具体工作如下：

针对第 25.1533(a)(1)项和(2)项，飞机爬升性能计算分析报告中给出包括在不同高度和周围温度下满足第 25.121(a)款至(c)款起飞爬升规定的最大起飞重量以及满足第 25.119 条和第 25.121(d)款着陆爬升和进场爬升规定的最大着陆重量。最大起飞重量和最大着陆重量在飞行手册性能章节中起飞性能和着陆性能给出相关限制。

针对第 25.1533(a)(3)项，飞机起飞性能计算分析报告给出满足第 25.109 条和第 25.113 条规定的干、湿跑道起飞距离，表明飞机在平整硬质道面上符合本部的有关条款（包括在不同重量、高度、温度、风分量、跑道道面情况（干、湿道面）和跑道坡度下满足第 25.109 条和第 25.113 条的规定）。最小起飞距离在飞行手册性能章节中起飞性能章节给出相关限制。

针对第 25.1533(b)款，飞机起飞性能计算分析报告、飞机起飞航迹计算分析报告、飞机加速—停止距离计算分析报告、飞机爬升性能计算分析报告和飞机着陆性能计算分析报告给出飞机各种可变因素（如高度、温度、风和跑道坡度）的极限值。在飞机使用限制范围内按本部有关条款对于重量、高度、温度、风和跑道坡度的有关规定算得的性能资料应能符合各种可变因素（例如高度、温度、风和跑道坡度）的极限值。飞行手册性能限制章节给出空速和运行参数的相关限制。

3.5 符合性文件清单

通常，针对第 25.1533 条的符合性文件清单如表 3 - 2 所示。

表 3 - 2　建议的符合性文件清单

序　号	符合性报告	符合性方法
1	飞行手册	MOC1

4　符合性判据

（1）针对第 25.1533(a)(1)项和(2)项，通过系统描述的方法表明条款符合性，符合性判据是：飞行手册性能章节中应有最大起飞重量和最大着陆重量的限制说明，并且该重量值不大于飞机性能分析报告中的起飞和着陆重量值。

（2）针对第 25.1533(a)(3)项，通过系统描述的方法表明条款符合性，符合性判据是：飞行手册性能章节中应有最小起飞距离的限制说明，并且该值不小于飞机性能分析报告中的起飞距离。

（3）针对第 25.1533(b)款，通过系统描述的方法表明条款符合性，符合性判据是：对飞行手册性能限制章节的空速和运行参数给出相关限制，且该限制值满足飞机性能报告中的限制值要求。

参考文献

［1］ 14 CFR 修正案 25 - 72 Special Review：Transport Category Airplane Airworthiness Standards ［S］.

［2］ 14 CFR 修正案 25 - 92 Improved Standards for Determining Rejected Takeoff and Landing Performance ［S］.

［3］ FAA. AC25 - 7C Flight Test Guide for Certification of Transport Category Airplanes ［S］. 2012.

［4］ FAA. AC25. 1581 - 1 Change 1 Airplane Flight Manual ［S］. 2012.

运输类飞机适航标准
第 25.1535 条符合性验证

1 条款介绍

1.1 条款原文

第 25.1535 条 ETOPS 批准

除非第 25.3 条另有规定,每一个寻求 ETOPS 型号设计批准的申请人必须符合本部附录 K 的条款。

〔中国民用航空局 2011 年 11 月 7 日第四次修订〕

1.2 条款背景

第 25.1535 条提出,针对延程运行的飞机和发动机制定关于设计、使用和维护的相关规章要求,并将原在双发飞机上采用的延程运行要求扩展至适用于多发飞机。

1.3 条款历史

第 25.1535 条在 CCAR - 25 - R4 版首次发布,如表 1 - 1 所示。

表 1 - 1 第 25.1535 条条款历史

第 25.1535 条	CCAR25 部版本	相关 14 CFR 修正案	备 注
首次发布	R4	25 - 120	

2011 年 11 月 7 日发布了 CCAR25 部第 4 次修订,其中包含第 25.1535 条,该条款参考了 14 CFR 修正案 25 - 120 中的 §25.1535 的内容制定。

2000 年 6 月,FAA 要求航空立法咨询委员会(ARAC)将当时现行 ETOPS 政策与措施法律化,为 25 部、33 部、121 部及 135 部制定全面、恰当的 ETOPS 标准,2003 年 11 月,FAA 发布 NPRM No.03 - 11,提议针对延程运行的飞机和发动机制定关于设计、使用和维护的相关规章要求,并将原在双发飞机上采用的延程运行要求扩展至适用于多发飞机。随后发布的 14 CFR 修正案 25 - 120 基本采纳了 NPRM No.03 - 11 的观点,去除了对于多于两发飞机 ETOPS 维修大纲的要求,并给予多于两发的全货运飞机对于本规章要求的豁免。该修正案的出现是对 21 部、

25 部、33 部的飞机和发动机设计、121 部和 135 部飞机运行等一整套规章立法的结果。

2　条款解读

2.1　条款要求

本条款要求,对于除第 25.3 条适用对象之外的 ETOPS 型号设计批准,必须满足 CCAR25 部新增附录 K 关于 ETOPS 批准的技术要求。

2.2　相关条款

与第 25.1535 条相关的条款如表 2-1 所示。

表 2-1　第 25.1535 条相关条款

序　号	相　关　条　款	相　　关　　性
1	第 25.3 条	第 25.3 条对第 25.1535 条适用性的说明
2	附录 K	第 25.1535 条将 ETOPS 审定具体要求指向附录 K

3　验证过程

3.1　验证对象

第 25.1535 条的验证对象为飞机执行 ETOPS 的能力。

3.2　符合性验证思路

针对本条款,通过设计说明表明飞机系统设计满足 ETOPS 运行的要求;通过安全性分析表明飞机系统的设计能够满足 ETOPS 改航期间安全飞行和降落在备降机场的要求;通过飞行试验表明飞机系统能保证飞机安全飞行和降落。

3.3　符合性验证方法

通常,针对 25.1535 条的符合性验证方法如表 3-1 所示。

表 3-1　建议的符合性方法表

条　款　号	专　业	符 合 性 方 法										备　注
		0	1	2	3	4	5	6	7	8	9	
第 25.1535 条	总　体		1		3			6					

3.4　符合性验证说明

3.4.1　MOC1 验证过程

通过对电源、动力、燃油、APU、货舱防火、环控(设备冷却)、液压和飞行操纵以及通信和导航等系统的设计说明,表明飞机推进系统和其他各飞机系统的设计满足 ETOPS 运行的要求。

3.4.2 MOC3 验证过程

通过对电源、动力、燃油、APU、货舱防火、环控(设备冷却)、液压和飞行操纵以及通信和导航等系统及人为因素和机组负担等方面进行安全性评估,结合各系统性能和功能的符合性验证试验结果,说明飞机推进系统和其他各飞机系统的设计能够满足 ETOPS 改航期间安全飞行和降落在备降机场的要求。

3.4.3 MOC6 验证过程

通过 ETOPS 飞行演示试验,验证在 ETOPS 改航期间可能发生的各种失效和失效组合情况下,飞机推进系统和其他各飞机系统能保证飞机安全飞行和降落;演示飞行试验也对 ETOPS 运行中的机组负担进行评定。

3.5 符合性文件清单

通常,针对第 25.1535 条的符合性文件清单如表 3-2 所示。

表 3-2 建议的符合性文件清单

序 号	符 合 性 报 告	符 合 性 方 法
1	飞机 ETOPS 专题设计说明	MOC1
2	考虑 ETOPS 的 AFHA/SFHA	MOC3
3	考虑 ETOPS 的 PASA/PSSA	MOC3
4	考虑 ETOPS 的 ASA/ASA	MOC3
5	ETOPS 飞行试验大纲	MOC6
6	ETOPS 飞行试验报告	MOC6

4 符合性判据

(1)飞机的相关系统设计纳入了 ETOPS 运行的要求。

(2)完成了针对 ETOPS 运行的安全性分析,分析表明能够满足 ETOPS 改航期间安全飞行和降落在备降机场的要求。

(3)完成了针对 ETOPS 运行的飞行试验,试验结果符合条款要求。

参考文献

[1] 14 CFR 修正案 25-120 Extended Operations (ETOPS) of Multi-Engine Airplanes [S].

[2] FAA. AC120-42A. Extended Range Operation with Two-Engine Airplanes (ETOPS) [S]. 1988.

运输类飞机适航标准 第 25.1541 条符合性验证

1 条款介绍

1.1 条款原文

第 25.1541 条　总则

(a) 飞机必须装有：

(1) 规定的标记和标牌；

(2) 如果具有不寻常的设计、使用或操纵特性，为安全运行所需的附加的信息、仪表标记和标牌。

(b) 本条(a)中规定的每一标记和标牌必须符合下列要求：

(1) 示于醒目处；

(2) 不易擦去、走样或模糊。

1.2 条款背景

第 25.1541 条的目的是使飞机的使用限制得到明确和安全运行得到保证，对飞机上标明使用限制和保证飞机安全运行所必需的标记和标牌，以及为保证飞机上各个系统和仪表存在的特殊设计、使用或操纵特性安全运行所必需附加的信息、标记和标牌提出要求。

1.3 条款修订历史

第 25.1541 条在 CCAR25 部初版首次发布，截至 CCAR - 25 - R4，该条款未进行过修订，如表 1 - 1 所示。

表 1 - 1　第 25.1541 条条款历史

第 25.1541 条	CCAR25 部版本	相关 14 CFR 修正案	备　注
首次发布	初版	—	

CCAR25 部初版(1985 年 12 月 31 日)首次发布第 25.1541 条，条款内容与 14 CFR PART 25 中 §25.1541 的内容一致。

2 条款解读

2.1 条款要求

2.1.1 第 25.1541(a) 款要求

第 25.1541(a) 款要求飞机上必须装有规定的标记和标牌，以及为保证飞机上各个系统和仪表存在的特殊设计、使用或操纵特性安全运行所必需附加的信息、标记和标牌：

1) 第 25.1541(a)(1) 项要求

第 25.1541(a)(1) 项要求的规定的标记和标牌是指说明使用限制和保证飞机安全运行所必需的标记和标牌。根据 CCAR25 部的要求，并参考 FAA 咨询通告 AC25 - 17A 的指导意见，这类标记和标牌包括以下各类标记和标牌。

（1）旅客通告标示和标牌。见 CCAR25 部第 25.791 条。

（2）应急出口及其通路和开启措施必须有醒目的标记。见 CCAR25 部第 25.811 条。

（3）用标牌标明设备的名称、功能或使用限制。见 CCAR25 部第 25.1301 条。

（4）飞机制造商制定的液压流体必须具有合适的标牌加以识别。见 CCAR25 部第 25.1435 条。

（5）能靠更换发生器元件连续工作的携带式化学氧气发生器必须附有说明标牌。见 CCAR25 部第 25.1450 条。

（6）每一仪表标记。见 CCAR25 部第 25.1543 条。

（7）空速限制信息。见 CCAR25 部第 25.1545 条。

（8）磁航向指示器上或其近旁必须装有标牌。见 CCAR25 部第 25.1547 条。

（9）动力装置和辅助动力装置仪表标示。见 CCAR25 部第 25.1549 条。

（10）滑油油量指示器的油量指示标记。见 CCAR25 部第 25.1551 条。

（11）燃油油量表油量标示。见 CCAR25 部第 25.1553 条。

（12）操纵器件标记。见 CCAR25 部第 25.1555 条。

（13）每个行李舱和货舱以及每一配重位置必须装有限制标牌。见 CCAR25 部第 25.1557(a) 款。

（14）动力装置液体加注口标记。见 CCAR25 部第 25.1557(b) 款。

（15）应急出口标牌。见 CCAR25 部第 25.1557(c) 款。

（16）说明在起飞和着陆时，通往任一所需应急出口的必经之门必须闩在打开的位置的标牌。见 CCAR25 部第 25.1557(d) 款。

（17）应急情况下由机组操作的安全设备操纵器件的操作方法标牌。见 CCAR25 部第 25.1561(a) 款。

（18）装有灭火瓶、信号装置或其他救生设备的锁柜或隔间等必须有位置标记。

见 CCAR25 部第 25.1561(b)款。

（19）存放所需应急设备的设施必须有识别其中存放设备的标记。见 CCAR25 部第 25.1561(c)款。

（20）每个救生筏必须有使用说明标记。见 CCAR25 部第 25.1561(d)款。

（21）经批准的救生设备必须有识别标记和使用方法标记。见 CCAR25 部第 25.1561(e)款。

（22）必须在每个驾驶员的清晰视界内安装标有襟翼在起飞、进场和着陆位置时最大空速的标牌。见 CCAR25 部第 25.1563 条。

（23）每个装有救生衣、救生筏、滑梯、滑梯/救生筏组合装置或灭火器等应急设备的隔舱应有标牌标明其内的设备。

（24）储存舱、顶部行李箱和仪表舱等应安装有标牌，规定在滑行、起飞和着陆期间，门和抽屉等应被锁上或安全关闭。

（25）除非有保护应急设备的隔板，否则存放应急设备的储存舱应有标牌，标明"仅存放柔软物品""勿存放物品"或"仅存放应急设备"，以避免损伤应急设备或应急设备被存放在储存舱内的其他物品遮蔽的可能性。

（26）干扰应急出口开启的厨房和储存舱的门及抽屉等应是弹簧加载关闭的。应对储存舱的门处在任何位置，会对应急出口从内侧或是外侧开启产生的干扰进行评定。如果门和抽屉等不可能采用弹簧加载，则应有特别显著的标牌，指示在滑行、起飞和着陆期间关闭及闩住门和抽屉等。

（27）主过道和通道的帘布应有标牌，指示在滑行、起飞和着陆期间应把帘布固定在打开位置上。安装在主过道的帘布，其标牌应该从两边都能够看到；安装在通往一个出口的通道上的帘布，其标牌应该至少从主过道侧能够看到。

（28）分隔开的舱室应有各区域的重量限制标牌。或者，假如标牌标明的重量可以在舱室的各区域间以任何方式分配，并且标牌安装在整个装载过程中持续可见的位置，并且可以明显看出标牌标明的重量限制适用于整个舱室，则可以仅用一个标牌标明一个舱室的重量限制。

（29）关于厨房和存放装置载荷限制标牌应考虑临界载荷分布。

（30）所有舱室的标牌应该符合的要求为：个人在安装指定的项目（如手推车、标准餐车和咖啡机等）之前或者在装载松散物品的过程中，可以看到标牌。应该不需要在向舱室内装载的要求之外，再额外移动物品就能够看到标牌。

（31）当一个舱室被设计为包含超过一个手推车，并且手推车的侧面约束是邻近的手推车时，必须安装一个标牌，要求根据适当的情况，把手推车和邻近的手推车同时装进舱室，或者一个也不装，以保证在滑行、起飞和着陆期间，手推车获得足够的约束。标牌必须明确，并且安装在合适的舱室，还必须在舱室装载时可见。

2）第 25.1541(a)(2)项要求

第 25.1541(a)(2)项要求的是为保证飞机上存在的特殊设计和使用或操纵特

性安全运行所必需附加的信息、标记和标牌。

根据各个机型的具体设计，飞机上如果存在具有特殊设计和使用或操纵特性的系统或设备，为保证这些系统和设备能够安全运行，则必须附加所需的信息、仪表标记和标牌。

2.1.2　第 25.1541(b)款要求

第 25.1541(b)款要求第 25.1541(a)款要求安装的标记和标牌应该满足如下要求：

1) 第 25.1541(b)(1)项要求

第 25.1541(b)(1)项要求标记和标牌安装的位置、环境及文字和图案设计必须保证其易于被飞机上的乘员看到。根据 FAA 咨询通告 AC25 - 17A 的指导意见，标记和标牌的安装位置要求如下：

(1) 应急设备的标牌应大致与眼睛齐高。

(2) 如果应急设备位于上部隔舱或者下部隔舱，则与眼睛齐平的标牌应该有指示应急设备所在隔舱的箭头。

(3) 对于标牌不可能位于与眼睛齐平位置的小型公务机，标牌应位于尽可能醒目的位置。

根据 FAA 咨询通告 AC25 - 17A 的指导意见，标记和标牌的安装环境要求为：应急设备的标牌不应与周围的装饰混同。符合第 25.811(f)(2)项规定的颜色对比度是可以接受的。

标记和标牌的文字和图案设计要求可以参考 CAAC 咨询通告 AC21 - AA - 2007 - 14。其中提供了中国适航当局批准的应急设备和旅客信息标记的符号标牌的文字和图案设计。

2) 第 25.1541(b)(2)项要求

第 25.1541(b)(2)项要求标记和标牌的材料和工艺能够保证其不容易被移除，其上信息不容易被飞机上的日常清洁工作擦除，或者导致走样或模糊。

FAA 咨询通告 AC25 - 17A 的指导意见指出这是要求标牌上的信息为需要此信息的乘员一直保持在清晰易读的状态。容易被移除的标牌不符合此项要求。

2.2　相关条款

与第 25.1541 条相关的条款如表 2 - 1 所示。

表 2 - 1　第 25.1541 条相关条款

序　号	相关条款	相　关　性
1	第 25.791 条	第 25.791 条要求客舱内设置旅客通告标示和标牌。第 25.1541 条则对标示和标牌的安装位置、环境、设计、材料和工艺提出了要求

序　号	相关条款	相　关　性
2	第 25.811 条	第 25.811 条要求应急出口及其通路和开启措施必须有醒目的标记。另外，AC25-17A 关于第 25.1541 条的指导意见中说，对于用于标示应急设备的标牌，符合第 25.811(f)(2)项要求的颜色对比度是可以接受的
3	第 25.1301 条	第 25.1301 条要求用标牌标明设备的名称、功能或使用限制。第 25.1541 条则对标示和标牌的安装位置、环境、设计、材料和工艺提出了要求
4	第 25.1435 条	第 25.1435(b)(5)项要求飞机制造商制定的液压流体必须具有满足第 25.1541 条要求的合适的标牌加以识别
5	第 25.1450 条	第 25.1450 条要求能靠更换发生器元件连续工作的携带式化学氧气发生器必须附有说明标牌。第 25.1541 条则对标示和标牌的安装位置、环境、设计、材料和工艺提出了要求
6	第 25.1501 条	第 25.1501 条是涵盖整个 G 分部对于"使用限制和资料"的总则条款。第 25.1541 条则对其中的标示和标牌的安装位置、环境、设计、材料和工艺提出了要求
7	第 25.1543 条	第 25.1541 条是 G 分部使用限制和资料中标记和标牌的总则，所以与该分部对仪表标记提出具体要求的第 25.1543 条相关
8	第 25.1545 条	第 25.1541 条是 G 分部使用限制和资料中标记和标牌的总则，所以与该分部对空速限制信息提出具体要求的第 25.1545 条相关
9	第 25.1547 条	第 25.1541 条是 G 分部使用限制和资料中标记和标牌的总则，所以与该分部对磁航向指示器及其标牌提出具体要求的第 25.1547 条相关
10	第 25.1549 条	第 25.1541 条是 G 分部使用限制和资料中标记和标牌的总则，所以与该分部对动力装置和辅助动力装置仪表提出具体要求的第 25.1549 条相关
11	第 25.1551 条	第 25.1541 条是 G 分部使用限制和资料中标记和标牌的总则，所以与该分部对滑油油量指示器提出具体要求的第 25.1551 条相关
12	第 25.1553 条	第 25.1541 条是 G 分部使用限制和资料中标记和标牌的总则，所以与该分部对燃油油量表提出具体要求的第 25.1553 条相关
13	第 25.1555 条	第 25.1541 条是 G 分部使用限制和资料中标记和标牌的总则，所以与该分部对操纵器件标记提出具体要求的第 25.1555 条相关

序　号	相 关 条 款	相　　　关　　　性
14	第 25.1557 条	第 25.1541 条是 G 分部使用限制和资料中标记和标牌的总则，所以与该分部对行李舱、货舱和配重位置标牌、动力装置液体加注口标记、应急出口标牌和门上标牌提出具体要求的第 25.1557 条相关
15	第 25.1561 条	第 25.1541 条是 G 分部使用限制和资料中标记和标牌的总则，所以与该分部对安全设备标记标牌提出具体要求的第 25.1561 条相关
16	第 25.1563 条	第 25.1541 条是 G 分部使用限制和资料中标记和标牌的总则，所以与该分部对空速标牌提出具体要求的第 25.1563 条相关

3　验证过程

3.1　验证对象

第 25.1541 条的验证对象为飞机上标明使用限制和保证飞机安全运行所必需的标记和标牌，以及为保证在飞机上各个系统和仪表存在的特殊设计、使用或操纵特性安全运行所必需附加的信息、标记和标牌。

3.2　符合性验证思路

为表明对第 25.1541(a)(1)项的符合性，一般采用飞机标记和标牌设计图纸及符合性文件等设计资料，说明飞机上装有对飞机上的使用限制进行说明的标记和标牌，和保证飞机安全运行所必需的标记和标牌。并通过机上检查进行确认。

为表明对第 25.1541(a)(2)项的符合性，采用飞机标记和标牌设计图纸及符合性文件等设计资料，说明飞机上存在的特殊设计、使用或操纵特性，并装有为保证这些系统和仪表的安全运行，所必须附加的标记和标牌。并通过机上检查进行确认。

为表明对第 25.1541(b)(1)项的符合性，通过对前述标记标牌的安装位置和周边环境进行描述，表明这些标记和标牌都示于醒目处。并通过机上检查进行确认。对于在飞行中需要判读的仪表上的标记和标牌，则通过试飞试验来表明其清晰可见。

为表明对第 25.1541(b)(2)项的符合性，通过对前述标记标牌的材料、喷涂工艺进行描述，表明这些标记和标牌都不容易被移除，其上信息不容易被飞机上的日常清洁导致擦除、走样或模糊。并通过机上检查（采用中性肥皂水清洗后，用手用力涂擦）进行确认。

3.3　符合性验证方法

通常，针对第 25.1541 条的符合性验证方法如表 3 - 1 所示。

表 3-1 建议的符合性方法表

条 款 号	专业	符合性方法										备 注
		0	1	2	3	4	5	6	7	8	9	
第25.1541 (a)(1)项	*专业		1						7			*专业包括：总体布置、客舱安全、空调系统、电源系统、防火系统、飞控系统、燃油系统、液压能源系统、防冰系统、指示记录系统、起落架系统、氧气系统、气源系统、水废水系统、动力装置系统
第25.1541 (a)(2)项	*专业		1						7			
第25.1541 (b)(1)项	*专业		1						7			
第25.1541 (b)(2)项	*专业		1						7			
第25.1541 (b)(1)项	**系统							6				飞行中需要判读仪表上的标记和标牌的系统

3.4 符合性验证说明

3.4.1 第 25.1541(a)(1)项符合性验证

第25.1541(a)(1)项要求飞机上必须装有说明使用限制和保证飞机安全运行所必需的标记和标牌,通过 MOC1 和 MOC7 的方法表明符合性。

1) MOC1 验证过程

采用飞机标记和标牌设计图纸及符合性文件等设计资料,表明飞机上装有说明飞机上的使用限制的标记和标牌,以及保证飞机安全运行所必需的标记和标牌。

2) MOC7 验证过程

对以上设计图纸和符合性文件等设计资料提及的标记和标牌进行机上检查,对飞机上装有说明飞机上的使用限制的标记和标牌,以及保证飞机安全运行所必需的标记和标牌进行确认。

3.4.2 第 25.1541(a)(2)项符合性验证

第25.1541(a)(2)项要求飞机上装有为保证飞机上各个系统和仪表存在的特殊设计、使用或操纵特性安全运行所必需附加的信息、标记和标牌,通过 MOC1 和 MOC7 的方法表明符合性。

1) MOC1 验证过程

采用飞机标记和标牌设计图纸及符合性文件等设计资料,说明飞机上存在的特殊设计、使用或操纵特性,并装有为保证这些系统和仪表的安全运行所必须附加的标记和标牌。

2) MOC7 验证过程

对以上设计图纸和符合性文件等设计资料提及的标记和标牌进行机上检查，对飞机上装有为保证飞机上各个系统和仪表存在的特殊设计、使用或操纵特性安全运行所必须附加的信息、标记和标牌进行确认。

3.4.3 第 25.1541(b)(1)项符合性验证

第 25.1541(b)(1)项要求第 25.1541(a)款要求的标记和标牌安装的位置、环境及文字和图案设计必须保证标记和标牌易于被飞机上的乘员看到，通过 MOC1、MOC6 和 MOC7 的方法表明符合性。

1) MOC1 验证过程

采用飞机标记和标牌设计图纸及符合性文件等设计资料，对第 25.1541(a)款要求的标记标牌的安装位置和周边环境进行描述，表明其醒目，易于被飞机上的乘员看到。

2) MOC6 验证过程

对于在飞行中需要判读的仪表上的标记和标牌，通过试飞试验来表明其在飞行过程中清晰可见。

3) MOC7 验证过程

对以上设计图纸和符合性文件等设计资料提及的标记和标牌，及其安装位置和周边环境进行机上检查，表明这些标记和标牌醒目，易于被飞机上的乘员看到。

3.4.4 第 25.1541(b)(2)项符合性验证

第 25.1541(b)(2)项要求第 25.1541(a)款要求的标记和标牌的材料和工艺能够保证标记和标牌不容易被移除，其上信息不容易被飞机上的日常清洁工作擦除，或者导致走样或模糊，通过 MOC1 和 MOC7 的方法表明符合性。

1) MOC1 验证过程

通过对第 25.1541(a)款要求的标记标牌的材料和喷涂工艺进行描述，表明这些标记和标牌都不易擦去、走样或模糊。

(1) 已知的不容易被飞机上的日常清洁工作擦除的标牌材料包括导光板标牌和金属标牌。

(2) 已知的不容易被飞机上的日常清洁工作擦除的标牌印刷工艺包括：

a. 油漆标识使用耐流体环氧光泽、半光泽和无光型面漆，采用漏子模法喷涂。此喷涂材料和工艺能保证标牌上的内容耐流体、航空燃油和 Skydrol 磷酸酯液压油，不易擦去、走样或模糊。

b. 钢印。

c. 激光刻字。

d. 化学腐蚀法雕刻。

2) MOC7 验证过程

对于使用其他材料和工艺的标记和标牌，通过使用中性肥皂水对其表面进行清洗,再用手用力涂擦,表明这些标记和标牌都不容易被移除,其上信息不容易被飞机上的日常清洁导致擦除、走样或模糊。

3.5　符合性文件清单

通常,针对第 25.1541 条的符合性文件清单如表 3-2 所示。

表 3-2　建议的符合性文件清单

序　号	符 合 性 报 告	符合性方法
1	标记和标牌设计和安装图纸	MOC1
2	标记和标牌机上检查大纲	MOC7
3	标记和标牌机上检查报告	MOC7
4	飞行仪表标记和标牌飞行试验大纲	MOC6
5	飞行仪表标记和标牌飞行试验报告	MOC6

4　符合性判据

4.1　第 25.1541(a)款符合性判据

(1) 通过符合性说明和机上检查表明对第 25.1541(a)(1)项要求的符合性。符合性判据是:

　　a. 飞机上装有说明使用限制所必需的标记和标牌;

　　b. 飞机上装有保证安全运行所必需的标记和标牌。

(2) 通过符合性说明和机上检查表明对第 25.1541(a)(2)项要求的符合性。符合性判据是:

　　a. 对于飞机上存在的特殊设计和使用或操纵特性说明完整;

　　b. 为保证以上特殊设计和使用或操纵特性安全运行,附加了所必需的信息、仪表标记和标牌。

4.2　第 25.1541(b)款符合性判据

(1) 通过符合性说明、飞行试验和机上检查表明对第 25.1541(b)(1)项要求的符合性。符合性判据是:

　　a. 第 25.1541(a)款所述的标记和标牌醒目,并且易于被飞机上的乘员看到;

　　b. 在飞行中需要判读的仪表上的标记和标牌在飞行过程中清晰可见。

(2) 通过符合性说明和机上检查表明对第 25.1541(b)(2)项要求的符合性。符合性判据是:

　　a. 第 25.1541(a)款所述的标记和标牌不容易被移除;

　　b. 第 25.1541(a)款所述的标记和标牌上的信息不容易被飞机上的日常清洁导致擦除、走样或模糊。

参考文献

[1] FAA. AC20 - 151B Airworthiness Approval of Traffic Alert and Collision Avoidance Systems (TCAS Ⅱ), Versions 7. 0 & 7. 1 and Associated Mode S Transponders [S]. 2014.

[2] FAA. AC25. 1435 - 1 Hydraulic System Certification Tests and Analysis [S]. 2001.

[3] FAA. AC25. 735 - 1 Brakes and Braking Systems Certification Tests and Analysis [S]. 2002.

[4] FAA. AC20 - 88A Announcement of Availability of Advisory Circular 20 - 88A: Guidelines on the Marking of Aircraft Powerplant Instruments (Displays) [S]. 1986.

[5] FAA. AC25 - 17A Transport Airplane Cabin Interiors Crashworthiness Handbook [S]. 2009.

运输类飞机适航标准
第 25.1543 条符合性验证

1 条款介绍

1.1 条款原文

第 25.1543 条　仪表标记：总则

每一仪表标记必须符合下列要求：

(a) 当标记位于仪表的玻璃罩上时，有使玻璃罩与刻度盘盘面保持正确定位的措施；

(b) 每一仪表标记必须使相应机组人员清晰可见。

〔中国民用航空局 1995 年 12 月 18 日第二次修订〕

1.2 条款背景

第 25.1543 条对机上仪表设备的标记加以规定。

1.3 条款历史

第 25.1543 条在 CCAR25 部初版首次发布，截至 CCAR-25-R4，该条款共修订过 1 次，如表 1-1 所示。

表 1-1　第 25.1543 条条款历史

第 25.1543 条	CCAR25 部版本	相关 14 CFR 修正案	备　注
首次发布	初版	—	
第 1 次修订	R2	25-72	

1.3.1　首次发布

1985 年 12 月 31 日发布了 CCAR25 部初版，其中包含第 25.1543 条，该条款参考了 1964 年 12 月 24 日发布的 14 CFR PART 25 中的 §25.1543 的内容制定。

1.3.2　第 1 次修订

1995 年 12 月 18 日发布的 CCAR-25-R2 对第 25.1543 条进行了第 1 次修订，本次修订参考了 14 CFR 修正案 25-72 的内容：将原来 §25.1543(b) 中描述的"弧线和直线"重新表述为"标记"，以适应电子多功能仪表中各种不同的标记方式。

同时,考虑到机组成员如机上工程师可能也需要判读某些仪表的信息,将原§25.1543(b)中的"飞行员"更改为"相应机组人员"。

2 条款解读

2.1 条款要求

第 25.1543(a)款是对有玻璃罩的仪表的要求,当标记位于仪表的玻璃罩上时,有使玻璃罩与刻度盘盘面保持正确定位的措施。新设计飞机不适用此款。

第 25.1543(b)款要求每一仪表标记提出了要求使相应机组人员清晰可见。指刻度的粗细、长短以及颜色的组合能使机组人员位于驾驶位置上时,在各种光线条件下看清楚,并且要求最小的误读率。可以使用包括颜色组合、闪烁等各种途径达到以上目标。

2.2 相关条款

与第 25.1543 条相关的条款如表 2-1 所示。

表 2-1 第 25.1543 条相关条款

序 号	相 关 条 款	相 关 性
1	第 25.1541 条	第 25.1541 条是标记总则

3 验证过程

3.1 验证对象

针对第 25.1543 条的验证对象为仪表标记。

3.2 符合性验证思路

针对第 25.1543(b)款,通过仪表设计安装图等表明在飞机上使用的仪表安装位置、仪表组成等信息,并通过飞行试验和机上检查验证所有的仪表清晰易读。

3.3 符合性验证方法

通常,针对第 25.1543 条的符合性验证方法如表 3-1 所示。

表 3-1 建议的符合性方法

条 款 号	专 业	符 合 性 方 法										备 注
		0	1	2	3	4	5	6	7	8	9	
第 25.1543(a)款	指示记录		1									
第 25.1543(b)款	液 压		1					6	7			
第 25.1543(b)款	指示记录		1					6				
第 25.1543(b)款	氧 气		1						7			

3.4 符合性验证说明

3.4.1 第 25.1543(a)款符合性验证说明

针对第 25.1543(a)款,采用的符合性验证方法为 MOC1,验证具体工作如下。

如有位于玻璃罩上的仪表标记,通过系统设计报告说明其与表盘相对位置固定的措施;对于仪表中使用的其他标记可以通过设计图说明表明其标记方式与常见设计特征间的关系,如标记的长度、宽度颜色等。

3.4.2 第 25.1543(b)款符合性验证说明

针对第 25.1543(b)款,采用的符合性验证方法包括 MOC1、MOC6 和 MOC7,各项验证具体工作如下。

1) MOC1 验证过程

通过仪表设计安装图等说明仪表标记安装位置、仪表组成等信息。

2) MOC6 验证过程

通过飞行试验,在飞行中特别是各种光照条件下,检验标记的清晰易读情况;尤其需要注意使用液晶屏幕显示相关仪表指示的情况下,在飞行员正常操作的位置和姿态条件下,在不同角度光照情况下显示的仪表标记信息仍然足够清晰。

3) MOC7 验证过程

通过系统机上检查确认相关仪表标记信息清晰可见。

3.5 符合性文件清单

通常,针对第 25.1543 条的符合性文件清单如表 3-2 所示。

表 3-2 建议的符合性文件清单

序 号	符 合 性 报 告	符合性方法
1	液压能源系统系统设计描述	MOC1
2	液压能源系统试飞大纲	MOC6
3	液压能源系统试飞报告	MOC6
4	液压能源系统机上检查大纲	MOC7
5	液压能源系统机上检查报告	MOC7
6	指示记录系统设计描述	MOC1
7	指示记录系统试飞大纲	MOC6
8	指示记录系统试飞报告	MOC6
9	氧气系统设计描述	MOC1
10	氧气系统机上检查大纲	MOC7
11	氧气系统机上检查报告	MOC7

4 符合性判据

(1) 飞机上仪表均已定义组成、安装方式、标记方式。

(2) 对于玻璃罩上的仪表,设计有措施保证其与刻度盘相对位置固定。

（3）机上检查完成,机组人员可清晰辨认仪表标记。

（4）飞行试验完成,机组人员可清晰辨认仪表标记。

参考文献

［1］　14 CFR 修正案 25 - 72 Special Review：Transport Category Airplane Airworthiness Standards［S］.

［2］　FAA. AC20 - 88A Announcement of Availability of Advisory Circular 20 - 88A；Guidelines on the Marking of Aircraft Powerplant Instruments (Displays)［S］. 1986.

运输类飞机适航标准
第 25.1545 条符合性验证

1 条款介绍

1.1 条款原文

第 25.1545 条　空速限制信息

第 25.1583(a)条所要求的空速限制信息必须为飞行机组易于辨读和理解。

1.2 条款背景

为规范飞机驾驶舱空速限制信息的标记标牌要求制定本条款。

1.3 条款历史

第 25.1545 条在 CCAR25 部初版首次发布,截至 CCAR-25-R4,该条款未进行过修订,如表 1-1 所示。

表 1-1　第 25.1545 条条款历史

第 25.1545 条	CCAR25 部版本	相关 14 CFR 修正案	备　　注
首次发布	初版	—	

1985 年 12 月 31 日发布了 CCAR25 部初版,其中包含第 25.1545 条,该条款参考 1964 年 12 月 24 日发布的 14 CFR PART 25 中的 §25.1545 的内容制定。

2 条款解读

2.1 条款要求

该条款要求第 25.1583(a)款所要求的空速限制信息必须为飞行机组易于辨读和理解。

第 25.1583(a)款所要求的空速限制信息包括最大使用限制速度 V_{MO}/M_{MO}、机动速度、襟翼展态速度 V_{FE}、起落架收放速度、起落架伸态速度 V_{LE} 及安全运行所必需的其他空速限制。这些空速限制信息分别通过第 25.1503 条至第 25.1517 条的要求制定。

飞行机组"易于辨读与理解",空速限制信息的设置应考虑以下内容:

(1) 字体大小、显示和标志位置必须使每个驾驶员均能清晰可见。

(2) 简单的速度信息可以采用标牌,复杂的速度信息应在仪表上自动显示。

(3) 信息的标记方式应采用各机型上普遍采用的方式以便机组人员正确理解。

2.2　相关条款

与第 25.1545 条相关的条款如表 2-1 所示。

表 2-1　第 25.1545 条相关条款

序　号	相关条款	相　关　性
1	第 25.1583 条	第 25.1545 条所要求的空速限制信息为第 25.1583(a)款所要求的空速限制信息

3　验证过程

3.1　验证对象

第 25.1545 条的验证对象为驾驶舱空速限制的标记标牌。

3.2　符合性验证思路

为表明对该条款的符合性,一般采用说明性文件、飞行试验评估及航空器检查的方法:表明第 25.1583(a)款所要求的空速限制信息都已布置到驾驶舱内,并说明布置的方式已考虑到飞行机组的使用,能使飞行机组易于辨读和理解。

3.3　符合性验证方法

通常,针对第 25.1545 条的符合性验证方法如表 3-1 所示。

表 3-1　建议的符合性方法

条　款　号	专　业	符 合 性 方 法										备　注
		0	1	2	3	4	5	6	7	8	9	
第 25.1545 条	总　体		1					6	7			

3.4　符合性验证说明

针对第 25.1545 条,建议的符合性验证方法包括 MOC1、MOC6 和 MOC7,各项验证具体工作如下:

3.4.1　MOC1 验证过程

通过设计说明文件及相关驾驶舱内布置图等,说明第 25.1583(a)款所要求的空速限制信息都已布置到驾驶舱内,且说明布置的方式已考虑到飞行机组的使用,标记标牌的字体字号能使飞行机组易于辨读和理解。

3.4.2 MOC6 验证过程

通过飞行试验评估的方法,结合其他科目的试飞,飞行试验结束后飞行员评估说明第 25.1583(a)款所要求的空速限制信息在飞行中能够容易地辨读和理解。

3.4.3 MOC7 验证过程

通过航空器检查的方法,确认第 25.1583(a)款所要求的空速限制信息在驾驶舱内的布置及表现形式易于飞行机组辨读和理解。

3.5 符合性文件清单

通常,针对第 25.1545 条的符合性文件清单如表 3-2 所示。

表 3-2 建议的符合性文件清单

序 号	符 合 性 报 告	符合性方法
1	空速标记标牌设计说明报告	MOC1
2	空速标记标牌飞行试验大纲	MOC6
3	空速标记标牌飞行试验报告	MOC6
4	空速标记标牌机上检查大纲	MOC7
5	空速标记标牌机上检查报告	MOC7

4 符合性判据

对于第 25.1545 条,判定以下条件满足,则符合条款要求:

(1) 驾驶舱内完整布置了第 25.1583(a)款所要求的空速限制信息。

(2) 空速信息的布置能够为飞行机组辨读、理解并正常使用。

运输类飞机适航标准
第 25.1547 条符合性验证

1 条款介绍

1.1 条款原文

第 25.1547 条 磁航向指示器

（a）在磁航向指示器上或其近旁必须装有符合本条要求的标牌。

（b）标牌必须标明在发动机工作的平飞状态该仪表的校准结果。

（c）标牌必须说明是在无线电接收机打开还是关闭的情况下进行上述校准。

（d）每一校准读数必须用增量不大于 45°的磁航向角表示。

1.2 条款背景

第 25.1547 条对磁航向指示器标牌提出了相关要求。

1.3 条款历史

第 25.1547 条在 CCAR25 部初版首次发布，截至 CCAR - 25 - R4，该条款未进行过修订，如表 1-1 所示。

表 1-1 第 25.1547 条条款历史

第 25.1547 条	CCAR25 部版本	相关 14 CFR 修正案	备　注
首次发布	初版	—	

1985 年 12 月 31 日发布了 CCAR25 部初版，其中包含第 25.1547 条，该条款参考 1964 年 12 月 24 日发布的 14 CFR PART 25 中的 §25.1547 的内容制定。

2 条款解读

2.1 条款要求

第 25.1547(a)款要求在磁航向指示器上或其近旁必须装有符合本条要求的标牌。

第 25.1547(b)款要求磁航向指示器的标牌必须标明在发动机工作的平飞状态

该仪表的校准结果。

第 25.1547(c)款要求磁航向指示器的标牌必须说明在无线电接收机打开还是关闭的情况下进行校准的。

第 25.1547(d)款要求每一校准读数必须用增量不大于 45°的磁航向角表示。

2.2　相关条款

与第 25.1547 条相关的条款如表 2-1 所示。

表 2-1　第 25.1547 条相关条款

序　号	相关条款	相　关　性
1	第 25.1327 条	第 25.1327 条对磁航向指示器提出了校准的要求
2	第 25.1541 条	第 25.1541 条是标记总则

3　验证过程

3.1　验证对象

针对第 25.1547 条的验证对象为磁航向指示器。

3.2　符合性验证思路

针对第 25.1547(a)款,通过系统描述说明磁航向指示器附近有符合要求的标牌,并通过机上检查进行验证。

针对第 25.1547(b)款,通过系统描述说明磁航向指示器的修正卡标明在发动机工作的平飞状态该仪表的校准结果,并通过机上检查进行验证。

针对第 25.1547(c)款,通过系统描述说明磁航向指示器的修正卡在无线电接收机打开还是关闭的情况下进行校准的,并通过机上检查进行验证。

针对第 25.1547(d)款,通过系统描述说明磁航向指示器修正卡每隔 45°记录一次修正航向角,并通过机上检查进行验证。

3.3　符合性验证方法

通常,针对第 25.1547 条的符合性验证方法如表 3-1 所示。

表 3-1　建议的符合性方法表

条　款　号	专　业	符 合 性 方 法										备　注
		0	1	2	3	4	5	6	7	8	9	
第 25.1547 条	指示记录		1						7			

3.4　符合性验证说明

针对第 25.1547 条,采用的符合性验证方法包括 MOC1 和 MOC7,各项验证具体工作如下：

3.4.1　MOC1 验证过程

通过系统描述说明按照本条要求设计了符合要求的磁航向指示器的标牌；标牌上注明了在发动机工作的平飞状态该仪表的校准结果；标牌上标注了校准时无线电的打开情况，且是每隔 45°记录一次修正航向角。

3.4.2　MOC7 验证过程

通过 MOC7 机上检查确认飞机上安装的磁航向指示器标牌符合设计要求，其上标明了发动机工作的平飞状态对该仪表的校准结果，标明了无线电接收机打开或关闭的状态，其上校准读数的表达方式为每隔 45°记录一次修正航向角。

3.5　符合性文件清单

通常，针对第 25.1547 条的符合性文件清单如表 3-2 所示。

表 3-2　建议的符合性文件清单

序　号	符 合 性 报 告	符合性方法
1	磁航向指示器系统描述	MOC1
2	磁航向指示器机上检查大纲	MOC7
3	磁航向指示器机上检查报告	MOC7

4　符合性判据

（1）飞机设计有磁航向指示器用的符合条款要求的标牌，安装位置明确。

（2）标牌上标明了发动机工作的平飞状态对该仪表的校准结果。

（3）标牌上标明了上述校准的状态，即无线电接收机打开或关闭。

（4）校准读数的表达方式为每隔 45°记录一次修正航向角。

（5）机上检查确认标牌的安装以及标记内容符合上述要求。

（6）完成对该仪表的校准（在特定条件下）。

运输类飞机适航标准
第 25.1549 条符合性验证

1 条款介绍

1.1 条款原文

第 25.1549 条 动力装置和辅助动力装置仪表

每个需用的动力装置和辅助动力装置仪表,必须根据仪表相应的型别,符合下列要求:

(a)最大安全使用限制和(如有)最小安全使用限制用红色径向射线或红色直线标示;

(b)正常使用范围用绿色弧线或绿色直线标示,但不得超过最大和最小安全使用限制;

(c)起飞和预警范围用黄色弧线或黄色直线标示;

(d)发动机、辅助动力装置或螺旋桨因振动应力过大而需加以限制的转速范围用红色弧线或红色直线标示。

1.2 条款背景

第 25.1549 条规定了动力装置和辅助动力装置仪表的适航要求,为飞行机组提供一个充分和安全的动力装置和辅助动力装置仪表显示。

1.3 条款历史

第 25.1549 条在 CCAR25 部初版首次发布,截至 CCAR-25-R4,该条款未进行过修订,如表 1-1 所示。

表 1-1 第 25.1549 条条款历史

第 25.1549 条	CCAR25 部版本	相关 14 CFR 修正案	备 注
首次发布	初版	—	

1985 年 12 月 31 日发布了 CCAR25 部初版,其中包含第 25.1549 条,该条款参考 1964 年 12 月 24 日发布的 14 CFR PART 25 中的 §25.1549 的内容制定。

2　条款解读

2.1　条款要求

第 25.1549(a)款和第 25.1549(d)款中针对包容能力和其他安全性考虑的预计是基于对工作限制的观察,因此任何红线超差都被视为至少是危险的。但是,有些发动机控制可能具有足够可靠的和有效的"转速极限范围",可以替代机组的作用,防止在任何有预见的情况下出现超限。

第 25.1549(b)款要求正常使用范围用绿色弧线或直线标示,但不得超过最大和最小安全使用限制。

第 25.1549(c)款要求用黄色弧线或直线标示的起飞和预警范围,是指有发动机型号合格数据单(TCDS)定义的有时间限制的起飞功率范围,加上与发动机或机身相关的其他预警范围。

2.2　相关条款

与第 25.1549 条相关的条款如表 2-1 所示。

表 2-1　第 25.1549 条相关条款

序　号	相 关 条 款	相　　关　　性
1	第 25.1309 条	第 25.1309(a)款规定"凡航空器适航标准对其功能有要求的设备、系统及安装,其设计必须保证在各种可预期的运行条件下能完成预定功能"。因此,必须表明该设计能有效提供任何预期的功能,包括那些与飞行手册程序相关的、正常发动机监测功能和失效干预 第 25.1309(c)款规定"必须提供警告信息,向机组指出系统的不安全工作情况并能使机组采取适当的纠正动作",以及"系统、控制器件和有关的监控与警告装置的设计必须尽量减少可能增加危险的机组失误"
2	第 25.1321 条	第 25.1321(c)(2)项规定"对飞机安全运行极端重要的动力装置仪表,必须能被有关机组成员看清"

3　验证过程

3.1　验证对象

第 25.1549 条的验证对象为动力装置和辅助动力装置仪表。

3.2　符合性验证思路

针对第 25.1549 条,需要通过系统设计描述来表明动力装置和辅助动力装置仪表满足相关要求,并通过机上检查来验证这些要求得到满足。

3.3　符合性验证方法

通常,针对第 25.1549 条的符合性验证方法如表 3-1 所示。

表 3-1　建议的符合性方法

条款号	专业	符合性方法										备注
		0	1	2	3	4	5	6	7	8	9	
第 25.1549 条	指示记录系统		1						7			

3.4　符合性验证说明

第 25.1549 条符合性验证说明。针对第 25.1549 条,采用的符合性验证方法包括 MOC1 和 MOC7,验证具体工作如下:

3.4.1　MOC1 验证过程

根据 EICAS 显示页面,动力装置 N1 转速、N2 转速和 ITT 参数的最大安全使用限制已用红线标示,正常使用范围指针显示为绿色,当超限时,指针变为红色,以提醒驾驶员注意。

对于部分动力装置参数指示(如滑油温度和滑油压力),由于只采用了数字显示方式,因此是通过等效安全符合方式来表明符合性的。

每台发动机滑油温度和滑油压力数字式显示位置在 N2 转速指示下方,显示范围如表 3-2 和表 3-3 所示。

表 3-2　滑油温度显示

滑油温度	低于或等于	高　于
黄　色	温度范围	温度范围
绿　色	温度范围	温度范围

表 3-3　滑油压力显示

滑油压力	低于或等于	高　于
红　色	压力范围	压力范围
黄　色	压力范围	压力范围
绿　色	压力范围	压力范围

飞机 EICAS 系统显示的滑油温度和滑油压力参数以数字方式显示。当所指示的参数超过警戒限制时,参数会改变为琥珀色。当滑油压力超过警告限制时,参数显示会变为红色并闪烁并将给机组以音响警告和文字提示(CAS),同时相应的主警告指示灯燃亮。

飞机 EICAS 系统显示的滑油温度和滑油压力可以给机组足够的指示,向其提醒当前状态，其设计特性与第 25.1549 条的要求是等效安全的。

飞机 APU 系统操作参数 APU 转速（RPM）和排气温度（EGT）以带颜色的数字在 EICAS 上显示，符合条款的要求。

3.4.2 MOC7 验证过程

在飞机上进行机上检查，检查结果表明参数显示符合要求，符合条款的要求。

3.5 符合性文件清单

通常，针对第 25.1549 条的符合性文件清单如表 3-4 所示。

表 3-4 建议的符合性文件清单

序 号	符 合 性 报 告	符 合 性 方 法
1	EICAS 系统设计描述	MOC1
2	动力装置/APU 系统机上检查大纲	MOC7
3	动力装置/APU 系统机上检查报告	MOC7

4 符合性判据

4.1 针对第 25.1549(a)款

确认动力装置和辅助动力装置仪表的最大安全使用限制和（如有）最小安全使用限制是用红色径向射线或红色直线标示。

4.2 针对第 25.1549(b)款

确认动力装置和辅助动力装置仪表的正常使用范围是用绿色弧线或绿色直线标示，且没有超过最大和最小安全使用限制。

4.3 针对第 25.1549(c)款

确认动力装置和辅助动力装置仪表的起飞和预警范围是用黄色弧线或黄色直线标示。

4.4 针对第 25.1549(d)款

确认动力装置和辅助动力装置仪表，由于发动机和辅助动力装置振动应力过大而需加以限制的转速范围是用红色弧线或红色直线标示。

参考文献

[1] 14 CFR 修正案 25 - 40 Airworthiness Review Program，Amendment No. 4：Powerplant Amendments [S].

[2] FAA. AC20 - 88A Announcement of Availability of Advisory Circular 20 - 88A；Guidelines on the Marking of Aircraft Powerplant Instruments（Displays）[S]. 1986.

运输类飞机适航标准
第 25.1551 条符合性验证

1 条款介绍

1.1 条款原文

第 25.1551 条 滑油油量指示器

滑油油量指示器的标记必须迅速而准确地指示滑油油量。

〔中国民用航空局 1995 年 12 月 18 日第二次修订〕

1.2 条款背景

第 25.1551 条对动力装置滑油油量的指示提出了要求。滑油油量是动力装置系统安全平稳运行的核心指标之一,滑油油量的变化直接反映动力装置的安全工作情况。飞行过程中如出现滑油油量异常降低情况,飞行人员必须迅速采取应急措施。

1.3 条款历史

第 25.1551 条在 CCAR25 部初版首次发布,截至 CCAR - 25 - R4,该条款未修订过,如表 1 - 1 所示。

表 1 - 1 第 25.1551 条条款历史

第 25.1551 条	CCAR25 部版本	相关 14 CFR 修正案	备 注
首次发布	初版	—	

1985 年 12 月 31 日发布了 CCAR25 部初版,其中包含第 25.1551 条,该条款参考 1964 年 12 月 24 日发布的 14 CFR PART 25 中的 §25.1551 的内容制定。1995 年 12 月 18 日发布的 CCAR - 25 - R2 参考了 1990 年 4 月 15 日生效的 14 CFR 修正案 25 - 72,进一步明确了此条款的要求,未对条款内容进行修订。

2 条款解读

2.1 条款要求

此条款要求任一个滑油油量指示器必须标有足够精确的刻度,以迅速而准确地指示滑油油量。对于大油量的滑油油量指示器,可以加仑为刻度进行标记;对于使用量油尺的滑油油量指示器,可以进行满油或低油量标记。带有满油或低油标记的目视指示器用于齿轮箱。目视指示器一般不反映油量值。这些是目前用来指示滑油油量的方法。

2.2 相关条款

与第 25.1551 条相关的条款如表 2-1 所示。

表 2-1 第 25.1551 条相关条款

序 号	相关条款	相 关 性
1	第 25.1011 条	第 25.1011 条为滑油系统总则性条款,第 25.1551 条根据第 25.1011 条确定的满油箱和空油箱值来确定滑油油量指示器的量程

3 验证过程

3.1 验证对象

第 25.1551 条的验证对象为滑油油量指示器。

3.2 符合性验证思路

针对第 25.1551 条,通过滑油系统设计描述说明该系统设置滑油油量指示器的原理、功能与数量等情况,通过地面试验和机上检查试验验证滑油油量能够迅速准确的指示。

3.3 符合性验证方法

通常,针对第 25.1551 条的符合性验证方法如表 3-1 所示。

表 3-1 第 25.1551 条符合性方法表

条 款 号	专 业	符 合 性 方 法										备 注
		0	1	2	3	4	5	6	7	8	9	
第 25.1551 条	指示记录		1									
第 25.1551 条	动力装置		1				5		7			

3.4 符合性验证说明

针对第 25.1551 条,采用的符合性方法为 MOC1、MOC5 和 MOC7。

3.4.1 MOC1 验证过程

通过系统设计描述说明在驾驶舱内安装的指示记录系统的设置情况及滑油油量指示功能的工作原理,表明飞机设计了符合条款要求的滑油油量指示器。

3.4.2 MOC5 验证过程

通过地面试验,验证机载指示记录系统对滑油量的指示。通过试验测量得到的滑油体积与驾驶舱指示记录系统滑油油量指示值一致,误差处于规定范围内,滑油油量的指示迅速准确,满足条款的要求。

3.4.3 MOC7 验证过程

通过机上检查,油箱表面装有油面观察窗,观察窗上设有类似 FULL 刻度线和 LOW 刻度线,能够迅速准确的指示油量,满足条款的要求。

3.5 符合性文件清单

通常,针对第 25.1551 条的符合性文件清单如表 3-2 所示。

表 3-2 建议的符合性文件清单

序　号	符 合 性 报 告	符合性方法
1	动力装置系统滑油设计说明	MOC1
2	EICAS 系统设计描述	MOC1
3	EICAS 机上地面试验大纲	MOC5
4	EICAS 机上地面试验报告	MOC5
5	动力装置滑油系统部件机上检查大纲	MOC7
6	动力装置滑油系统部件机上检查报告	MOC7

4 符合性判据

第 25.1551 条的符合性判据如下:

(1) 系统设置有滑油油量指示器。

(2) 滑油油量指示器可迅速而准确地指示滑油油量。

参考文献

[1] 14 CFR 修正案 25 - 72 Special Review: Transport Category Airplane Airworthiness Standards [S].

[2] FAA. Aviation Rulemaking Advisory Committee, Transport Airplane and Engine Issue Area, Flight Controls Harmonization Working Group, Task1-Flight Control Systems Report [S].

运输类飞机适航标准
第 25.1553 条符合性验证

1 条款介绍

1.1 条款原文

第 25.1553 条　燃油油量表

如果任一油箱的不可用燃油超过 3.8 升(1 美加仑)和该油箱容量的 5% 中之大者,必须在其油量表上从校准的零读数到平飞姿态下能读得的最小读数用红色弧线标示。

1.2 条款背景

第 25.1553 条的意图是当任一油箱的不可用燃油超过 3.8 升(1 美加仑)和该油箱容量的 5% 中之大者时,对在平飞时不应使用的那部分不可用燃油进行必要的标记。

1.3 条款历史

第 25.1553 条在 CCAR25 部初版首次发布,截至 CCAR - 25 - R4,该条款未进行过修订,如表 1 - 1 所示。

表 1 - 1　第 25.1553 条条款历史

第 25.1553 条	CCAR25 部版本	相关 14 CFR 修正案	备　注
首次发布	初版	—	

1985 年 12 月 31 日发布了 CCAR25 部初版,其中包含第 25.1553 条,该条款参考 1964 年 12 月 24 日发布的 14 CFR PART 25 中的 §25.1553 的内容制定。

2 条款解读

2.1 条款要求

条款要求如果任一油箱的不可用燃油超过 3.8 升(1 美加仑)和该油箱容量的 5% 中之大者,则必须在其油量表上从校准的零读数到平飞姿态下能读得的最小读数用红色弧线标示。

　　由于燃油箱出口相对于燃油箱构型的位置(如集油箱,独特的位置和/或由飞机轮廓形成的构型等)与型号设计相关,故每个燃油箱的不可用燃油不同,可依据型号设计说明每个燃油箱5%的容量。通常不可用燃油依据第25.959条制定与验证。本条款仅适用于,不可用燃油大于1加仑,或者大于其容量的5%(取其中大者)的燃油箱。

2.2　相关条款

与第25.1553条相关的条款如表2-1所示。

表2-1　第25.1553条相关条款

序　号	相关条款	相　关　性
1	第25.959条	第25.959条不可用燃油量要求:为每个燃油箱及其燃油系统附件制定不可用燃油量

3　验证过程

3.1　验证对象

第25.1553条的验证对象为燃油系统。

3.2　符合性验证思路

通过燃油系统设计描述说明燃油箱配置油量表的情况。采用机上地面试验确认平飞时能获得的不可用燃油最低读数;采用机上检查确认油量表上从校准的零读数到平飞姿态下能读得的最小读数间设置有红色弧线进行标示。

3.3　符合性验证方法

通常,针对第25.1553条建议的符合性验证方法如表3-1所示。

表3-1　建议的符合性方法

条　款　号	专　业	符　合　性　方　法										备　注
		0	1	2	3	4	5	6	7	8	9	
第25.1553条	燃　油		1				5		7			

3.4　符合性验证说明

针对第25.1551条的符合性验证,采用MOC1、MOC5和MOC7,具体验证工作如下。

3.4.1　MOC1验证过程

通过燃油系统设计描述说明每个燃油箱的构造、位置及容量,说明燃油箱配置油量表的情况,明确一旦出现不可用燃油大于 1 美加仑,或者大于其容量的 5% 的情况,如何在此燃油箱的油量表上依据本条款要求进行标识。

3.4.2 MOC5 验证过程

通过机上地面试验,对燃油箱对应不可用油量超过 1 美加仑或超过燃油箱容量 5%(取其中大者)的情况,进行燃油排放试验对燃油量指示器(油量表)的最小读数测定。在试验中,调整飞机位置,模拟飞机处于平飞姿态的俯仰角,进行燃油排放试验,观察并记录燃油量指示器(油量表)的指示值,当燃油量指示器(油量表)的指示值当达到最小读数时记录该数值。

3.4.3 MOC7 验证过程

进行机上检查,确认在地面试验得到的平飞姿态下的燃油量指示器(油量表)的最小读数和第 25.959 条验证所得到的不可用燃油量值之间设置有红色弧线标示;确认燃油量指示器(油量表)标示设置的准确性。

3.5 符合性文件清单

通常,针对第 25.1553 条的符合性文件清单如表 3-2 所示。

表 3-2 建议的符合性文件清单

序 号	符 合 性 报 告	符 合 性 方 法
1	燃油系统设计描述	MOC1
2	燃油系统机上地面试验大纲	MOC5
3	燃油系统机上地面试验报告	MOC5
4	燃油系统机上检查大纲	MOC7
5	燃油系统机上检查报告	MOC7

4 符合性判据

针对第 25.1553 条,判定以下条件满足,则符合条款要求:在机上地面试验得到的平飞姿态下的燃油量指示器(油量表)的最小读数和第 25.959 条验证所得到的不可用燃油量值之间设置有红色弧线标示。

参考文献

[1] FAA. AC25-8 Auxiliary Fuel System Installations [S]. 1986.

[2] FAA. AC29-2B Certification of Transport Category Rotorcraft [S]. 1997.

运输类飞机适航标准
第 25.1555 条符合性验证

1 条款介绍

1.1 条款原文

第 25.1555 条 操纵器件标记

(a) 除飞行主操纵器件和功能显而易见的操纵器件外,必须清晰地标明驾驶舱内每一操纵器件的功能和操作方法。

(b) 每一气动力操纵器件必须按第 25.677 条和第 25.699 条的要求来标示。

(c) 对动力装置燃油操纵器件有下列要求:

(1) 必须对燃油箱转换开关的操纵器件作出标记,指明相应于每个油箱的位置和相应于每种实际存在的交叉供油状态的位置;

(2) 为了安全运行,如果要求按特定顺序使用某些油箱,则在此组油箱的转换开关上或其近旁必须标明该顺序;

(3) 每台发动机的每个阀门操纵器件必须作出标记,指明相应于所操纵的发动机的位置。

(d) 对附件、辅助设备和应急装置的操纵器件有下列要求:

(1) 每个应急操纵器件(包括应急放油操纵器件和液流切断操纵器件)必须为红色;

(2) 如果采用可收放起落架,则必须对第 25.729(e)条所要求的每个目视指示器作出标记,以便在任何时候当机轮锁住在收起或放下的极限位置时驾驶员能够判明。

1.2 条款背景

CCAR25.1555 条款制定的目的是对驾驶舱操纵器件进行标记,使驾驶员清晰明了地理解和掌握驾驶舱内操纵器件的功能和操作方法。

1.3 条款历史

第 25.1555 条在 CCAR25 部初版首次发布,截至 CCAR-25-R4,该条款未进行过修订,如表 1-1 所示。

表 1－1　第 25.1555 条条款历史

第 25.1555 条	CCAR25 部版本	相关 FAR 修正案	备　注
首次发布	初版	—	

1985 年 12 月 31 日发布了 CCAR25 部初版,其中包含第 25.1555 条,该条款参考 1964 年 12 月 24 日发布的 14 CFR PART 25 中的 §25.1555 的内容制定。

2　条款解读

2.1　条款要求

第 25.1555(a)款中"显而易见的操纵器件"包括如第 25.781 条规定操纵手柄形状的操纵器件,还有襟翼操纵器件,起落架操纵器件等。

气动力操纵器件要按第 25.677 条(配平系统)的要求,在配平操纵器件近旁,必须设置指示装置以指示与飞机运动有关的配平操纵器件的运动方向以及配平装置在其可调范围内所处的位置;按第 25.699 条(升力和阻力装置指示器)的要求对升力和阻力操纵器件进行标示。

对动力装置燃油操纵器件需要按本条(c)款进行标示。

对附件、辅助设备和应急装置的操纵器件按本条(d)款进行标示;如果采用可收放起落架,对起落架的收放操纵器件,应按第 25.729(e)款(收放机构位置指示和警告装置)的相关规定进行标示。

2.2　相关条款

与第 25.1555 条相关的条款如表 2－1 所示。

表 2－1　第 25.1555 条相关条款

序　号	相关条款	相　关　性
1	第 25.677 条	第 25.677(b)款要求在配平操纵器件的邻近位置设置指示装置用以指示与飞机运动有关的配平操纵器件的运动方向以及配平装置在其可调范围内所处的位置
2	第 25.699 条	第 25.699(c)款要求在操纵器件上标示出其可能有的超出着陆位置的区域
3	第 25.729 条	第 25.729(e)款对可收放起落架的位置指示和告警装置提出了指示和告警要求

3　验证过程

3.1　验证对象

第 25.1555 条的验证对象主要包括驾驶舱内的气动操纵器件、动力燃油操纵器件、可收放起落架操纵器件、应急操纵器件和其他辅助设备等操纵器件。

3.2　符合性验证思路

通过提供图纸等设计资料说明各操纵器件标记的布置位置，以及操纵器件标记的内容。进行机上检查表明各操纵器件的标记清晰的标明了每一个操纵器件的功能和操纵方法，其中应急操纵器件必须是红色的。

3.3　符合性验证方法

通常，针对第 25.1557 条的符合性验证方法如表 3-1 所示。

表 3-1　建议的符合性方法

条　款　号	专　业	符 合 性 方 法										备　注
		0	1	2	3	4	5	6	7	8	9	
第 25.1555(a)款	空调		1						7			
第 25.1555(a)款	飞控		1						7			
第 25.1555(a)款	液压		1						7			
第 25.1555(a)款	起落架		1						7			
第 25.1555(a)款	防冰		1						7			
第 25.1555(a)款	气源		1						7			
第 25.1555(b)款	飞控		1						7			
第 25.1555(c)款	动力装置		1						7			
第 25.1555(d)款	起落架		1						7			
第 25.1555(d)(1)项	空调		1						7			
第 25.1555(d)(1)项	液压		1						7			
第 25.1555(d)(2)项	指示记录		1						7			

3.4　符合性验证说明

3.4.1　MOC1 验证过程

第 25.1555(a)款：空调系统在驾驶舱内的操纵器件一般为空调控制面板和压调控制面板。机翼防冰系统在驾驶舱内的操纵器件为机翼防冰控制面板。气源系统通过在驾驶舱内的控制面板进行系统的操作和控制。这些控制面板上的操纵器件功能均为常规应用，在每一个按钮、旋钮的位置处有英文说明，并指出其相应的功能。

飞控系统主操纵器件驾驶杆、驾驶盘和脚蹬属于显而易见的操纵器件，无须特别说明。飞控系统其他操纵器件通常包括的方向舵配平开关和副翼配平开关、水平安定面配平开关、飞控系统地面维护开关、飞控系统直接模式开关、襟缝翼开关、减速板手柄和襟缝翼手柄等均标明其的功能和操纵方法。

液压或电传系统在驾驶舱的操纵器件设置在座舱顶部的液压控制面板，面板上每个开关旁边都有明显的名称和功能标识，在误操作易引起较大影响的按压开关上设置保护盖。同时面板上附件的操作方式和标识可借鉴现役飞机的设计经验,保证了其功能标识的清晰性。

起落架系统的驾驶舱起落架控制手柄面板上可标记如:"UP""DN"和"DN LOCK REL",分别表示收上、放下和放下锁定解除。自动刹车选择开关面板上可标记如:"RTO""OFF""LO""MED"和"HI",分别用于表示自动刹车不同挡位。前轮转弯系统,机组转弯解除开关附近可标记如:"STEER DISARM",表明该开关用于转弯解除。转弯手轮可标记如:"STEERING PUSH TO OPERATE"字样,标明转弯手轮需通过按压后操作,前轮解除开关可标记如:"NWS DISENGAGE"字样。

第 25.1555(b)款:气动力操纵器件按从第 25.1555(b)款引申来的第 25.677(b)款(配平系统)的要求,在配平操纵器件近旁,可设置指示装置以指示与飞机运动有关的配平操纵器件的运动方向,以及配平装置在其调节范围内所处的位置,应按照从第 25.1555(b)款引申来的第 25.699(c)款(升力和阻力装置指示器)的要求对升力和阻力操纵器件进行标识。

第 25.1555(c)款:动力装置系统每台发动机涉及的阀门操纵器件主要包括:燃油切断装置,发动机起动按钮和起动终止按钮,发动机点火旋钮,发动机超限和派遣数据清零旋钮,FADEC 维护上电按钮。

燃油切断装置上可分别标注"L""R"标识。燃油切断装置应分别在"CUTOFF"和"RUN"位置有止动措施,在每个位置必须提起开关手柄后方可推拉开关。

发动机超限和派遣数据清零旋钮上可用"ERASURE"标识。一般发动机超限数据清零功能对应"EXCEED"位,发动机派遣数据清零功能对应"TLD"位;开关正常状态在中间位;"EXCEED"和"TLD"位开关都为瞬通开关,当将开关打到"EXCEED"或"TLD"位松手后,开关应可自动回到中间位。左、右发动机超限和派遣数据清零旋钮可分别用字母"L""R"区分。

每台发动机对应一个 FADEC 维护上电按钮,维护人员按压 FADEC 维护上电按钮后,FADEC 上电,此时按钮上显示白色"ON"字符。当维护工作完成后,维护人员可再次按压 FADEC 维护上电按钮即可切断 FADEC 电源。左、右发动机分别用字母"L""R"区分。

第 25.1555(d)(1)项:空调系统的压调控制面板上"应急卸压"和"水上迫降"按钮属于应急操纵器件,为防止误操作"应急卸压"和"水上迫降"按钮,一般可设置透明保护盖加以保护,但按钮本体为红色。

液压能源系统防火切断阀控制按钮属于液流切断操纵器件,该控制按钮可使用黑色按钮加白色告警灯的方案。防火切断阀阀体上的指示手柄可设计为红色。

起落架系统应急使用的起落架应急放操纵手柄和起落架控制手柄操控按钮应为红色。起落架位置信息通过 EICAS 以图标形式显示起落架位置状态信息,并能通过语音告警信息提示起落架处于不安全状态。对于起落架刹车系统,停机/应急刹车手柄上"PARK"文字为红色。

第 25.1555(d)(2)项：起落架位置信息一般通过 EICAS 显示器以图标形式显示起落架位置状态，并能通过语音告警信息提示起落架处于不安全状态；在 EICAS 显示页面右中央位置分别显示前起落架和左、右主起落架位置指示图标，对各个起落架不同位置做出指示和告警。当起落架放下并锁定时，可显示填满绿色的鹅卵形符号，在鹅卵形符号内有黑色"DN"字符；当起落架未放下并锁定时，显示填满红色的鹅卵形符号，在鹅卵形符号内有黑色"DN"字符。当起落架收上并锁定时，显示白色方框，方框内有白色"UP"字符；当起落架未收上并锁定时，显示红色方框，方框内有红色"UP"字符。当起落架在伸出或收起转换期间，显示有琥珀色阴影线的方框；当起落架在转换中出现不安全情况时，显示有红色阴影线的方框。当起落架位置不能确定或数据无效时，起落架符号显示为洋红色方框，框内有 2 条洋红色短横线。以此符合第 25.729(e)款对起落架位置指示和告警的要求，使得驾驶员能够辨明起落架的位置状态。

3.4.2　MOC7 验证过程

参照图纸或其他设计文件对本条款要求的各操纵器件进行机上检查，确认其标记符合本条款的要求。

3.5　符合性文件清单

通常，针对第 25.1557 条的符合性文件清单如表 3-2 所示。

表 3-2　建议的符合性文件清单

序　号	符　合　性　报　告	符合性方法
1	××系统描述	MOC1
2	××系统机上检查大纲	MOC7
3	××系统机上检查报告	MOC7

4　符合性判据

（1）各操纵器件必须清晰地标明其功能和操作方法。

（2）气动力操纵器件必须按第 25.677 条和第 25.699 条的要求来标示。

（3）必须对燃油箱转换开关的操纵器件做出标记，指明相应于每个油箱的位置和相应于每种实际存在的交叉供油状态的位置；如果要求按特定顺序使用某些油箱，则在此组油箱的转换开关上或其近旁必须标明该顺序；需要对每台发动机的每个阀门操纵器件必须做出标记，指明相应于所操纵的发动机的位置。

（4）附件、辅助设备和应急装置的每个应急操纵器件（包括应急放油操纵器件和液流切断操纵器件）必须为红色；如果采用可收放起落架，则必须对第 25.729(e)款所要求的每个目视指示器做出标记，以便在任何时候当机轮锁住在收起或放下的极限位置时驾驶员能够判明。

运输类飞机适航标准
第 25.1557 条符合性验证

1 条款介绍

1.1 条款原文

第 25.1557 条 其它标记和标牌

（a）行李舱、货舱和配重位置 每个行李舱和货舱以及每一配重位置必须装有标牌，说明按装载要求需要对装载物作出的任何限制，包括重量限制。但设计用来存放重量不超过 9 公斤（20 磅）的随身物品的座席下空间不必设置装载限制标牌。

（b）动力装置液体加注口 采用以下规定：

（1）必须在燃油加油口盖上或其近旁作如下标记：

（i）"燃油"字样；

（ii）最低燃油品级（对活塞发动机）；

（iii）许用燃油牌号（对涡轮发动机）；

（iv）压力加油系统的最大许用加油压力和最大许用抽油压力。

（2）在滑油加油口盖上或其近旁必须标有"滑油"字样。

（3）在加力液加注口口盖上或其近旁必须有标出所要求的液体的标记。

（c）应急出口标牌 每个应急出口标牌必须满足第 25.811 条的要求。

（d）门 通往任一所需应急出口的必经之门必须有合适的标牌，说明在起飞和着陆时该门必须闩在打开的位置。

〔中国民用航空局 1995 年 12 月 18 日第二次修订〕

1.2 条款背景

第 25.1557 条提出对动力装置液体加注口的标记要求与对客舱安全性相关内容（行李舱、货舱和配重的位置，应急出口以及门）的标牌要求。

1.3 条款历史

第 25.1557 条在 CCAR25 部初版首次发布，截至 CCAR - 25 - R4，该条款共修订过 1 次，如表 1 - 1 所示。

表 1 - 1　第 25.1557 条条款历史

第 25.1557 条	CCAR25 部版本	相关 FAR 修正案	备　　注
首次发布	初版	25 - 32	
		25 - 38	
第 1 次修订	R2	25 - 72	

1.3.1　首次发布

1985 年 12 月 31 日发布了 CCAR25 部初版,其中包含第 25.1557 条,该条款参考 1964 年 12 月 24 日发布的 14 CFR PART 25 中的 §25.1557,并结合 14 CFR 修正案 25 - 32、修正案 25 - 38 的内容制定。

14 CFR 修正案 25 - 32 对 §25.1557(a)进行了修订,增加了"设计用来存放重量不超过 9 公斤(20 磅)的随身物品的座椅下空间不必设置装载限制标牌"。

14 CFR 修正案 25 - 38 对 §25.1557(b)进行了修订,首先将燃油和滑油的标牌分开来要求,其次增加了 §25.1557(b)(1)(iv)对压力加油系统的最大许用加油压力和最大许用抽油压力的标记要求。

1.3.2　第 1 次修订

1995 年 12 月 18 日发布的 CCAR - 25 - R2 对第 25.1557 条进行了第 1 次修订,本次修订参考了 14 CFR 修正案 25 - 72 的更改内容,主要对第 25.1557(b)款标题进行了修改,并增加了(b)(3)部分"在加力液加注口口盖上或其近旁必须有标出所要求的液体的标记"。

2　条款解读

2.1　条款要求

第 25.1557(a)款要求行李舱和货舱均需注明最大装载值和单位面积上载荷的限制值,在配重处的标牌需注明载荷的限制值。如以上标牌说明显得复杂或需对装载密度、货物配置以及系留要求作详细附加说明,则可在行李舱和货舱等装载区设置标牌,指明其装载要求需参考相应的手册(如载重平衡手册等)。

第 25.1557(b)款要求在燃油加油口盖上或其近旁标记"燃油"字样、许用的燃油牌号、压力加油系统的最大许用加油压力值和最大许用抽油压力值。在滑油加油口盖上或其近旁必须标有"滑油"字样。在加力液加注口或其近旁必须有标出所加注液体的标识,例如,在推力或功率增大系统的液箱口盖上标明要求加注的液体名称。

第 25.1557(c)款要求每个应急出口标牌必须满足第 25.811 条的要求。

第 25.1557(d)款要求通往任一所需应急出口的必经之门必须有适合的标牌,标牌应指明起飞、着陆时该门必须闩在打开的位置。其中必经之门应包括客舱各舱的分隔门帘和厨房门帘等。

2.2 相关条款

与第 25.1557 条相关的条款如表 2-1 所示。

表 2-1 第 25.1557 条相关条款

序 号	相关条款	相 关 性
1	第 25.811 条	第 25.811 条对飞机应急出口标牌提出了具体要求
2	第 25.1541 条	第 25.1541 条对飞机上安装的所有标记标牌提出了共性要求,要求其位于飞机上醒目的位置,不易擦去,走样或模糊

3 验证过程

3.1 验证对象

第 25.1557 条的验证对象为行李舱、货舱、飞机上配重位置(包含油箱)、动力装置液体加注口、滑油加注口盖、加力液加注口盖、应急出口标牌、通往应急出口必经的门。

3.2 符合性验证思路

提供标有行李舱、货舱和配重位置的图纸,相应的标记和标牌的位置说明,以及标记标牌的设计说明文件,表明标记标牌的符合性;然后对条款要求的标识和标牌进行机上地面检查。

3.3 符合性验证方法

通常,针对第 25.1557 条的符合性验证方法如表 3-1 所示。

表 3-1 建议的符合性方法

条 款 号	专 业	符 合 性 方 法										备 注
		0	1	2	3	4	5	6	7	8	9	
第 25.1557(a)款	客舱		1						7			
第 25.1557(a)款	货舱		1						7			
第 25.1557(a)款	附件舱		1						7			
第 25.1557(a)款	油箱		1						7			
第 25.1557(b)(1)项	总体布置		1						7			
第 25.1557(b)(2)项	动力装置		1						7			
第 25.1557(c)款	客舱		1						7			
第 25.1557(d)款	客舱		1						7			

3.4 符合性验证说明

为符合第 25.1557 条的要求,可以通过 MOC1 说明性文件和 MOC7 机上检查相结合的方法表明飞机对该条款的符合性。

3.4.1　MOC1 验证过程

第 25.1557(a)款：使用图纸或其他设计文件说明飞机行李箱和货舱内部、油箱、衣帽间、前储藏室、狗窝式储藏室和其他配重位置贴有装载限制标牌，在厨房的每个杂物柜、抽屉、冰容器、隔间都有明确限重标牌。

第 25.1557(b)款：使用图纸或其他设计文件说明飞机的重力加油口及加油/抽油控制板的外部标记；说明发动机滑油箱表面设置油面观察窗，观察窗上有刻度线和"Oil"字样。

第 25.1557(c)款：使用图纸或其他设计文件说明应急出口标记的位置，标记上写明应急出口的开启措施，应急出口的操纵手柄标记也应容易辨读。这类标记包括但不限于所有出口位置标示、出口标示、操作手柄标示等。具体内容请见本书对第 25.811 条的说明。

第 25.1557(d)款：使用图纸或其他设计文件说明飞机厨房门帘、分舱板门帘处均贴有起飞着陆时系紧门帘的限制标牌。

3.4.2　MOC7 验证过程

根据相关的图纸或者设计文件对本条款包含的所有验证对象进行机上检查，检查其标记与图纸或设计文件保持一致。检查确认行李舱、货舱和飞机上所有配重位置的标牌都布置于合适的地方，有充足的灯光以保证在白天和夜间飞行时易读取。在货舱和邻近辅助油箱安装的位置有必要设置特殊标牌，用不同颜色编码的标牌给飞机燃油加油口作标记，以告知或警示地勤人员关于安装方面的一些情况。例如，这些标牌需要提示货舱的装载极限或限制、柔性货舱拦阻网的张力要求、易燃流体必需的警告等。检查到达任意应急出口通道上的必经之门处的标牌已说明在起飞和着陆时该门必须闩在打开的位置。以此表明符合本条款的要求。

3.5　符合性文件清单

通常，针对第 25.1557 条的符合性文件清单如表 3 - 2 所示。

表 3 - 2　建议的符合性文件清单

序　号	符 合 性 报 告	符合性方法
1	××系统标记标牌设计描述	MOC1
2	××系统机上检查大纲	MOC7
3	××系统机上检查报告	MOC7

4　符合性判据

（1）确认行李舱和货舱注明了最大装载值和单位面积上载荷的限制值，在配重位置处的标牌注明了载荷的限制值。所注明数据需与图纸或者设计说明文件一致,或者在行李舱和货舱等装载区设置标牌指明了其装载要求可参考相应的手册（如载重平衡手册等）。

（2）确认在燃油加油口盖上或其近旁标记有"燃油"字样、许用的燃油牌号、压力加油系统的最大许用加油压力和最大许用抽油压力。在滑油加油口盖上或其近旁标有"滑油"字样。在加力液加注口或其近旁标出所要求的液体的标识。

（3）确认每个应急出口标牌已满足第 25.811 条的要求。

（4）确认通往任一应急出口的必经之门都有适合的标牌指明起飞、着陆时该门闩在打开的位置。

参考文献

［1］ 14 CFR 修正案 25－32 Crashworthiness and Passenger Evacuation Standards；Transport Category Airplanes［S］.

［2］ 14 CFR 修正案 25－38 Airworthiness Review Program，Amendment No. 3：Miscellaneous Amendments［S］.

［3］ 14 CFR 修正案 25－72 Special Review：Transport Category Airplane Airworthiness Standards［S］.

［4］ FAA. AC25－22 Certification of Transport Airplane Mechanical Systems［S］. 2000.

［5］ FAA. AC25－17A Transport Airplane Cabin Interiors Crashworthiness Handbook［S］. 2009.

［6］ FAA. AC20－116 Marking Aircraft Fuel Filler Openings with Color Coded Decals［S］. 1982.

运输类飞机适航标准 第25.1561条符合性验证

1 条款介绍

1.1 条款原文

第25.1561条 安全设备

（a）每个在应急情况下由机组操作的安全设备操纵器件，例如自动投放救生筏的操纵器件，必须清晰地标明其操作方法。

（b）装有灭火瓶、信号装置或其它救生设备的位置，例如锁柜或隔间，必须相应作出标记。

（c）存放所需应急设备的设施必须有醒目的标记，以识别其中存放的设备并便于取用。

（d）每个救生筏必须有标记明显的使用说明。

（e）经批准的救生设备必须有识别标记，且必须标出其使用方法。

1.2 条款背景

第25.1561条对飞机舱内的安全设备提出了具体的标记要求，意图告诉需要使用这些安全设备的乘员，这些设备放置在什么位置，如何使用，且使用说明需要显眼清晰，简单易懂。

1.3 条款历史

第25.1561条在CCAR25部初版首次发布，截至CCAR-25-R4，该条款未进行过修订，如表1-1所示。

表1-1 第25.1561条条款历史

第25.1561条	CCAR25部版本	相关FAR修正案	备注
首次发布	初版	25-46	

1985年12月31日发布了CCAR25部初版，其中包含第25.1561条，该条款参考1964年12月24日发布的14 CFR PART 25中的§25.1561，并结合14 CFR修

正案 25 - 46 的内容制定。

1978 年 12 月 1 日，FAA 发布 14 CFR 修正案 25 - 46，增加第 25.1561(c)款中对存放的设备"便于取用"的要求。

2　条款解读

2.1　条款要求

第 25.1561(a)款要求任何应急情况下由机组成员（包含客舱乘务员）操作的安全设备操纵器件必须清晰地标明其操作方法。

第 25.1561(b)款要求客舱内至少须有一个标识用于指明应急设备的位置，此标识的高度等同于 50 百分位成人站立时其眼睛的高度。对于清晰可见的设备，如灭火器，则不需要箭头或其他指示标记来指明其位置，但该位置（救生设备的近旁或放置救生设备的锁柜或隔间的近旁，这里的救生设备包括第 25.1421 条指出的扩音器。）需要清楚地标示出什么设备放在此处，该设备是否便于取用，万一这个设备被取用后，可以让人知道该设备应放在什么位置。

第 25.1561(c)款要求应急设备（如滑梯等）如果装在出口处的容器内，那么该容器应该标记"滑梯"等字样，且这种标识应该不易擦去、模糊或走样。特别强调存放应急设备的容器应易于机组成员接近且可以迅速将应急设备取出。另外存放应急设备的设施（如橱柜）必须标示"限放应急设备（Emergency Equipment Only）"或"仅可放置轻软物品（Soft Articles Only）"的标识。"仅可放置轻软物品"是指放置于该处的应急设备不易被重物遮掩而影响取用。

第 25.1561(d)款要求必须清楚地标示出救生筏的使用说明，关于救生筏设置、存放和操作等的具体要求可以参见第 25.1411(d)款。

第 25.1561(e)款要求经批准的救生设备必须有识别标记，且必须标出其使用方法。

2.2　相关条款

与第 25.1561 条相关的条款如表 2 - 1 所示。

表 2 - 1　第 25.1561 条相关条款

序　号	相 关 条 款	相　关　性
1	第 25.1541 条	第 25.1541 条对飞机上安装的所有标记标牌提出了共性要求，要求其位于飞机上醒目的位置，不易擦去、走样或模糊

3　验证过程

3.1　验证对象

第 25.1561 条的验证对象为有安全设备的操作器件、装有灭火瓶、信号装置或其他救生设备的容器、存放所需应急设备的存储舱、救生筏和所有经批准的救生设备等。

3.2 符合性验证思路

使用标有安全设备配置位置的图纸,相应的标记或标牌设计描述文件,表明安全设备的标识或标牌的符合本条款的要求。必要时可按上述设计描述文件内容对安全设备的标识或标牌进行机上检查,确认标牌位置及内容是否清晰可见,简单易懂。

3.3 符合性验证方法

通常,针对第 25.1561 条的符合性验证方法如表 3-1 所示。

表 3-1 建议的符合性方法

条 款 号	专 业	符 合 性 方 法										备 注
		0	1	2	3	4	5	6	7	8	9	
第 25.1561(a)款	内 饰		1						7			
第 25.1561(b)款	内 饰		1						7			
第 25.1561(c)款	内 饰		1						7			
第 25.1561(d)款	内 饰		1						7			
第 25.1561(e)款	内 饰		1						7			

3.4 符合性验证说明

3.4.1 MOC1 验证过程

第 25.1561(a)款:使用图纸或设计描述文件指出需要机组人员操作的安全设备操纵器件的位置,并说明需要清晰的标明此操纵器件的操作方法。

第 25.1561(b)款:使用图纸或设计描述文件说明存放各项应急设备的位置均贴有标明其名称的标牌,如座椅下方储物柜上带有救生衣、手电筒的标牌。

第 25.1561(c)款:使用图纸或设计描述文件说明在存放应急设备的行李箱门上也应贴有标牌,标牌必须醒目且清晰说明此处存放的是什么应急设备。应急滑梯、救生衣、救生绳、应急斧、急救箱和应急医疗箱、扩音器、手电筒和便携式应急定位发射仪均应有识别标牌指明存放的位置。

第 25.1561(d)款:使用图纸或设计描述文件指出每个救生筏的具体位置,并说明救生筏应带有标记明显的使用说明。

第 25.1561(e)款:使用图纸或设计描述文件指出每个经批准的救生设备的具体位置,如带有 TSO 要求的应急滑梯、救生筏、信号发射装置、应急定位灯等,并说明上述设备应标示出该设备的使用方法。

3.4.2 MOC7 验证过程

按需对验证对象进行机上检查,保证验证对象的标记与图纸或设计描述文件保持一致，检查确认相关的安全设备存储位置易于接近，安全设备方便取用，使用说明的标记明显，可以让人简单明了地懂得该设备的使用方法。

3.5 符合性文件清单

通常，针对第 25.1561 条的符合性文件清单如表 3-2 所示。

表 3-2　建议的符合性文件清单

序　号	符　合　性　报　告	符合性方法
1	××标记标牌设计描述	MOC1
2	××系统机上检查大纲	MOC7
3	××系统机上检查报告	MOC7

4　符合性判据

（1）第 25.1561(a)款：若存在由机组操作的安全设备操纵器件，则此操纵器件处必须清晰地标明其操作方法。

（2）第 25.1561(b)款：必须能让人很快找到装有灭火瓶、信号装置或其他救生设备的位置，标记的位置必须要醒目。

（3）第 25.1561(c)款：应急设备（如滑梯等）如果装在出口处的容器内，那么该容器应该标记"滑梯"等字样，且这种标识应该不易擦去、模糊或走样。特别是存放应急设备的容器应易于机组成员接近且可以迅速将应急设备取出。

（4）第 25.1561(d)款：救生筏的使用说明标识应该在显眼的位置，使用说明简单明了，使人能快速掌握救生筏的使用方法。

（5）第 25.1561(e)款：经批准的救生设备必须有识别标记，且必须标出其使用方法。

参考文献

［1］　14 CFR 修正案 25-46 Airworthiness Review Program Amendment No. 7 [S].
［2］　FAA. AC25-17A Transport Airplane Cabin Interiors Crashworthiness Handbook [S]. 2009.
［3］　EASA, Study on CS-25 Cabin Safety Requirements [S]. 2008.
［4］　FAA. AC25-22 Certification of Transport Airplane Mechanical Systems [S]. 2000.

运输类飞机适航标准
第 25.1563 条符合性验证

1 条款介绍

1.1 条款原文

第 25.1563 条 空速标牌

必须在每个驾驶员的清晰视界内安装标有襟翼在起飞、进场和着陆位置时最大空速的标牌。

1.2 条款背景

第 25.1563 条要求飞机襟翼在起飞、进场和着陆三个卡位时的最大空速必须印在标牌上,并置于驾驶员的清晰视界内。

1.3 条款历史

第 25.1563 条在 CCAR25 部初版首次发布,截至 CCAR - 25 - R4,该条款未进行过修订,如表 1-1 所示。

表 1-1 第 25.1563 条条款历史

第 25.1563 条	CCAR25 部版本	相关 FAR 修正案	备 注
首次发布	初版	—	

1985 年 12 月 31 日发布了 CCAR25 部初版,其中包含第 25.1563 条,该条款参考 1964 年 12 月 24 日发布的 14 CFR PART 25 中的 § 25.1563 的内容制定。

2 条款解读

2.1 条款要求

第 25.1563 条规定了空速限制信息的标记要求,必须在每个驾驶员的清晰视界内安装标有襟翼在起飞、进场和着陆位置时最大空速的标牌。

2.2　相关条款

第 25.1563 条无相关的条款。

3　验证过程

3.1　验证对象

第 25.1563 条的验证对象为驾驶舱内空速限制标牌。

3.2　符合性验证思路

可采用设计符合性说明表明对本条款的符合性,必要时可通过机上检查确认该标牌是否清晰可见。

3.3　符合性验证方法

通常,针对第 25.1563 条的符合性验证方法如表 3－1 所示。

表 3－1　建议的符合性方法

条　款　号	专　业	符 合 性 方 法										备　注
		0	1	2	3	4	5	6	7	8	9	
第 25.1563 条	驾驶舱		1						7			

3.4　符合性验证说明

3.4.1　MOC1 验证过程

使用图纸或设计说明文件对标牌的字体、大小、颜色与功能进行说明,空速标牌的导光性,字体大小,易读性等符合相关规定。

3.4.2　MOC7 验证过程

通过机上检查评估该标牌安装位置在每个驾驶员的清晰视界内,左、右座飞行员均能方便清晰地看到限速标牌。

3.5　符合性文件清单

通常,针对第 25.1563 条的符合性文件清单如表 3－2 所示。

表 3－2　建议的符合性文件清单

序　号	符 合 性 报 告	符合性方法
1	空速标牌设计描述	MOC1
2	飞机舱内装饰及设备机上检查大纲	MOC7
3	飞机舱内装饰及设备机上检查报告	MOC7

4　符合性判据

　　每个驾驶员的清晰视界内安装标有襟翼在起飞、进场和着陆位置时最大空速的标牌。

运输类飞机适航标准 第 25.1581 条符合性验证

1 条款介绍

1.1 条款原文

第 25.1581 条　总则

(a) 应提供的资料　必须为每架飞机提供飞机飞行手册。该手册必须包含以下内容：

(1) 第 25.1583 条至第 25.1587 条要求的资料；

(2) 由于设计、使用或操作特性而为安全运行所必需的其它资料。

(3) 任何为了符合中国民用航空局有关噪声规定要求而确定的限制、程序或其它数据。

(b) 经批准的资料　第 25.1583 条至第 25.1587 条所列适用于该飞机的飞行手册每一部分内容必须提供、证实和批准,并且必须单独编排,加以标识,将其同该手册中未经批准部分分开。

(c) 〔备用〕

(d) 根据手册的复杂程度,如有必要,飞机飞行手册必须有目录表。

〔中国民用航空局 1995 年 12 月 18 日第二次修订〕

1.2 条款背景

第 25.1581 条参考美国联邦航空条例制定,该条款给出飞机飞行手册的总则性要求。

飞机飞行手册是飞机安全运行最重要的文件之一,飞行手册提供了与飞行操作相关的使用限制、使用程序以及性能资料,航空公司在运行中必须严格遵守。为了规范飞机飞行手册的编写,CCAR25 部通过第 25.1581 条、第 25.1583 条、第 25.1585 条和第 25.1587 条对飞行手册的内容和格式等进行了规定,其中第 25.1581 条规定了飞行手册的内容范围、编排以及目录等方面的总则性要求。

1.3 条款历史

第 25.1581 条在 CCAR25 部初版首次发布,截至 CCAR - 25 - R4,该条款共修订过 1 次,如表 1-1 所示。

表 1-1　第 25.1581 条条款历史

第 25.1581 条	CCAR25 部版本	相关 14 CFR 修正案	备　注
首次发布	初版	25-42	
第 1 次修订	R2	25-72	

1.3.1　首次发布

CCAR25 部初版在 1985 年 12 月 31 日发布,其中已包含第 25.1581 条。该条款参考 1978 年 3 月 1 日发布的 14 CFR 修正案 25-42 的 §25.1581 制定。该修正案在原 §25.1581 上新增 §25.1581(d),要求根据飞行手册的复杂程度编排飞行手册目录。

1.3.2　第 1 次修订

1995 年 12 月 18 日发布的 CCAR-25-R2 对第 25.1581 条进行了第 1 次修订,本次修订参考 14 CFR 修正案 25-72 中 §25.1581 的内容,一是完善文字表述,二是要求飞行手册应增加为满足 14 CFR PART 36 噪声相关要求所必需的限制、程序或其他必要的信息。

2　条款解读

2.1　条款要求

第 25.1581 条对飞行手册的内容和编排等进行了规定。

第 25.1581(a)款对飞行手册的内容进行了规定。作为强制规定,飞行手册必须要提供下述三方面的内容:第一方面是按第 25.1583 条提供飞机经审定的使用限制,按第 25.1585 条提供经验证的飞机操作程序和按第 25.1587 条提供经验证的飞机性能数据。第二方面是针对特定机型,除第一方面提到的限制外,还需提供在飞机设计和适航审定过程中证实存在且为安全飞行所必需的其他限制或信息。第三方面是与噪声相关的信息,包括飞机的噪声水平以及为满足 CCAR36 部噪声标准所必需的限制、程序和其他相关信息。除此以外,作为非强制性要求,允许飞机制造商在飞行手册中提供与飞机运行相关的其他使用限制或信息。

第 25.1581(b)款对飞行手册中信息的审批提出要求。针对按第 25.1583 条、第 25.1585 条和第 25.1587 条提供的使用限制、操作程序和性能数据,在写入飞行手册前必须经审定验证并得到局方批准。包含这些内容的每一正文页必须标注“经 CAAC 批准”。对飞机制造商提供的其他非强制性信息,这些信息在写入飞行手册前通常要得到局方认可,包含这些信息的正文页须标注“参考信息”。飞行手册中标注“经 CAAC 批准”的页面和标注“参考信息”的页面必须分开编排。通常“参考信息”被放入飞行手册正文后的附录内。

第 25.1581(c)款备用。

第 25.1581(d)款对飞行手册目录提出要求。除非手册内容非常简单,飞机飞行手册必须要提供手册目录。通常采用两种方法,一是在手册正文前提供各章节总目录,二是在手册每个章节前提供章节目录。

为方便飞行手册有效性和手册更改管理,通常在飞机飞行手册正文前要提供手册有效页清单和更改说明等,飞行手册封面要提供飞机型别编号、飞行手册编号、版次、发布日期、局方批准签字栏和飞机制造商名称等信息。

2.2　相关条款

与第 25.1581 条相关的条款如表 2-1 所示。

表 2-1　第 25.1581 条相关条款

序　号	相关条款	相　关　性
1	第 25.1583 条	第 25.1581 条要求将满足第 25.1583 条的使用限制放入飞行手册
2	第 25.1585 条	第 25.1581 条要求将满足第 25.1585 条的使用程序放入飞行手册
3	第 25.1587 条	第 25.1581 条要求将满足第 25.1587 条的性能数据放入飞行手册
4	CCAR36 部	第 25.1581 条要求将满足 CCAR36 部的噪声数据和限制等内容放入飞行手册

3　验证过程

3.1　验证对象

第 25.1581 条的验证对象为飞机飞行手册。

3.2　符合性验证思路

第 25.1581 条通过飞行手册说明表明符合性。通过说明,应对飞行手册的内容、信息批准状态、手册编排和目录设置等情况,表明满足第 25.1581 条的要求。

3.3　符合性验证方法

通常,针对 25.1581 条的符合性验证方法如表 3-1 所示。

表 3-1　建议的符合性方法

条　款　号	专　业	符 合 性 方 法										备　注
		0	1	2	3	4	5	6	7	8	9	
第 25.1581 条	总　体		1									

3.4 符合性验证说明

第25.1583条、第25.1585条和第25.1587条是第25.1581条的关联条款,在表明对第25.1581条的符合性之前,需要先表明对第25.1583条、第25.1585条和第25.1587条的符合性。

3.4.1 第25.1581(a)款

通过MOC1方法,引用飞行手册说明飞机飞行手册包含了第25.1581(a)款要求的所有内容。

对飞行手册内容进行梳理,确认飞行手册包含了第25.1583条至第25.1587条要求的飞机使用限制、使用程序及飞机性能数据。

除第25.1583条至第25.1587条规定的资料外,还应对在飞机设计和适航审定中发现和证实的为安全飞行所必需的其他使用限制或信息进行梳理,确认被纳入了飞行手册。典型的例子如飞机各系统的使用限制和相关信息,这些内容和特定机型有关。如动力装置限制(发动机性能参数和滑油牌号等)、燃油系统限制(如燃油牌号等)、辅助动力系统限制(如APU起动限制等)、自动飞行和通信系统限制等。另外,如果飞机允许在某些次要机体结构部件和/或系统部件缺失情况下放行,则还需要在飞行手册附件中提供飞机外形缺损清单或单独出版外形缺损清单。应对这些附加的安全使用资料进行说明以满足第25.1581(a)(2)项的要求。

民用运输类飞机型号合格审定要求飞机必须满足CCAR36部的要求,按CCAR36部要求给出飞机的噪声级水平。应在飞机飞行手册中提供经试飞确定的噪声数据、使用限制及程序等,满足第25.1581(a)(3)项的要求。

3.4.2 第25.1581(b)款

通过MOC1对飞机飞行手册内容的批准情况以及手册的编排满足第25.1581(b)款的要求进行说明。

飞行手册的内容包括经局方批准的资料和局方认可但未批准的资料。第25.1583条至第25.1587条要求的内容必须得到局方批准,第25.1581(a)(2)项要求的其他为安全运行所必要的信息以及第25.1581(a)(3)项要求的噪声信息也必须要得到局方批准。局方允许飞机制造商根据运行需要在飞行手册中增加其他相关的限制或资料,称为参考资料,这些资料不需要局方批准,但必须得到认可。

在手册编排上,未经批准的资料和经局方批准的资料必须分开编排。参考资料通常放在手册正文后的附录中。经中国民用航空局审定部门批准的内容应在页面注明"经CAAC批准",未经批准的内容应在页面标注"参考资料"。

3.4.3 第25.1581(c)款

本款为备份条款。

3.4.4 第25.1581(d)款

通过MOC1对飞行手册的章节目录等进行说明。除非手册内容非常简单,通常都要求飞行手册提供手册目录。可以在正文前提供手册总目录,也可在每个章节前提供各章节目录。在飞行手册的正文前,应有手册更改说明和有效页清单等信息页面对手册的有效性进行控制。

3.5　符合性文件清单

通常,针对第 25.1581 条的符合性文件清单如表 3-2 所示。

表 3-2　建议的符合性文件清单

序　号	符 合 性 报 告	符合性方法
1	飞机飞行手册	MOC1

4　符合性判据

确认飞行手册包含了第 25.1581 条要求的所有资料,飞行手册中的使用限制、使用程序及性能数据等相关资料经过合格审定验证并得到了局方批准或认可,确认飞行手册的编排、格式和标注等满足条款要求。确认已完成第 25.1583 条、第 25.1585 条和第 25.1587 条的验证。

参考文献

[1]　14 CFR 修正案 25 - 42 Airworthiness Review Program；Amendment No. 6：Flight Amendments [S].

[2]　14 CFR 修正案 25 - 72 Special Review：Transport Category Airplane Airworthiness Standards [S].

[3]　FAA. AC25.1581 - 1change1 Airplane Flight Manual [S]. 2012.

[4]　FAA. AC20 - 151B Airworthiness Approval of Traffic Alert and Collision Avoidance Systems (TCAS II)，Versions 7.0 & 7.1 and Associated Mode S Transponders [S]. 2014.

[5]　FAA. AC25 - 13 Reduced and Derated Takeoff Thrust (Power) Procedures [S]. 1988.

[6]　FAA. AC25.1329 - 1B Change 1 Approval of Flight Guidance Systems [S]. 2012.

[7]　FAA. AC20 - 57A Automatic Landing Systems (ALS) [S]. 1971.

[8]　FAA. AC25 - 23 Airworthiness Criteria for the Installation Approval of a Terrain Awareness and Warning System (TAWS) for Part 25 Airplanes [S]. 2000.

[9]　FAA. AC25 - 12 Airworthiness Criteria for the Approval of Airborne Windshear Warning Systems in Transport Category Airplanes [S]. 1987.

[10]　FAA. AC25 - 4 Inertialnavigation Systems (INS) [S]. 1966.

[11]　FAA. AC25 - 7C Flight Test Guide for Certification of Transport Category Airplanes [S]. 2012.

运输类飞机适航标准
第 25.1583 条符合性验证

1 条款介绍

1.1 条款原文

第 25.1583 条 使用限制

(a) 空速限制 必须提供下列空速限制和安全运行所必需的其它空速限制：

(1) 最大使用限制速度 V_{MO}/M_{MO}，并需说明："除经批准在试飞或驾驶员训练飞行中可使用更大的速度外，在任何飞行状态（爬升、巡航或下降）下，均不得故意超越该速度限制"；

(2) 如果空速限制取决于压缩性效应。则需提供对该效应的说明和资料（关于该效应的征兆、飞机可能出现的反应以及荐用的改出程序）；

(3) 机动速度 V_A，并需说明："方向舵和副翼操纵器件作全行程操纵，以及在使用接近失速的迎角作机动时，均应限制飞行速度低于此值"；

(4) 襟翼展态速度 V_{FE} 以及与之相应的襟翼位置和发动机功率(推力)；

(5) 起落架收放速度，以及按第 25.1515(a) 条解释这些速度的说明；

(6) 起落架伸态速度 V_{LE}(如大于 V_{LO})，并需说明："该速度为起落架放下后飞机能安全飞行的最大速度"。

(b) 动力装置限制 必须提供下列资料：

(1) 第 25.1521 条和第 25.1522 条要求的限制；

(2) 对限制的解释(当需要时)；

(3) 按第 25.1549 条至第 25.1553 条的要求对仪表作标记所必需的资料。

(c) 重量和载重分布 在飞机飞行手册中必须提供按第 25.1519 条所要求的重量和重心限制。所有下列资料必须列入飞机飞行手册内，或列入飞机飞行手册引用的单独的重量、平衡控制与装载文件内：

(1) 飞机的状态和根据第 25.29 条规定计入空重的项目；

(2) 必需的装载说明，以保证飞机装载在其重量和重心限制以内，并且在飞行中保持装载不超出此限制；

（3）如果申请多个重心范围的合格审定，则必须提供相应于每个重心范围的重量和装载程序的限制。

（d）飞行机组　必须提供按第 25.1523 条确定的最小飞行机组的人数及其职能。

（e）运行类型　必须提供按第 25.1525 条经批准的运行类型。

（f）周围大气温度和高度　必须提供按第 25.1527 条制定的周围大气温度和高度。

（g）［备用］

（h）附加使用限制　必须提供按第 25.1533 条制定的使用限制。

（i）机动飞行载荷系数　必须提供以加速度（g）表示的并证明结构符合要求的正机动限制载荷系数。

〔中国民用航空局 1995 年 12 月 18 日第二次修订，2011 年 11 月 7 日第四次修订〕

1.2　条款背景

第 25.1583 条参考美国联邦航空条例制定，该条款给出飞机飞行手册的使用限制部分的要求。

飞机飞行手册是飞机安全运行最重要的文件之一，飞行手册提供了与飞行操作相关的使用限制、使用程序以及性能资料，航空公司在运行中必须严格遵守。为了规范飞机飞行手册的编写，CCAR25 部通过第 25.1581 条、第 25.1583 条、25.1585 条和第 25.1587 条对飞行手册的内容和格式等进行了规定，其中第 25.1583 条规定了飞行手册使用限制章节必须要提供的限制内容。

1.3　条款历史

第 25.1583 条在 CCAR25 部初版首次发布，截至 CCAR - 25 - R4，该条款共修订过 2 次，如表 1 - 1 所示。

表 1 - 1　第 25.1583 条条款历史

第 25.1583 条	CCAR25 部版本	相关 14 CFR 修正案	备　注
首次发布	初版	25 - 46	
第 1 次修订	R3	25 - 72	
第 2 次修订	R4	25 - 105	

1.3.1　首次发布

CCAR25 部初版在 1985 年 12 月 31 日发布，其中已包含第 25.1583 条。该条款参考 14 CFR 修正案 25 - 46 中§25.1583 制定，对飞行手册中的使用限制章节的内容提出要求。该次修正案对§25.1583(a)、§25.1583(a)(5)和(h)进行了修改。

在§25.1583(a)中增加"安全运行所必需的其他空速限制",在§25.1583(a)(5)和(h)中增加对§25.1515(a)的引用,要求提供对起落架操作速度的说明。

1.3.2　第1次修订

2001年5月14日中国民用航空局发布了CCAR-25-R3版,其中对第25.1583条进行了第1次修订,本次修订参考了14 CFR修正案25-72的内容,修订包括:

(1) §25.1583(b)通过增加对§25.1522的引用,要求在飞行手册中增加辅助动力装置使用限制。

(2) 将原§25.1583(g)的有关不可用燃油的相关内容删去,本款改为备用。

(3) §25.1583(i)删除了有关机动飞行载荷系数的声明。

1.3.3　第2次修订

2011年11月7日发布的CCAR-25-R4对第25.1583条进行了第2次修订,本次修订参考了14 CFR修正案25-105,修订包括:

(1) 对与重量、重心和载重分布相关的条款引用进行了修改,§25.1583(c)原引用§25.25和§25.27,遗漏了§25.23,现改为引用§25.1519。§25.1519要求必须将按§25.23至§25.27制定的飞机重量、重心和载重分布限制制定为使用限制。

(2) 修改了§25.1583(f)标题,从"高度限制"改为"周围大气温度和高度限制"。§25.1583(f)引用了§25.1527,而§25.1527在本次修订中标题从"高度限制"更改为"周围大气温度和高度限制",新增了提供周围大气温度限制的要求。§25.1583(f)因此进行适应性更改。

2　条款解读

2.1　条款要求

第25.1583条对飞机飞行手册必须要提供的使用限制进行了明确规定。该条款与第25.1585条和第25.1587条一起对第25.1581条提供支持。

2.1.1　第25.1583(a)款空速限制

要求在飞机飞行手册中提供第25.1583(a)款要求的空速限制,并对这些速度限制进行必要的说明。

AFM中的空速和马赫数限制应为校正空速或指示空速,单位为节和M,手册中的速度限制应和驾驶舱的速度显示保持一致。如果速度限制随高度或其他参数变化,则应提供变化曲线。提供的空速限制至少包括下述。

(1) 最大使用限制速度 V_{MO}/M_{MO},同时提供下面声明:"除经批准在试飞或驾驶员训练飞行中可使用更大的速度外,在任何飞行状态(爬升、巡航或下降)下,均不得故意超越该速度限制"。

（2）机动速度，该速度应依据第 25.1507 条建立，同时提供下面声明："在进行全行程俯仰、滚装和偏航操纵时，飞行速度须在机动速度以下。应避免进行快速和大行程的交替操纵输入，尤其是俯仰、滚转和偏航方向的交替输入，应避免同时在两个方向上进行全行程操纵输入，因为这样的操作输入，即使飞行在速度低于机动限制速度的情况下也可能会造成飞机结构失效"。

（3）襟翼展态速度，应给出每个襟缝翼位置及对应的展态速度限制。

（4）起落架收放速度 V_{LO}，应给出收、放起落架时飞机的速度限制，如果起落架收上限制速度和放下限制速度不同，则应分别给出。同时声明："该速度是安全收、放起落架的最大速度"。

（5）起落架伸态速度 V_{LE}，提供起落架在下放伸展状态时的最大飞行速度，并声明："该速度为起落架放下后飞机能安全飞行的最大速度"。

（6）其他速度限制，除起落架之外的其他可收放或运动设备的限制速度，如扰流板打开时的速度限制、反推打开及收上的速度限制、着陆灯放下速度限制、冲压空气涡轮放下速度限制以及能在飞行中打开的风挡雨刷的速度限制等。

2.1.2　第 25.1583(b) 款动力装置限制

第 25.1583(b)(1) 项和 (2) 项要求按第 25.1521 条和第 25.1522 条要求，提供保证发动机、螺旋桨和燃油系统安全工作所必需的使用限制，并按需进行限制说明。

第 25.1583(b)(3) 项要求对驾驶舱动力装置、燃油系统和滑油系统的仪表标记提供必要的说明。第 25.1549 条至第 25.1553 条规定了动力装置以及辅助动力装置的仪表指示要求，包括仪表正常使用范围、安全使用范围和预警使用范围。滑油指示器标记要能迅速和准确地指示滑油油量。燃油油量表应提供不可用燃油量的标记。按具体型号，如果动力装置、燃油系统和滑油系统的仪表标记比较复杂，需要进行特殊说明，则应在飞机飞行手册动力装置使用限制章节对这些标记进行说明。

如果飞机允许进行减推力起飞，则应提供和减推力起飞相关的性能限制或操作限制。如果安装了反推，则应明确反推打开的使用限制。动力装置限制还应提供发动机在恶劣天气条件下工作的相关限制（大雨、冰雹、紊流和闪电等）。

结冰天气对发动机的安全工作有非常大的影响。当遭遇结冰天气时，应按结冰操作程序进行防冰和除冰操作。手册中应按下述给出结冰条件定义。

结冰条件：当满足下面条件之一时认为存在结冰条件。

起飞阶段：当地面外界大气温度（OAT）小于等于 10℃ 或巡航阶段大气总温（TAT）小于等于 10℃，且外界存在任何形式的可见湿气（如能见度小于或等于 1 英里的云或雾、雨、雪、冰雨或冰晶）。

地面滑行阶段：飞机在停机坪、滑行道或跑道上滑行时，地面大气温度（OAT）小于等于 10℃，且道面上存在雪、冰、积水或融雪时，由于这些物质可能被吸进发动机或在发动机进气道、短舱或发动机传感器探头上冻结，因此认为存在结冰条件。

2.1.3　第 25.1583(c)款重量和载重分布

第 25.1583(c)款要求飞机飞行手册提供第 25.1519 条要求的重量、重心和载重分布限制。

重量限制至少包括最大起飞重量、最大着陆重量、最大滑跑/停机坪重量、最大零油重量和最小飞行重量等。当有其他约束条件时(如结构限制、噪声和客户选项等),可以提出其他单独的重量限制。与跑道长度、坡度、机场高度及外界大气温度等相关的性能重量限制,可以以图表的形式放在飞机飞行手册性能章节,但在使用限制章节应说明这部分内容参见性能章节。

为保证飞机重量和重心在地面及空中不超出重心包线,应给出飞机装载说明。另外每架飞机在出厂前均要通过称重给出飞机的空机重量和空机重心。飞机飞行手册或载重平衡手册应提供货物装载要求及程序、飞机称重要求及程序、单架机的空机重量和重心等信息。根据复杂程度,载重平衡手册的内容可以编入飞行手册,也可以单独成册。对采用重量平衡手册的飞机,应在飞机飞行手册使用限制章节说明飞机装载要求及称重要求见飞机载重平衡手册。

飞机重量和重心包线的重量范围应覆盖从最大滑行重量到最小飞行重量的所有范围,且应给出对应起落架的状态。重心包线可以只有一种起落架状态(收起或放下),但应保守考虑另一种状态对飞机重心的影响。飞机重心包线如果以平均气动弦百分比形式给出时,则应给出平均气动弦的位置及长度。当有备份前重心时,应给出该备份前重心位置。

确定飞机重量及重心包线时还应考虑飞机非正常运行状态,如调机飞行和演示验证飞行等,确定给出的重量及重心限制对这些状态也适用。

如果申请多个重心范围的合格审定,则须提供每个重心范围的重量和装载程序的限制。

2.1.4　第 25.1583(d)款飞行机组

给出经批准的可以安全驾驶飞机的最小机组人数。最小机组人数取决于机组工作量,按第 25.1523 条进行审定。

2.1.5　第 25.1583(e)款运行类型

提供经批准的飞机运行类型。在给出运行类型之前,在手册中做下述声明:

"本飞机按运输类飞机进行了合格审定,当安装和批准了运行类型对应适航规章和运行规则要求的仪表和设备,且这些仪表设备处于正常工作状态时,飞机可以完成下述运行类型:

(填入经审定批准的运行类型)

……"

可以申请的运行类型可以包括下述种类:结冰天气下的运行;延伸跨水运行;延程运行(ETOPS);目视飞行(白天和夜晚);仪表飞行及Ⅰ类、Ⅱ类和Ⅲ类运行等。

根据 CCAR91.417,延伸跨水运行指在离岸距离不超过 93 公里(50 海里)或自机场起飞或着陆时,起飞或进近航迹处于水面上,在发生不正常情况时有可能实施水上迫降的运行。

飞机运行限制的合格审定要符合第 25.1525 条的要求。

2.1.6 第 25.1583(f)款周围大气温度和高度

给出飞机运行的气压高度及大气温度包线(即环境包线),气压高度包括最大飞行高度、最大起飞和着陆高度以及最低起飞和着陆高度,周围大气温度给出每个气压高度下飞机可以飞行的最大环境温度以及最低环境温度。

2.1.7 第 25.1583(h)款附加使用限制

在飞机飞行手册性能章节提供受机场环境条件(跑道长度、坡度、机场高度、外界大气温度和风等)限定的最大起飞重量、最大着陆重量以及考虑不同飞机重量、高度、温度、风分量、跑道道面情况(干、湿道面)和跑道坡度下的最小起飞距离。这些信息可以以图表的形式给出。跑道坡度、机场高度、外界大气温度、风、重量、高度和温度等应覆盖飞机环境包线以及各变量的最大使用范围。

飞机附加适用限制满足第 25.1533 条的要求。

2.1.8 第 25.1583(i)款机动飞行载荷系数

提供经批准的飞机能承受的正机动载荷系数限制和负机动载荷系数限制(以过载"g"表示),该限制应覆盖所有可能的襟缝翼构形。

除上述限制内容外,根据第 25.1501 条和第 25.1581(a)(2)项要求,为确保安全飞行,所有与飞机系统和设备相关的使用限制都应列入飞机飞行手册。这些系统包括但不限于下列:电源、液压、气动、座舱增压、空调、机体防火、机体防冰、自动刹车、自动飞行、自动油门、飞行指引、偏航阻尼、防滑系统和飞行管理(如有飞行管理系统相关软件标识号,将这些标识号写入飞机飞行手册)等。如果有批准或禁止系统在特殊条件下使用的要求,则应当在飞机飞行手册的限制章节进行特别说明。

2.2 相关条款

与第 25.1583 条相关的条款如表 2-1 所示。

表 2-1 第 25.1583 条相关条款

序 号	相关条款	相 关 性
1	第 25.29 条	第 25.29 条提供第 25.1583(c)(1)目要求的需计入飞机空机重量的项目
2	第 25.1581 条	第 25.1581 条提供第 25.1583 条要求的飞机使用限制
3	第 25.1501 至第 25.1535 条	第 25.1501 条至第 25.1535 条规定了第 25.1583 条要求的各项限制
4	第 25.1549 至第 25.1553 条	第 25.1549 条至第 25.1553 条提供第 25.1583(b)款要求动力装置标记资料
5	第 25.237 条	第 25.237 条提供飞机最大侧风限制

3 验证过程

3.1 验证对象

第 25.1583 条的验证对象为飞机飞行手册中的各项使用限制。

3.2 符合性验证思路

引用飞行手册,说明飞机飞行手册提供了第 25.1583 条各款要求的使用限制,且这些使用限制都经过合格审定得到了批准。

3.3 符合性验证方法

通常,第 25.1583 条的符合性验证方法如表 3 - 1 所示。

表 3 - 1 建议的符合性方法

条 款 号	专 业	符 合 性 方 法										备 注
		0	1	2	3	4	5	6	7	8	9	
第 25.1583 条	总 体		1									

3.4 符合性验证说明

3.4.1 第 25.1583(a)款空速限制

引用飞行手册,说明飞机飞行手册使用限制章节提供了下述各项空速限制,包括最大使用限制速度 V_{MO}/M_{MO}、机动速度、襟翼展态速度、起落架收放速度 V_{LO}、起落架伸态速度 V_{LE} 以及适用的其他速度限制,这些限制都已经过审定批准,且手册包含对这些速度限制的必要的说明。

3.4.2 第 25.1583(b)款动力装置限制

引用飞行手册,说明飞机飞行手册使用限制章节按第 25.1521 条和第 25.1522条要求,提供了发动机、螺旋桨和燃油系统正常工作所必需的使用限制以及限制说明,同时按需提供了第 25.1549 条至第 25.1553 条要求的动力装置、燃油和滑油系统仪表标记,同时按需提供了必要的说明。

3.4.3 第 25.1583(c)款重量和载重分布

引用飞行手册,说明飞机飞行手册使用限制章节按第 25.1583(c)款要求提供了第 25.1519 条要求的重量和重心限制。

3.4.4 第 25.1583(d)款飞行机组

引用飞行手册,说明飞机飞行手册提供了最小机组人数,最小飞行机组按第25.1523 条进行了审定。

3.4.5 第 25.1583(e)款运行类型

引用飞行手册,说明飞机飞行手册使用限制章节列出了飞机可以从事的运行类型,包括但不限于仪表飞行、目视飞行、跨水运行、延程运行以及Ⅱ类和/或Ⅲ类运行等,飞机运行类型按第 25.1525 条进行了审定。

3.4.6　第 25.1583(f)款周围大气温度和高度

引用飞行手册,说明飞机飞行手册提供了飞机可以运行的周围大气温度和高度包线,飞机环境包线按第 25.1527 条进行了审定。

3.4.7　第 25.1583(h)款附加使用限制

引用飞行手册,说明飞机飞行手册性能章节提供了受机场环境条件(跑道长度、坡度、机场高度、外界大气温度和风等)限定的最大起飞重量、最大着陆重量以及考虑不同飞机重量、高度、温度、风分量、跑道道面情况(干、湿道面)和跑道坡度的最小起飞距离。跑道坡度、机场高度、外界大气温度、风、重量、高度和温度等应覆盖飞机环境包线以及各变量使用限制的最大范围。这些附加使用限制按第 25.1533 条和第 25.1587 条进行了审定。

3.4.8　第 25.1583(i)款机动飞行载荷系数

引用飞行手册,说明飞机飞行手册提供了飞机正机动载荷系数限制和负机动载荷系数限制(以过载"g"表示),该限制能覆盖所有可能的襟缝翼构形,且按第 25.1531 条进行了审定。

3.5　符合性文件清单

通常,针对第 25.1583 条的符合性文件清单如表 3-2 所示。

表 3-2　建议的符合性文件清单

序　号	符 合 性 报 告	符合性方法
1	飞机飞行手册	MOC1

4　符合性判据

确认飞机飞行手册包含了第 25.1583 条要求的所有使用限制,且这些使用限制在列入飞机飞行手册前得到了局方各相关专业的审定批准。

参考文献

[1]　14 CFR 修正案 25-46 Airworthiness Review Program Amendment No. 7 [S].
[2]　14 CFR 修正案 25-72 Special Review: Transport Category Airplane Airworthiness Standards [S].
[3]　FAA. AC25-105 Revisions to Requirements Concerning Airplane Operating Limitations and the Content of Airplane Flight Manuals for Transport Category Airplanes [S].
[4]　FAA. AC25.1581-1 Change 1 Airplane Flight Manual [S]. 2012.
[5]　FAA. AC25.1329-1B Change 1 Approval of Flight Guidance Systems [S]. 2012.

运输类飞机适航标准
第25.1585条符合性验证

1 条款介绍

1.1 条款原文

第25.1585条 使用程序

（a）必须提供以下使用程序：

（1）针对具体型号或型别的关于例行运行的正常程序；

（2）在发生故障和失效条件下使用特殊系统或正常系统的备用系统情况下的非正常程序；

（3）对于可预见的非常情况下的紧急程序，此时飞行员采取及时准确的动作充分地减少灾难发生的危险。

（b）不得包括与适航不直接相关的或者不受飞行机组控制的资料或程序，也不得包括作为基本飞行技术的程序。

（c）必须提供判明燃油系统每种工作状态的资料，在此状态下为安全起见，燃油系统需按第25.953条规定独立供油，同时提供将燃油系统配置成用以表明符合该条要求的状态的说明。

（d）必须提供按第25.251条确定的抖振包线。如果提供了计及不同重心位置影响的修正量，则所提出的抖振包线可反映巡航飞行中飞机正常装载的重心。

（e）必须提供资料指明，平飞中燃油油量表读数为"零"时，不能在飞行中安全使用油箱中任何数量的余油。

（f）必须提供关于每个燃油箱可用燃油总油量的资料。

〔中国民用航空局2011年11月7日第四次修订〕

1.2 条款背景

第25.1585条参考美国联邦航空条例制定，该条款对飞机飞行手册的操作程序等提出要求。

飞机飞行手册是飞机安全运行最重要的文件之一，飞行手册提供了与飞行操作相关的使用限制、使用程序以及性能资料，航空公司在运行中必须严格遵守。为了规范飞机飞行手册的编写,CCAR25 部通过第 25.1581 条、第 25.1583 条、第 25.1585 条和第 25.1587 条对飞行手册的内容和格式等进行了规定,其中第 25.1585 条对飞机飞行手册中的操作程序、抖振包线以及燃油资料等提出要求,规范手册中必须要提供的程序以及被禁止放入的资料或程序。

1.3 条款历史

第 25.1585 条在 CCAR25 部初版首次发布,截至 CCAR-25-R4,该条款共修订过 1 次,如表 1-1 所示。

表 1-1 第 25.1585 条条款历史

第 25.1585 条	CCAR25 部版本	相关 14 CFR 修正案	备 注
首次发布	初版	25-46	
第 1 次修订	R4	25-105	

1.3.1 首次发布

CCAR25 部初版在 1985 年 12 月 31 日发布,其中已包含第 25.1585 条。该条参考 FAA 在 1978 年 12 月 1 日发布的 14 CFR 修正案 25-46 之中的 §25.1585 的内容制定。

1.3.2 第 1 次修订

2011 年 11 月 7 日发布的 CCAR-25-R4 对第 25.1585 条进行了第 1 次修订,本次修订参考了 14 CFR 修正案 25-105 的内容。14 CFR 修正案 25-105 是 FAA 为协调 CS25 的适航要求而进行的协调性修订。本次修订中对 §25.1585(a) 进行了文字修订,增加了(b)款,同时顺序调整了其他款项的序号。(b)款对禁止放入飞机飞行手册中程序或资料进行了规定。

2 条款解读

2.1 条款要求

第 25.1585(a)款要求在飞行手册中提供正常程序、非正常程序和应急程序。飞行手册中的正常程序是指在没有出现大的系统故障,机组在进行正常操作时需要使用的程序。非正常程序指飞机系统发生故障或失效时需要使用的程序,应急程序特指紧急失效情况下,需要机组立即做出操作反应以减少或避免灾难发生的程序。

飞行手册中的正常程序包括例行程序和遭遇特殊天气条件、机场条件或交通管制条件等所需要的特殊操作程序,如处置下滑道偏离、近地告警、全发工作复飞、穿越紊流、风切变和交通告警等的操作程序。这些程序与飞机系统失效无关,一般放在正常操作程序章节中。

非正常操作程序是在飞机系统发生故障或失效,机组可能需要使用备用系统的情况下使用的操作程序。非正常操作程序所对应的场景一般不如应急程序紧急和严重。非正常操作程序一般按系统进行编排,如动力装置系统非正常程序和飞行操纵系统非正常程序等。以动力系统为例,典型的非正常操作程序如发动机滑油压力低和发动机空中启动等。

应急操作程序是指飞机处于紧急情况并需要机组立即采取措施,否则会对飞机飞行产生安全影响的程序。应急操作程序必须要包含咨询通告 AC25.1581 - 1 中规定场景的处置程序,以及根据飞机设计特点必须具备的应急操作程序。

根据 AC25.1581 - 1,飞机飞行手册至少要包含下面应急程序:

(1) 发动机严重损伤或脱离。

(2) 多台发动机失效。

(3) 飞行中失火。

(4) 告警或失火后排烟。

(5) 快速失压。

(6) 应急下降。

(7) 非指令反推空中打开。

(8) 陆上坠撞着陆或水上迫降。

(9) 应急离机。

飞机飞行手册中的非正常操作程序和应急操作程序至少应包括飞机各系统为满足第 25.1309 条、经系统安全性分析确定的必须要提供的操作程序。

根据 AC25 - 1581 - 1,飞机飞行手册使用程序章节应提供下述声明:

"本手册中的使用程序由飞机制造商编制、推荐并经局方批准,可以用于该飞机飞行操纵。局方并不限制营运人在适用运行规章下制定等效的使用程序。营运人可以以飞行手册中的使用程序作指南编制营运人的使用程序"。

在操作程序编排上,正常程序和非正常程序应分开编排。应急程序可以单独编排或与非正常程序放在同一章节。凡需要飞行员依靠记忆迅速执行的程序必须有明确的标识。

使用程序的编写方式及详细程度应根据手册的使用目的来确定。大型运输类飞机在运行中大多不直接使用飞行手册,而是使用快速检查单和机组操作手册等。小型运输类飞机会直接使用飞行手册。对机组直接使用的飞行手册,需按检查单方式编写,且操作步骤必须非常详细。对非直接使用的手册,可以用叙述方式编写,内容上允许只包含关键信息,但应清晰地给出操作的逻辑思路和顺序。

第 25.1585(b)款对飞行手册中不应包含的程序进行了规定。飞行手册不能包括与适航不直接相关以及不为机组使用的程序。详细的系统介绍以及飞行人员基本操作技能不应包括在飞行手册中。这样规定的目的可以精简手册的内容,方便机组能迅速查到关键的信息。

第 25.1585(c)款、(e)款和(f)款要求提供燃油系统相关资料,包括判明燃油系统处于满足独立工作状态的资料、燃油量指示为零时剩余燃油不可用的说明和燃油系统每个油箱的油量及总油量数据等。

在多发飞机上,当任意一台发动机的供油系统故障和失效时不应影响其他各台发动机的工作,因而第 25.953 条规定每台发动机都有独立的供油附件、供油管路和其控制电路。第 25.1585(c)款要求在飞机飞行手册中提供相关信息用以帮助机组判明燃油系统是否处于正常工作状态。当出现燃油系统故障,如燃油不平衡和燃油泄漏等,应提供相关信息用以帮助机组判明是否出现燃油泄漏,并提供后续的处置程序(燃油泄漏程序和燃油平衡程序等)。

第 25.1585(d)款要求提供按第 25.251 条确定的抖振包线。可以按飞机正常巡航时的重心位置提供抖振包线,但需要提供抖振包线对不同重心位置的修正。

2.2 相关条款

与第 25.1585 条相关的条款如表 2-1 所示。

表 2-1　第 25.1585 条相关条款

序　号	相　关　条　款	相　关　性
1	第 25.1581 条	第 25.1581 条要求将满足第 25.1585 条的使用程序放入飞机飞行手册
2	第 25.101 条	第 25.101 条的(f)款至(h)要求制定飞机起飞、着陆、中断起飞、中断着陆和中断进场等操作程序,且这些程序不应要求特殊的驾驶技巧
3	第 25.105(b)款、第 25.125(b)款、第 25.143(b)款、第 25.145(c)款、第 25.149(d)款、第 25.181(b)款、第 25.203(c)款、第 25.233(b)款、第 25.253(a)款、第 25.671(c)款和第 25.672(b)款	这些条款要求相应的操作程序无须特殊的驾驶技巧

3　验证过程

3.1　验证对象

第 25.1585 条验证对象为飞机飞行手册进行符合性审查,涉及飞机的使用操作程序和燃油相关资料以及飞机抖振包线。

3.2　符合性验证思路

确认飞机飞行手册中提供了第 25.1585 条要求的正常程序、非正常程序和应急程序,并通过分析及飞行试验和/或模拟器试验对操作程序的可操作性进行检查。确认飞机飞行手册提供了相关的燃油系统资料、使用程序声明和抖振包线资料，能满足第 25.1585 条的要求。

3.3　符合性验证方法

通常，第 25.1585 条的符合性验证方法如表 3-1 所示。

表 3-1　建议的符合性方法

条　款　号	专　业	符 合 性 方 法										备　注
		0	1	2	3	4	5	6	7	8	9	
第 25.1585(a)款	总　体		1					6		8		
第 25.1585(b)款	总　体		1									
第 25.1585(c)款	总　体		1									
第 25.1585(d)款	总　体		1									
第 25.1585(e)款	总　体		1									
第 25.1585(f)款	总　体		1									

3.4　符合性验证说明

3.4.1　第 25.1585(a)款

提供的飞机飞行手册包含了第 25.1585(a)款要求的正常程序、非正常程序和应急程序，并通过程序逻辑分析、飞行试验和模拟器试验，表明操作程序的可操作性和正确性。

说明飞机飞行手册中操作程序的来源。一般飞机使用操作程序来源于相似机型飞行手册、飞机系统安全性评估以及机组使用经验等。借鉴相似机型飞行手册中操作程序的种类及操作步骤，并基于此根据申请飞机的系统特征以及使用特点，形成申请飞机操作程序的基本框架及初步程序。在进行第 25.1309 条安全性评估时，针对系统故障分析故障后果、故障发生的可能性，并分析是否需要机组采取应对措施。为满足第 25.1309 条所需提供的操作程序均应纳入机组操作程序。另外，制定飞机使用程序还需要参考机组使用经验，根据机组意见按需增补所需的操作程序。飞行手册应急程序至少要包括前文 2.1 节中提到的应急程序。

机组操作程序通过程序步骤工程分析、飞行员评审、飞行试验和/或模拟机试验等进行验证。程序试飞验证一般不单独进行，而是结合在系统或总体相关试飞科目中进行。在进行相关科目试飞时，机组必须按照给出的操作程序操作。试飞结束后机组需对操作程序的可执行性、技能要求和机组工作负荷等给出评价。

应急操作程序一般通过模拟器进行验证。模拟器经过局方评审，在模拟器的驾驶舱设备和气动响应等方面达到所需的逼真度要求。

说明对飞机飞行手册的使用方法（机组直接使用或非直接使用）、程序编写方法（检查单方式或叙述方式）和编排方式（应急程序和非正常程序单独编排还是合并编排等）。

3.4.2　第 25.1585(b)款

引用飞行手册说明飞行手册没有包含与适航不直接相关和不为机组使用的程序或资料,也不包含与飞机型号设计特征无关的属于基本飞行技能的资料或程序。

3.4.3　第 25.1585(c)款

引用飞行手册说明飞机飞行手册提供了判明燃油系统处于正常或非正常工作状态的信息,同时提供了相关程序,用以帮助机组将燃油系统恢复到独立的工作状态。比如提供判明燃油系统是否出现泄漏的资料以及后续的处置操作程序,如在确认没有出现燃油泄漏后将使用的燃油平衡程序,以及在确认出现了燃油泄漏后使用的燃油泄漏程序等。

3.4.4　第 25.1585(d)款

引用飞行手册说明飞行手册提供了本款要求的抖振包线。飞机抖振包线按第25.251 条的要求制定。抖振包线可以按正常巡航的飞机重心给出,但应提供对飞机实际重心位置的修正。

3.4.5　第 25.1585(e)款

引用飞行手册说明在飞行手册中提供了如下声明:"飞行中当燃油油量表读数为'零'时,不能在飞行中安全使用油箱中任何数量的剩余燃油"。

3.4.6　第 25.1585(f)款

引用飞行手册说明在飞行手册程序章节提供了每个燃油箱的可用燃油量以及总燃油量。

3.5　符合性文件清单

通常,针对第 25.1585 条的符合性文件清单如表 3-2 所示。

表 3-2　建议的符合性文件清单

序　号	符 合 性 报 告	符合性方法
1	飞机飞行手册使用程序工程评估说明	MOC1
2	飞机飞行手册使用程序试飞大纲	MOC6
3	飞机飞行手册使用程序试飞报告	MOC6
4	飞机飞行手册使用程序模拟器试验大纲	MOC8
5	飞机飞行手册使用程序模拟器试验报告	MOC8
6	飞机飞行手册	MOC1

4　符合性判据

确认飞机飞行手册机组操作程序的种类和数量覆盖了系统安全性分析的要求,能满足飞机安全运行需求。

飞行机组通过飞行试验或模拟器试验对操作程序的评估结论,表明飞机使用操作程序不需要特殊操作技能,机组工作量适中,操作程序可以被正确执行。

确认飞行手册中无适航不直接相关的或者不为飞行机组使用的资料或程序,以及与飞机设计特征无关的基本技能资料或程序。

确认飞机飞行手册提供了第 25.1585(c)款至(f)款要求的燃油系统工作状态说明资料及处置程序、零燃油量的相关声明、各油箱油量及总油量以及飞机抖振包线及说明等。

参考文献

[1] 14 CFR 修正案 25 - 46 Airworthiness Review Program Amendment No. 7 [S].

[2] FAA. AC25 - 105 Revisions to Requirements Concerning Airplane Operating Limitations and the Content of Airplane Flight Manuals for Transport Category Airplanes [S].

[3] FAA. AC25 - 7C Flight Test Guide for Certification of Transport Category Airplanes [S]. 2012.

[4] FAA. AC25.1581 - 1 Change 1 Airplane Flight Manual [S]. 2012.

[5] FAA. AC20 - 151B Airworthiness Approval of Traffic Alert and Collision Avoidance Systems (TCAS II), Versions 7. 0 & 7. 1 and Associated Mode S Transponders [S]. 2014.

[6] FAA. AC25.1362 - 1 Electrical Supplies for Emergency Conditions, [S]. 2007.

[7] FAA. AC25.1329 - 1B Change 1 Approval of Flight Guidance Systems [S]. 2012.

[8] FAA. AC25 - 23 Airworthiness Criteria for the Installation Approval of a Terrain Awareness and Warning System (TAWS) for Part 25 Airplanes [S]. 2000.

[9] FAA. AC25 - 12 Airworthiness Criteria for the Approval of Airborne Windshear Warning Systems in Transport Category Airplanes [S]. 1987.

[10] FAA. AC25 - 9A Smoke Detection, Penetration, and Evacuation Tests and Related Flight Manual Emergency Procedures [S]. 1994.

运输类飞机适航标准
第 25.1587 条符合性验证

1 条款介绍

1.1 条款原文

第 25.1587 条 性能资料

（a）如果采用非自由大气温度计来满足第 25.1303(a)(1)条的要求，则飞机飞行手册必须含有可将指示温度换算成自由大气温度的资料。

（b）飞机飞行手册必须含有在该飞机使用限制范围内按本部有关条款（包括第 25.115 条、第 25.123 条和第 25.125 条针对的各种重量、高度、温度、风分量和跑道坡度，如果有的话）算得的性能资料，并且必须列入以下内容：

（1）在每一种情况下，各种功率、形态和速度等条件，以及对性能信息有实质影响的飞机和任何系统的操作程序。

（2）按第 25.103 条确定的 V_{SR}。

（3）下列性能资料（在最大着陆重量和最大起飞重量之间的范围内用外推法确定和算得）：

（i）以着陆形态爬升；

（ii）以进场形态爬升；

（iii）着陆距离。

（4）按照第 25.101 条(f)和(g)制定的与第 25.1533 条和本条要求的各种限制和资料有关的程序。该程序必须具有指导性文件的形式，并包括任何有关的限制或资料。

（5）飞机重要的或不寻常的飞行或地面操纵特性的解释。

（6）空速、高度和外部大气温度显示值的修正。

（7）包含在着陆距离说明中的对运行着陆跑道长度因素的解释（如适用）。

〔中国民用航空局 1995 年 12 月 18 日第二次修订，2011 年 11 月 7 日第四次修订〕

1.2 条款背景

CCAR25 部第 25.1587 条参考美国联邦航空条例制定,该条款给出飞机飞行手册的性能资料要求。

飞机飞行手册是飞机最重要的运行文件之一,飞行手册提供了与飞行操作相关的飞机使用限制、使用程序以及性能资料,航空公司在运行中必须严格遵守。为了规范飞机飞行手册的编写,CCAR25 部通过第 25.1581 条、第 25.1583 条、第 25.1585 条和第 25.1587 条对飞行手册的内容和格式等进行了规定,其中第 25.1587 条规定了飞行手册的性能资料要求。

1.3 条款历史

第 25.1587 条在 CCAR25 部初版首次发布,截至 CCAR - 25 - R4,该条款共修订过 2 次,如表 1-1 所示。

表 1 - 1 第 25.1587 条条款历史

第 25.1587 条	CCAR25 部版本	相关 14 CFR 修正案	备 注
首次发布	初版	25 - 42	
第 1 次修订	R2	25 - 72	
第 2 次修订	R4	25 - 105,25 - 108	

1.3.1 首次发布

CCAR25 部初版在 1985 年 12 月 31 日发布,其中已包含第 25.1587 条。该条款参考 1978 年 3 月 1 日发布的 14 CFR 修正案 25 - 42 中的 §25.1587 的内容制定。

1.3.2 第 1 次修订

1995 年 12 月 18 日发布的 CCAR - 25 - R2 对第 25.1587 条进行了第 1 次修订,本次修订参考了 14 CFR 修正案 25 - 72 的内容:将原(b)款中对 §25.113、§25.123 和 §25.125 的引用删除。

1.3.3 第 2 次修订

2011 年 11 月 7 日发布的 CCAR - 25 - R4 对第 25.1587 条进行了第 2 次修订,本次修订参考了 14 CFR 修正案 25 - 105 和修正案 25 - 108,主要是协调 14 CFR PART 25 和 CS25,进一步减小两个规章间的差异。修订内容包括一是在 §25.1587(b) 中增加对 §25.113、§25.123 和 §25.125 的引用。二是在 §25.1587(b)(1)中增加提供对性能资料有显著影响的动力条件、飞机形态和操作程序。三是增加 §25.1587(b)(6) 和(b)(7),要求提供对空速、高度和外部大气温度的修正数据,以及要对手册中的着陆距离是否包含运行规章要求的着陆距离系数进行说明。14 CFR 修正案 25 - 108 统一对 14 CFR PART 25 中的失速速度进行了调整,用参考失速速度 V_{SR} 替代原来的失速速度 V_S,用以消除依据失速现象确定失速速度存在失速速度分散度大的缺陷以及降低失速试飞风险程度。

2 条款解读

2.1 条款要求

第 25.1587 条对飞行手册性能数据要求进行了规定。该条款与第 25.1583 条和第 25.1585 条一起构成对飞行手册总则第 25.1581 条的支持。

2.1.1 第 25.1587(a)款

第 25.1587(a)款规定如果飞机驾驶舱显示的大气温度不是自由大气温度,则在飞行手册性能章节应给出将非自由大气温度转化为自由大气温度的转换关系。自由大气温度为大气静温,非自由大气温度为大气总温。两者间有一定的转换关系。第 25.1303(a)(1)项要求每一驾驶员从其工作位置都能看到大气静温表,或可将其指示温度换算为大气静温的大气温度表。如果驾驶舱仪表提供的是非自由大气温度,则需在飞行手册性能章节提供将大气总温转换成大气静温的转换关系。

2.1.2 第 25.1587(b)款

第 25.1587(b)款规定了飞机飞行手册中需提供的性能资料。性能资料或数据应在试飞的基础上,通过工程扩展计算得到,且通过试飞验证能够证实工程计算结果的保守性。飞机性能资料应覆盖下述参数(但不限于下列参数)的最大使用范围:飞机重量、起飞着陆机场高度、周围大气温度、风、飞机构形、发动机额定推力或功率以及跑道坡度等。

飞机飞行手册性能章节至少需提供下述资料:

(1) 发动机推力或功率,至少包括起飞推力(TO)、最大连续推力(MCT)和复飞推力(GA)以及为获得 AFM 性能数据所采取的推力设定程序。发动机推力或功率应以合适的参数形式提供,如按压力高度、外界大气温度、空速和不同引气状态以及单发或双发给出 TO、MCT 和 GA 下的发动机转速。

(2) 飞机最小操纵速度,包括地面最小操纵速度和空中最小操纵速度,以校正空速提供。

(3) 不同条件下的飞机基准失速速度,以校正空速提供。基准失速速度是飞机重量、高度、襟缝翼构形及起落架构形的函数。

(4) 飞机起飞速度 V_1、V_R 和 V_2 以及相应的条件。提供的 V_1、V_R 和 V_2 应考虑地面效应,以校正空速提供。

(5) 飞机起飞距离和加速—停止距离。起飞距离和加速—停止距离应满足第 25.101 条、第 25.105 条、第 25.109 条和第 25.113 条的要求。如果要在手册中提供带沟槽或渗水孔的湿跑道的加速—停止距离,则应在飞行手册中声明该加速—停止距离仅限于按局方可接受的方式进行设计、建造以及维护的孔槽跑道或渗水跑道。手册还应提供计算起飞距离和加速—停止距离所采用的方法和假设,并对参数变化对起飞距离和加速—停止距离的影响进行简要说明(如性能计算假设的轮胎胎纹深度和跑道道面情况等)。

(6) 受爬升梯度限制的起飞重量,该重量应能满足第25.121(a)款、(b)款和(c)款的要求。

(7) 其他起飞重量限制,飞机系统的某些特性也能对起飞重量构成限制,应按需提供这些重量限制,如轮胎最大速度限制起飞重量、最大刹车能量限制起飞重量和受燃油放油能力限制的起飞重量等。

(8) 飞机起飞爬升性能,包括各起飞构形的爬升梯度以及相应的爬升速度。

(9) 飞机起飞飞行航迹,包括起飞包线内各起飞构形的起飞飞行航迹(净飞行航迹)以及相关的条件(如操作程序、推力设定和速度要求等)。起飞飞行航迹应包括各起飞阶段。另外还需提供飞机起飞改平高度及飞机转弯梯度损失数据。

(10) 飞机航路飞行航迹,需按第25.123条要求提供航路净飞行航迹以及达到该航迹的相应的条件(如操作程序和速度等)。净航路飞行航迹应基于一台发动机不工作(双发飞机)或两台发动机不工作(多发飞机)并保守考虑航路上的周围大气条件(风和温度)。如果可以进行燃油抛放,则可以计及燃油抛放的好处。

(11) 飞机受爬升梯度限制的着陆重量,该着陆重量需满足第25.119条和第25.121(d)款爬升梯度要求。

(12) 其他着陆重量限制,应按适用情况提供受飞机系统和设备限制的其他着陆重量限制。

(13) 飞机进近爬升性能,进近爬升性能需满足第25.121(d)款的进近爬升梯度要求,重量范围应到最大起飞重量。需考虑机体非防护表面冰积聚以及防护表面除冰的影响。

(14) 飞机着陆爬升性能,着陆爬升性能需满足第25.119条的着陆爬升梯度要求。需考虑机体非防护表面冰积聚以及防护表面除冰的影响。

(15) 飞机着陆进近速度以及相关的其他条件。

(16) 飞机着陆距离,着陆距离是从高于跑道50英尺入口点到飞机停止点的距离。手册中的数据可以直接是型号合格审定确定的着陆距离,或乘以运行规章要求的1.67的系数。允许采用任何一种方式但需要对采用的方式进行说明。飞机重量范围要覆盖到最大起飞重量,大气条件为标准大气。道面条件至少覆盖水平、光滑及干燥的硬质道面条件。生产商也可以提供非标准天气及带跑道坡度的着陆数据。

(17) 飞机重心变化对性能的影响。当提供的性能数据不是最临界的重心时,应提供重心变化对性能的影响。

(18) 飞机噪声数据及相关说明。噪声数据是按CCAR36部审定获得的数据。对每个飞机型别,只能提供一组飞越噪声、横测噪声和进场噪声。对其他构形或条件下的噪声数据可以在附录中提供。根据CCAR36.105条,所有满足第四阶段噪声合格审定要求的飞机,其飞行手册或操作手册必需包括以下声明:下列噪声级是对经批准的通过 CCAR36 部(插入航空器审定所依据的 CCAR36 部修订版本号)规定的试验获得的数据进行分析得到的,满足 CCAR36 部附件 B 第四阶段最大噪声级的要求。中国民用航空局认为,为了获得噪声级而采用的噪声测量和评定程序与 2002 年 3 月 21 日生效的国际民用航空公约附件 16 第一卷附录 2 第 7 修正案要求的第 4 章噪声级等效。

(19) 其他性能数据。需提供其他没有在上述提到但为安全运行所必需的性能数据,如飞机最大快速转场重量限制等。

(20) 应就所提供的着陆场长是否包含运行规则要求的 1.67 倍的长度因子予以说明。

(21) 飞机飞行性能和操作程序有密切关系。应在飞行手册性能章节就所提供性能数据所对应的操作程序进行必要的说明。同时如果飞机具有不同寻常的飞行特性,也需要提供相关的说明。

第 25.1587(b)款要求的性能数据需根据 B 分部相关条款的要求而确定。这些数据在放入飞行手册前需经审定能满足相关条款的要求。

2.2　相关条款

与第 25.1587 条相关的条款如表 2-1 所示。

表 2-1　第 25.1587 条相关条款

序　号	相　关　条　款	相　　关　　性
1	第 25.1581 条	第 25.1581 条提供第 25.1587 条要求的飞机性能数据
2	第 25.101 条至第 25.125 条	第 25.101 条至第 25.125 条提供第 25.1587 条要求的性能数据
3	第 25.1533 条	第 25.1533 条提供附加飞机性能数据

3　验证过程

3.1　验证对象

第 25.1587 条的验证对象为飞机飞行手册中的性能数据。

3.2　符合性验证思路

通过引用飞机飞行手册表明飞机飞行手册提供了第 25.1587 条要求的各项性能数据及相关说明,且这些性能数据都经过合格审定得到了批准。

3.3　符合性验证方法

通常,第 25.1587 条的符合性验证方法如表 3-1 所示。

表 3-1 建议的符合性方法

条 款 号	专 业	符 合 性 方 法										备 注
		0	1	2	3	4	5	6	7	8	9	
第 25.1587(a)款	总 体		1									
第 25.1587(b)款	总 体		1									

3.4 符合性验证说明

3.4.1 第 25.1587(a)款

根据具体型号设计特点,按需提供驾驶舱温度显示设计说明。

如果飞机驾驶舱仪表显示的是非自由大气,则通过符合性说明飞机飞行手册中提供了将指示温度转换为自由大气温度的资料。

3.4.2 第 25.1587(b)款

引用飞机飞行手册说明飞行手册的性能数据能覆盖第 25.1587(b)款的要求。

飞行手册性能章节提供第 25.1587(b)款要求的包括起飞、巡航、着陆、爬升和失速速度等各项性能资料,具体内容参见本条 2.1 节条款解释。提供的性能数据必须符合 CCAR25 部 B 分部的相关条款要求,数据扩展应覆盖飞机重量、高度、温度、风、飞机构形和发动机额定推力或功率等参数的最大使用范围。

另外手册还应提供对飞机空速、高度以及大气温度的修正数据。

说明飞行手册性能章节的内容、性能数据的试飞验证和数据扩展简述以及对 B 分部相关条款的符合性的结论,必要时提供对数据的特殊说明,如性能数据对应的操作要求和相关的飞机特性等。在性能数据列入飞行手册前,这些数据应符合 CCAR25 部 B 分部及其他分部相关条款的要求并被批准。

3.5 符合性文件清单

通常,针对第 25.1587 条的符合性文件清单如表 3-2 所示。

表 3-2 建议的符合性文件清单

序 号	符 合 性 报 告	符合性方法
1	飞机飞行手册	MOC1

4 符合性判据

确认飞行手册包含了第 25.1587 条要求的所有性能数据和相关说明,这些数据在列入飞行手册前能满足 B 分部相关条款要求且这些条款的符合性验证得到批准。

参考文献

［1］ 14 CFR 修正案 25 - 42 Airworthiness Review Program；Amendment No. 6：Flight Amendments［S］.

［2］ 14 CFR 修正案 25 - 72 Special Review：Transport Category Airplane Airworthiness Standards［S］.

［3］ 14 CFR 修正案 25 - 108 1 - g Stall Speed as the Basis for Compliance with Part 25 of the Federal Aviation Regulations［S］.

［4］ FAA. AC25 - 105 Revisions to Requirements Concerning Airplane Operating Limitations and the Content of Airplane Flight Manuals for Transport Category Airplanes［S］.

［5］ FAA. AC25 - 7C Flight Test Guide for Certification of Transport Category Airplanes［S］. 2012.

［6］ FAA. AC25. 1581 - 1 Change 1 Airplane Flight Manual［S］. 2012.

CCAR36 部

民用运输类飞机
CCAR36 部符合性验证

1 条款介绍

1.1 条款原文

在 CCAR36 部中，与运输类飞机相关的主要是 B 章以及附件 A、附件 B。在 CCAR36 部附件 A 中，主要规定了噪声审定试验的测量条件、地面接收到的噪声信号、有效感觉噪声级的计算方法、大气声衰减的修正方法、飞机测试结果的修正方法以及向民航当局报送数据的形式。B 章主要包括的内容就是在 2006 年 1 月 1 日前提交型号审定申请的，飞机噪声应不超过第三阶段噪声限制要求；而在 2006 年 1 月 1 日后提交申请的，应不超过第四阶段噪声限制要求。CCAR - 36 - R1 章节内容如表 1 - 1 所示。

表 1 - 1 CCAR - 36 - R1 章节内容

章　节	内　　容
A 章	总则
B 章	运输类大飞机和喷气式飞机
C、D、E 章	备用
F 章	螺旋桨小飞机和螺旋桨通勤类飞机
G 章	备用
H 章	直升机
I~N 章	备用
O 章	文件、使用限制和资料
附件 A	根据 36.101 条航空器噪声的测量和评定
附件 B	根据 36.103 条运输类飞机和喷气式飞机的噪声级
附件 C - E	备用
附件 F - J	螺旋桨飞机以及直升机噪声要求等

由于 CCAR36 部全文内容较多，在此仅引入与适航要求相关的部分条款原文。

部分条款原文如下：

A 章　总　则

第 36.1 条　适用范围和定义

（f）对于运输类大飞机和任何类别的喷气式飞机，就表明符合本规定而言，下列术语具有以下含义：

（9）"第四阶段噪声级"指处于或低于本规定附件 B 第 B36.5 条（d）中规定的第四阶段噪声限制的噪声级。

（10）"第四阶段飞机"指已按本规定表明不超过本规定附件 B 第 B36.5 条（d）中规定的第四阶段噪声级的飞机。

（11）"第四章噪声级"指处于或低于 2002 年 3 月 21 日生效的国际民用航空公约附件 16 第 I 卷，第 7 修正案中第 4 章 4.4 节规定的最大噪声级。

B 章　运输类大飞机和喷气式飞机

第 36.101 条　噪声测量和评定

对于运输类大飞机和喷气式飞机，其产生的噪声必须按本规定附件 A 的规定或按中国民用航空总局批准的等效程序来测量和评定。

［2007 年 4 月 15 日第一次修订］

第 36.103 条　噪声限制

（a）对于亚音速运输类大飞机和亚音速喷气式飞机，必须按本规定附件 A 的规定来测量和评定，并按本规定附件 B 中规定的测量点和符合第 B36.8 条的试验程序（或经批准的等效程序）来表明符合本条的噪声级。

（b）型号审定申请于 2006 年 1 月 1 日之前提交，则必须表明飞机噪声级不超过本规定附录 B 中 B36.5（c）款中规定的第三阶段噪声限制。

（c）型号审定申请于 2006 年 1 月 1 日或之后提交，则必须表明飞机噪声级不超过本规定附录 B 中 B36.5（d）款中规定的第四阶段噪声限制。申请人可以在 2006 年 1 月 1 日之前自愿选择按照第四阶段进行噪声合格审定。如果选择按照第四阶段进行审定，本规定第 36.7 条（f）的要求适用。

［2007 年 4 月 15 日第一次修订］

第 36.105 条　飞行手册中对第四阶段噪声等效性的说明

所有满足第四阶段噪声合格审定要求的飞机，其飞机飞行手册或操作手册必须包括以下声明：下列噪声级是对经批准的通过 CCAR-36（插入航空器审定所依据的 CCAR-36 修订版本号）规定的试验获得的数据进行分析得到的，满足 CCAR-36 附件 B 第四阶段最大噪声级的要求。中国民用航空总局认为，为了获得噪声级而采用的噪声测量和评定程序与 2002 年 3 月 21 生效的国际民用航空公约附件 16 第 I 卷附录 2 第 7 修正案要求的第 4 章噪声级等效。

［2007 年 4 月 15 日第一次修订］

第 36 部　附件

附件 B　根据第 36.103 条运输类和喷气式飞机的噪声级

第 B36.5 条　最大噪声级

除本附件第 B36.6 条规定的情况外,按照附件 A 中的噪声评定方法测定的最大噪声级不得超过以下数值:

(a) 对于第一阶段飞机的声学更改,无论发动机的数目多少,其噪声级应符合 36.7(c)中的规定。

(b) 对于第二阶段飞机,无论发动机数目多少:

(1) 飞越:最大重量等于或大于 272000 公斤(600000 磅)时为 108EPNdB,最大重量从 272000 公斤(600000 磅)每减一半,则减少 5EPNdB,直到最大重量为 34000 公斤(75000 磅)或更小时为 93EPNdB。

(2) 边线和近进:最大重量等于或大于 272000 公斤(600000 磅)时为 108EPNdB,最大重量从 272000 公斤(600000 磅)每减一半,则减少 2EPNdB,直到最大重量等于或小于 34000 公斤(75000 磅)时为 102EPNdB。

(c) 对于第三阶段飞机:

(1) 飞越:

(i) 多于三台发动机的飞机:最大重量等于或大于 385000 公斤(850000 磅)时为 106EPNdB,最大重量从 385000 公斤(850000 磅)每减一半,则减少 4EPNdB,直到最大重量等于或小于 20247 公斤(44673 磅)时为 89EPNdB;

(ii) 三台发动机的飞机:最大重量等于或大于 385000 公斤(850000 磅)时为 104EPNdB,最大重量从 385000 公斤(850000 磅)每减一半,则减少 4EPNdB,直到最大重量等于或小于 28675 公斤(63177 磅)时为 89EPNdB;

(iii) 少于三台发动机的飞机:最大重量等于或大于 385000 公斤(850000 磅)时为 101EPNdB,最大重量从 385000 公斤(850000 磅)每减一半,则减少 4EPNdB,直到最大重量等于或少于 48195 公斤(106250 磅)时为 89EPNdB。

(2) 边线:不管发动机的数量,最大重量等于或大于 400000 公斤(882000 磅)时,为 103EPN,最大重量从 400000 公斤(882000 磅)每减一半,则减少 2.56EPNdB,直到最大重量等于或小于 35018 公斤(77200 磅)时为 94EPNdB。

(3) 近进:不管发动机的数量,最大重量等于或大于 280000 公斤(617300 磅)时,为 105EPNdB,最大重量从 280000 公斤(617300 磅)每减一半,则减少 2.33EPNdB,直到最大重量等于或小于 35018 公斤(77200 磅)时为 98EPNdB。

(d) 对于任何第四阶段飞机,其飞越、边线和近进最大噪声级为国际民用航空公约附件 16,第 I 卷第三版,2002 年 3 月 21 日颁发的第 7 修正案中的第 4 章,第 4.4 段和第 3 章,第 3.4 段中规定的最大噪声级。

第 B36.6 条　综合评定

除了本规定第 36.7(c)(1)和 36.7(d)(1)(ii)条中所限制的情况,如果在一个或

两个测量点处的最大噪声级超过规定值,必须满足以下条件:

(a) 超出值的总和不得大于 3EPNdB;

(b) 任一点处的超出值不得大于 2EPNdB;并且

(c) 任何超出值必须有其他一点或各点的减少量抵消。

1.2 条款背景

飞机适航噪声以及验证技术已经引起航空部门的重视,任何一个型号的民用飞机要投入航空公司运营飞行之前,都必须要通过适航合格审定/审查,从而获得政府民航部门颁发的型号合格证、生产合格证和单机适航合格证。飞机噪声是飞机适航合格审定的组成部分之一,国际上相应颁发了适航条例和规章来限制飞机噪声。

美国和国际民航组织(ICAO)在 60 年代和 70 年代初分别颁布噪声适航规章,民用飞机噪声合格审定便成为民机获取型号合格证不可缺少的内容之一,经过 40 年的发展,民用飞机噪声合格审定已经形成了一套严格的规范程序。

国际民航组织(ICAO)及其主要缔约国民航当局对噪声标准不断修订,噪声标准越来越高,随着噪声源降噪技术的发展,ICAO 引入了新的标准,并鼓励其应用。在 2014 年 3 月,ICAO 针对亚音速喷气式飞机和亚音速运输类大飞机发布了一个新的,更严格的噪声标准——第五阶段噪声级。2015 年 1 月 1 日,这个新的标准在使用附件 16 第 Ⅰ 卷作为飞机噪声适航要求的国家应用。

14 CFR PART 36 是美国用于航空器型号合格审定和适航性审定的噪声标准。自 1969 年 11 月颁发以来,它已成为美国所有联邦航空器的噪声规章的主要基础,建立该规章是为了以后抑制和控制飞机噪声提供一个稳定的和一致的基础。美国联邦航空局(FAA)2003 年 7 月 15 日发布的 No. 36 - 4C 噪声标准:民用飞机型号合格审定(Noise Standards: Aircraft Type and Airworthiness Certification),用以取代 1988 年 5 月 23 日发布的 no. 36 - 4B 噪声审定手册(Noise Certification Handbook)。在 AC no. 36 - 4C 中,介绍了美国联邦航空局(FAA)对 14 CFR 修正案从 36 - 1 至 36 - 24。目前,美国联邦航空局(FAA)已将其 14 CFR PART 36 修订至 14 CFR 修正案 36 - 31,14 CFR 修正案 36 - 31 号修订案与 ICAO 在 2014 年 6 月 14 日生效的新的第五阶段的噪声标准一致。

根据国际民航组织对于航空器噪声的规定,我国也相应颁布了《航空器型号和适航合格审定噪声规定》(CCAR36 部),该规定自 2002 年 3 月 20 日发布施行以来,已用于国产 Y12E、Y8F - 600、ARJ21 - 700 等航空器的噪声合格审定和引进的国外民用航空器的型号认可审查。该规定要求对航空器噪声进行合格审定,在防止国外不符合相关噪声要求的老旧飞机进入我国方面发挥了重要作用,有利于降低我国航空器噪声的整体水平。该规定中的噪声限制为第四阶段航空器噪声,目前 FAA 与 EASA 当局都发布了第五阶段噪声限制,未来一段时间,中国民航局也在积极修订规章,以与国际水平保持一致。

1.3 条款历史

CCAR36 部在 2002 年 3 月 20 日初版首次发布,2007 年 4 月 15 日第 1 次修订,CCAR36 部修订历史如表 1-2 所示。

表 1-2　CCAR36 部修订历史

CCAR36 部	相关 14 CFR 修正案	备　注
首次发布	国际民用航空公约附件 16(第 I 卷)第 3 修正案、14 CFR 第 36-1 至 36-22 修正案	
第 1 次修订	国际民用航空公约附件 16 第 4 至第 7 修正案、14 CFR 第 36-23 至 36-28 修正案	

1.3.1 首次发布

CCAR36 部在 2002 年 3 月 20 日初版首次发布,该规定主要参考国际民用航空公约附件 16(第 I 卷)第 3 修正案和 14 CFR 修正案 36-1 至 36-22 制定。

1.3.2 第 1 次修订

中国民用航空总局在 2007 年 4 月 15 日发布了《航空器型号和适航合格审定噪声规定》(CCAR36 部)的第一次修订版本 R1,主要是增加了第四阶段航空器噪声的内容,参考了国际民用航空公约附件 16 第 4 至第 7 修正案和 14 CFR 修正案 36-23 至 36-28 的内容,修订内容如表 1-3 所示。

表 1-3　14 CFR 第 36-23 至 36-28 修正案

14 CFR 修正案编号	修订内容简介
36-23	权限援引的修订
36-24	亚声速喷气式飞机和亚声速运输类飞机的噪声审定标准
36-25	直升机的噪声审定标准
36-26	第四阶段航空器噪声标准
36-27	螺旋桨小飞机噪声审定标准的协调
36-28	加强单发螺旋桨小飞机的噪声标准

2 条款解读

2.1 条款要求

我国主要执行 CCAR-36-R1 规章要求,目前为第四阶段要求。第四阶段要求是建立在第三阶段要求上的,要求更加严格。

在 CCAR-36-R1 附件 B 中,主要规定了不同阶段飞机的最大噪声级、噪声适航基准测量程序和条件等。其中,规定的第三阶段限制的具体内容如表 2-1 所示。

表中用公式描述了第三阶段各测点的噪声限制与最大重量的关系。

表 2 - 1　第三阶段各测点噪声限制计算方法

	飞机噪声适航计算公式		
	$\leqslant M_{min}$	$M_{min} < M < M_{max}$	$\geqslant M_{max}$
边线噪声级（EPNdB）	94	$103 + 8.51 \times lg(M/M_{max}^1)$	103
飞越噪声级（EPNdB）	89	$101 + 13.29 \times lg(M/M_{max}^2)$	101
近进噪声级（EPNdB）	98	$105 + 7.75 \times lg(M/M_{max}^3)$	105

注：边线噪声级：$M_{min} = 35\,000$，$M_{max} = 400\,000$；

　　飞越噪声级：$M_{min} = 48\,100$，$M_{max} = 385\,000$；

　　近进噪声级：$M_{min} = 35\,000$，$M_{max} = 280\,000$。　　　（单位：kg）

而第四阶段噪声限制说明如下：

（1）各测点噪声限制均满足第三阶段要求，不能超过最大限制。

（2）边线、飞越及近进三个噪声测量点上的裕度之和不低于 10 EPNdB（等效感觉声级）。

（3）边线、飞越及近进三个噪声测量点上，任意两个测量点上的裕度之和不低于 2 EPNdB（等效感觉声级）。

表 2 - 2　CCAR - 36 - R1 部分条款解释

条　款	适 用 条 款	条 款 简 要 解 释
A 章	总则	
第 36.1 条	适用范围和定义 适用项（a）(1)，(b)，(f)，(g)	此条款涉及飞机类型与种类及适用的适航要求和 CCAR - 36 - R1 的要求
第 36.2 条	申请日期的要求	此条款规定了适用 CCAR - 36 - R1 的要求是申请之日有效的条款
第 36.3 条	适航要求的相容性	
第 36.5 条	本规定的限制	此条款规定了 CCAR - 36 - R1 的法律限制
第 36.6 条	引用文件	此条款给出了作为对飞机进行噪声测量和评估要求引入的参考文献的标准和程序
B 章	运输类大飞机和喷气式飞机	
第 36.101 条	噪声测量和评定	对于运输类大型飞机和喷气式飞机，其产生的噪声必须按附件 A 的规定或按中国民用航空总局批准的等效程序来测量
第 36.103 条	噪声限制	此条款规定了 CCAR - 36 - R1 对于确定修正到基准条件下的有效感觉噪声级的要求
第 36.105 条	飞行手册中对第四阶段噪声等效性的说明	此条款对飞行手册中的关于噪声规定部分进行规定

（续表）

条　款	适　用　条　款	条　款　简　要　解　释
O 章	文件、使用限制和资料	
第 36.1501 条	程序、噪声级和其他资料	此条款规定了飞机噪声审定的各种资料
第 36.1581 条	手册、标记和标牌 适用项(a)(1)、(b)、(c)、(d)、(g)	此条款规定了飞机飞行手册中需要包含的飞机噪声级等资料
附件 A	根据第 36.101 条航空器噪声的测量和评定	
第 A36.1 条	引言	此条款是说明附件 A 阐述了亚音速运输类大飞机和喷气式飞机噪声的测量与评定
第 A36.2 条	噪声合格审定试验和测量条件	此一条款涉及了试验场地、试验条件、测量条件和一些限制和要求等
第 A36.3 条	对地面接收到的飞机噪声的测量	此条款涉及噪声测量系统的技术定义和术语、测量系统性能的基准环境条件、测量系统必需的组成部分、防风罩插入损失和插入损失容限的确定方法、各个测量用系统所必需的工作特性和校准程序、PNL 可以接受的限制、飞机的声压级必须超出平均环境噪声级的数值，并规定了在不满足这个超出量的情况下，数据修正的要求
第 A36.4 条	根据测量数据计算有效感觉噪声级	此条款规定了感觉噪声级、频谱不规则性修正、最大纯音修正感觉噪声级、持续时间修正和有效感觉噪声级计算步骤和计算公式
第 A36.5 条	向中国民用航空总局报送数据	此条款涉及试验相关试验、修正数据及用于噪声审定试验的基准条件、参数、程序和构型、置信区间确定方法的报送要求
第 A36.6 条	符号和单位	此条款包含飞机噪声试验、分析和评定过程中使用的符号和单位含义
第 A36.7 条	大气的声衰减	此条款规定了计算大气声衰减系数的公式（方程）
第 A36.9 条	飞机飞行试验结果的修正	此条款规定了当试验条件与基准条件不同时，噪声数据的修正方法
附件 B	根据第 36.103 条运输类和喷气式飞机的噪声级	
第 B36.1 条	噪声测量和评定	此条款规定了符合 CCAR-36-R1 最大噪声限制所采用的噪声测量和评定方法必须与审查方批准的方法一致
第 B36.2 条	噪声评定的度量	此条款规定了用于表明飞机噪声适航符合性的噪声评定的度量是有效感觉噪声级（EPNdB），EPNL 的计算方法是依据附件 A 中要求的方法

（续表）

条　款	适　用　条　款	条　款　简　要　解　释
第 B36.3 条	基准噪声测量点 适用项(a)(1),(b),(c)	此条款规定了飞越、边线和近进噪声测量的基准噪声测量点
第 B36.4 条	试验噪声测量点	此条款涉及当试验测量点不在基准测量点位置时的要求以及边线噪声测量点选择的标准
第 B36.5 条	最大噪声级	此条款规定了审定飞机型号在飞越、边线和近进噪声测量点处的最大噪声限制值
第 B36.7 条	噪声合格审定基准程序和条件	此条款涉及基准大气条件、飞机构型规定以及起飞(包含起飞减推力)和近进基准航迹计算的要求
第 B36.8 条	噪声合格审定试验程序	此条款涉及申请人提出的飞机噪声审定试验程序、由于起飞和近进试验重量与审定要求重量差异会导致的感觉噪声级(EPNL)修正量限制

2.2　相关条款

与 CCAR36 部相关的条款如表 2 - 3 所示。

表 2 - 3　CCAR36 部相关条款

序　号	相　关　条　款	相　　关　　性
1	第 25.25 条	引用飞机最大起飞重量和最大着陆重量来进行飞机噪声适航审定
2	第 25.1581 条	为飞行手册提供经审定的飞机噪声级

3　验证过程

3.1　验证对象

CCAR36 部是对飞机的噪声级别的验证要求。

CCAR36 部的验证对象为飞机整体。

3.2　符合性验证思路

根据飞机型号合格审定规章规定,飞机的噪声适航符合性可通过飞行试验表明。为了缩短飞机噪声合格审定试验时间,获得更准确的噪声测量值,方便以后声学更改,飞机噪声合格审定飞行试验一般采用等效方法进行,并依据等效方法测量的数据建立 NPD 数据库/曲线图。噪声合格审定飞行试验中的飞行航迹测量方法采用 DGPS 方法。一般情况下,飞机噪声合格审定飞行试验采用的等效方法、飞行航迹测量方法、气象测量方法、试验所使用的仪器设备等将一并报送中国民用航空局审查组批准。噪声合格审定飞行试验测量数据处理和修正将采用 CCAR‐36‐R1、AC‐36‐AA‐2008‐04 和 ICAO 环境技术手册中描述的修正方法,并将确定的修正方法及所使用的相应的修正软件报中国民用航空局审查组批准。按照规章规定和要求,通过试飞验证,最终表明飞机噪声适航符合性。

3.3 符合性验证方法

通常,针对 CCAR36 部条款的符合性验证方法如表 3‐1 所示。

表 3‐1 建议的符合性方法表

CCAR36 部条款	ATA章节	符合性方法										备注
		0	1	2	3	4	5	6	7	8	9	
36.1			1									
36.2			1									
36.3			1									
36.5			1									
36.6			1									
36.101			1	2				6				
36.103			1	2				6				
36.105			1									
36.1501			1									
36.1581			1									
A36.1			1									
A36.2			1									
A36.3			1									
A36.4			1	2								
A36.5			1									
A36.6			1									
A36.7			1	2								
A36.9			1	2								
B36.1			1									
B36.2			1									
B36.3			1									
B36.4			1									
B36.5			1									
B36.7			1									
B36.8			1									

3.4　符合性验证说明

针对 CCAR36 部条款，建议采用的符合性验证方法为 MOC1、MOC2 和 MOC6，部分条款符合性说明如表 3-2 所示。

表 3-2　部分条款符合性验证说明

条　款	适　用　条　款	MOC	符　合　性　说　明
A 章	总则		
第 36.1 条	适用范围和定义 适用项(a)(1)、(b)、(f)、(g)	1	➤ 此处对飞机最大起飞重量（MTOW）进行描述； ➤ 符合 CAAC 颁布相关适航规章（如 CCAR-25-R3 等）条款要求，也符合 CCAR-36-R1 要求； ➤ 在提交审查方相关的 CCAR-36-R1 符合性文件和报告中，如出现术语："第三阶段噪声级""第三阶段飞机""第四阶段噪声级""第四阶段飞机"，均与此条款定义的术语含义一致。 ➤ 申请符合第几阶段噪声级
第 36.2 条	申请日期的要求	1	描述提交飞机型号合格证申请时间，审定基础确定
第 36.3 条	适航要求的相容性	1	噪声适航审定时所有条件也符合其他适用适航规章要求（如 CCAR25 部等），采用的程序和资料与其他适用适航规章之间也是协调的一致的
第 36.5 条	本规定的限制	1	研制已尽可能采用了经济上合理、技术上可行的各项技术降低噪声
第 36.6 条	引用文件	1	噪声审定中涉及相关标准和程序均满足这些参考文献的要求
B 章	运输类大飞机和喷气式飞机		
第 36.101 条	噪声测量和评定	1 2 6	噪声审定是按照本规定附件 A 要求进行测量和评定
第 36.103 条	噪声限制	1 2 6	噪声审定是按照本规定附件 A 要求进行测量和评定，并按规定附件 B 的要求和等效试验程序表明符合性的
第 36.105 条	飞行手册中对第四阶段噪声等效性的说明	1	飞机飞行手册（AFM）噪声章节中含有此声明

（续表）

条　款	适 用 条 款	MOC	符 合 性 说 明
O 章	文件、使用限制和资料		
第 36.1501 条	程序、噪声级和其他资料	1	已按要求编写并提交审查组批准各种资料
第 36.1581 条	手册、标记和标牌适用项(a)(1),(b),(c),(d),(g)	1	飞机飞行手册(AFM)噪声章节含有飞机噪声相关资料
附件 A	根据第 36.101 条航空器噪声的测量和评定		
第 A36.1 条	引言	1	按照附件 A 进行飞机噪声测量和评定的
第 A36.2 条	噪声合格审定试验和测量条件	1	按照此条款各项条件要求进行的试验
第 A36.3 条	对地面接收到的飞机噪声的测量	1	按照此条款各项条件要求进行的试验
第 A36.4 条	根据测量数据计算有效感觉噪声级	1	按照此条款各项条件要求、程序和公式进行修正和计算
第 A36.5 条	向中国民用航空总局报送数据	1	按照此条款进行数据报送
第 A36.6 条	符号和单位	1	在提交审查和审批的各类文件和报告中采用这些符号和单位
第 A36.7 条	大气的声衰减	1　2	按此条款规定计算大气声衰减系数
第 A36.9 条	飞机飞行试验结果的修正	1　2	按此条款要求对噪声数据进行了修正
附件 B	根据第 36.103 条运输类和喷气式飞机的噪声级		
第 B36.1 条	噪声测量和评定	1	采用经审查方批准的等效试验方法
第 B36.2 条	噪声评定的度量	1	采用有效感觉噪声级(EPNdB)评定飞机噪声,EPNL 值也是按照附件 A 中的方法计算
第 B36.3 条	基准噪声测量点适用项(a)(1),(b),(c)	1	按批准的噪声飞行试验等效方法和试飞大纲布置的测量点,获得在此条款规定的基准噪声点的飞机噪声值
第 B36.4 条	试验噪声测量点	1	申请人是按批准的噪声飞行试验等效方法和试飞大纲布置的测量点

条　款	适用条款	MOC	符合性说明
第 B36.5 条	最大噪声级	1	申请人是按规章要求确定的飞机噪声（飞越、边线和近进）限制值
第 B36.7 条	噪声合格审定基准程序和条件	1	按规章对基准大气条件、飞机构型规定以及起飞（包含起飞减推力）和近进基准航迹计算的要求进行的相关基准航迹计算
第 B36.8 条	噪声合格审定试验程序	1	噪声审定试飞中所有的试验程序都已获得中国民用航空局批准，有关适用的修正也是此条款要求进行

3.4.1　MOC1 验证过程

CCAR36 部中很多条款为说明性文件，例如第 36.105 条，飞行手册中对第四阶段噪声等效性的声明，类似要求可以用 MOC1 说明文件进行表明，具体可参考表 3-2 内容。

3.4.2　MOC2 验证过程

在噪声验证过程中，将涉及飞行航迹计算，且存在计算分析程序等，运输类大飞机噪声合格审定包含飞越噪声（flyover）、边线噪（sideline）和进近噪声（approach）三个部分。须计算 CCAR36 部规定的三种噪声基准航迹，分别为：正常起飞噪声航迹、在起飞阶段不同点上开始 cutback（减推力）后的起飞噪声航迹，以及近进噪声航迹。

3.4.3　MOC6 验证过程

1）试飞基准程序

噪声适航的主要工作是通过试飞的方法得到：近进、飞越、边线噪声值，中国民航局在 CCAR-36-R1 部中对民用飞机适航合格审定试飞基准程序都有严格的规定。在基准环境条件，规定的大气压和温度湿度等条件下进行试飞。基准噪声测量点包括：

（1）近进基准噪声测量点：位于跑道中心线的延长线上，距跑道入口 2 000 米处。

（2）飞越基准噪声测量点：位于跑道中心线的延长线上，距起飞滑跑点 6 500 米处。

（3）边线基准噪声测量点：位于与跑道中心线平行的线上，距离跑道中心线 450 米处的边线上。

2）噪声合格审定试验等效程序

等效程序是不同于 CCAR-36-R1 附件 A 和 B 所规定的航空器噪声测量、飞行试验、分析或评定的方法，但是实质上可以得到相同的噪声级。主要包括等效飞行试验方法和等效分析程序。

利用等效程序可以不需要进行实际的起飞和着陆,减少起落次数,降低费用,便于操作,大量减少了试验时间,并且减少了场地选择的问题。试验周期的缩短使试验过程中气象条件稳定的可能性更大,飞机磨损和燃料消耗减少,可以提高获得的噪声数据的品质和一致性。

图 3-1 为测量飞越噪声的飞行剖面,主要用于确定飞越噪声与推力的关系,建立飞越噪声的噪声-功率-距离(Noise Power Distance,NPD)数据库。建立飞机 NPD 数据库,首先要解决变功率问题。由于起飞等效航迹程序,飞机构型和起飞角度都固定不变,因此为得到不同功率下对应的飞机噪声值,在进行噪声试验时,必须在每次飞行结束后,改变第二次飞行切入时的飞机功率和爬升角度,以获得不同功率下对应的噪声值。需要注意的是,在进行飞越噪声试验时,飞机在变功率起飞时的角度和飞机的功率不能超出规定范围,这些是综合各方面因素得出的结论,超出范围后测出的噪声值是无效的。由图 3-1 可知,采用此方法进行噪声试验,噪声基准测量点不需要选择在位于跑道中心线延长线离开始起飞滑跑点 6 500 米处,因此大大放宽了对机场跑道的限制要求。

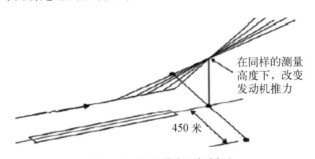

在同样的测量高度下,改变发动机推力

450 米

图 3-1 飞越噪声飞行剖面

图 3-2 为测量近进噪声的飞行剖面,主要用于确定近进噪声与推力的关系,建立近进噪声的 NPD 数据库。在进行近进噪声试验时,与起飞航迹程序类似,同样存在变功率问题。因此,在进行切入飞行时,飞机第二次近进要改变飞机功率,以获得不同功率下的噪声值,由于飞机的近进角度有限制,在飞机近进时,需要在每次切入飞行时在一定范围内改变飞机的近进角度。当飞机飞越传声器上方时,高

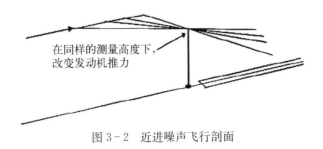

在同样的测量高度下,改变发动机推力

图 3-2 近进噪声飞行剖面

度保持在 400 英尺±100 英尺(121.92 米±30.48 米),在试验推力下的近进角,由航空器的重量,构型,速度和推力等因素来确定。在飞机按照等效切入航迹进行第二次飞行时,必须按照事先规定好的功率进行试验,并以相同速度通过规定的测量点,得到在相同距离下,不同功率对应的不同噪声值,然后再对数据进行处理。

图 3-3 为测量边线噪声的飞行剖面,主要用于确定最大边线噪声级。国外飞行试验经验表明,喷气飞机的最大边线噪声级往往出现在高度 800~1 400 英尺之间。飞机每次都以起飞推力爬升,通过改变飞机航迹切入点位置,使飞机分别通过选定的高度点,并进行噪声测量。根据每次测量的边线噪声,确定最大边线噪声级。

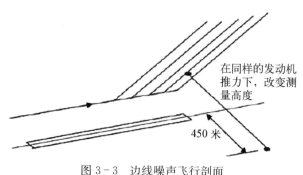

图 3-3　边线噪声飞行剖面

3) 噪声-功率-距离(Noise Power Distance, NPD)数据库的建立

NPD 数据库是利用噪声认证期间累积的数据库建立起来的,它可以反映飞机适航噪声与发动机功率(推力),飞机到传声器直接距离的关系。

在规定的飞行试验条件下,先经过足够数量的噪声测量,建立在给定距离上起飞情况下的噪声-功率曲线,再通过计算或利用附加的飞行试验数据在一定距离范围上拓展这些曲线,形成广义的噪声数据库,此数据库用于"飞行数据"和衍生型号的噪声审定,被称作噪声-功率-距离(NPD)图,采用此等效程序的方法通常称作 NPD 方法。

采用 NPD 方法,可重点运用航迹切入程序。航迹切入程序是指进行飞越和边线噪声测量时,飞机不必每次都从跑道上的静止位置开始,近进噪声测量时也不必每次着陆。在整个试验过程中,飞机一直保持飞行,从而节省了宝贵的时间。该程序也为试验场的选择提供了很大的灵活性。按照上述的飞行试验方法进行噪声飞行试验,在各种发动机推力(功率)下获得足够数量的噪声测量数据,建立如图 3-4 所示的 NPD 数据库,利用得到的 NPD 数据库确定噪声合格审定的飞机噪声级。

通过飞越噪声试验建立飞越噪声级与发动机功率的关系;通过近进噪声试验建立近进噪声级和发动机功率之间的关系;图 3-4 给出了利用等效试飞方法建立的 NPD 示意图。

NPD 数据库的建立,大大简化认证过的飞机紧系型号更改后(如发动机推力变化等)噪声取证过程,甚至可以不再进行型号和适航合格噪声试飞项目,从而提高型号研制效率的目的。

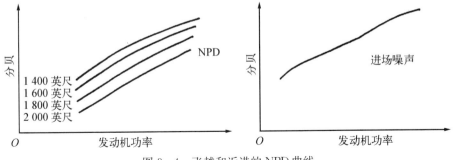

图 3-4　飞越和近进的 NPD 曲线

3.5　符合性文件清单

通常,针对第 CCAR - 36 - R1 的符合性文件清单如表 3-3 所示。

表 3-3　建议的符合性文件清单

序　号	符 合 性 报 告	符合性方法
1	噪声部分条款符合性说明文件 飞行手册飞机性能章节噪声级内容	MOC1
2	噪声航迹计算分析报告	MOC2
3	噪声飞行试验大纲	MOC6
4	噪声飞行试验报告	MOC6

4　符合性判据

假设通过噪声试飞试验并计算修正的噪声值分别为:$N_{飞越}$、$N_{边线}$ 和 $N_{边线}$。

根据第 2.1 节第三阶段条款要求,可以算出 CCAR36 部对飞机第三阶段的噪声限制为

(1) 飞越噪声有效感觉噪声级不大于 $R_{飞越}$。

(2) 边线噪声有效感觉噪声级不大于 $R_{边线}$。

(3) 近进噪声有效感觉噪声级不大于 $R_{近进}$。

可以用表 4-1 所示的表格来表明飞机噪声试飞结果是否符合飞机噪声审定基础的飞机噪声第四阶段限制要求。

判断是否达到以下要求:

(1) 任何一个测量点的噪声级不能超过第三阶段限制,即 $N_{飞越} \leqslant R_{飞越}$;$N_{边线} \leqslant R_{边线}$;$N_{近进} \leqslant R_{近进}$。

(2) 三个测量点的噪声级与第三阶段噪声限值的裕度之和不小于 10 EPNdB,即:$(R_{飞越} - N_{飞越}) + (R_{边线} - N_{边线}) + (R_{近进} - N_{近进}) \geqslant 10$。

表 4-1　飞机噪声试飞结果与 CCAR36 部飞机噪声限制对比

飞机重量	条　件	噪声值(EPNdB)		三个测量点裕度之和(EPNdB)	任意两个测量点裕度之和(EPNdB)	
		试验值	适航限值	要求	裕度值	适航限值
	飞越噪声	$N_{飞越}$	$R_{飞越}$	≥10	飞越+边线	≥2
	边线噪声	$N_{边线}$	$R_{边线}$		边线+近进	≥2
	近进噪声	$N_{近进}$	$R_{近进}$		飞越+近进	≥2

（3）任意两个测量点的噪声级与第三阶段噪声限值的裕度之和不小于 2 EPNdB。

$(R_{飞越} - N_{飞越}) + (R_{边线} - N_{边线}) \geq 2$；

$(R_{飞越} - N_{飞越}) + (R_{近进} - N_{近进}) \geq 2$；

$(R_{边线} - N_{边线}) + (R_{近进} - N_{近进}) \geq 2$；

如满足以上要求，则满足 CCAR-36-R1 对于噪声级的要求。

参考文献

［1］ CAAC. AC-36-AA-2008-04 航空器型号与适航合格审定噪声规定[S].

［2］ 14 CFR PART 36—Noise Standards：Aircraft Type and Airworthiness Certification [S].

［3］ 郑作棣. 运输类飞机适航标准技术咨询手册[M]. 北京：航空工业出版社，1995.